大型分布式网站架构
设计与实践

陈康贤 著

电子工业出版社
Publishing House of Electronics Industry
北京·BEIJING

内 容 简 介

本书主要介绍了大型分布式网站架构所涉及的一些技术细节,包括 SOA 架构的实现、互联网安全架构、构建分布式网站所依赖的基础设施、系统稳定性保障和海量数据分析等内容;深入地讲述了大型分布式网站架构设计的核心原理,并通过一些架构设计的典型案例,帮助读者了解大型分布式网站设计的一些常见场景及遇到的问题。

作者结合自己在阿里巴巴及淘宝网的实际工作经历展开论述。本书既可供初学者学习,帮助读者了解大型分布式网站的架构,以及解决问题的思路和方法,也可供业界同行参考,给日常工作带来启发。

未经许可,不得以任何方式复制或抄袭本书之部分或全部内容。
版权所有,侵权必究。

图书在版编目(CIP)数据

大型分布式网站架构设计与实践 / 陈康贤著. —北京:电子工业出版社,2014.9
ISBN 978-7-121-23885-7

Ⅰ. ①大… Ⅱ. ①陈… Ⅲ. ①网站-建设 Ⅳ. ①TP393.092

中国版本图书馆 CIP 数据核字(2014)第 169308 号

策划编辑:董 英
责任编辑:陈晓猛
印　　刷:北京捷迅佳彩印刷有限公司
装　　订:北京捷迅佳彩印刷有限公司
出版发行:电子工业出版社
　　　　　北京市海淀区万寿路 173 信箱　邮编:100036
开　　本:787×980　1/16　　印张:28.75　　字数:640 千字
版　　次:2014 年 9 月第 1 版
印　　次:2025 年 1 月第 17 次印刷
定　　价:79.00 元

凡所购买电子工业出版社图书有缺损问题,请向购买书店调换。若书店售缺,请与本社发行部联系,联系及邮购电话:(010)88254888,88258888。
质量投诉请发邮件至 zlts@phei.com.cn,盗版侵权举报请发邮件至 dbqq@phei.com.cn。
本书咨询联系方式:010-51260888-819,faq@phei.com.cn。

序

大型分布式网站技术全貌

2008年，淘宝网随着访问量/数据量的巨增，以及开发人员的增长，原有的架构体系已经无法支撑，于是在那一年淘宝网将系统改造为了一个大型分布式的网站。作者目前就职于阿里集团，清晰地看到了目前淘宝这个大型分布式网站的架构体系，这个架构体系其实是非常多方面的技术的融合，要掌握好最重要的首先是看清全貌，但这也是最难的。本书向大家展示了一个大型分布式网站需要的技术的全貌。

翻看各大型网站的架构演变过程，会发现其中有一个显著的共同点是在某个阶段网站的架构体系改造为服务化的体系，也就是常说的 SOA，SOA 系统之间以服务的方式来进行交互，这样就保证了交互的标准性，对于一个庞大的多人开发的网站而言这至关重要，所以在实现 SOA 时重要的第一点是实现基本的服务方式的请求/响应，除了这点外，对于访问量巨大的网站而言，主要都是采用可水平伸缩的集群方式来支撑巨大的访问量，这会涉及在服务交互时需要做负载均衡的处理，较为简单的一种方式是采用硬件负载均衡设备，这种方式一方面会增加不少成本，另一方面会导致单点的巨大风险，因此目前各大网站多数采用软件负载的方式来实现服务的交互，如何去实现 SOA 是大型分布式网站的必备基础技能。

基于服务化主要是为了解决网站多元化、开发人员增加及访问量增加带来的水平伸缩问题，但数据量增长会带来更多复杂的问题，大型网站都是严重依赖缓存来提升性能的，数据量增长带来的效应就是单机会无法缓存所有的数据，需要引入分布式的缓存；数据量增长对于持久型的存储而言就更为复杂，通常会需要采用分库分表、引入 NoSQL 等方式来解决，对于带来的模糊查询等需求就更加复杂了，而现在的大型网站多数都有很多用户产生的数据，这也就导致了随着访问量的增长，多数情况下用户产生的数据量也会暴涨，因此数据量增长带来的这些问题也是必须学会如何去解决的。

近几年以来网站的安全形势越来越严峻，这里有一个关键的原因是多数开发在安全方面了解的知识比较少，导致开发的系统在安全上会非常欠缺考虑，但其实对于一个网站而言，安全是基本，尤其是电子商务类网站，一旦出现安全问题，很容易丧失难得建立起来的信任，因此在开发一个大型网站的时候安全的意识非常重要。

网站的稳定性是衡量一个网站的重要指标，对于一个大型网站而言，网站一两个小时不可用会引起严重的公众事件，如何去保障一个庞大的网站的稳定性，涉及不少技术知识。要保障网站的稳定性，首先最重要的是监控，要清楚地知道网站目前的运行状况、有问题的点的状况等，没有监控的网站就像是一辆没有油表的车；监控主要是帮助发现问题，在出现问题后最重要的不是去找到 bug 并修复，而是如何有效快速地恢复，例如最典型的有效手段是优雅降级（也就是 James Hamilton 那篇著名的《On Designing and Deploying Internet-Scale Services》中的 Gracefully Degrade）；在快速恢复了后，则需要定位出造成问题的根本原因，这需要很多经验、扎实的基本功和对各类排查工具的掌握。

对于一个大型网站而言，最宝贵的部分通常是积累下来的数据，怎样用上这些数据来提升帮助业务，除了对商业玩法的掌握外，技术上的难度也非常高，大数据技术也是近几年的热门话题，离线计算、实时流式计算等，都是现在的火热话题，涉及的技术点也非常多，对于一个大型网站的技术掌控者而言，这也是需要了解的知识点。

对于一个大型网站的架构师而言，最重要的是掌控一个网站的技术发展过程，很好地去控制每个阶段需要做什么，并确保每个阶段需要的技术布局是完善的，避免有空白点，相信本书涵盖的方方面面的知识点会给读者提供有效的帮助。

林昊（http://hellojava.info）
阿里巴巴集团资深技术专家
写于阿里巴巴西溪园区
2014 年 8 月

前　言

在大型网站架构的演变过程中，集中式的架构设计出于对系统的可扩展性、可维护性及成本等多方面因素的考虑，逐渐被放弃，转而采用分布式的架构设计。分布式架构的核心思想是采用大量廉价的 PC Server，构建一个低成本、高可用、高可扩展、高吞吐的集群系统，以支撑海量的用户访问和数据存储，理论上具备无限的扩展能力。分布式系统的设计，是一门复杂的学问，它涉及通信协议、远程调用，服务治理，系统安全、存储、搜索、监控、稳定性保障、性能优化、数据分析、数据挖掘等各个领域，对任何一个领域的深入挖掘，都能够编写一本篇幅不亚于本书的专门书籍。本书结合作者在阿里巴巴及淘宝网的实际工作经历，重点介绍大型分布式系统的架构设计，同时，为避免过度专注于理论而使得内容显得空洞，作者穿插介绍了很多实践的案例，尽量让每一个关键的技术点都落到实处，相信能够帮助读者更好地理解本书的内容。

内容大纲

全书共 5 章，章与章之间几乎是相互独立的，没有必然的前后依赖关系，因此，读者可以从任何一个感兴趣的专题开始阅读，但是，每一章的各个小节之间的内容是相互关联的，因此，最好按照原文的先后顺序阅读。

第 1 章主要介绍企业内部 SOA（Service Oriented Architecture，即面向服务的体系结构）架构的实现，包括 HTTP 协议的工作原理，基于 TCP 协议和基于 HTTP 协议的 RPC 实现，如何实现服务的路由和负载均衡，HTTP 服务网关的架构。

第 2 章介绍一些分布式系统所依赖的基础设施，包括分布式缓存，持久化存储。持久化存储又涵盖了传统的关系型数据库 MySQL，以及近年来开始流行 NOSQL 数据库如 HBase、Redis，消息系统及垂直化搜索引擎等。

第 3 章主要介绍如何保障互联网通信的安全性，包括一些常见攻击手段的介绍；常见的安全算法，如数字摘要、对称加密、非对称加密、数字签名、数字证书的原理和使用；常用通信认证方式，包括摘要认证、签名认证，以及基于 HTTPS 协议的安全通信；另外还介绍了通过 OAuth 协议的授权过程。

第 4 章介绍如何保障系统运行的稳定性，包括在线日志分析、集群监控、流量控制、性能优化，以及常用的 Java 应用故障排查工具和典型案例。

第 5 章介绍如何对海量数据进行分析，包括数据的采集、离线数据分析、流式数据分析、不同数据源间的数据同步和数据报表等。

本书并不假设读者在 Java 领域有很深的技术水平，但是，结合作者本人的工作经验和使用习惯，书中的大部分案例代码均采用 Java 来编写，并且运行在 Linux 环境之上，因此，读者最好对 Java 环境下的编程有一定的了解，并且熟悉 Linux 环境下的基本操作，以便能够更加顺利地阅读本书。

致谢

首先，要感谢我的家人，特别是我的妻子，在我占用大量周末、休假的时间进行写作的时候，能够给予极大的宽容、支持和理解，并对我悉心照顾且承担起了全部的家务，让我能够全身心地投入到写作之中，而无须操心一些家庭琐事，没有你的支持和鼓励，这本书是无法完成的。

同时，要感谢阿里巴巴及淘宝网，给我提供了合适的环境和平台，使自己的技能能够得以施展，并且，身处在一群业界的技术大牛中间，也得到了很多学习和成长的机会。另外，还要感谢我的主管飞悦对于写作开明的态度，以及一直以来的鼓励与支持，并在日常的工作中给予我的很多帮助。

最后，还要感谢博文视点的编辑们，本书能够这么快出版，离不开他们的敬业精神和一丝不苟的工作态度。

感悟

一年多以前，在接到编辑约稿即将开始动笔之前，自己曾信心满满地认为，应该能够比较顺利地完成这本书，因为写的内容自己都比较熟悉，而且平时工作当中也有一些笔记积累，不是从零开始的。但当真正开始写了以后才知道，理解领悟和用文字表达出来完全是两个层面的事情，日常工作中一些很普遍很常见的设计思路，可能是由一次次失败和挫折得到的经验教训演变而来。很多时候我们只知道 how，而忽略了 what 和 why，要解释清楚 what、why、how，甚至是 why not，并没有想象中的那么容易。当然，通过写作的过程，自己也将这些知识点从头到尾梳理了一遍，对这些知识的认识和理解也更加深入和全面。每次重新回过头来审阅书稿时，都会觉得某些知识点讲述得还不够透彻，需要进行补充，抑或是感觉对某些知识点的叙述不够清晰和有条理，还能够有更好的表述方式。但是，书不能一直写下去，在本书完稿之时，自己并没有想象中那样的兴奋或者放松，写作时的那种"战战兢兢，如履薄冰"的感觉，依然萦绕在心头，每一次落笔，都担心会不会因为自己的疏忽或者理解上的偏差，从而误导读者。由于时间的因素和写作水平的限制，书中难免会有错误和疏漏之处，恳请读者批评和指正。如有任何问题或者是建议，也可以通过如下方式与作者联系：

博客：chenkangxian.iteye.com

微博：http://weibo.com/u/2322720070

陈康贤

2014 年 5 月于杭州

目　　录

第 1 章　面向服务的体系架构（SOA） 1

本章主要介绍和解决以下问题，这些也是全书的基础：
- HTTP 协议的工作方式与 HTTP 网络协议栈的结构。
- 如何实现基于 HTTP 协议和 TCP 协议的 RPC 调用，它们之间有何差别，分别适应何种场景。
- 如何实现服务的动态注册和路由，以及软负载均衡的实现。

　　1.1　基于 TCP 协议的 RPC 3
　　　　1.1.1　RPC 名词解释 3
　　　　1.1.2　对象的序列化 4
　　　　1.1.3　基于 TCP 协议实现 RPC 6
　　1.2　基于 HTTP 协议的 RPC 9
　　　　1.2.1　HTTP 协议栈 9
　　　　1.2.2　HTTP 请求与响应 15
　　　　1.2.3　通过 HttpClient 发送 HTTP 请求 16
　　　　1.2.4　使用 HTTP 协议的优势 17
　　　　1.2.5　JSON 和 XML 18
　　　　1.2.6　RESTful 和 RPC 20
　　　　1.2.7　基于 HTTP 协议的 RPC 的实现 22
　　1.3　服务的路由和负载均衡 30
　　　　1.3.1　服务化的演变 30
　　　　1.3.2　负载均衡算法 33

        1.3.3　动态配置规则 39
        1.3.4　ZooKeeper 介绍与环境搭建 40
        1.3.5　ZooKeeper API 使用简介 43
        1.3.6　zkClient 的使用 47
        1.3.7　路由和负载均衡的实现 50
    1.4　HTTP 服务网关 54

第 2 章　分布式系统基础设施 58

本章主要介绍和解决如下问题：
- 分布式缓存 memcache 的使用及分布式策略，包括 Hash 算法的选择。
- 常见的分布式系统存储解决方案，包括 MySQL 的分布式扩展、HBase 的 API 及使用场景、Redis 的使用等。
- 如何使用分布式消息系统 ActiveMQ 来降低系统之间的耦合度，以及进行应用间的通信。
- 垂直化的搜索引擎在分布式系统中的使用，包括搜索引擎的基本原理、Lucene 详细的使用介绍，以及基于 Lucene 的开源搜索引擎工具 Solr 的使用。

    2.1　分布式缓存 60
        2.1.1　memcache 简介及安装 60
        2.1.2　memcache API 与分布式 64
        2.1.3　分布式 session 69
    2.2　持久化存储 71
        2.2.1　MySQL 扩展 72
        2.2.2　HBase 80
        2.2.3　Redis 91
    2.3　消息系统 95
        2.3.1　ActiveMQ & JMS 96
    2.4　垂直化搜索引擎 104
        2.4.1　Lucene 简介 105
        2.4.2　Lucene 的使用 108
        2.4.3　Solr 119
    2.5　其他基础设施 125

第 3 章　互联网安全架构 126

本章主要介绍和解决如下问题：
- 常见的 Web 攻击手段和防御方法，如 XSS、CRSF、SQL 注入等。
- 常见的一些安全算法，如数字摘要、对称加密、非对称加密、数字签名、数字证书等。

- 如何采用摘要认证方式防止信息篡改、通过数字签名验证通信双方的合法性，以及通过 HTTPS 协议保障通信过程中数据不被第三方监听和截获。
- 在开放平台体系下，OAuth 协议如何保障 ISV 对数据的访问是经过授权的合法行为。

3.1 常见的 Web 攻击手段 128
3.1.1 XSS 攻击 128
3.1.2 CRSF 攻击 130
3.1.3 SQL 注入攻击 133
3.1.4 文件上传漏洞 139
3.1.5 DDoS 攻击 146
3.1.6 其他攻击手段 149
3.2 常用的安全算法 149
3.2.1 数字摘要 149
3.2.2 对称加密算法 155
3.2.3 非对称加密算法 158
3.2.4 数字签名 162
3.2.5 数字证书 166
3.3 摘要认证 185
3.3.1 为什么需要认证 185
3.3.2 摘要认证的原理 187
3.3.3 摘要认证的实现 188
3.4 签名认证 192
3.4.1 签名认证的原理 192
3.4.2 签名认证的实现 193
3.5 HTTPS 协议 200
3.5.1 HTTPS 协议原理 200
3.5.2 SSL/TLS 201
3.5.3 部署 HTTPS Web 208
3.6 OAuth 协议 215
3.6.1 OAuth 的介绍 215
3.6.2 OAuth 授权过程 216

第 4 章 系统稳定性 218

本章主要介绍和解决如下问题：
- 常用的在线日志分析命令的使用和日志分析脚本的编写，如 cat、grep、wc、less 等命令的使用，以及 awk、shell 脚本的编写。

- 如何进行集群的监控，包括监控指标的定义、心跳检测、容量评估等。
- 如何保障高并发系统的稳定运行，如采用流量控制、依赖管理、服务分级、开关等策略，以及介绍如何设计高并发系统。
- 如何优化应用的性能，包括前端优化、Java 程序优化、数据库查询优化等。
- 如何进行 Java 应用故障的在线排查，包括一系列排查工具的使用，以及一些实际案例的介绍等。

4.1 在线日志分析 220
 4.1.1 日志分析常用命令 220
 4.1.2 日志分析脚本 230
4.2 集群监控 239
 4.2.1 监控指标 239
 4.2.2 心跳检测 247
 4.2.3 容量评估及应用水位 252
4.3 流量控制 255
 4.3.1 流量控制实施 255
 4.3.2 服务稳定性 260
 4.3.3 高并发系统设计 265
4.4 性能优化 277
 4.4.1 如何寻找性能瓶颈 277
 4.4.2 性能测试工具 285
 4.4.3 性能优化措施 292
4.5 Java 应用故障的排查 314
 4.5.1 常用的工具 314
 4.5.2 典型案例分析 331

第 5 章 数据分析 337

本章主要介绍和解决如下问题：
- 分布式系统中日志收集系统的架构。
- 如何通过 Storm 进行实时的流式数据分析。
- 如何通过 Hadoop 进行离线数据分析，通过 Hive 建立数据仓库。
- 如何将关系型数据库中存储的数据导入 HDFS，以及从 HDFS 中将数据导入关系型数据库。
- 如何将分析好的数据通过图形展示给用户。

5.1 日志收集 339
 5.1.1 inotify 机制 339
 5.1.2 ActiveMQ-CPP 343
 5.1.3 架构和存储 359
 5.1.4 Chukwa 362

5.2 离线数据分析 369
5.2.1 Hadoop 项目简介 370
5.2.2 Hadoop 环境搭建 374
5.2.3 MapReduce 编写 384
5.2.4 Hive 使用 389
5.3 流式数据分析 403
5.3.1 Storm 的介绍 404
5.3.2 安装部署 Storm 407
5.3.3 Storm 的使用 418
5.4 数据同步 422
5.4.1 离线数据同步 423
5.4.2 实时数据同步 429
5.5 数据报表 431
5.5.1 数据报表能提供什么 431
5.5.2 报表工具 Highcharts 432

参考文献 445

第 1 章
面向服务的体系架构（SOA）

伴随着互联网的快速发展和演进，不断变化的商业环境所带来的五花八门、无穷无尽的业务需求，使得原有的单一应用架构越来越复杂，越来越难以支撑业务体系的发展。因此，系统拆分便成了不可避免的事情，由此演变为垂直应用架构体系。

垂直应用架构解决了单一应用架构所面临的扩容问题，流量能够分散到各个子系统当中，且系统的体积可控，一定程度上降低了开发人员之间协同和维护的成本，提升了开发效率。

但是，当垂直应用越来越多，达到一定规模时，应用之间相互交互、相互调用便不可避免。否则，不同系统之间存在着重叠的业务，容易形成信息孤岛，重复造轮子。此时，相对核心的业务将会被抽取出来，作为单独的系统对外提供服务，达成业务之间相互复用，系统也因此演变为分布式应用架构体系[1]，如图1-1所示。

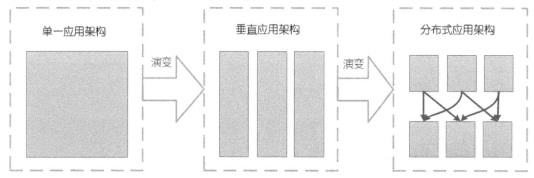

图1-1　分布式应用架构的演变

分布式应用架构所面临的首要问题，便是如何实现应用之间的远程调用（RPC）。基于HTTP协议的系统间的RPC，具有使用灵活、实现便捷（多种开源的Web服务器支持）、开放（国际标准）且天生支持异构平台之间的调用等多个优点，得到了广泛的使用。与之相对应的是基于TCP协议的实现版本，它效率更高，但实现起来更加复杂，且由于协议和标准的不同，难以进行跨平台和企业间的便捷通信。当服务越来越多时，使得原本基于F5、LVS等负载均衡策略、服务地址管理和配置变得相当复杂和烦琐，单点的压力也变得越来越大。服务的动态注册和路由、更加高效的负载均衡的实现，成为了亟待解决的问题。

本章主要介绍和解决以下问题，这些也是全书的基础：

- HTTP协议的工作方式与HTTP网络协议栈的结构。
- 如何实现基于HTTP协议和TCP协议的RPC调用，它们之间有何差别，分别适应何种场景。
- 如何实现服务的动态注册和路由，以及软负载均衡的实现。

1　分布式系统的演进及服务治理可以参照 http://code.alibabatech.com/wiki/display/dubbo/User+Guide-zh。

1.1 基于 TCP 协议的 RPC

1.1.1 RPC 名词解释

RPC的全称是Remote Process Call，即远程过程调用，它应用广泛，实现方式也很多，拥有RMI[2]、WebService[3]等诸多成熟的方案，在业界得到了广泛的使用。

单台服务器的处理能力受硬件成本的限制，不可能无限制地提升。RPC将原来的本地调用转变为调用远端的服务器上的方法，给系统的处理能力和吞吐量带来了近似于无限制提升的可能，这是系统发展到一定阶段必然性的变革，也是实现分布式计算的基础。

如图 1-2 所示，RPC 的实现包括客户端和服务端，即服务的调用方与服务的提供方。服务调用方发送 RPC 请求到服务提供方，服务提供方根据调用方提供的参数执行请求方法，将执行结果返回给调用方，一次 RPC 调用完成。关于调用方发起请求及服务提供方执行完请求的方法后返回结果的过程，和所涉及的调用参数及响应结果的序列化和反序列化操作，下节将详细介绍。

图 1-2　RPC 调用示意图

随着业务的发展，服务调用者的规模发展到一定阶段，对服务提供方的压力也日益增加，因此，服务需要进行扩容。而随着服务提供者的增加与业务的发展，不同的服务之间还需要进行分组，以隔离不同的业务，避免相互影响，在这种情况下，服务的路由和负载均衡则成为必须要考虑的问题，如图 1-3 所示。

服务消费者通过获取服务提供者的分组信息和地址信息进行路由，如果服务提供者为一个集群而非单台机器，则需要根据相应的负载均衡策略，选取其中一台进行调用，有关服务的路由和负载均衡，后续章节会详细介绍，此处不再赘述。

2　RMI，http://en.wikipedia.org/wiki/Java_remote_method_invocation。
3　WebService，http://en.wikipedia.org/wiki/Webservice。

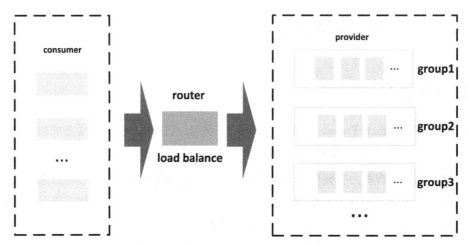

图 1-3　服务的分组路由与负载均衡架构

1.1.2　对象的序列化

无论是何种类型的数据，最终都需要转换成二进制流在网络上进行传输，那么在面向对象程序设计中，如何将一个定义好的对象传输到远端呢？数据的发送方需要将对象转换成为二进制流，才能在网络上进行传输，而数据的接收方则需要把二进制流再恢复为对象。

- 将对象转换为二进制流的过程称为**对象的序列化**。
- 将二进制流恢复为对象的过程称为**对象的反序列化**。

对象的序列化与反序列化有多种成熟的解决方案，较为常用的有 Google 的 Protocal Buffers、Java 本身内置的序列化方式、Hessian，以及后面要介绍的 JSON 和 XML 等，它们各有各的使用场景和优/缺点。图 1-4 所展示的是使用各种序列化方案将一个对象序列化为一个网络可传输的字节数组，然后再反序列化为一个对象的时间性能对比。

Google 的 Protocol Buffers 真正开源的时间并不长，但是其性能优异，在短时间内引起了广泛的关注。其优势是性能十分优异，支持跨平台，但使用其编程代码侵入性较强，需要编写 proto 文件，无法直接使用 Java 等面向对象编程语言的对象。相对于 Protocol Buffers，Hessian 的效率稍低，但是其对各种编程语言有着良好的支持，且性能稳定，比 Java 本身内置的序列化方式的效率要高很多。Java 内置的序列化方式不需要引入第三方包，使用简单，在对效率要求不是很敏感的场景下，也未尝不是一个好的选择。而后面章节要介绍的 XML 和 JSON 格式，在互联网领域，尤其是现在流行的移动互联网领域，得益于其跨平台的特性，得到了极为广泛的应用。

本节重点介绍 Java 内置的序列化方式和基于 Java 的 Hessian 序列化方式，并用代码演示具体实施方法。

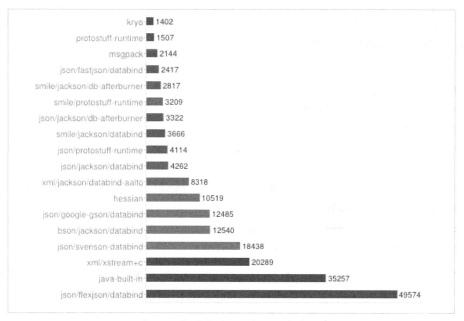

图 1-4 各种序列化方式的性能对比 [4]

以下是 Java 内置的序列化方式所实现的对象序列化和反序列化的关键代码:

```java
//定义一个字节数组输出流
ByteArrayOutputStream os = new ByteArrayOutputStream();
//对象输出流
ObjectOutputStream out = new ObjectOutputStream(os);
//将对象写入到字节数组输出,进行序列化
out.writeObject(zhansan);
byte[] zhansanByte = os.toByteArray();

//字节数组输入流
ByteArrayInputStream is = new ByteArrayInputStream(zhansanByte);
//执行反序列化,从流中读取对象
ObjectInputStream in = new ObjectInputStream(is);
Person person = (Person)in.readObject();
```

通过 java.io 包下的 ObjectOutputStream 的 writeObject 方法,将 Person 类的实例 zhansan 序列化为字节数组,然后再通过 ObjectInputStream 的 readObject 方法将字节数组反序列化为 person 对象。

---

4 对象序列化性能比较见 https://github.com/eishay/jvm-serializers/wiki。

使用Hessian进行序列化,需要引入其提供的二方包hessian-4.0.7.jar[5],针对基于Java的Hessian的序列化和反序列化的实现,关键代码如下:

```
ByteArrayOutputStream os = new ByteArrayOutputStream();
//Hessian 的序列化输出
HessianOutput ho = new HessianOutput(os);
ho.writeObject(zhansan);
byte[] zhansanByte = os.toByteArray();

ByteArrayInputStream is = new ByteArrayInputStream(zhansanByte);
//Hessian 的反序列化读取对象
HessianInput hi = new HessianInput(is);
Person person = (Person)hi.readObject();
```

通过 com.caucho.hessian.io 包下的 HessianOutput 的 writeObject 方法将 Person 类的实例 zhansan 序列化为字节数组,然后再通过 HessianInput 的 readObject 方法将字节数组反序列化还原为对象。

1.1.3　基于 TCP 协议实现 RPC

基于 Java 的 Socket API,我们能够实现一个简单 RPC 调用,在这个例子中,包括了服务的接口及接口的远端实现、服务的消费者与远端的提供方。基于 TCP 协议所实现的 RPC 的类图如图 1-5 所示。

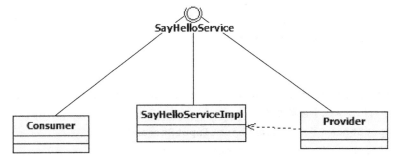

图 1-5　基于 TCP 的 RPC 实现类图

服务接口和实现都非常简单,它提供了一个 SayHello 方法,它有一个 String 类型的参数,通过该参数来识别究竟是返回 hello 还是 byebye,代码如下:

---

5 Hessian,http://hessian.caucho.com/#Java。

```java
public interface SayHelloService {

    /**
     * 问好的接口
     * @param helloArg 参数
     * @return
     */
    public String sayHello(String helloArg);
}
```

服务的实现：

```java
public class SayHelloServiceImpl implements SayHelloService {

    @Override
    public String sayHello(String helloArg) {

        if(helloArg.equals("hello")){
            return "hello";
        }else{
            return "bye bye";
        }
    }
}
```

服务消费者 Consumer 类的部分关键代码：

```java
//接口名称
String interfacename= SayHelloService.class.getName();

//需要远程执行的方法
Method method = SayHelloService.class.getMethod("sayHello", java.lang.String.class);

//需要传递到远端的参数
Object[] arguments = {"hello"};

Socket socket = new Socket("127.0.0.1", 1234);
```

```java
//将方法名称和参数传递到远端
ObjectOutputStream output = new ObjectOutputStream(socket.getOutputStream());
output.writeUTF(interfacename);  //接口名称
output.writeUTF(method.getName());  //方法名称
output.writeObject(method.getParameterTypes());
output.writeObject(arguments);

//从远端读取方法执行结果
ObjectInputStream input = new ObjectInputStream(socket.getInputStream());
Object result = input.readObject();
```

先取得接口的名称、需要调用的方法和需要传递的参数，并通过 Socket 将其发送到服务提供方，等待服务端响应结果。此处为了便于演示，使用的是阻塞式 I/O（下同），实际的生产环境中出于性能的考虑，往往使用前面所提到的非阻塞式 I/O，以提供更大的吞吐量。

服务提供者 Provider 类的部分关键代码：

```java
ServerSocket server = new ServerSocket(1234);
while(true) {
    Socket socket = server.accept();

    //读取服务信息
    ObjectInputStream input = new ObjectInputStream(socket.getInputStream());
    String interfacename = input.readUTF();  //接口名称
    String methodName = input.readUTF();  //方法名称
    Class<?>[] parameterTypes = (Class<?>[])input.readObject();  //参数类型
    Object[] arguments = (Object[])input.readObject();  //参数对象

    //执行调用
    Class serviceinterfaceclass = Class.forName(interfacename);
                                         //得到接口的 class
    Object service = services.get(interfacename);//取得服务实现的对象
    Method method = serviceinterfaceclass.getMethod(methodName, parameterTypes);//获得要调用的方法
    Object result = method.invoke(service, arguments);

    ObjectOutputStream output = new ObjectOutputStream(socket.getOutputStream());
    output.writeObject(result);
}
```

服务提供端事先将服务实例化好后放在 services 这个 Map 中（此处涉及服务的路由被简化处理了，后面章节会详细叙述），通过一个 while 循环，不断地接收新到来的请求，得到所需要的参数，包括接口名称、方法名称、参数类型和参数，通过 Java 的反射取得接口中需要调用的方法，执行后将结果返回给服务的消费者。

在真实的生产环境中，常常是多个客户端同时发送多个请求到服务端，服务端则需要同时接收和处理多个客户端请求，涉及并发处理、服务路由、复杂均衡等现实问题，以上这段代码显然是无法满足的。

1.2 基于 HTTP 协议的 RPC

1.2.1 HTTP 协议栈

HTTP 是 Hypertext Transfer Protocol（超文本传输协议）的缩写。它是万维网协会（World Wild Web Consortium）和 IETF（Internet Engineering Task Force）合作的成果，并逐步发展成为整个互联网信息交换的标准，当今普遍采用的版本是 HTTP1.1。

如图 1-6 所示，HTTP 协议属于应用层协议，它构建在 TCP 和 IP 协议之上，处于 TCP/IP 体系架构中的顶端，这样一来，它便不需要处理下层协议间诸如丢包补发、握手及数据的分段和重新组装等烦琐的细节，从而使开发人员可以专注于上层应用的设计。

协议是通信的规范，为了更好地理解 HTTP 协议，我们可以基于 Java 的 Socket API 接口，通过设计一个简单的应用层通信协议，来窥探协议实现的一些过程与细节。

协议请求和响应的格式如图 1-7 所示。

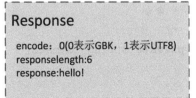

图 1-6　HTTP 网络协议栈　　　　　　图 1-7　协议请求和响应的格式

客户端会向服务端发送一条命令，服务端接收到命令后，会判断命令是否为"HELLO"，如果是"HELLO"，则返回给客户端的响应为"hello！"，否则返回给客户端的响应为"bye bye！"。协议实现的类图如图1-8所示。

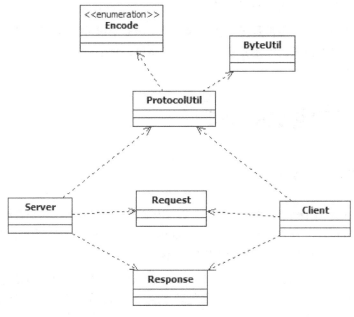

图1-8　协议实现的类图

协议请求的定义：

```java
public class Request {

    /**
     * 协议编码
     */
    private byte encode;

    /**
     * 命令
     */
    private String command;

    /**
     * 命令长度
     */
```

```java
    private int commandLength;
}
```

协议的请求主要包括编码、命令和命令长度三个字段。

协议响应的定义：

```java
public class Response {

    /**
     * 编码
     */
    private byte encode;

    /**
     * 响应长度
     */
    private int responseLength;

    /**
     * 响应
     */
    private String response;

}
```

协议响应主要包含编码、响应内容和响应内容长度三个字段。

客户端的实现。暂且将本地127.0.0.1定义为远端服务器，方便测试，关键代码如下：

```java
//请求
Request request = new Request();
request.setCommand("HELLO");
request.setCommandLength(request.getCommand().length());
request.setEncode(Encode.UTF8.getValue());

Socket client = new Socket("127.0.0.1",4567);
OutputStream output = client.getOutputStream();

//发送请求
ProtocolUtil.writeRequest(output, request);
```

```
//读取响应数据
InputStream input = client.getInputStream();
Response response = ProtocolUtil.readResponse(input);
```

客户端先构造一个 request 请求,通过 Socket 接口将其发送到远端,并接收远端的响应信息,构造成一个 response 对象。

服务端实现的部分关键代码:

```
ServerSocket server = new ServerSocket(4567);

while(true){

Socket client = server.accept();

    //读取响应数据
    InputStream input = client.getInputStream();
    Request request = ProtocolUtil.readRequest(input);

    OutputStream output = client.getOutputStream();

    //组装响应
    Response response = new Response();
    response.setEncode(Encode.UTF8.getValue());
    if(request.getCommand().equals("HELLO")){
        response.setResponse("hello!");
    }else{
        response.setResponse("bye bye!");
    }
    response.setResponseLength(response.getResponse().length());

    ProtocolUtil.writeResponse(output, response);

}
```

服务端接收客户端的请求,根据请求命令的不同,响应不同的消息。如果是 HELLO 命令,服务端将响应字符串"hello!",否则响应字符串"bye bye!"。

ProtocolUtil 的一部分关键代码：

```java
public class ProtocolUtil {

    public static Request readRequest(InputStream input) throws IOException{

        //读取编码
        byte[] encodeByte = new byte[1];
        input.read(encodeByte);
        byte encode = encodeByte[0];

        //读取命令长度
        byte[] commandLengthBytes = new byte[4];
        input.read(commandLengthBytes);
        int commandLength = ByteUtil.bytes2Int(commandLengthBytes);

        //读取命令
        byte[] commandBytes = new byte[commandLength];
        input.read(commandBytes);
        String command = "";
        if(Encode.GBK.getValue() == encode){
            command = new String(commandBytes,"GBK");
        }else{
            command = new String(commandBytes,"UTF8");
        }

        //组装请求返回
        Request request = new Request();
        request.setCommand(command);
        request.setEncode(encode);
        request.setCommandLength(commandLength);

        return request;

    }
}
```

```
    public static void writeResponse(OutputStream output,Response response)
throws IOException{
        //将response 响应返回给客户端
        output.write(response.getEncode());
        //output.write(response.getResponseLength()); 直接write 一个 int 类
型会截取低 8 位传输，丢弃高 24 位
        output.write(ByteUtil.int2ByteArray(response.getResponseLength()));
        if(Encode.GBK.getValue() == response.getEncode()){
            output.write(response.getResponse().getBytes("GBK"));
        }else{
            output.write(response.getResponse().getBytes("UTF8"));
        }
        output.flush();

    }

}
```

ProtocolUtil 的 readRequest 方法将从传递进来的输入流中读取请求的 encode、command、commandLength 三个参数，进行相应的编码转换，并构造成 Request 对象返回，而 writeResponse 方法的作用则是将 Response 对象中的字段根据对应的编码写入输出流中。

有一个细节需要注意，OutputStream中直接写入一个int类型，会截取其低 8 位，丢弃其高 24 位，因此，需要将基本类型先转换为字节流。Java采用的是Big Endian字节序[6]。无独有偶，所有的网络协议也都是采用Big Endian字节序来进行传输的。因此，我们在进行数据的传输时，需要先将其转换成Big Endian字节序；同理，在数据接收时，也需要进行相应的转换。

```
    public static int bytes2Int(byte[] bytes) {
        int num = bytes[3] & 0xFF;
        num |= ((bytes[2] << 8) & 0xFF00);
        num |= ((bytes[1] << 16) & 0xFF0000);
        num |= ((bytes[0] << 24) & 0xFF000000);
        return num;
    }
}
```

---

6 关于 Big Endian 和 Little Endian 字节序可参照 http://zh.wikipedia.org/wiki/字节序。

```java
public static byte[] int2ByteArray(int i) {
    byte[] result = new byte[4];
    result[0] = (byte)((i >> 24) & 0xFF);
    result[1] = (byte)((i >> 16) & 0xFF);
    result[2] = (byte)((i >> 8) & 0xFF);
    result[3] = (byte)(i & 0xFF);
    return result;
}
```

当然，这仅仅是一个简单的实现，只有学习意义，不具有实践价值。真正的协议在设计和实现过程中，客户端和服务端需要考虑并发连接的处理，以及性能、可靠性、数据完整性、编码、可扩展性、数据压缩、缓存等复杂的细节，此处不再一一细说。

1.2.2　HTTP 请求与响应

如图 1-9 所示，Web 浏览器与 Web 服务器之间的一次 HTTP 请求与响应过程，需要完成如下几个步骤。

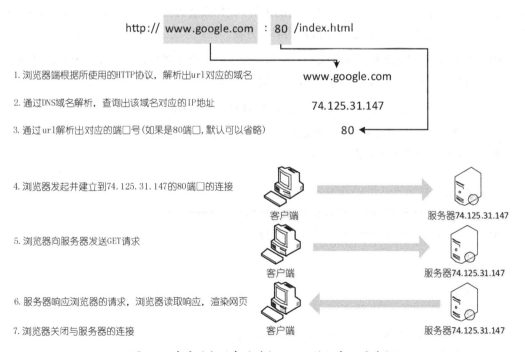

图 1-9　客户端与服务端进行 HTTP 协议交互的过程

首先，用户在浏览器地址栏中输入 http://www.google.com/index.html，如果不指定端口，浏览器会默认为 80 端口。

操作系统通过查找 DNS 服务器进行域名解析，得到 www.google.com 对应的 IP 地址（74.125.31.147）。

浏览器发起并建立到 IP 地址（74.125.31.147）的服务器 80 端口的连接，并向其发送 HTTP GET 请求。

服务端收到客户端发送的 HTTP GET 请求后，会响应一段 HTML 代码。浏览器根据接收到的 HTML 代码，下载相应的资源（如图片、样式文件、脚本文件等）并进行网页的渲染。这样，服务端的 HTML 文本便以图形化的形式展现在用户面前。

1.2.3　通过 HttpClient 发送 HTTP 请求

随着 HTTP 协议的广泛应用，它已经不仅仅局限于原来的浏览器/服务器（Browser/Server）模式。很多情况下，我们需要自己实现向服务端发送请求，以及解析服务端响应这个过程。但是，像之前一样通过 Socket API 来实现这一切，会带来相当大的工作量，并且这种工作是重复且没有价值的，还有可能导致一些不可预估的风险，比如底层的流处理、并发控制等。HttpClient 的出现，为这一系列问题提供了一个成熟的解决方案。

HttpClient 是著名的开源软件组织 Apache 基金会下的一个子项目，它对 HTTP 协议通信的过程进行了封装，提供高效且功能丰富的客户端编程工具包[7]。

下面的例子是一段通过 HttpClient 实现发送 HTTP GET 请求的代码：

```java
//url 前面请加上 HTTP 协议头，标明该请求为 HTTP 请求
String url = "http://www.google.com";

//组装请求
HttpClient httpClient = new DefaultHttpClient();
HttpGet httpGet = new HttpGet(url);

//接收响应
HttpResponse response = httpClient.execute(httpGet);

HttpEntity entity = response.getEntity();
```

7　HttpClient，http://hc.apache.org。

```
byte[] bytes = EntityUtils.toByteArray(entity);
String result = new String(bytes, "utf8");
```

这段代码向 Google 的服务器发送了一次 HTTP GET 请求，并且将服务器响应的内容按照 UTF8 的编码格式进行解码，得到服务端响应的 HTML 文档。

通过 HttpClient，我们可以较为容易地实现之前浏览器所做的部分工作，完成与服务端的请求与交互，这也是后面章节基于 HTTP 协议实现 RPC 的基础。

1.2.4 使用 HTTP 协议的优势

基于 TCP 协议实现的 RPC，由于处于如图 1-6 所示的协议栈的下层，能够更灵活地对协议字段进行定制，减少网络传输字节数，降低网络开销，提高性能，实现更大的吞吐量和并发数。但是需要更多地关注底层复杂的细节，实现的代价更高，且由于所定义协议自身的局限性，难以得到平台厂商和开源社区的支持，较难实现跨平台的调用。

随着互联网的深化发展，特别是移动互联网的兴起，应用程序对于跨平台的需求越来越突出，如果是基于 TCP 协议来实现 RPC，不同平台的移动终端应用程序，像 Andriod、HTML 5、iOS、Symbian 等，需要重新开发不同的工具包来进行请求发送和响应解析，工作量大，难以快速响应和满足用户的需求。基于 HTTP 协议的 RPC 可以使用 JSON 或者 XML 格式的响应数据，而 JSON 和 XML 作为通用的格式标准，开源的解析工具已经相当成熟，在其上进行二次开发屏蔽了很多底层烦琐的细节，非常便捷和简单。

随着请求规模的扩展，基于 TCP 协议 RPC 的实现，程序需要考虑多线程并发、锁、I/O 等复杂的底层细节的实现，实现起来较为复杂。在大流量高并发压力下，任意一个细小的错误，都会被无限放大，最终导致程序宕机。而对于基于 HTTP 协议的实现来说，很多成熟的开源 Web 容器已经帮其处理好了这些事情，如 Tomcat、Jboss、Apache 等，开发人员可以将更多的精力集中在业务的实现上，而非处理底层细节。

当然，基于 HTTP 协议的实现也有其处于劣势的一面。由于是上层协议，发送包含同等内容的信息，使用 HTTP 协议传输所占用的字节数肯定要比使用 TCP 协议传输所占用的字节数更多。因此，同等网络环境下，通过 HTTP 协议传输相同内容，效率会比基于 TCP 协议的数据传输要低，信息传输所占用的时间要更长。

当然，通过优化代码实现和使用 gzip 数据压缩，能够缩小这一差距。通过权衡利弊，结合实际环境中其性能对于用户体验的影响来看，基于 HTTP 协议的 RPC 还是有很大优势的。

1.2.5　JSON 和 XML

JSON[8]（JavaScript Object Notation）是一种轻量级的数据交换语言，以文字为基础，且易于让人阅读。尽管JSON是JavaScript的一个子集，但其独立于语言的文本格式，使得JSON成为理想的数据交换语言。

将对象序列化成为 JSON 格式，可以在网络上非常方便地进行传输，且各个平台几乎都拥有成熟的工具，能很快地将 JSON 反序列化为其对应语言所需要的格式。

将 Java 对象 person 序列化成为 JSON 格式，部分关键代码如下：

```java
Person person = new Person();
person.setAddress("hangzhou,china");
person.setAge(18);
person.setBirth(new Date());
person.setName("zhangsan");

//JSON 对象序列化
String personJson = null;
ObjectMapper mapper = new ObjectMapper();
StringWriter sw = new StringWriter();
JsonGenerator gen = new JsonFactory().createJsonGenerator(sw);
mapper.writeValue(gen, person);
gen.close();
personJson = sw.toString();
```

首先定义一个person对象，使用jackson-all-1.7.6.jar[9]工具包中的ObjectMapper类，通过传入JsonGenerator对象，将对象person序列化成为JSON格式，生成的JSON串如下：

{"age":18,"birth":1372856925139,"address":"hangzhou,china","name":"zhangsan"}

通过该工具，同样可以将上述 JSON 串反序列化成为 Java 对象，代码也很简单：

```java
//JSON 对象反序列化
Person zhangsan = (Person)mapper.readValue(personJson, Person.class);
```

只需要传入 JSON 串与 Person 类的 class，就可将其反序列化为 Person 类的对象。

XML[10]的全称是可扩展标记语言（Extensible Markup Language），可以用来标记数据、定义

8　JSON 的相关介绍见 http://www.json.org/json-zh.html。
9　下载地址为 http://jackson.codehaus.org/1.7.6/jackson-all-1.7.6.jar。
10　XML 的相关介绍见 https://zh.wikipedia.org/zh-cn/XML。

数据类型，是一种允许用户对自己的标记语言进行定义，用于标记电子文件使其具有结构性的源语言。 XML 提供统一的方法来描述和交换独立于应用程序或供应商的结构化数据，非常适合 Web 传输。

将 Java 对象序列化成 XML 格式，部分关键代码如下：

```
Person person = new Person();
person.setAddress("hangzhou,china");
person.setAge(18);
person.setBirth(new Date());
person.setName("zhangsan");

//将person对象序列化为XML
XStream xStream = new XStream(new DomDriver());
//设置person类的别名
xStream.alias("person", Person.class);
String personXML = xStream.toXML(person);
```

还是刚才相同的person对象，使用xstream-1.4.4.jar[11]包中的XStream类，先将person类的全称设置别名为person，以便于阅读，通过toXML方法将person对象序列化为如下XML文本：

```
<person>
  <name>zhangsan</name>
  <age>18</age>
  <address>hangzhou,china</address>
  <birth>2013-07-03 14:49:44.919 UTC</birth>
</person>
```

通过该工具，同样也能够轻易地将 XML 文本反序列化成为 Java 对象：

```
//将 XML 反序列化还原为 person 对象
Person zhangsan = (Person)xStream.fromXML(personXML);
```

只需要传入对应的 XML 文本，便可通过 XStream 的 fromXML 方法将其反序列化为 person 类的对象。

11　下载地址为 https://nexus.codehaus.org/content/repositories/releases/com/thoughtworks/xstream/xstream-distribution/1.4.4/xstream-distribution-1.4.4-bin.zip。

1.2.6 RESTful 和 RPC

本节主要介绍两种较为主流的 URL 链接风格，两种风格均得到了广泛的使用。一种是 RPC 风格，另一种是 REST 风格。

RPC 风格的 URL 比较好理解，直接在 HTTP 请求的参数中标明需要远程调用的服务接口名称、服务需要的参数即可，如下所示。

```
http://hostname/provider.do?service=com.http.sayhello&format=json&timestamp=
2013-07-07-13-22-09&arg1=arg1&arg2=arg2
```

hostname 表示服务提供方的主机名，service 表示远程调用的服务接口名称，format 表示返回参数的格式，timestamp 表示客户端请求的时间戳，arg1 和 arg2 表示服务所需要的参数。

而REST这个词，最早是Roy Thomas Fielding[12]在 2000 年的博士论文[13]中提出的。Fielding 是一个非常重要的人，他是HTTP协议（1.0 版和 1.1 版）的主要设计者、Apache服务器软件的作者之一、Apache基金会的第一任主席。所以，他的这篇论文一经发表，就立即引起了广泛的关注，并且对互联网产生了深远的影响。Fielding将他对互联网软件的架构原则定名为REST，即Representational State Transfer的缩写，翻译成中文便是表现层状态转换。

在表现层状态转换中，表现层其实指的是资源的表现层，资源是网络上的一个实体，可以是一张图片、一首歌曲、一段文本等，你可以使用 URL 来对其进行访问。而资源通过表现层呈现出来，比如图片可以通过 JPG 格式来表现，也可以通过 GIF 格式来表现，一段文本可以通过 HTML 来表现，也可以通过 JSON、XML 来表现。访问一个资源，需要客户端与服务端进行一定的交互，势必涉及数据和状态的变化。HTTP 协议是一种无状态协议，因此，所有的状态都保存在服务端。如果客户端想要操作服务端，必须通过某种手段，这种手段便是 HTTP 协议里的几种操作方式，如 GET、POST、PUT、DELETE。这便是 Fielding 所提出的 REST 原则的一个大致的思想，符合 REST 原则的设计，便称之为 RESTful 风格。

RESTful风格其中的一个思想是，通过HTTP请求对应的POST、GET、PUT、DELETE方法，来完成对应的CRUD[14]操作。

下面来看看 RESTful 风格的 URL，如图 1-10 所示。

---

12 Roy Thomas Fielding，http://en.wikipedia.org/wiki/Roy_Fielding。
13 Fielding 的博士论文见 http://www.ics.uci.edu/~fielding/pubs/dissertation/top.htm。
14 CRUD，http://en.wikipedia.org/wiki/Create,_read,_update_and_delete。

```
POST    http://hostname/people           创建name为zhangsan的people记录
GET     http://hostname/people/zhangsan  返回name为zhangsan的people记录
PUT     http://hostname/people/zhangsan  提交name为zhangsan的people记录更新
DELETE  http://hostname/people/zhangsan  删除name为zhangsan的people记录
```

图 1-10　RESTful 风格的 URL

为了方便实现和阐述原理，笔者采用SpringMVC[15]来实现RESTful风格的URL，部分代码如下：

```java
@Controller
public class PeopleController {

    @RequestMapping(value="/person", method=RequestMethod.POST)
    public String post( Model model) {
        //此处可以放置新增逻辑
        return "/result.jsp";
    }

    @RequestMapping(value="/person/{name}", method=RequestMethod.GET)
    public String get(@PathVariable("name") String name, Model model){
        //此处可以放置根据名称查找逻辑
        return "/result.jsp";
    }

    @RequestMapping(value="/person/{name}", method=RequestMethod.DELETE)
    public String delete(@PathVariable("name") String name, Model model){
        //此处可以放置删除逻辑
        return "/result.jsp";
    }

    @RequestMapping(value="/person/{name}", method=RequestMethod.PUT)
    public String put(@PathVariable("name") String name, Model model){
        //此处可以放置更新逻辑
        return "/result.jsp";
    }
}
```

15　SpringMVC showcase, http://blog.springsource.com/2010/07/22/spring-mvc-3-showcase。

对于同一个领域模型的处理，放在一个 Contoller 中，不同 method 的请求，对应不同的方法处理，一部分参数包含在 URL 中，业务流程更加清晰、简洁。

相对来说，RPC 风格的 URL 更接近于传统的设计模式，更容易被开发者所接受和理解，同时也更加方便传统应用的接入和使用。而 RESTful 风格的本意是用 HTTP 协议所定义的几种操作方式来代替 RPC 中通过参数传输的操作类型，URL 看起来更加简洁，抽象程度更高，对业务扩展和复用有利，但是理解和实现起来更加复杂，适合简单的数据类服务，而非复杂的非资源操作类服务。

不过，笔者通过一些小的灵活的变通，使 RESTful 也能跟 RPC 一样灵活地定义各种操作，当然，这可能并非当初设计者的初衷，如图 1-11 所示。

图 1-11　RESTful 可定义各种操作

URL 中 hostname 表示的是服务提供方的主机名，provider 表示访问的是服务提供方，sayhelloservice 是对应的服务接口名称，.json 表示的是需要服务端返回的数据格式，2013-07-07-13-22-09 表示的是客户端访问的时间戳，arg1 和 arg2 参数采用 POST 方式发送到服务端。服务端需要做相应的参数映射，才能在接收的时候进行一一对应，具体实施请参照下文的范例。

1.2.7　基于 HTTP 协议的 RPC 的实现

基于 Java 的 Servlet 接口，我们实现了基于 HTTP 协议的 RPC 风格的远程调用。同上文的基于 TCP 协议的远程调用类似，在这个例子中，也包含了服务的接口定义与实现，服务的消费者和远端的服务提供方，其类图如图 1-12 所示。

还是上文的那个例子，服务的接口与实现都非常简单，只不过这次 BaseService 提供了一个模板方法 execute，而非之前自定义的 sayHello 方法，这样设计可以减少一个参数，降低了 Java 反射带来的性能损失。

服务接口：

```
public interface BaseService {
    public Object execute(Map<String,Object> args);
}
```

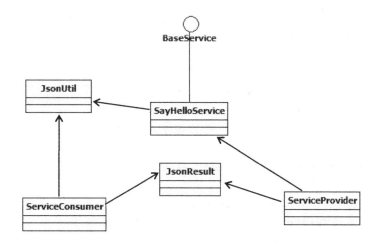

图 1-12 基于 HTTP 协议 RPC 风格 URL 的 RPC 实现

服务实现：

```
public class SayHelloService implements BaseService{

    public Object execute(Map<String, Object> args) {
        //request.getParameterMap() 取出来为 array,此处需要注意
        String[] helloArg = (String[]) args.get("arg1");

        if("hello".equals(helloArg[0])){
            return "hello";
        }else{
            return "bye bye";
        }
    }
}
```

服务消费者部分关键代码：

```
@Override
protected void doPost(HttpServletRequest req, HttpServletResponse resp)
        throws ServletException, IOException {
//参数
String service = "com.http.sayhello";
String format = "json";
String arg1 = "hello";
```

```java
String url = "http://localhost:8080//testhttprpc/provider.do?"+"service="
+ service + "&format=" + format + "&arg1=" + arg1;

//组装请求
HttpClient httpClient = new DefaultHttpClient();
HttpGet httpGet = new HttpGet(url);

//接收响应
HttpResponse response = httpClient.execute(httpGet);

HttpEntity entity = response.getEntity();
byte[] bytes = EntityUtils.toByteArray(entity);
String jsonresult = new String(bytes, "utf8");

JsonResult result = (JsonResult)JsonUtil.jsonToObject(jsonresult,
JsonResult.class);

resp.getWriter().write(result.getResult().toString());
}
```

服务消费者首先定义了要访问的服务名称，需要返回的数据格式，以及需要传输的参数，拼装好访问的 URL，接着 HttpClient 使用定义好的 URL，向服务端发送 HTTP GET 请求，服务端根据请求的格式做出响应，然后 JsonUtil 将响应的 JSON 串反序列化为 JsonResult 对象，最终将结果通过 HttpServletResponse 输出。

服务提供者部分关键代码：

```java
@Override
protected void doPost(HttpServletRequest req, HttpServletResponse resp)
        throws ServletException, IOException {
//基本参数
String servicename = req.getParameter("service");
String format = req.getParameter("format");

Map parameters = req.getParameterMap();

BaseService service = serviceMap.get(servicename);
Object result = service.execute(parameters);
```

```java
//生成JSON结果集
JsonResult jsonResult = new JsonResult();
jsonResult.setResult(result);
jsonResult.setMessage("success");
jsonResult.setResultCode(200);

String json = JsonUtil.getJson(jsonResult);
resp.getWriter().write(json);
}
```

服务提供者接收服务消费者的请求，获取请求的服务名称和需要的返回格式，找到需要调用的相应服务，并将剩余的参数传递给它，最后将结果按照服务消费者请求的格式返回。

返回的 JSON 对象定义：

```java
public class JsonResult {

    //结果状态码
    private int resultCode;
    //状态码解释消息
    private String message;
    //结果
    private Object result;
}
```

返回的 JSON 对象中定义了结果码 resultCode，用来标识请求执行结果的状态，而 message 则用来解释返回的 resultCode，result 为返回的结果对象。

Servlet 的配置：

```xml
<!-- 服务消费者 -->
<servlet>
    <servlet-name>ServiceConsumer</servlet-name>
    <servlet-class>com.http.testhttprpc.ServiceConsumer</servlet-class>
</servlet>
<servlet-mapping>
    <servlet-name>ServiceConsumer</servlet-name>
    <url-pattern>/consumer.do</url-pattern>
</servlet-mapping>
<!-- 服务提供方 -->
<servlet>
    <servlet-name>ServiceProvider</servlet-name>
```

```xml
        <servlet-class>com.http.testhttprpc.ServiceProvider</servlet-class>
</servlet>
<servlet-mapping>
        <servlet-name>ServiceProvider</servlet-name>
        <url-pattern>/provider.do</url-pattern>
</servlet-mapping>
```

上面的配置中定义了服务消费者和服务提供者的访问路径,以及对应的请求处理类。通过以上映射,HTTP 请求被转发到相应的处理逻辑。

除了 RPC 风格的 URL,前文所提到的 RESTful 风格的 URL,我们基于 SpringMVC 也做了实现。使用框架的好处便是很多细节都不需要自己亲自处理,框架会帮你完成,比如说 URL 与参数的映射,JSON 或者 XML 的序列化与反序列化操作,只需要进行简单的配置,便能实现强大的功能,让开发人员能够有更多的精力去处理业务逻辑。但使用框架的劣势也是相当明显的,一旦引入不成熟的框架后出了问题,处理问题所花费的时间,将远远超过引入框架所节约的时间。

前文所定义的服务接口 BaseService 与实现 SayHelloService,服务消费者的部分关键代码如下:

```java
@ResponseBody
@RequestMapping(value="/consumer", method=RequestMethod.GET)
public JsonResult consume() throws ClientProtocolException, IOException{

//参数
String service = "sayhelloservice";
String format = "json";
String arg1 = "hello";

SimpleDateFormat dateFormat = new SimpleDateFormat("yyyy-MM-dd-HH-mm-ss");
Date now = new Date();
String nowStr = dateFormat.format(now);

String url = "http://localhost:8080//testrestfulrpc/provider/" + service + "/" + nowStr + "." + format ;

//组装请求
HttpClient httpClient = new DefaultHttpClient();
HttpPost httpPost = new HttpPost(url);
```

```
List <NameValuePair> params = new ArrayList<NameValuePair>();
params.add(new BasicNameValuePair("arg1", arg1));
httpPost.setEntity(new UrlEncodedFormEntity(params, HTTP.UTF_8));

//接收响应
HttpResponse response = httpClient.execute(httpPost);

HttpEntity entity = response.getEntity();
byte[] bytes = EntityUtils.toByteArray(entity);
String jsonresult = new String(bytes, "utf8");

JsonResult jsonResult = (JsonResult)JsonUtil.jsonToObject(jsonresult,
JsonResult.class);

return jsonResult;
}
```

SpringMVC 通过@RequestMapping 注解来实现 URL 和参数的映射，ReqeustMethod.GET 则指定了只接受 HTTP GET 请求，请求 URL 最后的.json 决定了请求的返回类型为 JSON 格式，将其变为.xml，则会输出相应的 XML。由于 RESTful 风格 URL 样式的特殊性，因此 部分参数采用 POST 方式进行传输，接收到响应后，通过 JsonUtil 类将其转换为 JsonResult 对象，而@ResponseBody 注解支持将 jsonResult 对象直接序列化为请求 URL 后缀指定的格式输出。

服务提供者的部分关键代码如下：

```
@InitBinder
public void initBinder(WebDataBinder binder) {
//设置日期转换
SimpleDateFormat dateFormat = new SimpleDateFormat("yyyy-MM-dd-HH-mm-ss");
dateFormat.setLenient(false);
binder.registerCustomEditor(Date.class, new CustomDateEditor(dateFormat,
false));
}

@ResponseBody
@RequestMapping(value="/provider/{servicename}/{timestamp}",method=ReqeustMethod.POST)
public JsonResult provide(HttpServletRequest request,HttpServletResponse
response,@PathVariable("servicename") String servicename,@PathVariable
("timestamp") Date timestamp){
```

```java
Map parameters = request.getParameterMap();
BaseService service = serviceMap.get(servicename);
Object result = service.execute(parameters);

//生成JSON结果集
JsonResult jsonResult = new JsonResult();
jsonResult.setResult(result);
jsonResult.setMessage("success");
jsonResult.setResultCode(200);

return jsonResult;
}
```

initBinder 方法主要解决了日期类型参数的格式转换问题，用来解析 URL 中定义的 timestamp 参数，而@RequestMapping 注解定义了请求的 URL 映射，URL 中包含 servicename 和 timestamp 两个参数，且只处理 POST 请求。URL 对应的请求后缀是.json 还是.xml，将对应两种不同的输出格式。通过 servicename 找到相应的服务，从 request 中取得 POST 请求过来的参数，传递给服务的 execute 方法。执行完毕后，只需要配置@ResponseBody 注解，Spring 框架会将 jsonResult 对象转换为请求对应的格式输出。

部分 SpringMVC 配置：

```xml
<!-- 相关包扫描的基本路径，包括@Controller、@Service、@Configuration 等 -->
<context:component-scan base-package="com.http.testrestfulrpc" />

<!-- 开启 Spring MVC @Controller 模式 -->
<mvc:annotation-driven />

<bean id="contentNegotiatingViewResolver"
class="org.springframework.web.servlet.view.ContentNegotiatingViewResolver">
    <!-- 在没有扩展名时的默认展现形式 -->
    <property name="defaultContentType" value="application/xml" />

    <!-- 扩展名至 mimeType 的映射，即 /user.json => application/json -->
    <property name="mediaTypes">
        <map>
            <entry key="html" value="text/html" />
            <entry key="json" value="application/json" />
```

```xml
        <entry key="xml" value="application/xml" />
    </map>
</property>

<property name="defaultViews">
    <list>
        <ref bean="mappingJacksonJsonView" />
        <ref bean="marshallingView" />
    </list>
</property>
</bean>

<!-- 转换对象 -->
<bean id="jaxb2Marshaller" class="org.springframework.oxm.jaxb.Jaxb2Marshaller">
    <property name="classesToBeBound">
        <array>
            <value>com.http.testrestfulrpc.JsonResult</value>
        </array>
    </property>
</bean>

<!-- 输出为 JSON 数据 -->
<bean id="mappingJacksonJsonView"
    class="org.springframework.web.servlet.view.json.MappingJacksonJsonView">
    <property name="prefixJson" value="false" />
</bean>

<!-- 输出为 XML 数据 -->
<bean id="marshallingView"
    class="org.springframework.web.servlet.view.xml.MarshallingView">
    <constructor-arg ref="jaxb2Marshaller" />
</bean>
```

Spring 配置中包含了开启@Controller 注解及其扫描路径、返回数据的展现格式、需要进行序列化转换的类路径、序列化工具类及输出格式等，看起来比较复杂，且显得有点麻烦，但是配置的好处在于随着工程代码的增加，同等的规则只需要少量修改，就能够达到很好的复用，且规则能够统一管理和维护，这些对于业务繁杂的大型工程的维护来说，非常重要。

由于 HTTP 协议的广泛使用，使得基于 HTTP 协议的 RPC 能够很方便地完成跨平台，实现诸如 C#、PHP、C/C++、Java 之间的相互调用。并且，由 Web 容器来进行客户端连接的管理，一定程度上避免了复杂的并发连接处理与锁的控制等底层细节，简化了实现成本。有关于服务的路由和负载均衡的实施，下一节将会详细介绍。

1.3 服务的路由和负载均衡

1.3.1 服务化的演变

分布式应用架构体系对于业务逻辑复用的需求十分强烈，上层业务都想借用已有的底层服务，来快速搭建更多、更丰富的应用，降低新业务开展的人力和时间成本，快速满足瞬息万变的市场需求。公共的业务被拆分出来，形成可共用的服务，最大程度地保障了代码和逻辑的复用，避免重复建设，这种设计也称为 SOA（Service-Oriented Architecture）。

SOA 架构中，服务消费者通过服务名称，在众多服务中找到要调用的服务的地址列表，称为服务的路由，如图 1-13 所示。

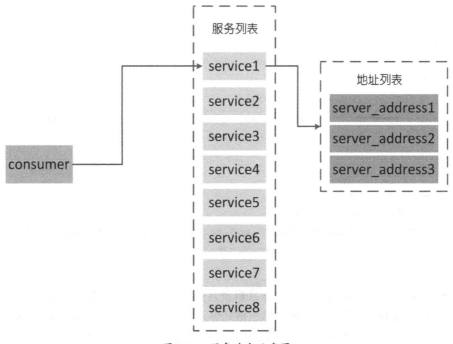

图 1-13　服务路由示意图

而对于负载较高的服务来说，往往对应着由多台服务器组成的集群。在请求到来时，为了将请求均衡地分配到后端服务器，负载均衡程序将从服务对应的地址列表中，通过相应的负载均衡算法和规则，选取一台服务器进行访问，这个过程称为服务的负载均衡，如图1-14所示。

图1-14　服务负载均衡示意图

当服务的规模较小时，可以采用硬编码的方式将服务地址和配置写在代码中，通过编码的方式来解决服务的路由和负载均衡问题，也可以通过传统的硬件负载均衡设备如F5等，或者采用LVS或Nginx等软件解决方案，通过相关配置，来解决服务的路由和负载均衡问题，如图1-15所示。由于服务的机器数量在可控范围内，因此维护成本能够接受。

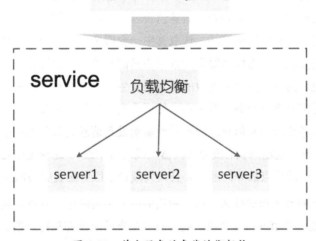

图1-15　单个服务的负载均衡架构

当服务越来越多，规模越来越大时，对应的机器数量也越来越庞大，如图1-16所示。单靠人工来管理和维护服务及地址的配置信息，已经越来越困难。并且，依赖单一的硬件负载均衡设备或者使用LVS、Nginx等软件方案进行路由和负载均衡调度，单点故障的问题也开始凸显，一旦服务路由或者负载均衡服务器宕机，依赖它的所有服务均将失效。

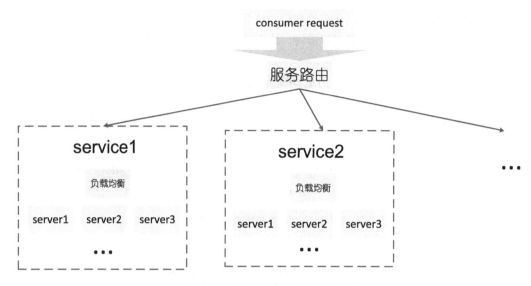

图 1-16　多服务路由与负载均衡架构

此时，需要一个能够动态注册和获取服务信息的地方，来统一管理服务名称和其对应的服务器列表信息，称之为服务配置中心。如图 1-17 所示，服务提供者在启动时，将其提供的服务名称、服务器地址注册到服务配置中心，服务消费者通过服务配置中心来获得需要调用的服务的机器列表，通过相应的负载均衡算法，选取其中一台服务器进行调用。当服务器宕机或者下线时，相应的机器需要能够动态地从服务配置中心里面移除，并通知相应的服务消费者，否则服务消费者就有可能因为调用到已经失效的服务而发生错误。在这个过程中，服务消费者只有在第一次调用服务时需要查询服务配置中心，然后将查询到的信息缓存到本地，后面的调用直接使用本地缓存的服务地址列表信息，而不需要重新发起请求到服务配置中心去获取相应的服务地址列表，直到服务的地址列表有变更（机器上线或者下线）。这种无中心化的结构解决了之前负载均衡设备所导致的单点故障问题，并且大大减轻了服务配置中心的压力。

基于 ZooKeeper 的持久和非持久节点，我们能够近乎实时地感知到后端服务器的状态（上线、下线、宕机）。通过集群间 zab 协议，使得服务配置信息能够保持一致。而 ZooKeeper 本身容错特性和 leader 选举机制，能保障我们方便地进行扩容。通过 ZooKeeper 来实现服务动态注册、机器上线与下线的动态感知，扩容方便，容错性好，且无中心化结构能够解决之前使用负载均衡设备所带来的单点故障问题，只有当配置信息更新时才会去 ZooKeeper 上获取最新的服务地址列表，其他时候使用本地缓存即可。基于 ZooKeeper 的服务配置中心的搭建，后面章节会有详细介绍，此处不再赘述。

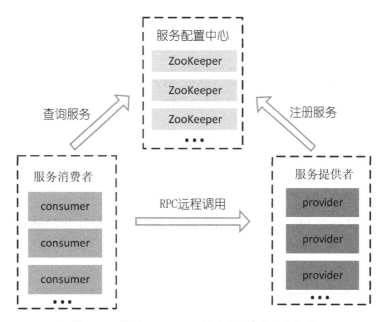

图 1-17 基于 ZooKeeper 的路由和负载均衡架构

1.3.2 负载均衡算法

前面提到服务消费者从服务配置中心获取到服务的地址列表后，需要选取其中一台来发起 RPC 调用。如何选择，则取决于具体的负载均衡算法，对应于不同的场景，选择的负载均衡算法也不尽相同。负载均衡算法的种类很多，常见的负载均衡算法包括轮询法、随机法、源地址哈希法、加权轮询法、加权随机法、最小连接法等，应根据具体的使用场景选取对应的算法。

1. 轮询（Round Robin）法

轮询很容易理解，将请求按顺序轮流地分配到后端服务器上，它均衡地对待后端每一台服务器，而不关心服务器实际的连接数和当前的系统负载。

这里通过初始化一个 serverWeightMap 的 Map 变量来表示服务器地址和权重的映射，以此来模拟轮询算法的实现，其中设置的权重值在后面加权算法时会使用到，此处暂且按下不表，该变量初始化如下：

```
serverWeightMap = new HashMap<String,Integer>();
serverWeightMap.put("192.168.1.100", 1);
serverWeightMap.put("192.168.1.101", 1);
//权重为4
serverWeightMap.put("192.168.1.102", 4);
```

```
serverWeightMap.put("192.168.1.103", 1);
serverWeightMap.put("192.168.1.104", 1);
//权重为3
serverWeightMap.put("192.168.1.105", 3);
serverWeightMap.put("192.168.1.106", 1);
//权重为2
serverWeightMap.put("192.168.1.107", 2);
serverWeightMap.put("192.168.1.108", 1);
serverWeightMap.put("192.168.1.109", 1);
serverWeightMap.put("192.168.1.110", 1);
```

其中 IP 地址 192.168.1.102 的权重为 4，192.168.1.105 的权重为 3，192.168.1.107 的权重为 2。通过该地址列表，实现的轮询算法的部分关键代码如下：

```
//轮询
public static String testRoundRobin(){

    //重新创建一个map，避免出现由于服务器上线和下线导致的并发问题
    Map<String,Integer> serverMap = new HashMap<String,Integer>();
    serverMap.putAll(serverWeightMap);

    //取得IP地址list
    Set<String> keySet = serverMap.keySet();
    ArrayList<String> keyList = new ArrayList<String>();
    keyList.addAll(keySet);

    String server = null;

    synchronized (pos) {
        if(pos >= keySet.size()){
            pos = 0;
        }
        server = keyList.get(pos);
        pos ++;
    }

    return server;

}
```

由于 serverWeightMap 中的地址列表是动态的，随时可能有机器上线、下线或者宕机，因

此，为了避免可能出现的并发问题，如数组越界，通过新建方法内的局部变量 serverMap，先将域变量复制到线程本地，以避免被多个线程修改。这样可能会引入新的问题，复制以后 serverWeightMap 的修改将无法反映给 serverMap，也就是说，在这一轮选择服务器的过程中，新增服务器或者下线服务器，负载均衡算法中将无法获知。新增比较好处理，而当服务器下线或者宕机时，服务消费者将有可能访问到不存在的地址。因此，在服务消费者的实现端需要考虑该问题，并且进行相应的容错处理，比如重新发起一次调用。

对于当前轮询的位置变量 pos，为了保证服务器选择的顺序性，需要在操作时对其加上 synchronized 锁，使得在同一时刻只有一个线程能够修改 pos 的值，否则当 pos 变量被并发修改，则无法保证服务器选择的顺序性，甚至有可能导致 keyList 数组越界。

使用轮询策略的目的在于，希望做到请求转移的绝对均衡，但付出的性能代价也是相当大的。为了 pos 保证变量修改的互斥性，需要引入重量级的悲观锁 synchronized，将会导致该段轮询代码的并发吞吐量发生明显的下降。

2. 随机（Random）法

通过系统随机函数，根据后端服务器列表的大小值来随机选取其中一台进行访问。由概率统计理论可以得知，随着调用量的增大，其实际效果越来越接近于平均分配流量到每一台后端服务器，也就是轮询的效果。

随机算法的部分关键代码：

```java
//随机
public static String testRandom(){

    //重新创建一个map，避免出现由于服务器上线和下线导致的并发问题
    Map<String,Integer> serverMap = new HashMap<String,Integer>();
    serverMap.putAll(serverWeightMap);

    //取得IP地址list
    Set<String> keySet = serverMap.keySet();
    ArrayList<String> keyList = new ArrayList<String>();
    keyList.addAll(keySet);

    Random random = new Random();
    int randomPos = random.nextInt(keyList.size());

    String server = keyList.get(randomPos);
    return server;
}
```

当然，跟前面类似，为了避免可能出现的并发问题，需要将 serverWeightMap 复制到 serverMap 中。通过 Random 的 nextInt 方法，取到在 0～keyList.size()区间的一个随机值，从而从服务器列表中随机获取到一台服务器地址，进行返回。基于概率统计的理论，吞吐量越大，随机算法的效果越接近于轮询算法的效果。因此，你还会考虑一定要使用需要付出一定性能代价的轮询算法吗？

3. 源地址哈希（Hash）法

源地址哈希的思想是获取客户端访问的 IP 地址值，通过哈希函数计算得到一个数值，用该数值对服务器列表的大小进行取模运算，得到的结果便是要访问的服务器的序号。采用哈希法进行负载均衡，同一 IP 地址的客户端，当后端服务器列表不变时，它每次都会被映射到同一台后端服务器进行访问。

源地址哈希算法实现的部分关键代码：

```java
public static String testConsumerHash(String remoteip){

    //重新创建一个map，避免出现由于服务器上线和下线导致的并发问题
    Map<String,Integer> serverMap = new HashMap<String,Integer>();
    serverMap.putAll(serverWeightMap);

    //取得IP地址list
    Set<String> keySet = serverMap.keySet();
    ArrayList<String> keyList = new ArrayList<String>();
    keyList.addAll(keySet);

    int hashCode = remoteip.hashCode();
    int serverListSize = keyList.size();
    int serverPos = hashCode % serverListSize;

    return keyList.get(serverPos);
}
```

通过参数传入的客户端 remoteip 参数，取得它的哈希值，对服务器列表的大小取模，结果便是选用的服务器在服务器列表中的索引值。该算法保证了相同的客户端 IP 地址将会被"哈希"到同一台后端服务器，直到后端服务器列表变更。根据此特性可以在服务消费者与服务提供者之间建立有状态的 session 会话。

4. 加权轮询（Weight Round Robin）法

不同的后端服务器可能机器的配置和当前系统的负载并不相同，因此它们的抗压能力也不

尽相同。给配置高、负载低的机器配置更高的权重，让其处理更多的请求，而低配置、负载高的机器，则给其分配较低的权重，降低其系统负载，加权轮询能很好地处理这一问题，并将请求顺序且按照权重分配到后端。

加权轮询算法实现的部分关键代码：

```java
//加权轮询
public static String testWeightRoundRobin(){

    //重新创建一个map，避免出现由于服务器上线和下线导致的并发问题
    Map<String,Integer> serverMap = new HashMap<String,Integer>();
    serverMap.putAll(serverWeightMap);

    //取得IP地址list
    Set<String> keySet = serverMap.keySet();
    Iterator<String> it = keySet.iterator();

    List<String> serverList = new ArrayList<String>();

    while(it.hasNext()){
        String server = it.next();
        Integer weight = serverMap.get(server);
        for(int i = 0; i < weight; i ++){
            serverList.add(server);
        }
    }

    String server = null;

    synchronized (pos) {
        if(pos >= serverList.size()){
            pos = 0;
        }
        server = serverList.get(pos);
        pos ++;
    }

    return server;
}
```

与轮询算法类似，只是在获取服务器地址之前增加了一段权重计算的代码，根据权重的大小，将地址重复地增加到服务器地址列表中，权重越大，该服务器每轮所获得的请求数量越多。

5. 加权随机（Weight Random）法

与加权轮询法类似，加权随机法也根据后端服务器不同的配置和负载情况，配置不同的权重。不同的是，它是按照权重来随机选取服务器的，而非顺序。

加权随机实现的部分关键代码：

```java
//加权随机
public static String testWeightRandom(){

    //重新创建一个map，避免出现由于服务器上线和下线导致的并发问题
    Map<String,Integer> serverMap = new HashMap<String,Integer>();
    serverMap.putAll(serverWeightMap);

    //取得IP地址list
    Set<String> keySet = serverMap.keySet();
    Iterator<String> it = keySet.iterator();

    List<String> serverList = new ArrayList<String>();

    while(it.hasNext()){
        String server = it.next();
        Integer weight = serverMap.get(server);
        for(int i = 0; i < weight; i ++){
            serverList.add(server);
        }
    }

    Random random = new Random();
    int randomPos = random.nextInt(serverList.size());
    String server = serverList.get(randomPos);

    return server;
}
```

前面我们费尽心思来实现服务消费者请求次数分配的均衡，我们知道这样做是没错的，可以为后端的多台服务器平均分配工作量，最大程度地提高服务器的利用率，但是，实际情况真的如此吗？在实际情况中，请求次数的均衡真的能代表负载的均衡吗？我们必须认真地思考这

个问题。从算法实施的角度来看，以后端服务器的视角来观察系统的负载，而非请求发起方来观察。因此，我们得有其他的算法来实现可供选择，最小连接数法便属于此类算法。

6. 最小连接数（Least Connections）法

最小连接数算法比较灵活和智能，由于后端服务器的配置不尽相同，对于请求的处理有快有慢，它正是根据后端服务器当前的连接情况，动态地选取其中当前积压连接数最少的一台服务器来处理当前请求，尽可能地提高后端服务器的利用效率，将负载合理地分流到每一台机器。由于最小连接数涉及服务器连接数的汇总和感知，设计与实现较为烦琐，此处不再细说，留给读者自行实现。

1.3.3 动态配置规则

固定的策略在有些时候还是无力满足千变万化的需求，对于开发者来说，一方面需要支持特定用户的独特需求，另一方面又得尽可能地复用代码，避免重复开发，导致维护成本增加，这便需要将这部分特殊的需求剥离出来，采用动态配置规则的方式来实现。

由于 Groovy 脚本语言能够直接编译成 Java 的 class 字节码，运行在 Java 虚拟机上，且能够很好地跟 Java 进行交互，因此这里通过 Groovy 语言，利用其动态特性，来实现负载均衡规则的动态配置。

规则类动态加载与执行：

```
GroovyClassLoader groovyClassLoad = new GroovyClassLoader(Thread.
currentThread().getContextClassLoader());
Class<?> groovyClass = groovyClassLoad.parseClass(sourceCode);
GroovyObject groovyObject = (GroovyObject) groovyClass.newInstance();
String server = (String) groovyObject.invokeMethod("execute", serverWeightMap);
```

首先新建一个 groovyClassLoad，用来将 Groovy 的 class 加载到 Java 虚拟机（JVM）的内存当中，具体来说应该是 JVM 内存的 Perm 区，以便在对象新建时能够通过 classload 找到该 class。groovyClassLoad 需要以当前 Java 的 classload 作为参数，因此这里将上下文类加载器 Thread.currentThread().getContextClassLoader() 传入进去。然后通过 groovyClassLoad 的 parseClass 方法，将字符串 sourceCode 所表示的 Groovy 规则定义加载到内存中。通过 newInstance 方法新建一个 GroovyObject，将服务器列表参数传进去，然后执行它的 execute 方法。最终规则执行后，将从服务器列表中选择一台服务器 server 返回。

对应的规则其实就是一个 Groovy 的 class，可以将其看作一段文本，配置在相关的配置文件中，抑或是通过后文即将介绍的 ZooKeeper 的 watcher 机制，将其配置在 ZooKeeper 服务器上，达到不重启应用配置即可生效的效果。

用 Groovy 实现的随机算法：

```groovy
class DynamicRule {
    def execute(serverListMap){
        def serverMap =[:];
        serverMap.putAll(serverListMap);

        //取得IP 地址 list
        def keySet = serverMap.keySet();
        def keyList = new ArrayList<String>();
        keyList.addAll(keySet);

        def random = new Random();
        def randomPos = random.nextInt(keyList.size());

        String server = keyList.get(randomPos);
        return server;
    }
}
```

通过动态地配置负载均衡算法规则，能够在满足业务需求千变万化的前提下，尽可能保持代码的独立性和可复用性，解决之前业务和编码之间的矛盾。当新的业务需求需要新的负载均衡规则时，只需要相关业务方编写好相应的 Groovy 脚本，在工程中配置好即可，不需要进行相应代码的修改。如果基于 ZooKeeper 的 watch 机制来实现，甚至都不需要应用重启就能够完成规则的切换。

1.3.4　ZooKeeper 介绍与环境搭建

ZooKeeper[16]是Hadoop下的一个子项目，它是一个针对大型分布式系统的可靠的协调系统，提供的功能包括配置维护、名字服务、分布式同步、组服务等。ZooKeeper是可以集群复制的，集群间通过Zab（Zookeeper Atomic Broadcast）协议来保持数据的一致性。该协议看起来像是Paxos协议的某种变形，该协议包括两个阶段：leader election阶段和Atomic broadcas阶段。集群中将选举出一个leader，其他的机器则称为follower，所有的写操作都被传送给leader，并通过broadcas将所有的更新告诉follower。当leader崩溃或者leader失去大多数的follower时，需要重新选举出一个新的leader，让所有的服务器都恢复到一个正确的状态。当leader被选举出来，且大多数服务器完成了和leader的状态同步后，leader election的过程就结束了，将进入Atomic broadcas

---

16 ZooKeeper 的概述性介绍见 http://zookeeper.apache.org/doc/trunk/zookeeperOver.html。

的过程。Atomic broadcas同步leader和follower之间的信息，保证leader和follower具有相同的系统状态。ZooKeeper集群的结构如图1-18所示。

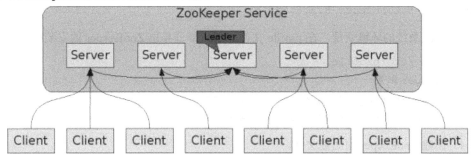

图 1-18　ZooKeeper集群结构 [17]

ZooKeeper 的核心其实类似一个精简的文件系统，提供一些简单的操作和一些附加的抽象（例如，znode 的排序与 watch），并且集群的部署方式使其具有较高的可靠性。Zookeeper 的协作过程简化了松散耦合系统之间的交互，即使参与者彼此不知道对方的存在，也能够相互发现并且完成交互。

笔者使用Linux的发行版Ubuntu[18]来完成ZooKeeper运行环境的搭建，ZooKeeper可以运行在单机模式和集群模式，对于学习的目的来说，单机模式已经完全够用，因此本节将只介绍单机模式环境的搭建[19]。由于ZooKeeper是基于Java开发的，因此，首先应该保证Linux上有Java运行的环境，关于Linux下Java环境的搭建，网上相关的文章已经很多了，此处就不再介绍。

（1）进入/usr 目录，使用 wget 命令从官网下载 ZooKeeper。

```
sudo wget http://mirror.bjtu.edu.cn/apache/ZooKeeper/ZooKeeper-3.3.6/ZooKeeper-3.3.6.tar.gz
```

```
longlong@ubuntu:/usr$ sudo wget http://mirror.bjtu.edu.cn/apache/zookeeper/zookeeper-3.3.6/zookeeper-3.3.6.tar.gz
--2013-07-16 19:19:30--  http://mirror.bjtu.edu.cn/apache/zookeeper/zookeeper-3.3.6/zookeeper-3.3.6.tar.gz
Resolving mirror.bjtu.edu.cn... 60.247.46.223, 2001:da8:205::58
Connecting to mirror.bjtu.edu.cn|60.247.46.223|:80... connected.
HTTP request sent, awaiting response... 200 OK
Length: 11833706 (11M) [application/octet-stream]
Saving to: `zookeeper-3.3.6.tar.gz'

100%[======================================>] 11,833,706  599K/s   in 19s

2013-07-16 19:19:50 (599 KB/s) - `zookeeper-3.3.6.tar.gz' saved [11833706/11833706]
```

（2）解压下载的 ZooKeeper-3.3.6.tar.gz 包，重命名目录 ZooKeeper-3.3.6 为 ZooKeeper，删除下载的 ZooKeeper-3.3.6.tar.gz 包。

17　图片来源 http://zookeeper.apache.org/doc/trunk/images/zkservice.jpg。

18　Ubuntu，http://www.ubuntu.com。

19　集群模式的搭建见 http://zookeeper.apache.org/doc/trunk/zookeeperOver.html。

```
sudo tar -xf ZooKeeper-3.3.6.tar.gz
sudo mv ZooKeeper-3.3.6 ZooKeeper
sudo rm -f ZooKeeper-3.3.6.tar.gz
```

（3）修改系统的环境变量，在 profile 文件的最后部分导出 ZooKeeper 的安装路径。

```
sudo vim /etc/profile。
# ZooKeeper 配置
export ZOOKEEPER_INSTALL=/usr/ZooKeeper
export PATH=$PATH:$ZOOKEEPER_INSTALL/bin
```

（4）创建 ZooKeeper 的配置文件。

```
cd ZooKeeper/conf
cp zoo_sample.cfg zoo.cfg
```

（5）执行 vim zoo.cfg，将配置文件修改成如下内容。

```
#内容
tickTime=2000    #ZooKeeper 服务器心跳时间，单位为 ms
initLimit=10     #投票选举新 leader 的初始化时间
syncLimit=5 #leader 与 follower 心跳检测最大容忍时间，响应超过 syncLimit*tickTime，
leader 认为 follwer 死掉，从服务器列表中删除 follwer
clientPort=2181  #端口
dataDir=/tmp/ZooKeeper/data   #数据目录
dataLogDir=/tmp/ZooKeeper/log  #日志目录
```

（6）创建配置中的相应目录。

```
cd /tmp
mkdir ZooKeeper
cd ZooKeeper
mkdir log
mkdir data
```

（7）启动 ZooKeeper。

```
cd /usr/ZooKeeper/bin
./zkServer.sh start
```

```
longlong@ubuntu:/usr/zookeeper/bin$ ./zkServer.sh start
JMX enabled by default
Using config: /usr/zookeeper/bin/../conf/zoo.cfg
Starting zookeeper ... STARTED
```

（8）可以使用 ZooKeeper 自带的客户端工具 zkCli.sh 来查看 ZooKeeper 的节点建立情况。

```
[zk: localhost:2181(CONNECTED) 1] help
ZooKeeper -server host:port cmd args
    connect host:port
    get path [watch]
    ls path [watch]
    set path data [version]
    delquota [-n|-b] path
    quit
    printwatches on|off
    create [-s] [-e] path data acl
    stat path [watch]
    close
    ls2 path [watch]
    history
    listquota path
    setAcl path acl
    getAcl path
    sync path
    redo cmdno
    addauth scheme auth
    delete path [version]
    setquota -n|-b val path
```

（9）查看"/"下面的节点。

`ls /`

```
[zk: localhost:2181(CONNECTED) 2] ls /
[chenkangxian1, root, zookeeper, rootq]
```

1.3.5　ZooKeeper API 使用简介

ZooKeeper 实现了一个层次命名空间的数据模型，也可以认为它就是一个小型的、精简的文件系统。它的每个节点称为 znode，znode 除了本身能够包含一部分数据之外，还能够拥有子节点，当节点上的数据发生变化，或者其子节点发生变化时，基于 watcher 机制，会发出相应的通知给订阅其状态变化的客户端。

首先，实例化一个 ZooKeeper 对象，指定其三个参数。url 为 ZooKeeper 服务器的地址。sessionTimeOut 为会话的超时时间，ZooKeeper 的会话超时时间的长度由客户端来确定，但是 ZooKeeper 的 Server 端会有两个配置，minSessionTimeout 和 maxSessionTimeout，minSessionTimeout 的值默认为 2 倍 tickTime，maxSessionTimeout 的值默认为 20 倍 tickTime，单位都为 ms。tickTime 也是服务端的一个配置项，是 Server 内部控制时间逻辑的最小时间单位，如果客户端发来的 sessionTimeout 超过 minSessionTimeout～maxSessionTimeout 这个范围，Server 会自动取 minSessionTimeout 或 maxSessionTimeout 作为 sessionTimeout，然后为这个 Client 新建一个 session 对象。最后一个参数为默认的 watcher。如果包含 boolean watch 的读方法中传入 true，则将默认 watcher 注册为所关注事件的 watcher，如果传入 false，则不注册任何 watcher，这里暂且定为空。

`ZooKeeper zooKeeper = new ZooKeeper(url,sessionTimeOut,null);`

1. 创建节点

通过 ZooKeeper 的 API 新增一个 znode 节点,节点在被创建时,需要指定节点的路径(此处为/root)包含的字节数据(这里指定的是 "root data" 这个字符串)、访问权限(如果不想设置权限,则指定为 Ids.OPEN_ACL_UNSAFE),以及创建的节点类型,节点的类型如表1-1 所示。

表 1-1 ZooKeeper 节点的类型

节点类型	解　　释
CreateMode.PERSISTENT	持久节点,该节点客户端断开连接后不会删除
CreateMode.EPHEMERAL	临时节点,该节点将在客户端断开连接后删除
CreateMode.PERSISTENT_SEQUENTIAL	持久节点,该节点在客户端断开后不会删除,并将在其名下附加一个单调递增数
CreateMode.EPHEMERAL_SEQUENTIAL	临时节点,该节点在客户端断开连接后删除,并将在其名下附加一个单调递增数

创建节点示例:

```
//创建/root节点,其包含的数据为"root data",访问权限为开放,所有人均可以访问,
//创建模式为持久化节点
zooKeeper.create("/root", "root data".getBytes(), Ids.OPEN_ACL_UNSAFE, CreateMode.PERSISTENT);
```

2. 删除节点

当不需某个节点,或者某个节点上的信息已经失效时,使用 delete 方法可以将该节点删除。删除时需要指定节点的版本号 version,如果设置为-1,则匹配所有的版本,ZooKeeper 会比较删除的节点版本是否和服务器上的版本一致,如果不一致则抛出异常。

删除节点示例:

```
zooKeeper.delete("/root",-1);
```

3. 设置和获取节点内容

如果想在已有的节点中保存数据,可以通过 ZooKeeper 的 setData 方法,将数据保存到节点上,也可以通过 ZooKeeper 的 getData 方法来获取该节点保存的数据,一个 znode 中最多能够保存 1 MB 的数据。

设置和获取节点内容的示例:

```
//设置/root节点的数据,版本号为-1,如果匹配不到相应的节点,会抛出异常
zooKeeper.setData("/root", "hello".getBytes(), -1);
//取得/root节点的数据,并返回其stat
Stat stat = new Stat();
```

```
byte[] data = zooKeeper.getData("/root", false, stat);
```

setData 方法设置/root 节点的数据为"hello"，getData 方法取得 root 节点上保存的字节数据，false 表示不使用默认的 watcher，第三个参数为 Stat，表示节点的状态，是一个传出的参数，将会返回该节点当前的状态信息。

4. 添加子节点

ZooKeeper 支持在已有的节点下添加子节点，同样也是使用 create 方法，但是父节点必须存在，否则会抛出异常。

创建子节点的示例：

```
zooKeeper.create("/root", "root data".getBytes(), Ids.OPEN_ACL_UNSAFE, CreateMode.PERSISTENT);
zooKeeper.create("/root/child", "child data".getBytes(), Ids.OPEN_ACL_UNSAFE, CreateMode.PERSISTENT);
```

5. 判断节点是否存在

当进行系统初始化时，或者当需要给一个节点创建子节点时，通常需要判断系统中的一些节点是否存在。

```
Stat stat = zooKeeper.exists("/root/child1", false);
if(stat == null){
    System.out.println("节点不存在");
}else{
    System.out.println("节点存在");
}
```

判断/root/child1 节点是否存在，如果节点存在，返回的 stat 不为 null，否则返回 null。

6. watcher 的实现

当节点的状态发生变化，通过 watcher 机制，可以让客户端得到通知，watcher 需要实现 org.apache.ZooKeeper.Watcher 接口。节点的状态变化主要包含如表 1-2 所示的几种情况。

表 1-2　节点的状态变化

节点状态变化	解　　释
EventType.NodeDeleted	删除节点
EventType.NodeChildrenChanged	修改节点的子节点
EventType.NodeCreated	创建节点
EventType.NodeDataChanged	修改节点数据

watcher 的实现示例：

```java
public class ZKWatcher implements Watcher {

    @Override
    public void process(WatchedEvent event) {

        if(event.getType() == EventType.NodeDeleted){
            System.out.println("node delete");
        }

        if(event.getType() == EventType.NodeChildrenChanged){
            System.out.println("node NodeChildrenChanged");
        }

        if(event.getType() == EventType.NodeCreated){
            System.out.println("node NodeCreated");
        }

        if(event.getType() == EventType.NodeDataChanged){
            System.out.println("node NodeDataChanged");
        }
    }

}
```

需要注意的是，ZooKeeper 的 watcher 是一次性的，也就是说，每次在处理完状态变化事件之后，需要重新注册 watcher，这一点很让人抓狂。这个特性也使得在处理事件和重新加上 watcher 这段时间发生的节点状态变化将无法被感知。

还有两个细节问题也需要关注一下，ZooKeeper 常常发生下面两种系统异常：

- org.apache.ZooKeeper.KeeperException.ConnectionLossException，客户端与其中的一台服务器 socket 连接出现异常，连接丢失；
- org.apache.ZooKeeper.KeeperException.SessionExpiredException，客户端的 session 已经超过 sessionTimeout，未进行任何操作。

ConnectionLossException 异常可以通过重试进行处理，客户端会根据初始化 ZooKeeper 时传递的服务列表，自动尝试下一个服务端节点，而在这段时间内，服务端节点变更的事件就会丢失。

SessionExpiredException 异常不能通过重试进行解决，需要应用重新创建一个新的客户端（new Zookeeper()），这时所有的 watcher 和 EPHEMERAL 节点都将失效。

1.3.6　zkClient 的使用

在生产环境中常常会遇到 session expire 这类异常，需要在异常发生后进行重新连接，重新建立 session。直接使用 ZooKeeper 的 API 来实现，可能会比较烦琐。又因为 ZooKeeper 的 watcher 是一次性的，如果要基于 wather 实现发布/订阅模式，需要做额外的一些编码，以实现每次 watcher 失效后重新注册，将一次性订阅包装成持久订阅。并且，ZooKeeper 的 API 接口中，节点数据默认为二进制 byte 数组，如果想直接保存对象类型的数据，需要将对象转换为二进制类型，也就是还需要进行相关的序列化工作。这里介绍一个 ZooKeeper 的第三方客户端工具包 zkClient，可以比较好地解决上述问题。

zkClient 解决了 watcher 的一次性注册问题，将 znode 的事件重新定义为子节点的变化、数据的变化、连接及状态的变化三类，由 zkClient 统一将 watcher 的 WatchedEvent 转换到以上三种情况中去处理，watcher 执行后重新读取数据的同时，再注册相同的 watcher。zkClient 在发生 session expire 异常时会自动创建新的 ZooKeeper 实例进行重连。当然，这时原来所有的 watcher 和 EPHEMERAL 节点都将失效，可以在 zkClient 定义的连接状态变化的接口 IzkStateListener 里面的 handleNewSession 方法中进行相应的处理。同时，zkClient 还提供了 ZkSerializer 接口，可进行序列化和反序列化的相关操作，简化了 znode 的数据存储。

zkClient[20]是 GitHub[21]上的开源项目，遵循 Apache 2.0 License，由于 GitHub 上只提供了 zkClient 的源码，读者可根据需要，依靠其源码构建可依赖的 jar 文件。构建的步骤如下：

（1）从 GitHub 上下载工程的源代码。

```
git clone https://github.com/sgroschupf/zkclient.git
```

```
D:\tmp> git clone https://github.com/sgroschupf/zkclient.git
Cloning into 'zkclient'...
remote: Counting objects: 1372, done.
remote: Compressing objects: 100% (527/527), done.
remote: Total 1372 (delta 464), reused 1239 (delta 357)
Receiving objects: 100% (1372/1372), 4.53 MiB | 28.00 KiB/s, done.
Resolving deltas: 100% (464/464), done.
```

（2）在 Eclipse 中新建一个 zkclient 的 Java 工程，如图 1-19 所示。

（3）将 zkclient 目录下的 src 和 lib 两个目录导入 Eclipse，如图 1-20 所示。

---

20 zkClient，https://github.com/sgroschupf/zkclient。

21 GitHub，https://github.com。

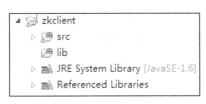

图 1-19　新建工程　　　　　图 1-20　导入 Eclipse

（4）通过 Eclipse 的 Export 选项导出 jar 文件，如图 1-21 所示。

图 1-21　导出 jar 文件

在使用 zkClient 之前，需要先实例化一个 zkClient 对象，指定 ZooKeeper 服务器的地址列表，zkClient 对 ZooKeeper 的基本 API 做了一些封装，使用起来更加简洁：

ZkClient zkClient = **new** ZkClient(serverList);

一些简单的示例：

```
//创建节点
zkClient.createPersistent(PATH);
//创建子节点
zkClient.create(PATH + "/child", "child znode", CreateMode.EPHEMERAL);
//获得子节点
List<String> children = zkClient.getChildren(PATH);
```

```java
//获得子节点个数
int childCount = zkClient.countChildren(PATH);
//判断节点是否存在
zkClient.exists(PATH);
//写入数据
zkClient.writeData(PATH + "/child", "hello everyone");
//读取节点数据
Object obj = zkClient.readData(PATH + "/child");
//删除节点
zkClient.delete(PATH + "/child");
```

zkClient 将 ZooKeeper 的 watcher 机制转换为一种更加容易理解的订阅形式，并且这种关系是可以保持的，而非一次性的。也就是说，当 watcher 使用完后，zkClient 会自动再增加一个相同的 watcher。节点有三种状态可供订阅，一类是子节点的变化，一类是数据的变化，还有一类是状态的变化。

订阅子节点状态变化的示例代码：

```java
//订阅子节点的变化
zkClient.subscribeChildChanges(PATH, new IZkChildListener(){

    @Override
    public void handleChildChange(String parentPath,
            List<String> currentChilds) throws Exception {

    }
});
```

订阅节点数据变化的示例代码：

```java
//订阅数据的变化
zkClient.subscribeDataChanges(PATH, new IZkDataListener(){

    @Override
    public void handleDataChange(String dataPath, Object data)
            throws Exception {

    }

    @Override
    public void handleDataDeleted(String dataPath) throws Exception {
```

        }
    });
```

订阅节点连接及状态的变化情况的示例代码：

```
//订阅连接状态的变化
zkClient.subscribeStateChanges(new IZkStateListener(){

    @Override
    public void handleStateChanged(KeeperState state) throws Exception {

    }

    @Override
    public void handleNewSession() throws Exception {

    }
});
```

当发生 session expire 异常进行重连时，由于原来的所有的 watcher 和 EPHEMERAL 节点都已失效，可以在 handleNewSession 方法中进行相应的容错处理。

1.3.7　路由和负载均衡的实现

当服务越来越多，规模越来越大时，对应的机器数量也越来越庞大，单靠人工来管理和维护服务及地址的配置信息，已经越来越困难。并且，依赖单一的硬件负载均衡设备或者使用 LVS、Nginx 等软件方案进行路由和负载均衡调度，如图 1-22 所示，单点故障的问题也开始凸显，一旦服务路由或者负载均衡服务器宕机，依赖其的所有服务均将失效。如果采用双机高可用的部署方案，使用一台服务器"stand by"，能部分解决问题，但是鉴于负载均衡设备的昂贵成本，也难以全面推广。

一旦服务器与 ZooKeeper 集群断开连接，节点也就不存在了，通过注册相应的 watcher，服务消费者能够第一时间获知服务提供者机器信息的变更。利用其 znode 的特点和 watcher 机制，将其作为动态注册和获取服务信息的配置中心，统一管理服务名称和其对应的服务器列表信息，我们能够近乎实时地感知到后端服务器的状态（上线、下线、宕机）。ZooKeeper 集群间通过 Zab 协议，服务配置信息能够保持一致，而 ZooKeeper 本身容错特性和 leader 选举机制，能保障我们方便地进行扩容。
```

第1章 面向服务的体系架构（SOA） | 51

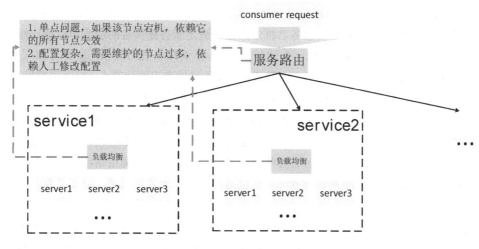

图1-22 使用LVS或者Nginx的问题

ZooKeeper上所形成的节点树如图1-23所示，服务提供者在启动时，将其提供的服务名称、服务器地址，以节点的形式注册到服务配置中心，服务消费者通过服务配置中心来获得需要调用的服务名称节点下的机器列表节点。通过前面所介绍的负载均衡算法，选取其中一台服务器进行调用。当服务器宕机或者下线时，由于znode非持久节点的特性，相应的机器可以动态地从服务配置中心里面移除，并触发服务消费者的watcher。在这个过程中，服务消费者只有在第一次调用服务时需要查询服务配置中心，然后将查询到的服务信息缓存到本地，后面的调用直接使用本地缓存的服务地址列表信息，而不需要重新发起请求到服务配置中心去获取相应的服务地址列表，直到服务的地址列表有变更（机器上线或者下线），变更行为会触发服务消费者注册的相应的watcher进行服务地址的重新查询。这种无中心化的结构，使得服务消费者在服务信息没有变更时，几乎不依赖配置中心，解决了之前负载均衡设备所导致的单点故障的问题，并且大大降低了服务配置中心的压力。

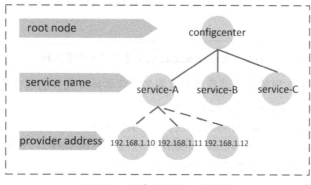

图1-23 服务配置中心节点树

图 1-23 的服务配置中心节点树分成三层结构，最上面一层为根节点，用来聚集服务节点，通过它可以查询到所有的服务，而服务名称节点挂载的是服务提供者的服务器地址，服务消费者通过负载均衡算法来选择其中一个地址发起远程调用。根节点和服务名称采用的是 ZooKeeper 的持久节点，也就是 persistent 节点，而服务提供者的地址节点，则采用非持久节点，也就是 ephemeral 节点，一旦服务器宕机或者下线，节点也就随之消失。

当然，当服务规模变大，服务之间的依赖变得十分复杂时，单靠人力已经很难理清楚谁调用了谁，谁被调用，或者既是服务调用者，又是服务消费者。而很多时候我们不仅仅需要了解有哪些服务提供方，还需要知道服务有哪些消费者，以了解服务的调用情况，并以此作为服务扩容或下线的依据。因此，服务消费者的信息也需要被自动地监控起来，以在必要的时候提供参考依据。

对比图 1-23，图 1-24 增加了一层，用来表示节点类型，每个服务包含有两种节点类型，即 consumer 和 provider。当服务消费者启动时，即在服务配置中心里，在其所调用的所有服务的 consumer 节点下增加自己的机器地址，如图 1-24 所示。这样，只需要后台监控程序解析出对应服务的 consumer 节点的子节点，便能够清楚地知道某一服务被哪些机器消费了。

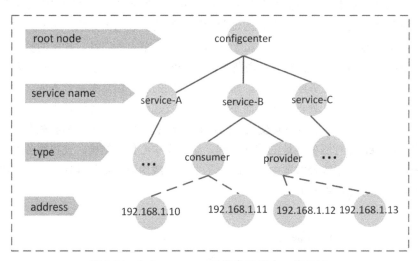

图 1-24 包含 consumer 的服务配置中心节点树

基于 ZooKeeper 所实现的服务消费者获取服务提供者地址列表的部分关键代码如下：

```
String serviceName = "service-B";
String zkServerList = "192.168.136.130:2181";
String SERVICE_PATH = "/configcenter/"+serviceName;//服务节点路径
ZkClient zkClient = new ZkClient(zkServerList);

boolean serviceExists = zkClient.exists(SERVICE_PATH);
```

```
if(serviceExists){//服务存在,取地址列表
    serverList = zkClient.getChildren(SERVICE_PATH);
}else{
    throw new RuntimeException("service not exist!");
}

//注册事件监听
zkClient.subscribeChildChanges(SERVICE_PATH, new IZkChildListener(){
    @Override
    public void handleChildChange(String parentPath,
                    List<String> currentChilds)throws Exception {
        serverList = currentChilds;
    }
});
```

这段代码首先实例化一个 zkClient 对象,判断服务名称节点是否已经注册,如果还没有注册该节点,则表示没有相关服务,继而抛出 RuntimeException。如果存在服务名称对应的节点,则取得其上所注册的包含服务提供者地址的子节点。获取到服务提供者地址列表后,便可以根据前面所提到的负载均衡算法,选取出其中的一台服务器,发起远程调用。服务器地址列表可以缓存在本地,只有当地址列表有变化时,才需要重新更新该列表,以降低网络开销。因此,需要在服务名称对应的节点上,注册一个 IZKChildListener 监听器,一旦有服务器上线、下线或者宕机,由于该节点对应的子节点为 ZooKeeper 临时节点,会近乎实时地感应到相应的变化,发生节点的新增或删除动作。此时 IZKChildListener 的 handleChildChange 方法会被执行,在该方法中取得其所注册节点的最新子节点,赋值给当前的 serverList。

服务提供者向 ZooKeeper 集群注册服务的部分关键代码:

```
String serverList = "192.168.136.130:2181";
String PATH = "/configcenter";//根节点路径
ZkClient zkClient = new ZkClient(serverList);
boolean rootExists = zkClient.exists(PATH);
if(!rootExists){
    zkClient.createPersistent(PATH);
}
boolean serviceExists = zkClient.exists(PATH + "/" + serviceName);
if(!serviceExists){
    zkClient.createPersistent(PATH + "/" + serviceName);//创建服务节点
}
```

```
//注册当前服务器，可以在节点的数据里面存放节点的权重
InetAddress addr = InetAddress.getLocalHost();
String ip = addr.getHostAddress().toString();//获得本机 IP

//创建当前服务器节点
zkClient.createEphemeral(PATH + "/" + serviceName + "/" + ip);
```

服务提供者在启动时，首先判断是否存在/configcenter 根节点，如果不存在则创建，再判断是否存在当前服务名称对应的节点，如果不存在，创建相应的服务名称节点。最后，获得当前机器的 IP 地址，在服务名称节点下创建地址节点。

利用 ZooKeeper 自带的 zkCli.sh 小工具，我们能够清楚地看到服务提供者所创建的节点。

```
[zk: localhost:2181(CONNECTED) 2] ls /configcenter
[service-B, service-A]
[zk: localhost:2181(CONNECTED) 3] ls /configcenter/service-B
[192.168.142.1]
```

通过 ZooKeeper 来实现服务动态注册、机器上线与下线的动态感知，扩容方便，容错性好，且无中心化结构能够解决之前使用负载均衡设备所带来的单点故障问题。只有当配置信息更新时服务消费者才会去 ZooKeeper 上获取最新的服务地址列表，其他时候使用本地缓存即可，这样服务消费者在服务信息没有变更时，几乎不依赖配置中心，能大大降低配置中心的压力。

1.4　HTTP 服务网关

随着移动互联网的崛起，传统 PC 用户花在手机、PAD 及其他智能终端上的时间越来越长，鉴于当前 Android、iOS、Windows Phone 等移动终端操作系统平台的发展趋势，同一款应用，几乎相同的功能，应用厂商需针对不同的平台（Android、iOS、Windows Phone、PC Web）开发不同版本的 APP。

经过多年的经营发展，各互联网巨头们积累了海量的历史数据，而用户需求常常是复杂多变的，平台一旦做大，就难以做到敏捷的响应，用户形形色色的需求，很难以一己之力来予以充分满足。因此，平台厂商希望能够将一部分数据有限地开放给第三方软件厂商（ISV），使第三方软件厂商能够再利用这些数据为用户提供更完善的服务，以满足用户的个性化需求，将更多用户吸引到平台周边，形成良性循环。这便是近年来所流行的开放平台。如图 1-25 所示，这是搜索巨头 Google 对开发者开放的 Google+的 API。当然，对用户数据的访问，前提条件必须是用户对 ISV 授权，否则，很有可能会带来像用户隐私泄露、账户金额被盗等诸多问题。

图 1-25　Google+对开发者开放的API[22]

相同的功能，相同的数据，在不同的平台下，没有必要进行重复的开发，可以很好地利用前面所搭建的 SOA 体系，达成公共部分逻辑的复用，避免重复造轮子，降低开发和运维的成本。而由于客户端 APP、第三方 ISV 应用都必须通过公共网络来发起客户端请求，考虑到 HTTP 协议其所包含的信息都是未经加密的明文，包括请求参数、返回值、cookie、head 等，外界能够通过对通信的监听，轻而易举地模拟出请求和响应双方的格式，伪造请求与响应，修改和窃取各种信息。相对于企业内部的私有网络而言，公共网络的环境更为复杂多变，因此，必须得建立一个强大的安全体系，来保障相关数据和接口的安全。

这时网关（gateway）的作用便凸显出来了。如图 1-26 所示，gateway 接收外部各种 APP 的 HTTP 请求，完成相应的权限与安全校验。当校验通过后，根据传入的服务名称，到服务配置中心找到相应的服务名称节点，并加载对应服务提供者的地址列表，通过前面所提到的负载均衡算法，选取机器发起远程调用，将客户端参数传递到后端服务端。服务提供方根据所传入的参数，给出正确的响应，当 gateway 接收到响应后，再将响应输出给客户端 APP。

22　Google+ API 访问地址为 https://developers.google.com/+。

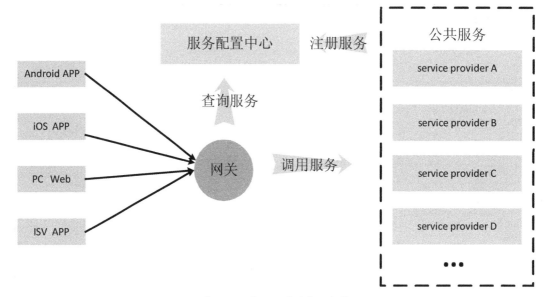

图 1-26　基于网关的安全架构

一方面通过 gateway 能够很好地解决安全问题，在恶意请求或者非授权请求到达后端服务器之前进行拦截和过滤，至于具体如何来处理这些安全性相关的问题，本书的后面章节将会详细介绍，此处不再细说。另一方面，gateway 通过服务名称进行服务的路由和负载均衡调度，使得不同的平台之间能够很好地复用公共的业务逻辑，降低了开发和运维成本。

由图 1-26 我们可以得知，服务提供者是不直接对外提供服务的，因此，对于外部的 APP 来说，它依赖 gateway 进行服务的路由以及请求的转发，gateway 是整个网络的核心节点，一旦 gateway 失效，所有依赖它的外部 APP 都将无法使用。并且，由于所有的请求均经过 gateway 进行安全校验和请求转发，其流量是整个后端集群流量之和，可想而知，其流量会有多大。因此，在设计之初，就需要考虑到系统流量的监控和容量规划，以及 gateway 集群的可扩展性，以便在流量达到极限之前，能够快速方便地进行系统扩容。

图 1-27 所示的是一种网关集群的架构方案，一组对等的服务器组成网关集群，接收外部 APP 的 HTTP 请求，当流量"水位"达到警戒值时，能够较为方便地增加机器进行扩容。网关的前面有两台负载均衡设备，负责对网关集群进行负载均衡。负载均衡设备之间进行心跳检测，一旦其中一台宕机，另一台则变更自己的地址，接管宕机的这台设备的流量。平时两台机器均对外提供服务。

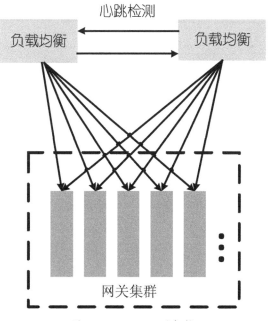

图 1-27 gateway 的架构

关于系统监控和容量规划、可伸缩应用架构,后面章节将会详细介绍,此处不再细说。

第 2 章
分布式系统基础设施

一个大型、稳健、成熟的分布式系统的背后，往往会涉及众多的支撑系统，我们将这些支撑系统称为分布式系统的基础设施。除了前面所介绍的分布式协作及配置管理系统 ZooKeeper，我们进行系统架构设计所依赖的基础设施，还包括分布式缓存系统、持久化存储、分布式消息系统、搜索引擎，以及 CDN 系统、负载均衡系统、运维自动化系统等，还有后面章节所要介绍的实时计算系统、离线计算系统、分布式文件系统、日志收集系统、监控系统、数据仓库等。

分布式缓存主要用于在高并发环境下，减轻数据库的压力，提高系统的响应速度和并发吞吐。当大量的读、写请求涌向数据库时，磁盘的处理速度与内存显然不在一个量级，因此，在数据库之前加一层缓存，能够显著提高系统的响应速度，并降低数据库的压力。

作为传统的关系型数据库，MySQL 提供完整的 ACID 操作，支持丰富的数据类型、强大的关联查询、where 语句等，能够非常容易地建立查询索引，执行复杂的内连接、外连接、求和、排序、分组等操作，并且支持存储过程、函数等功能，产品成熟度高，功能强大。但是，对于需要应对高并发访问并且存储海量数据的场景来说，出于对性能的考虑，不得不放弃很多传统关系型数据库原本强大的功能，牺牲了系统的易用性，并且使得系统的设计和管理变得更为复杂。这也使得在过去几年中，流行着另一种新的存储解决方案——NoSQL，它与传统的关系型数据库最大的差别在于，它不使用 SQL 作为查询语言来查找数据，而采用 key-value 形式进行查找，提供了更高的查询效率及吞吐，并且能够更加方便地进行扩展，存储海量数据，在数千个节点上进行分区，自动进行数据的复制和备份。

在分布式系统中，消息作为应用间通信的一种方式，得到了十分广泛的应用。消息可以被保存在队列中，直到被接收者取出，由于消息发送者不需要同步等待消息接收者的响应，消息的异步接收降低了系统集成的耦合度，提升了分布式系统协作的效率，使得系统能够更快地响应用户，提供更高的吞吐。当系统处于峰值压力时，分布式消息队列还能够作为缓冲，削峰填谷，缓解集群的压力，避免整个系统被压垮。

垂直化的搜索引擎在分布式系统中是一个非常重要的角色，它既能够满足用户对于全文检索、模糊匹配的需求，解决数据库 like 查询效率低下的问题，又能够解决分布式环境下，由于采用分库分表，或者使用 NoSQL 数据库，导致无法进行多表关联或者进行复杂查询的问题。

本章主要介绍和解决如下问题：

- 分布式缓存 memcache 的使用及分布式策略，包括 Hash 算法的选择。
- 常见的分布式系统存储解决方案，包括 MySQL 的分布式扩展、HBase 的 API 及使用场景、Redis 的使用等。
- 如何使用分布式消息系统 ActiveMQ 来降低系统之间的耦合度，以及进行应用间的通信。
- 垂直化的搜索引擎在分布式系统中的使用，包括搜索引擎的基本原理、Lucene 详细的使用介绍，以及基于 Lucene 的开源搜索引擎工具 Solr 的使用。

2.1 分布式缓存

在高并发环境下,大量的读、写请求涌向数据库,磁盘的处理速度与内存显然不在一个量级,从减轻数据库的压力和提高系统响应速度两个角度来考虑,一般都会在数据库之前加一层缓存。由于单台机器的内存资源和承载能力有限,并且如果大量使用本地缓存,也会使相同的数据被不同的节点存储多份,对内存资源造成较大的浪费,因此才催生出了分布式缓存。

本节将详细介绍分布式缓存的典型代表 memcache,以及分布式缓存的应用场景。最为典型的场景莫过于分布式 session。

2.1.1 memcache 简介及安装

memcache[1]是 danga.com 的一个项目,它是一款开源的高性能的分布式内存对象缓存系统,最早是给 LiveJournal[2]提供服务的,后来逐渐被越来越多的大型网站所采用,用于在应用中减少对数据库的访问,提高应用的访问速度,并降低数据库的负载。

为了在内存中提供数据的高速查找能力,memcache 使用 key-value 形式存储和访问数据,在内存中维护一张巨大的 HashTable,使得对数据查询的时间复杂度降低到 O(1),保证了对数据的高性能访问。内存的空间总是有限的,当内存没有更多的空间来存储新的数据时,memcache 就会使用 LRU(Least Recently Used)算法,将最近不常访问的数据淘汰掉,以腾出空间来存放新的数据。memcache 存储支持的数据格式也是灵活多样的,通过对象的序列化机制,可以将更高层抽象的对象转换成为二进制数据,存储在缓存服务器中,当前端应用需要时,又可以通过二进制内容反序列化,将数据还原成原有对象。

1. memcache 的安装

由于 memcache 使用了 libevent 来进行高效的网络连接处理,因此在安装 memcache 之前,需要先安装 libevent。

下载 libevent[3],这里采用的是 1.4.14 版本的 libevent。

```
wget https://github.com/downloads/libevent/libevent/libevent-1.4.14b-
stable.tar.gz
```

---

1 memcache 项目地址为 http://memcached.org。
2 LiveJournal,http://www.livejournal.com。
3 libevent,http://libevent.org。

```
longlong@ubuntu:~/temp$ wget https://github.com/downloads/libevent/libevent/libe
vent-1.4.14b-stable.tar.gz
--2014-03-19 04:52:41--  https://github.com/downloads/libevent/libevent/libevent
-1.4.14b-stable.tar.gz
Resolving github.com (github.com)... 192.30.252.129
Connecting to github.com (github.com)|192.30.252.129|:443... connected.
HTTP request sent, awaiting response... 302 Found
Location: http://cloud.github.com/downloads/libevent/libevent/libevent-1.4.14b-s
table.tar.gz [following]
--2014-03-19 04:52:55--  http://cloud.github.com/downloads/libevent/libevent/lib
event-1.4.14b-stable.tar.gz
Resolving cloud.github.com (cloud.github.com)... 205.251.212.145, 205.251.212.82
, 54.230.126.248, ...
Connecting to cloud.github.com (cloud.github.com)|205.251.212.145|:80... connect
ed.
HTTP request sent, awaiting response... 302 Found
Location: http://218.108.192.119:80/1Q2W3E4R5T6Y7U8I9O0P1Z2X3C4V5B/cloud.github.
com/downloads/libevent/libevent/libevent-1.4.14b-stable.tar.gz [following]
--2014-03-19 04:53:04--  http://218.108.192.119/1Q2W3E4R5T6Y7U8I9O0P1Z2X3C4V5B/c
loud.github.com/downloads/libevent/libevent/libevent-1.4.14b-stable.tar.gz
Connecting to 218.108.192.119:80... connected.
HTTP request sent, awaiting response... 200 OK
Length: 474874 (464K) [application/gzip]
Saving to: `libevent-1.4.14b-stable.tar.gz'
```

解压：

```
tar -xf  libevent-1.4.14b-stable.tar.gz
```

```
longlong@ubuntu:~/temp$ tar -xf libevent-1.4.14b-stable.tar.gz
longlong@ubuntu:~/temp$
```

配置、编译、安装 libevent：

```
./configure
```

```
longlong@ubuntu:~/temp/libevent-1.4.14b-stable$ ./configure
checking for a BSD-compatible install... /usr/bin/install -c
checking whether build environment is sane... yes
checking for a thread-safe mkdir -p... /bin/mkdir -p
checking for gawk... no
checking for mawk... mawk
checking whether make sets $(MAKE)... yes
checking build system type... i686-pc-linux-gnu
checking host system type... i686-pc-linux-gnu
checking for gcc... gcc
checking whether the C compiler works... yes
checking for C compiler default output file name... a.out
```

```
make
```

```
longlong@ubuntu:~/temp/libevent-1.4.14b-stable$ make
echo '/* event-config.h' > event-config.h
echo ' * Generated by autoconf; post-processed by libevent.' >> event-config.h
echo ' * Do not edit this file.' >> event-config.h
echo ' * Do not rely on macros in this file existing in later versions.'>> event
-config.h
echo ' */' >> event-config.h
echo '#ifndef _EVENT_CONFIG_H_' >> event-config.h
echo '#define _EVENT_CONFIG_H_' >> event-config.h
sed -e 's/#define /#define _EVENT_/' \
        -e 's/#undef /#undef _EVENT_/' \
        -e 's/#ifndef /#ifndef _EVENT_/' < config.h >> event-config.h
echo "#endif" >> event-config.h
make  all-recursive
```

```
sudo make install
```

```
longlong@ubuntu:~/temp/libevent-1.4.14b-stable$ sudo make install
[sudo] password for longlong:
make  install-recursive
make[1]: Entering directory `/home/longlong/temp/libevent-1.4.14b-stable'
Making install in .
make[2]: Entering directory `/home/longlong/temp/libevent-1.4.14b-stable'
make[3]: Entering directory `/home/longlong/temp/libevent-1.4.14b-stable'
test -z "/usr/local/bin" || /bin/mkdir -p "/usr/local/bin"
 /usr/bin/install -c event_rpcgen.py '/usr/local/bin'
test -z "/usr/local/lib" || /bin/mkdir -p "/usr/local/lib"
 /bin/bash ./libtool   --mode=install /usr/bin/install -c   libevent.la libevent
_core.la libevent_extra.la '/usr/local/lib'
libtool: install: /usr/bin/install -c .libs/libevent-1.4.so.2.2.0 /usr/local/lib
/libevent-1.4.so.2.2.0
libtool: install: (cd /usr/local/lib && { ln -s -f libevent-1.4.so.2.2.0 libeven
t-1.4.so.2 || { rm -f libevent-1.4.so.2 && ln -s libevent-1.4.so.2.2.0 libevent-
1.4.so.2; }; })
libtool: install: (cd /usr/local/lib && { ln -s -f libevent-1.4.so.2.2.0 libeven
t.so || { rm -f libevent.so && ln -s libevent-1.4.so.2.2.0 libevent.so; }; })
libtool: install: /usr/bin/install -c .libs/libevent.lai /usr/local/lib/libevent
```

下载 memcache, 并解压:

```
wget  http://www.memcached.org/files/memcached-1.4.17.tar.gz
```

```
longlong@ubuntu:~/temp$ wget http://www.memcached.org/files/memcached-1.4.17.tar
.gz
--2014-03-19 05:02:12--  http://www.memcached.org/files/memcached-1.4.17.tar.gz
Resolving www.memcached.org (www.memcached.org)... 69.46.88.68
Connecting to www.memcached.org (www.memcached.org)|69.46.88.68|:80... connected
.
HTTP request sent, awaiting response... 302 Found
Location: http://218.108.192.145:80/1Q2W3E4R5T6Y7U8I9O0P1Z2X3C4V5B/www.memcached
.org/files/memcached-1.4.17.tar.gz [following]
--2014-03-19 05:02:24--  http://218.108.192.145/1Q2W3E4R5T6Y7U8I9O0P1Z2X3C4V5B/w
ww.memcached.org/files/memcached-1.4.17.tar.gz
Connecting to 218.108.192.145:80... connected.
HTTP request sent, awaiting response... 200 OK
Length: 326970 (319K) [application/x-tar]
Saving to: `memcached-1.4.17.tar.gz'

100%[======================================>] 326,970     1.78M/s   in 0.2s

2014-03-19 05:02:24 (1.78 MB/s) - `memcached-1.4.17.tar.gz' saved [326970/326970
]
```

```
tar -xf  memcached-1.4.17.tar.gz
```

```
longlong@ubuntu:~/temp$ tar -xf memcached-1.4.17.tar.gz
longlong@ubuntu:~/temp$
```

配置、编译、安装 memcache:

```
./configure
```

```
longlong@ubuntu:~/temp/memcached-1.4.17$ ./configure
checking build system type... i686-pc-linux-gnu
checking host system type... i686-pc-linux-gnu
checking target system type... i686-pc-linux-gnu
checking for a BSD-compatible install... /usr/bin/install -c
checking whether build environment is sane... yes
checking for a thread-safe mkdir -p... /bin/mkdir -p
checking for gawk... no
checking for mawk... mawk
checking whether make sets $(MAKE)... yes
checking for gcc... gcc
checking whether the C compiler works... yes
checking for C compiler default output file name... a.out
checking for suffix of executables...
checking whether we are cross compiling... no
checking for suffix of object files... o
checking whether we are using the GNU C compiler... yes
checking whether gcc accepts -g... yes
```

make

```
longlong@ubuntu:~/temp/memcached-1.4.17$ make
make  all-recursive
make[1]: Entering directory `/home/longlong/temp/memcached-1.4.17'
Making all in doc
make[2]: Entering directory `/home/longlong/temp/memcached-1.4.17/doc'
make  all-am
make[3]: Entering directory `/home/longlong/temp/memcached-1.4.17/doc'
make[3]: Nothing to be done for `all-am'.
make[3]: Leaving directory `/home/longlong/temp/memcached-1.4.17/doc'
make[2]: Leaving directory `/home/longlong/temp/memcached-1.4.17/doc'
make[2]: Entering directory `/home/longlong/temp/memcached-1.4.17'
gcc -std=gnu99 -DHAVE_CONFIG_H -I.  -DNDEBUG     -g -O2 -pthread -pthread -Wall -W
error -pedantic -Wmissing-prototypes -Wmissing-declarations -Wredundant-decls -M
T memcached-memcached.o -MD -MP -MF .deps/memcached-memcached.Tpo -c -o memcache
d-memcached.o `test -f 'memcached.c' || echo './'`memcached.c
mv -f .deps/memcached-memcached.Tpo .deps/memcached-memcached.Po
gcc -std=gnu99 -DHAVE_CONFIG_H -I.  -DNDEBUG     -g -O2 -pthread -pthread -Wall -W
error -pedantic -Wmissing-prototypes -Wmissing-declarations -Wredundant-decls -M
T memcached-hash.o -MD -MP -MF .deps/memcached-hash.Tpo -c -o memcached-hash.o
```

sudo make install

```
longlong@ubuntu:~/temp/memcached-1.4.17$ sudo make install
make  install-recursive
make[1]: Entering directory `/home/longlong/temp/memcached-1.4.17'
Making install in doc
make[2]: Entering directory `/home/longlong/temp/memcached-1.4.17/doc'
make  install-am
make[3]: Entering directory `/home/longlong/temp/memcached-1.4.17/doc'
make[4]: Entering directory `/home/longlong/temp/memcached-1.4.17/doc'
make[4]: Nothing to be done for `install-exec-am'.
test -z "/usr/local/share/man/man1" || /bin/mkdir -p "/usr/local/share/man/man1"
 /usr/bin/install -c -m 644 memcached.1 '/usr/local/share/man/man1'
make[4]: Leaving directory `/home/longlong/temp/memcached-1.4.17/doc'
make[3]: Leaving directory `/home/longlong/temp/memcached-1.4.17/doc'
make[2]: Leaving directory `/home/longlong/temp/memcached-1.4.17/doc'
make[2]: Entering directory `/home/longlong/temp/memcached-1.4.17'
make[3]: Entering directory `/home/longlong/temp/memcached-1.4.17'
test -z "/usr/local/bin" || /bin/mkdir -p "/usr/local/bin"
```

2. 启动与关闭 memcache

启动 memcache 服务：

```
/usr/local/bin/memcached -d -m 10 -u root -l 192.168.136.135 -p 11211 -c 32
-P /tmp/memcached.pid
```

参数的含义如下：

- -d 表示启动的是一个守护进程；
- -m 指定分配给 memcache 的内存数量，单位是 MB，这里指定的是 10 MB。
- -u 指定运行 memcache 的用户，这里指定的是 root；
- -l 指定监听的服务器的 IP 地址；
- -p 设置 memcache 监听的端口，这里指定的是 11211；
- -c 指定最大允许的并发连接数，这里设置为 32；
- -P 指定 memcache 的 pid 文件保存的位置。

```
longlong@ubuntu:~/temp/memcached-1.4.17$ /usr/local/bin/memcached -d -m 10 -u ro
ot -l 192.168.136.135 -p 11211 -c 256 -P /tmp/memcached.pid
longlong@ubuntu:~/temp/memcached-1.4.17$ ps -aux | grep memcached
Warning: bad ps syntax, perhaps a bogus '-'? See http://procps.sf.net/faq.html
longlong   8132  1.0  0.0  47996   816 ?        Ssl  05:57   0:00 /usr/local/bin/
memcached -d -m 10 -u root -l 192.168.136.135 -p 11211 -c 256 -P /tmp/memcached.
pid
```

关闭 memcache 服务：

```
kill `cat /tmp/memcached.pid`
```

```
longlong@ubuntu:~/temp/memcached-1.4.17$ kill `cat /tmp/memcached.pid`
longlong@ubuntu:~/temp/memcached-1.4.17$ ps -aux | grep memcached
Warning: bad ps syntax, perhaps a bogus '-'? See http://procps.sf.net/faq.html
```

2.1.2　memcache API 与分布式

memcache 客户端与服务端通过构建在 TCP 协议之上的 memcache 协议[4]来进行通信，协议支持两种数据的传递，这两种数据分别为文本行和非结构化数据。文本行主要用来承载客户端的命令及服务端的响应，而非结构化数据则主要用于客户端和服务端数据的传递。由于非结构化数据采用字节流的形式在客户端和服务端之间进行传输和存储，因此使用方式非常灵活，缓存数据存储几乎没有任何限制，并且服务端也不需要关心存储的具体内容及字节序。

memcache 协议支持通过如下几种方式来读取/写入/失效数据：

4　memcache 协议见 https://github.com/memcached/memcached/blob/master/doc/protocol.txt。

- set 将数据保存到缓存服务器，如果缓存服务器存在同样的 key，则替换之；
- add 将数据新增到缓存服务器，如果缓存服务器存在同样的 key，则新增失败；
- replace 将数据替换缓存服务器中相同的 key，如果缓存服务器不存在同样的 key，则替换失败；
- append 将数据追加到已经存在的数据后面；
- prepend 将数据追加到已经存在的数据前面；
- cas 提供对变量的 cas 操作，它将保证在进行数据更新之前，数据没有被其他人更改；
- get 从缓存服务器获取数据；
- incr 对计数器进行增量操作；
- decr 对计数器进行减量操作；
- delete 将缓存服务器上的数据删除。

memcache官方提供的Memcached-Java-Client[5]工具包含了对memcache协议的Java封装，使用它可以比较方便地与缓存服务端进行通信，它的初始化方式如下：

```java
public static void init(){
    String[] servers = {
        "192.168.136.135:11211"
    };
    SockIOPool pool = SockIOPool.getInstance();
    pool.setServers(servers);//设置服务器
    pool.setFailover(true);//容错
    pool.setInitConn(10);//设置初始连接数
    pool.setMinConn(5);//设置最小连接数
    pool.setMaxConn(25); //设置最大连接数
    pool.setMaintSleep(30);//设置连接池维护线程的睡眠时间
    pool.setNagle(false);//设置是否使用 Nagle 算法
    pool.setSocketTO(3000);//设置 socket 的读取等待超时时间
    pool.setAliveCheck(true);//设置连接心跳监测开关
    pool.setHashingAlg(SockIOPool.CONSISTENT_HASH);//设置 Hash 算法
    pool.initialize();
}
```

通过SockIOPool，可以设置与后端缓存服务器的一系列参数，如服务器地址、是否采用容

---

5 Memcached-Java-Client，https://github.com/gwhalin/Memcached-Java-Client。

错、初始连接数、最大连接数、最小连接数、线程睡眠时间、是否使用 Nagle 算法、socket 的读取等待超时时间、是否心跳检测、Hash 算法，等等。

使用 Memcached-Java-Client 的 API 设置缓存的值：

```
MemCachedClient memCachedClient = new MemCachedClient();
memCachedClient.add("key", 1);
memCachedClient.set("key", 2);
memCachedClient.replace("key", 3);
```

通过 add() 方法新增缓存，如果缓存服务器存在同样的 key，则返回 false；而通过 set() 方法将数据保存到缓存服务器，缓存服务器如果存在同样的 key，则将其替换。replace() 方法可以用来替换服务器中相同的 key 的值，如果缓存服务器不存在这样的 key，则返回 false。

使用 Memcached-Java-Client 的 API 获取缓存的值：

```
Object value = memCachedClient.get("key");
String[] keys = {"key1","key2"};
Map<String, Object> values = memCachedClient.getMulti(keys);
```

通过 get() 方法，可以从服务器获取该 key 对应的数据；而使用 getMulti() 方法，则可以一次性从缓存服务器获取一组数据。

对缓存的值进行 append 和 prepend 操作：

```
memCachedClient.set("key-name", "chenkangxian");
memCachedClient.prepend("key-name", "hello");
memCachedClient.append("key-name", "!");
```

通过 prepend() 方法，可以在对应 key 的值前面增加前缀；而通过 append() 方法，则可以在对应的 key 的值后面追加后缀。

对缓存的数据进行 cas[6] 操作：

```
MemcachedItem item = memCachedClient.gets("key");
memCachedClient.cas("key", (Integer)item.getValue() + 1,
                            item.getCasUnique());
```

通过 gets() 方法获得 key 对应的值和值的版本号，它们包含在 MemcachedItem 对象中；然后使用 cas() 方法对该值进行修改，当 key 对应的版本号与通过 gets 取到的版本号（即 item.getCasUnique()）相同时，则将 key 对应的值修改为 item.getValue() + 1，这样可以防止并发修改所带来的问题。

---

6 memcache 的 CAS 有点类似 Java 的 CAS（compare and set）操作，关于 Java 的 CAS 操作，第 4 章会有详细介绍。

对缓存的数据进行增量与减量操作：

```
memCachedClient.incr("key",1);
memCachedClient.decr("key",1);
```

使用 incr()方法可以对 key 对应的值进行增量操作，而使用 decr()方法则可以对 key 对应的值进行减量操作。

memcache 本身并不是一种分布式的缓存系统，它的分布式是由访问它的客户端来实现的。一种比较简单的实现方式是根据缓存的 key 来进行 Hash，当后端有 N 台缓存服务器时，访问的服务器为 hash(key)%N，这样可以将前端的请求均衡地映射到后端的缓存服务器，如图 2-1 所示。但这样也会导致一个问题，一旦后端某台缓存服务器宕机，或者是由于集群压力过大，需要新增缓存服务器时，大部分的 key 将会重新分布。对于高并发系统来说，这可能会演变成一场灾难，所有的请求将如洪水般疯狂地涌向后端的数据库服务器，而数据库服务器的不可用，将会导致整个应用的不可用，形成所谓的"雪崩效应"。

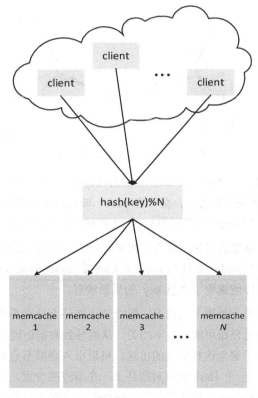

图 2-1　memcache 集群采用 hash(key)%N 进行分布

使用consistent Hash算法能够在一定程度上改善上述问题。该算法早在 1997 年就在论文

Consistent hashing and random trees[7]中被提出,它能够在移除/添加一台缓存服务器时,尽可能小地改变已存在的key映射关系,避免大量key的重新映射。

consistent Hash 的原理是这样的,它将 Hash 函数的值域空间组织成一个圆环,假设 Hash 函数的值域空间为 $0 \sim 2^{32}-1$(即 Hash 值是一个 32 位的无符号整型),整个空间按照顺时针方向进行组织,然后对相应的服务器节点进行 Hash,将它们映射到 Hash 环上,假设有 4 台服务器,分别为 node1、node2、node3、node4,它们在环上的位置如图 2-2 所示。

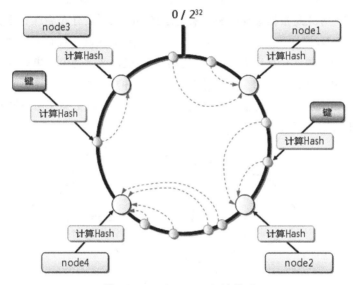

图 2-2 consistent Hash 的原理

接下来使用相同的 Hash 函数,计算出对应的 key 的 Hash 值在环上对应的位置。根据 consistent Hash 算法,按照顺时针方向,分布在 node1 与 node2 之间的 key,它们的访问请求会被定位到 node2,而 node2 与 node4 之间的 key,访问请求会被定为到 node4,以此类推。

假设有新节点 node5 增加进来时,假设它被 Hash 到 node2 和 node4 之间,如图 2-3 所示。那么受影响的只有 node2 和 node5 之间的 key,它们将被重新映射到 node5,而其他 key 的映射关系将不会发生改变,这样便避免了大量 key 的重新映射。

当然,上面描绘的只是一种理想的情况,各个节点在环上分布得十分均匀。正常情况下,当节点数量较少时,节点的分布可能十分不均匀,从而导致数据访问的倾斜,大量的 key 被映射到同一台服务器上。为了避免这种情况的出现,可以引入虚拟节点机制,对每一个服务器节点都计算多个 Hash 值,每一个 Hash 值都对应环上一个节点的位置,该节点称为虚拟节点,而 key 的映射方式不变,只是多了一步从虚拟节点再映射到真实节点的过程。这样,如果虚拟节

---

7 consistent hash,http://dl.acm.org/citation.cfm?id=258660。

点的数量足够多，即使只有很少的实际节点，也能够使 key 分布得相对均衡。

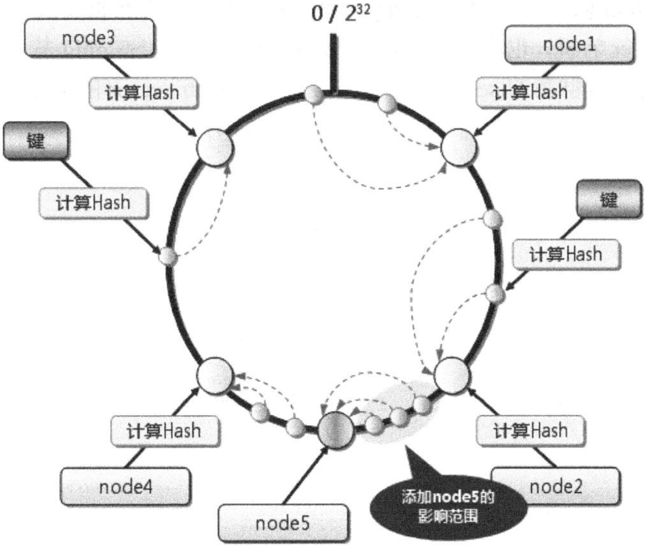

图 2-3　当新节点加入时的情景 [8]

2.1.3　分布式 session

传统的应用服务器，如 tomcat、jboss 等，其自身所实现的 session 管理大部分都是基于单机的。对于大型分布式网站来说，支撑其业务的远远不止一台服务器，而是一个分布式集群，请求在不同服务器之间跳转。那么，如何保持服务器之间的 session 同步呢？传统网站一般通过将一部分数据存储在 cookie 中，来规避分布式环境下 session 的操作。这样做的弊端很多，一方面 cookie 的安全性一直广为诟病，另一方面 cookie 存储数据的大小是有限制的。随着移动互联网的发展，很多情况下还得兼顾移动端的 session 需求，使得采用 cookie 来进行 session 同步的方式的弊端更为凸显。分布式 session 正是在这种情况下应运而生的。

对于系统可靠性要求较高的用户，可以将 session 持久化到 DB 中，这样可以保证宕机时会话不易丢失，但缺点也是显而易见的，系统的整体吞吐率受到很大的影响。另一种解决方案便是将 session 统一存储在缓存集群上，如 memcache，这样可以保证较高的读、写性能，这一点对于并发量大的系统来说非常重要；并且从安全性考虑，session 毕竟是有有效期的，使用缓存存储，也便于利用缓存的失效机制。使用缓存的缺点是，一旦缓存重启，里面保存的会话也就丢失了，需要用户重新建立会话。

如图 2-4 所示，前端用户请求经过随机分发之后，可能会命中后端任意的 Web Server，并

8　图片来源 http://blog.charlee.li/content/images/2008/Jul/memcached-0004-05.png。

且 Web Server 也可能会因为各种不确定的原因宕机。在这种情况下，session 是很难在集群间同步的，而通过将 session 以 sessionid 作为 key，保存到后端的缓存集群中，使得不管请求如何分配，即便是 Web Server 宕机，也不会影响其他 Web Server 通过 sessionid 从 Cache Server 中获得 session，这样既实现了集群间的 session 同步，又提高了 Web Server 的容错性。

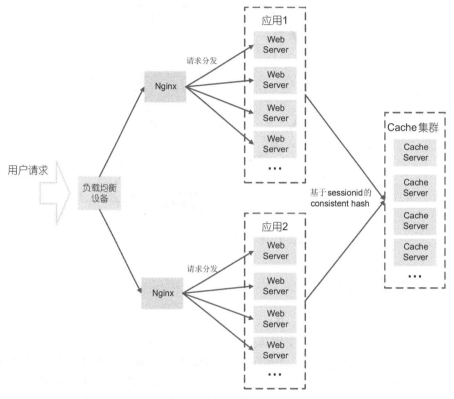

图 2-4　基于缓存的分布式 session 架构

这里以Tomcat作为Web Server来举例，通过一个简单的工具memcached-session-manager[9]，实现基于memcache的分布式session。

memcached-session-manager 是一个开源的高可用的 Tomcat session 共享解决方案，它支持 Sticky 模式和 Non-Sticky 模式。Sticky 模式表示每次请求都会被映射到同一台后端 Web Server，直到该 Web Server 宕机，这样 session 可先存放在服务器本地，等到请求处理完成再同步到后端 memcache 服务器；而当 Web Server 宕机时，请求被映射到其他 Web Server，这时候，其他 Web Server 可以从后端 memcache 中恢复 session。对于 Non-Sticky 模式来说，请求每次映射的后端 Web Server 是不确定的，当请求到来时，从 memcache 中加载 session；当请求处理完成时，将

9　memcached-session-manager，https://code.google.com/p/memcached-session-manager。

session 再写回到 memcache。

以 Non-Sticky 模式为例，它需要给 Tomcat 的$CATALINA_HOME/conf/context.xml 文件配置 SessionManager，具体配置如下：

```
<Manager className="de.javakaffee.web.msm.MemcachedBackupSessionManager"
    memcachedNodes="n1:192.168.0.100:11211,n2:192.168.0.101:11211"
    sticky="false"
    sessionBackupAsync="false"
    lockingMode="auto"
    requestUriIgnorePattern=".*\.(ico|png|gif|jpg|css|js)$"
  transcoderFactoryClass="de.javakaffee.web.msm.serializer.kryo.KryoTranscoderFactory"
    />
```

其中：memcachedNodes 指定了 memcache 的节点；sticky 表示是否采用 Sticky 模式；sessionBackupAsync 表示是否采用异步方式备份 session；lockingMode 表示 session 的锁定模式；auto 表示对于只读请求，session 将不会被锁定，如果包含写入请求，则 session 会被锁定；requestUriIgnorePattern 表示忽略的 url；transcoderFactoryClass 用来指定序列化的方式，这里采用的是 Kryo 序列化，也是 memcached-session-manager 比较推荐的一种序列化方式。

memcached-session-manager 依赖于 memcached-session-manager-${version}.jar，如果使用的是 tomcat6，则还需要下载 memcached-session-manager-tc6-${version}.jar，并且它还依赖 memcached-${version}.jar 进行 memcache 的访问。在启动 Tomcat 之前，需要将这些 jar 放在$CATALINA_HOME/lib/目录下。如果使用第三方序列化方式，如 Kryo，还需要在 Web 工程中引入相关的第三方库，Kryo 序列化所依赖的库，包括 kryo-${version}-all.jar、kryo-serializers-${version}.jar 和 msm-kryo-serializer.${version}.jar。

2.2 持久化存储

随着科技的不断发展，越来越多的人开始参与到互联网活动中来，人们在网络上的活动，如发表心情动态、微博、购物、评论等，这些信息最终被转变成二进制字节的数据存储下来。面对并发访问量的激增和数据量几何级的增长，如何存储正在迅速膨胀并且不断累积的数据，以及应对日益增长的用户访问频次，成为了亟待解决的问题。

传统的IOE[10]解决方案，使用和扩展的成本越来越高，使得互联网企业不得不思考新的解决方案。开源软件加廉价PC Server的分布式架构，得益于社区的支持。在节约成本的同时，也给系统带来了良好的扩展能力，并且由于开源软件的代码透明，使得企业能够以更低的代价定制

---

10 I 表示 IBM 小型机，O 表示 oracle 数据库，E 表示 EMC 高端存储。

更符合自身使用场景的功能，以提高系统的整体性能。本节将介绍互联网领域常见的三种数据存储方式，包括传统关系型数据库MySQL、Google所提出的bigtable概念及其开源实现HBase，以及包含丰富数据类型的key-value存储Redis。

作为传统的关系型数据库，MySQL提供完整的ACID操作，支持丰富的数据类型、强大的关联查询、where语句等，能够非常容易地建立查询索引，执行复杂的内连接、外连接、求和、排序、分组等操作，并且支持存储过程、函数等功能，产品成熟度高，功能强大。对于大多数中小规模的应用来说，关系型数据库拥有强大完整的功能，以及提供的易用性、灵活性和产品成熟度，地位很难被完全替代。但是，对于需要应对高并发访问并且存储海量数据的场景来说，出于性能的考虑，不得不放弃很多传统关系型数据的功能，如关联查询、事务、数据一致性（由强一致性降为最终一致性）；并且由于对数据存储进行拆分，如分库分表，以及进行反范式设计，以提高系统的查询性能，使得我们放弃了关系型数据库大部分原本强大的功能，牺牲了系统的易用性，并且使得系统的设计和管理变得更为复杂。

过去几年中，流行着一种新的存储解决方案，NoSQL、HBase和Redis作为其中较为典型的代表，各自都得到了较为广泛的使用，它们各自都具有比较鲜明的特性。与传统的关系型数据库相比，HBase有更好的伸缩能力，更适合于海量数据的存储和处理，并且HBase能够支持多个Region Server同时写入，并发写入性能十分出色。但HBase本身所支持的查询维度有限，难以支持复杂的条件查询，如group by、order by、join等，这些特点使它的应用场景受到了限制。对于Redis来说，它拥有更好的读/写吞吐能力，能够支撑更高的并发数，而相较于其他的key-value类型的数据库，Redis能够提供更为丰富的数据类型支持，能更灵活地满足业务需求。

2.2.1 MySQL 扩展

随着互联网行业的高速发展，使得采用诸如IOE等商用存储解决方案的成本不断攀升，越来越难以满足企业高速发展的需要；因此，开源的存储解决方案开始逐渐受到青睐，并成为互联网企业数据存储的首选方案。

以MySQL为例，它作为开源关系型数据库的典范，正越来越广泛地被互联网企业所使用。企业可以根据业务规模的不同的阶段，选择采用不同的系统架构，以应对逐渐增长的访问压力和数据量；并且随着业务的发展，需要提前做好系统的容量规划，在系统的处理能力还未达到极限时，对系统进行扩容，以免带来损失。

1. 业务拆分

业务发展初期为了便于快速迭代，很多应用都采用集中式的架构。随着业务规模的扩展，使系统变得越来越复杂，越来越难以维护，开发效率越来越低，并且系统的资源消耗也越来越大，通过硬件提升性能的成本也越来越高。因此，系统业务的拆分是难以避免的。

举例来说，假设某门户网站，它包含了新闻、用户、帖子、评论等几大块内容，对于数据库来说，它可能包含这样几张表，如 news、users、post、comment，如图 2-5 所示。

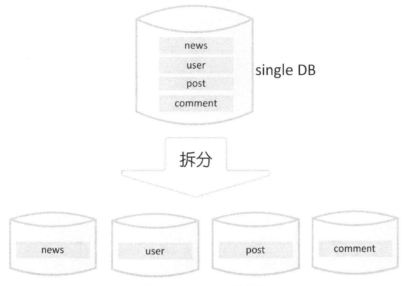

图 2-5　single DB 的拆分

随着业务的不断发展，单个库的访问量越来越大，因此，不得不对业务进行拆分。每一块业务都使用单独的数据库来进行存储，前端不同的业务访问不同的数据库，这样原本依赖单库的服务，变成 4 个库同时承担压力，吞吐能力自然就提高了。

顺带说一句，业务拆分不仅仅提高了系统的可扩展性，也带来了开发工作效率的提升。原来一次简单修改，工程启动和部署可能都需要很长时间，更别说开发测试了。随着系统的拆分，单个系统复杂度降低，减轻了应用多个分支开发带来的分支合并冲突解决的麻烦，不仅大大提高了开发测试的效率，同时也提升了系统的稳定性。

2. 复制策略

架构变化的同时，业务也在不断地发展，可能很快就会发现，随着访问量的不断增加，拆分后的某个库压力越来越大，马上就要达到能力的瓶颈，数据库的架构不得不再次进行变更，这时可以使用 MySQL 的 replication（复制）策略来对系统进行扩展。

通过数据库的复制策略，可以将一台 MySQL 数据库服务器中的数据复制到其他 MySQL 数据库服务器上。当各台数据库服务器上都包含相同数据时，前端应用通过访问 MySQL 集群中任意一台服务器，都能够读取到相同的数据，这样每台 MySQL 服务器所需要承担的负载就会大大降低，从而提高整个系统的承载能力，达到系统扩展的目的。

如图 2-6 所示，要实现数据库的复制，需要开启 Master 服务器端的 Binary log。数据复制的过程实际上就是 Slave 从 master 获取 binary log，然后再在本地镜像的执行日志中记录的操作。由于复制过程是异步的，因此 Master 和 Slave 之间的数据有可能存在延迟的现象，此时只能够保证数据最终的一致性。

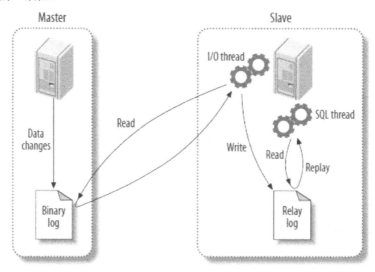

图 2-6　MySQL 的 Master 与 Slave 之间数据同步的过程 [11]

MySQL 的复制可以基于一条语句（statement level），也可以基于一条记录（row level）。通过 row level 的复制，可以不记录执行的 SQL 语句相关联的上下文信息，只需要记录数据变更的内容即可。但由于每行的变更都会被记录，这样可能会产生大量的日志内容，而使用 statement level 则只是记录修改数据的 SQL 语句，减少了 binary log 的日志量，节约了 I/O 成本。但是，为了让 SQL 语句在 Slave 端也能够正确地执行，它还需要记录 SQL 执行的上下文信息，以保证所有语句在 Slave 端执行时能够得到在 Master 端执行时的相同结果。

在实际的应用场景中，MySQL 的 Master 与 Slave 之间的复制架构有可能是这样的，如图 2-7 所示。

前端服务器通过 Master 来执行数据写入的操作，数据的更新通过 Binary log 同步到 Slave 集群，而对于数据读取的请求，则交由 Slave 来处理，这样 Slave 集群可以分担数据库读的压力，并且读、写分离还保障了数据能够达到最终一致性。一般而言，大多数站点的读数据库操作要比写数据库操作更为密集。如果读的压力较大，还可以通过新增 Slave 来进行系统的扩展，因此，Master-Slave 的架构能够显著地减轻前面所提到的单库读的压力。毕竟在大多数应用中，读的压力要比写的压力大得多。

11　图片来源 http://hatemysql.com/wp-content/uploads/2013/04/mysql_replication.png。

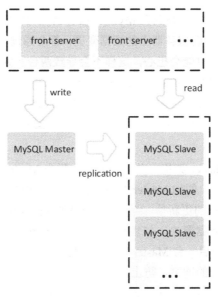

图 2-7　Master-Slaves 复制架构

Master-Slaves 复制架构存在一个问题，即所谓的单点故障。当 Master 宕机时，系统将无法写入，而在某些特定的场景下，也可能需要 Master 停机，以便进行系统维护、优化或者升级。同样的道理，Master 停机将导致整个系统都无法写入，直到 Master 恢复，大部分情况下这显然是难以接受的。为了尽可能地降低系统停止写入的时间，最佳的方式就是采用 Dual-Master 架构，即 Master-Master 架构，如图 2-8 所示。

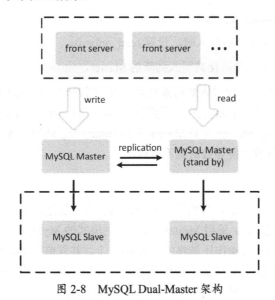

图 2-8　MySQL Dual-Master 架构

所谓的 Dual Master，实际上就是两台 MySQL 服务器互相将对方作为自己的 Master，自己作为对方的 Slave，这样任何一台服务器上的数据变更，都会通过 MySQL 的复制机制同步到另一台服务器。当然，有的读者可能会担心，这样不会导致两台互为 Master 的 MySQL 之间循环复制吗？当然不会，这是由于 MySQL 在记录 Binary log 日志时，记录了当前的 server-id，server-id 在我们配置 MySQL 复制时就已经设置好了。一旦有了 server-id，MySQL 就很容易判断最初的写入是在哪台服务器上发生的，MySQL 不会将复制所产生的变更记录到 Binary log，这样就避免了服务器间数据的循环复制。

当然，我们搭建 Dual-Master 架构，并不是为了让两个 Master 能够同时提供写入服务，这样会导致很多问题。举例来说，假如 Master A 与 Master B 几乎同时对一条数据进行了更新，对 Master A 的更新比对 Master B 的更新早，当对 Master A 的更新最终被同步到 Master B 时，老版本的数据将会把版本更新的数据覆盖，并且不会抛出任何异常，从而导致数据不一致的现象发生。在通常情况下，我们仅开启一台 Master 的写入，另一台 Master 仅仅 stand by 或者作为读库开放，这样可以避免数据写入的冲突，防止数据不一致的情况发生。

在正常情况下，如需进行停机维护，可按如下步骤执行 Master 的切换操作：

（1）停止当前 Master 的所有写入操作。

（2）在 Master 上执行 set global read_only=1，同时更新 MySQL 配置文件中相应的配置，避免重启时失效。

（3）在 Master 上执行 show Master status，以记录 Binary log 坐标。

（4）使用 Master 上的 Binary log 坐标，在 stand by 的 Master 上执行 select Master_pos_wait()，等待 stand by Master 的 Binary log 跟上 Master 的 Binary log。

（5）在 stand by Master 开启写入时，设置 read_only=0。

（6）修改应用程序的配置，使其写入到新的 Master。

假如 Master 意外宕机，处理过程要稍微复杂一点，因为此时 Master 与 stand by Master 上的数据并不一定同步，需要将 Master 上没有同步到 stand by Master 的 Binary log 复制到 Master 上进行 replay，直到 stand by Master 与原 Master 上的 Binary log 同步，才能够开启写入；否则，这一部分不同步的数据就有可能导致数据不一致。

3. 分表与分库

对于大型的互联网应用来说，数据库单表的记录行数可能达到千万级别甚至是亿级，并且数据库面临着极高的并发访问。采用 Master-Slave 复制模式的 MySQL 架构，只能够对数据库的读进行扩展，而对数据的写入操作还是集中在 Master 上，并且单个 Master 挂载的 Slave 也不可能无限制多，Slave 的数量受到 Master 能力和负载的限制。因此，需要对数据库的吞吐能力进行进一步的扩展，以满足高并发访问与海量数据存储的需要。

对于访问极为频繁且数据量巨大的单表来说，我们首先要做的就是减少单表的记录条数，以便减少数据查询所需要的时间，提高数据库的吞吐，这就是所谓的分表。在分表之前，首先需要选择适当的分表策略，使得数据能够较为均衡地分布到多张表中，并且不影响正常的查询。

对于互联网企业来说，大部分数据都是与用户关联的，因此，用户id是最常用的分表字段。因为大部分查询都需要带上用户id，这样既不影响查询，又能够使数据较为均衡地分布到各个表中[12]，如图2-9所示。

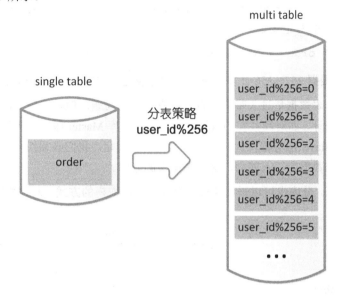

图 2-9　user 表按照 user_id%256 的策略进行分表

假设有一张记录用户购买信息的订单表order，由于order表记录条数太多，将被拆分成 256 张表[13]。拆分的记录根据user_id%256 取得对应的表进行存储，前台应用则根据对应的user_id%256，找到对应订单存储的表进行访问。这样一来，user_id便成为一个必需的查询条件，否则将会由于无法定位数据存储的表而无法对数据进行访问。

假设 user 表的结构如下：

```
create table order(
order_id bigint(20) primary key auto_increment,
user_id bigint(20),
user_nick varchar(50),
auction_id bigint(20),
```

---

12 当然，有的场景也可能会出现冷热数据分布不均衡的情况。
13 拆分后表的数量一般为 2 的 *n* 次方。

```
auction_title bigint(20),
price bigint(20),
auction_cat varchar(200),
seller_id bigint(20),
seller_nick varchar(50)
);
```

那么分表以后，假设 user_id=257，并且 auction_id=100，需要根据 auction_id 来查询对应的订单信息，则对应的 SQL 语句如下：

```
select * from order_1 where user_id = 257 and auction_id = 100;
```

其中，order_1 根据 257%256 计算得出，表示分表之后的第 1 张 order 表。

分表能够解决单表数据量过大带来的查询效率下降的问题，但是，却无法给数据库的并发处理能力带来质的提升。面对高并发的读写访问，当数据库 Master 服务器无法承载写操作压力时，不管如何扩展 Slave 服务器，此时都没有意义了。因此，我们必须换一种思路，对数据库进行拆分，从而提高数据库写入能力，这就是所谓的分库。

与分表策略相似，分库也可以采用通过一个关键字段取模的方式，来对数据访问进行路由，如图 2-10 所示。

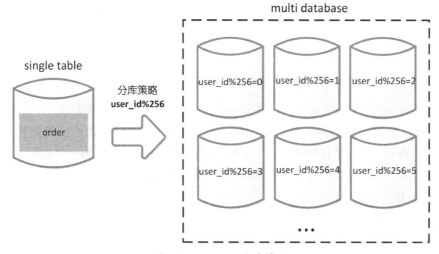

图 2-10　MySQL 分库策略

还是之前的订单表，假设 user_id 字段的值为 257，将原有的单库分为 256 个库，那么应用程序对数据库的访问请求将被路由到第 1 个库（257%256=1）。

有时数据库可能既面临着高并发访问的压力，又需要面对海量数据的存储问题，这时需要对数据库即采用分库策略，又采用分表策略，以便同时扩展系统的并发处理能力，以及提升单表的查询性能，这就是所谓的分库分表。

分库分表的策略比前面的仅分库或者仅分表的策略要更为复杂，一种分库分表的路由策略如下：

- 中间变量=user_id%（库数量×每个库的表数量）；
- 库=取整（中间变量/每个库的表数量）；
- 表=中间变量%每个库的表数量。

同样采用 user_id 作为路由字段，首先使用 user_id 对库数量×每个库表的数量取模，得到一个中间变量；然后使用中间变量除以每个库表的数量，取整，便得到对应的库；而中间变量对每个库表的数量取模，即得到对应的表。分库分表策略如图 2-11 所示。

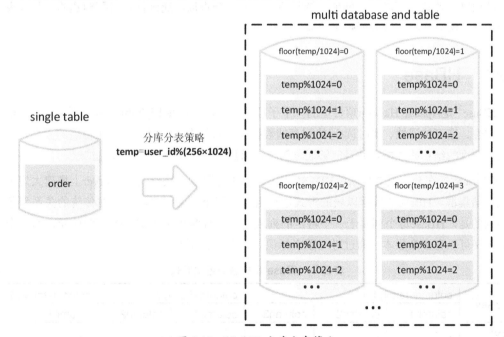

图 2-11　MySQL 分库分表策略

假设将原来的单库单表 order 拆分成 256 个库，每个库包含 1024 个表，那么按照前面所提到的路由策略，对于 user_id=262145 的访问，路由的计算过程如下：

- 中间变量=262145%（256×1024）=1；
- 库=取整（1/1024）=0；
- 表=1%1024=1。

这意味着，对于 user_id=262145 的订单记录的查询和修改，将被路由到第 0 个库的第 1 个表中执行。

数据库经过业务拆分及分库分表之后，虽然查询性能和并发处理能力提高了，但也会带来一系列的问题。比如，原本跨表的事务上升为分布式事务；由于记录被切分到不同的库与不同的表当中，难以进行多表关联查询，并且不能不指定路由字段对数据进行查询。分库分表以后，如果需要对系统进行进一步扩展（路由策略变更），将变得非常不方便，需要重新进行数据迁移。

相较于 MySQL 的分库分表策略，后面要提到的 HBase 天生就能够很好地支持海量数据的存储，能够以更友好、更方便的方式支持表的分区，并且 HBase 还支持多个 Region Server 同时写入，能够较为方便地扩展系统的并发写入能力。而通过后面章节所提到的搜索引擎技术，能够解决采用业务拆分及分库分表策略后，系统无法进行多表关联查询，以及查询时必须带路由字段的问题。搜索引擎能够很好地支持复杂条件的组合查询，通过搜索引擎构建的一张大表，能够弥补一部分数据库拆分所带来的问题。

2.2.2　HBase

HBase[14]是 Apache Hadoop 项目下的一个子项目，它以 Google BigTable[15]为原型，设计实现了高可靠性、高可扩展性、实时读/写的列存储数据库。它的本质实际上是一张稀疏的大表，用来存储粗粒度的结构化数据，并且能够通过简单地增加节点来实现系统的线性扩展。

HBase 运行在分布式文件系统 HDFS[16]之上，利用它可以在廉价的 PC Server 上搭建大规模结构化存储集群。HBase 的数据以表的形式进行组织，每个表由行列组成。与传统的关系型数据库不同的是，HBase 每个列属于一个特定的列族，通过行和列来确定一个存储单元，而每个存储单元又可以有多个版本，通过时间戳来标识，如表 2-1 所示。

表 2-1　HBase 表数据的组织形式

rowkey	column-family1			column-family2			column-family3
	column1	column2	column3	column1	column2		column1
key1	…	…	…	…	…		…
key2	…	…	…	…	…		…
key3	…	…	…	…	…		…

HBase 集群中通常包含两种角色，HMaster 和 HRegionServer。当表随着记录条数的增加而不断变大后，将会分裂成一个个 Region，每个 Region 可以由（startkey,endkey）来表示，它包

14　HBase 项目地址为 https://hbase.apache.org。
15　著名的 Google BigTable 论文，http://research.google.com/archive/bigtable.html。
16　关于 HDFS 的介绍，请参照第 5.2 节。

含一个 startkey 到 endkey 的半闭区间。一个 HRegionServer 可以管理多个 Region，并由 HMaster 来负责 HRegionServer 的调度及集群状态的监管。由于 Region 可分散并由不同的 HRegionServer 来管理，因此，理论上再大的表都可以通过集群来处理。HBase 集群部署图如图 2-12 所示。

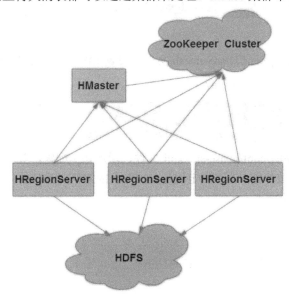

图 2-12　HBase集群部署图[17]

1. HBase 安装

下载HBase的安装包，这里选择的版本是 0.96[18]。

```
wget http://mirror.bit.edu.cn/apache/hbase/hbase-0.96.1.1/hbase-0.96.1.1-hadoop1-bin.tar.gz
```

```
longlong@ubuntu:~/temp$ wget http://mirror.bit.edu.cn/apache/hbase/hbase-0.96.1.
1/hbase-0.96.1.1-hadoop1-bin.tar.gz
--2014-04-02 05:41:51--  http://mirror.bit.edu.cn/apache/hbase/hbase-0.96.1.1/hb
ase-0.96.1.1-hadoop1-bin.tar.gz
Resolving mirror.bit.edu.cn (mirror.bit.edu.cn)... 219.143.204.117, 2001:da8:204
:2001:250:56ff:fea1:22
Connecting to mirror.bit.edu.cn (mirror.bit.edu.cn)|219.143.204.117|:80... conne
cted.
HTTP request sent, awaiting response... 200 OK
Length: 73285670 (70M) [application/octet-stream]
Saving to: `hbase-0.96.1.1-hadoop1-bin.tar.gz'

 0% [                                       ] 69,460      8.33K/s   eta 2h 25m
```

17　图片来源 http://dl2.iteye.com/upload/attachment/0073/5412/53da4281-58d4-3f53-8aaf-a09d0c295f05.jpg。
18　HBase 的版本需要与 Hadoop 的版本相兼容，详情请见 http://hbase.apache.org/book/configuration.html# hadoop。

解压安装文件：

```
tar -xf hbase-0.96.1.1-hadoop1-bin.tar.gz
```

```
longlong@ubuntu:~/temp$ tar -xf hbase-0.96.1.1-hadoop1-bin.tar.gz
longlong@ubuntu:~/temp$
```

修改配置文件：

编辑{HBASE_HOME}/conf/hbase-env.sh 文件，设置 JAVA_HOME 为 Java 的安装目录。

```
export JAVA_HOME=/usr/java/
```

```
# The java implementation to use. Java 1.6 required.
export JAVA_HOME=/usr/java/
```

编辑{HBASE_HOME}/conf/hbase-site.xml 文件，增加如下配置，其中 hbase.rootdir 目录用于指定 HBase 的数据存放位置，这里指定的是 HDFS 上的路径，而 hbase.cluster.distributed 则指定了是否运行在分布式模式下。

```xml
<configuration>
<property>
<name>hbase.cluster.distributed</name>
<value>true</value>
</property>
<property>
<name>hbase.rootdir</name>
<value>hdfs://localhost:9000/hbase</value>
</property>
</configuration>
```

启动 HBase：

完成上述操作后，先启动 Hadoop，再启动 HBase，就可以进行相应的操作了。

```
longlong@ubuntu:/usr/hbase/bin$ ./start-hbase.sh
longlong@localhost's password:
localhost: starting zookeeper, logging to /usr/hbase/bin/../logs/hbase-longlong-
zookeeper-ubuntu.out
starting master, logging to /usr/hbase/bin/../logs/hbase-longlong-master-ubuntu.
out
longlong@localhost's password:
localhost: starting regionserver, logging to /usr/hbase/bin/../logs/hbase-longlo
ng-regionserver-ubuntu.out
```

使用 HBase shell：

```
./hbase shell
```

```
longlong@ubuntu:/usr/hbase/bin$ ./hbase shell
HBase Shell; enter 'help<RETURN>' for list of supported commands.
Type "exit<RETURN>" to leave the HBase Shell
Version 0.96.1.1-hadoop1, rUnknown, Tue Dec 17 11:52:14 PST 2013

hbase(main):001:0> help
HBase Shell, version 0.96.1.1-hadoop1, rUnknown, Tue Dec 17 11:52:14 PST 2013
Type 'help "COMMAND"', (e.g. 'help "get"' -- the quotes are necessary) for help
on a specific command.
Commands are grouped. Type 'help "COMMAND_GROUP"', (e.g. 'help "general"') for h
elp on a command group.

COMMAND GROUPS:
  Group name: general
  Commands: status, table_help, version, whoami

  Group name: ddl
  Commands: alter, alter_async, alter_status, create, describe, disable, disable
_all, drop, drop_all, enable, enable_all, exists, get_table, is_disabled, is_ena
bled, list, show_filters

  Group name: namespace
  Commands: alter_namespace, create_namespace, describe_namespace, drop_namespac
e, list_namespace, list_namespace_tables
```

查看 HBase 集群状态：

`status`

```
hbase(main):002:0> status
1 servers, 0 dead, 2.0000 average load
```

HBase 的基本使用：

创建一个表，并指定列族的名称，create '表名称'、'列族名称 1'、'列族名称 2' ……

例如，create 'user','phone','info'。

```
hbase(main):006:0> create 'user','phone','info'
0 row(s) in 0.5200 seconds

=> Hbase::Table - user
```

创建 user 表，包含两个列族，一个是 phone，一个是 info。

列出已有的表，并查看表的描述：

`list`

```
hbase(main):007:0> list
TABLE
user
1 row(s) in 0.1020 seconds

=> ["user"]
```

describe '表名'

例如，describe 'user'。

```
hbase(main):008:0> describe 'user'
DESCRIPTION                                          ENABLED
 'user', {NAME => 'info', DATA_BLOCK_ENCODING => 'NO true
NE', BLOOMFILTER => 'ROW', REPLICATION_SCOPE => '0'
, VERSIONS => '1', COMPRESSION => 'NONE', MIN_VERSI
ONS => '0', TTL => '2147483647', KEEP_DELETED_CELLS
 => 'false', BLOCKSIZE => '65536', IN_MEMORY => 'fa
lse', BLOCKCACHE => 'true'}, {NAME => 'phone', DATA
_BLOCK_ENCODING => 'NONE', BLOOMFILTER => 'ROW', RE
PLICATION_SCOPE => '0', VERSIONS => '1', COMPRESSIO
N => 'NONE', MIN_VERSIONS => '0', TTL => '214748364
7', KEEP_DELETED_CELLS => 'false', BLOCKSIZE => '65
536', IN_MEMORY => 'false', BLOCKCACHE => 'true'}
1 row(s) in 0.0600 seconds
```

新增/删除一个列族。

给表新增一个列族：

```
alter '表名',NAME=>'列族名称'
```

例如，alter 'user',NAME=>'class'。

```
hbase(main):010:0> alter 'user',NAME=>'class'
Updating all regions with the new schema...
0/1 regions updated.
1/1 regions updated.
Done.
0 row(s) in 2.3880 seconds
```

删除表的一个列族：

```
alter '表名',NAME=>'列族名称',METHOD=>'delete'
```

例如，alter 'user',NAME=>'class',METHOD=>'delete'。

```
hbase(main):012:0> alter 'user',NAME=>'class',METHOD=>'delete'
Updating all regions with the new schema...
0/1 regions updated.
1/1 regions updated.
Done.
0 row(s) in 2.3160 seconds
```

删除一个表：

在使用 drop 删除一个表之前，必须先将该表 disable：

```
disable 'user'
drop 'user'
```

```
hbase(main):015:0> disable 'user'
0 row(s) in 1.5500 seconds

hbase(main):016:0> drop 'user'
0 row(s) in 0.2210 seconds
```

如果没有 disable 表而直接使用 drop 删除，则会出现如下提示：

```
hbase(main):014:0> drop 'user'
ERROR: Table user is enabled. Disable it first.'

Here is some help for this command:
Drop the named table. Table must first be disabled: e.g. "hbase> drop 't1'"
```

给表添加记录：

```
put '表名', 'rowkey','列族名称:列名称','值'
```

例如，put 'user','1','info:name','zhangsan'。

```
hbase(main):018:0> put 'user','1','info:name','zhangsan'
0 row(s) in 0.1500 seconds
```

查看数据。

根据 rowkey 查看数据：

```
get '表名称','rowkey'
```

例如，get 'user','1'。

```
hbase(main):019:0> get 'user','1'
COLUMN                  CELL
 info:name              timestamp=1396534347948, value=zhangsan
1 row(s) in 0.0330 seconds
```

根据 rowkey 查看对应列的数据：

```
get '表名称','rowkey','列族名称:列名称'
```

例如，get 'user','1','info:name'。

```
hbase(main):028:0> get 'user','1','info:name'
COLUMN                  CELL
 info:name              timestamp=1396534347948, value=zhangsan
1 row(s) in 0.0180 seconds
```

查看表中的记录总数：

```
count '表名称'
```

例如，count 'user'。

```
hbase(main):020:0> count 'user'
1 row(s) in 0.0670 seconds
=> 1
```

查看表中所有记录：

```
scan '表名称'
```

例如，scan 'user'。

```
hbase(main):021:0> scan 'user'
ROW                   COLUMN+CELL
 1                    column=info:name, timestamp=1396534347948, value=zhangsan
1 row(s) in 0.0510 seconds
```

查看表中指定列族的所有记录：

scan '表名',{COLUMNS => '列族'}

例如，scan 'user',{COLUMNS => 'info'}。

```
hbase(main):048:0> scan 'user',{COLUMNS => 'info'}
ROW                   COLUMN+CELL
 1                    column=info:name, timestamp=1396536422440, value=zhangsan
 2                    column=info:name, timestamp=1396536417856, value=zhangsan1
 3                    column=info:name, timestamp=1396535679654, value=zhangsan2
 4                    column=info:name, timestamp=1396536437093, value=zhangsan3
 5                    column=info:name, timestamp=1396536443583, value=zhangsan4
 6                    column=info:name, timestamp=1396536451280, value=zhangsan5
 7                    column=info:name, timestamp=1396536459597, value=zhangsan6
 8                    column=info:name, timestamp=1396536478112, value=zhangsan7
8 row(s) in 0.3570 seconds
```

查看表中指定区间的所有记录：

scan '表名称',{COLUMNS => '列族',LIMIT =>记录数, STARTROW => '开始 rowkey', STOPROW=>'结束 rowkey'}

例如，scan 'user',{COLUMNS => 'info',LIMIT =>5, STARTROW => '2',STOPROW=>'7'}。

```
hbase(main):050:0> scan 'user',{COLUMNS => 'info',LIMIT =>5, STARTROW => '2',STOPR
OW=>'7'}
ROW                   COLUMN+CELL
 2                    column=info:name, timestamp=1396536417856, value=zhangsan1
 3                    column=info:name, timestamp=1396535679654, value=zhangsan2
 4                    column=info:name, timestamp=1396536437093, value=zhangsan3
 5                    column=info:name, timestamp=1396536443583, value=zhangsan4
 6                    column=info:name, timestamp=1396536451280, value=zhangsan5
5 row(s) in 0.0240 seconds
```

删除数据。

根据 rowkey 删除列数据：

delete '表名称','rowkey' ,'列簇名称'

例如，delete 'user','1','info:name'。

```
hbase(main):036:0> delete 'user','1','info:name'
0 row(s) in 0.0140 seconds
```

根据 rowkey 删除一行数据：

```
deleteall '表名称','rowkey'
```

例如，deleteall 'user','2'。

```
hbase(main):037:0> deleteall 'user','2'
0 row(s) in 0.0300 seconds
```

2. HBase API

除了通过 shell 进行操作，HBase 作为分布式数据库，自然也提供程序访问的接口，此处以 Java 为例。

首先，需要配置 HBase 的 HMaster 服务器地址和对应的端口（默认为 60000），以及对应的 ZooKeeper 服务器地址和端口：

```java
private static Configuration conf = null;
static {
    conf = HBaseConfiguration.create();
    conf = HBaseConfiguration.create();
    conf.set("hbase.ZooKeeper.property.clientPort", "2181");
    conf.set("hbase.ZooKeeper.quorum", "192.168.136.135");
    conf.set("hbase.master", "192.168.136.135:60000");
}
```

接下来，通过程序来新增 user 表，user 表中有三个列族，分别为 info、class、parent，如果该表已经存在，则先删除该表：

```java
public static void createTable() throws Exception {
    String tableName = "user";
    HBaseAdmin hBaseAdmin = new HBaseAdmin(conf);
    if (hBaseAdmin.tableExists(tableName)) {
        hBaseAdmin.disableTable(tableName);
        hBaseAdmin.deleteTable(tableName);
    }
    HTableDescriptor tableDescriptor = new
            HTableDescriptor(TableName.valueOf(tableName));
    tableDescriptor.addFamily(new HColumnDescriptor("info"));
    tableDescriptor.addFamily(new HColumnDescriptor("class"));
    tableDescriptor.addFamily(new HColumnDescriptor("parent"));
    hBaseAdmin.createTable(tableDescriptor);
    hBaseAdmin.close();
}
```

将数据添加到 user 表，每个列族指定一个列 col，并给该列赋值：

```java
public static void putRow() throws Exception {
    String tableName = "user";
    String[] familyNames = {"info","class","parent"};
    HTable table = new HTable(conf, tableName);
    for(int i = 0; i < 20; i ++){
        for (int j = 0; j < familyNames.length; j++) {
            Put put = new Put(Bytes.toBytes(i+""));
            put.add(Bytes.toBytes(familyNames[j]),
                    Bytes.toBytes("col"),
                    Bytes.toBytes("value_"+i+"_"+j));
            table.put(put);
        }
    }
    table.close();
}
```

取得 rowkey 为 1 的行，并将该行打印出来：

```java
public static void getRow() throws IOException {
    String tableName = "user";
    String rowKey = "1";
    HTable table = new HTable(conf, tableName);
    Get g = new Get(Bytes.toBytes(rowKey));
    Result r = table.get(g);
    outputResult(r);
    table.close();
}

public static void outputResult(Result rs){
    List<Cell> list = rs.listCells();
    System.out.println("row key : " +
            new String(rs.getRow()));
    for(Cell cell : list){
        System.out.println("family: " + new String(cell.getFamily())
        + ", col: " + new String(cell.getQualifier())
        + ", value: "  + new String(cell.getValue()) );
    }
}
```

scan 扫描 user 表，并将查询结果打印出来：

```java
public static void scanTable() throws Exception {
    String tableName = "user";
    HTable table = new HTable(conf, tableName);
    Scan s = new Scan();
    ResultScanner rs = table.getScanner(s);
    for (Result r : rs) {
        outputResult(r);
    }
    //设置 startrow 和 endrow 进行查询
    s = new Scan("2".getBytes(),"6".getBytes());
    rs = table.getScanner(s);
    for (Result r : rs) {
        outputResult(r);
    }
    table.close();
}
```

删除 rowkey 为 1 的记录：

```java
public static void deleteRow( ) throws IOException {
    String tableName = "user";
    String rowKey = "1";
    HTable table = new HTable(conf, tableName);
    List<Delete> list = new ArrayList<Delete>();
    Delete d = new Delete(rowKey.getBytes());
    list.add(d);
    table.delete(list);
    table.close();
}
```

3. rowkey 设计

要想访问 HBase 的行，只有三种方式，一种是通过指定 rowkey 进行访问，另一种是指定 rowkey 的 range 进行 scan，再者就是全表扫描。由于全表扫描对于性能的消耗很大，扫描一张上亿行的大表将带来很大的开销，以至于整个集群的吞吐都会受到影响。因此，rowkey 设计的好坏，将在很大程度上影响表的查询性能，是能否充分发挥 HBase 性能的关键。

举例来说，假设使用 HBase 来存储用户的订单信息，我们可能会通过这样几个维度来记录订单的信息，包括购买用户的 id、交易时间、商品 id、商品名称、交易金额、卖家 id 等。假设需要从卖家维度来查看某商品已售出的订单，并且按照下单时间区间来进行查询，那么订单表可以这样设计：

rowkey: seller_id + auction_id + create_time

列族：order_info(auction_title,price,user_id)

使用卖家 id+商品 id+交易时间作为表的 rowkey，列族为 order，该列族包含三列，即商品标题、价格、购买者 id，如图 2-13 所示。由于 HBase 的行是按照 rowkey 来排序的，这样通过 rowkey 进行范围查询，可以缩小 scan 的范围。

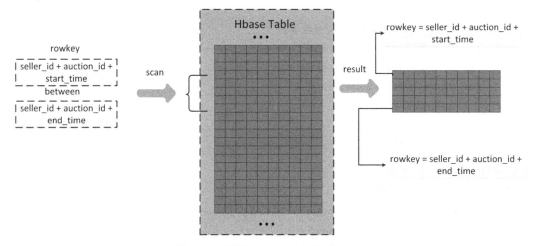

图 2-13　根据 rowkey 进行表的 scan

而假设需要从购买者维度来进行订单数据的查询，展现用户购买过的商品，并且按照购买时间进行查询分页，那么 rowkey 的设计又不同了：

rowkey: user_id + create_time

列族：order_info(auction_id,auction_title,price,seller_id)

这样通过买家 id+交易时间区间，便能够查到用户在某个时间范围内因购买所产生的订单。

但有些时候，我们既需要从卖家维度来查询商品售出情况，又需要从买家维度来查询商品购买情况，关系型数据库能够很好地支持类似的多条件复杂查询。但对于HBase来说，实现起来并不是那么的容易。基本的解决思路就是建立一张二级索引表，将查询条件设计成二级索引表的rowkey，而存储的数据则是数据表的rowkey，这样就可以在一定程度上实现多个条件的查询。但是二级索引表也会引入一系列的问题，多表的插入将降低数据写入的性能，并且由于多表之间无事务保障，可能会带来数据一致性的问题[19]。

---

19 关于 HBase 的二级索引表，华为提供了 hindex 的二级索引解决方案，有兴趣的读者可以参考 https://github.com/Huawei-Hadoop/hindex。

与传统的关系型数据库相比,HBase 有更好的伸缩能力,更适合于海量数据的存储和处理。由于多个 Region Server 的存在,使得 HBase 能够多个节点同时写入,显著提高了写入性能,并且是可扩展的。但是,HBase 本身能够支持的查询维度有限,难以支持复杂查询,如 group by、order by、join 等,这些特点使得它的应用场景受到了限制。当然,这也并非是不可弥补的硬伤,通过后面章节所介绍的搜索引擎来构建索引,可以在一定程度上解决 HBase 复杂条件组合查询的问题。

2.2.3 Redis

Redis 是一个高性能的 key-value 数据库,与其他很多 key-value 数据库的不同之处在于,Redis 不仅支持简单的键值对类型的存储,还支持其他一系列丰富的数据存储结构,包括 strings、hashs、lists、sets、sorted sets 等,并在这些数据结构类型上定义了一套强大的 API。通过定义不同的存储结构,Redis 可以很轻易地完成很多其他 key-value 数据库难以完成的任务,如排序、去重等。

1. 安装 Redis

下载 Redis 源码安装包:

```
wget http://download.redis.io/releases/redis-2.8.8.tar.gz
```

```
longlong@ubuntu:~$ wget http://download.redis.io/releases/redis-2.8.8.tar.gz
--2014-04-06 00:05:22--  http://download.redis.io/releases/redis-2.8.8.tar.gz
Resolving download.redis.io (download.redis.io)... 109.74.203.151
Connecting to download.redis.io (download.redis.io)|109.74.203.151|:80... connected.
HTTP request sent, awaiting response... 200 OK
Length: 1073450 (1.0M) [application/x-gzip]
Saving to: `redis-2.8.8.tar.gz'

19% [======>                             ] 214,588     3.96K/s  eta 4m 2s
```

解压文件:

```
tar -xf redis-2.8.8.tar.gz
```

```
longlong@ubuntu:~/temp$ tar -xf redis-2.8.8.tar.gz
longlong@ubuntu:~/temp$
```

编译安装 Redis:

```
sudo make PREFIX=/usr/local/redis install
```

```
longlong@ubuntu:~/temp/redis-2.8.8$ sudo make PREFIX=/usr/local/redis install
cd src && make install
make[1]: Entering directory `/home/longlong/temp/redis-2.8.8/src'
rm -rf redis-server redis-sentinel redis-cli redis-benchmark redis-check-dump re
dis-check-aof *.o *.gcda *.gcno *.gcov redis.info lcov-html
(cd ../deps && make distclean)
make[2]: Entering directory `/home/longlong/temp/redis-2.8.8/deps'
(cd hiredis && make clean) > /dev/null || true
(cd linenoise && make clean) > /dev/null || true
(cd lua && make clean) > /dev/null || true
(cd jemalloc && [ -f Makefile ] && make distclean) > /dev/null || true
(rm -f .make-*)
make[2]: Leaving directory `/home/longlong/temp/redis-2.8.8/deps'
(rm -f .make-*)
echo STD=-std=c99 -pedantic >> .make-settings
echo WARN=-Wall >> .make-settings
```

将 Redis 安装到/usr/local/redis 目录，然后，从安装包中找到 Redis 的配置文件，将其复制到安装的根目录。

```
sudo cp redis.conf /usr/local/redis/
```

```
longlong@ubuntu:~/temp/redis-2.8.8$ sudo cp redis.conf /usr/local/redis/
longlong@ubuntu:~/temp/redis-2.8.8$
```

启动 Redis Server：

```
./redis-server ../redis.conf
```

```
longlong@ubuntu:/usr/local/redis/bin$ ./redis-server ../redis.conf
[6535] 06 Apr 00:24:37.800 # You requested maxclients of 10000 requiring at leas
t 10032 max file descriptors.
[6535] 06 Apr 00:24:37.802 # Redis can't set maximum open files to 10032 because
 of OS error: Operation not permitted.
[6535] 06 Apr 00:24:37.802 # Current maximum open files is 1024. maxclients has 
been reduced to 4064 to compensate for low ulimit. If you need higher maxclients
 increase 'ulimit -n'.
[6535] 06 Apr 00:24:37.803 # Warning: 32 bit instance detected but no memory lim
it set. Setting 3 GB maxmemory limit with 'noeviction' policy now.

                _._
           _.-``__ ''-._
      _.-``    `.  `_.  ''-._           Redis 2.8.8 (00000000/0) 32 bit
  .-`` .-```.  ```\/    _.,_ ''-._
 (    '      ,       .-`  | `,    )     Running in stand alone mode
 |`-._`-...-` __...-.``-._|'` _.-'|     Port: 6379
 |    `-._   `._    /     _.-'    |     PID: 6535
  `-._    `-._  `-./  _.-'    _.-'
 |`-._`-._    `-.__.-'    _.-'_.-'|
 |    `-._`-._        _.-'_.-'    |     http://redis.io
  `-._    `-._`-.__.-'_.-'    _.-'
 |`-._`-._    `-.__.-'    _.-'_.-'|
 |    `-._`-._        _.-'_.-'    |
  `-._    `-._`-.__.-'_.-'    _.-'
      `-._    `-.__.-'    _.-'
          `-._        _.-'
              `-.__.-'
```

使用redis-cli进行访问[20]：

./redis-cli

```
longlong@ubuntu:/usr/local/redis/bin$ ./redis-cli
127.0.0.1:6379> set name chenkangxian
OK
127.0.0.1:6379> get name
"chenkangxian"
127.0.0.1:6379>
```

2. 使用 Redis API

Redis的Java client[21]有很多，这里选择比较常用的Jedis[22]来介绍Redis数据访问的API。

首先，需要对 Redis client 进行初始化：

```
Jedis  redis = new Jedis ("192.168.136.135",6379);
```

Redis 支持丰富的数据类型，如 strings、hashs、lists、sets、sorted sets 等，这些数据类型都有对应的 API 来进行操作。比如，Redis 的 strings 类型实际上就是最基本的 key-value 形式的数据，一个 key 对应一个 value，它支持如下形式的数据访问：

```
redis.set("name", "chenkangxian");//设置 key-value
redis.setex("content", 5, "hello");//设置 key-value有效期为 5 秒
redis.mset("class","a","age","25"); //一次设置多个 key-value
redis.append("content", " lucy");//给字符串追加内容
String content = redis.get("content"); //根据 key 获取 value
List<String> list = redis.mget("class","age");//一次取多个 key
```

通过 set 方法，可以给对应的 key 设值；通过 get 方法，可以获取对应 key 的值；通过 setex 方法可以给 key-value 设置有效期；通过 mset 方法，一次可以设置多个 key-value 对；通过 mget 方法，可以一次获取多个 key 对应的 value，这样的好处是，可以避免多次请求带来的网络开销，提高性能；通过 append 方法，可以给已经存在的 key 对应的 value 后追加内容。

Redis 的 hashs 实际上是一个 string 类型的 field 和 value 的映射表，类似于 Map，特别适合存储对象。相较于将每个对象序列化后存储，一个对象使用 hashs 存储将会占用更少的存储空间，并且能够更为方便地存取整个对象：

```
redis.hset("url", "google", "www.google.cn");//给 Hash 添加 key-value
redis.hset("url", "taobao", "www.taobao.com");
redis.hset("url", "sina", "www.sina.com.cn");
```

---

20 更多数据访问的命令请参考 http://redis.io/commands。
21 Redis 的 clien，http://redis.io/clients。
22 Jedis 项目地址为 https://github.com/xetorthio/jedis。

```java
Map<String,String> map = new HashMap<String,String>();
map.put("name", "chenkangxian");
map.put("sex", "man");
map.put("age", "100");
redis.hmset("userinfo", map);//批量设置值

String name = redis.hget("userinfo", "name");//取 Hash 中某个 key 的值

//取 Hash 的多个 key 的值
List<String> urllist = redis.hmget("url","google","taobao","sina");

//取 Hash 的所有 key 的值
Map<String,String> userinfo = redis.hgetAll("userinfo");
```

通过 hset 方法，可以给一个 Hash 存储结构添加 key-value 数据；通过 hmset 方法，能够一次性设置多个值，避免多次网络操作的开销；使用 hget 方法，能够取得一个 Hash 结构中某个 key 对应的 value；使用 hmget 方法，则可以一次性获取得多个 key 对应的 value；通过 hgetAll 方法，可以将 Hash 存储对应的所有 key-value 一次性取出。

Redis 的 lists 是一个链表结构，主要的功能是对元素的 push 和 pop，以及获取某个范围内的值等。push 和 pop 操作可以从链表的头部或者尾部插入/删除元素，这使得 lists 既可以作为栈使用，又可以作为队列使用，其中，操作的 key 可以理解为链表的名称：

```java
redis.lpush("charlist", "abc");//在 list 首部添加元素
redis.lpush("charlist", "def");
redis.rpush("charlist", "hij");//在 list 尾部添加元素
redis.rpush("charlist", "klm");
List<String> charlist = redis.lrange("charlist", 0, 2);
redis.lpop("charlist");//在 list 首部删除元素
redis.rpop("charlist");//在 list 尾部删除元素
Long charlistSize = redis.llen("charlist");//获得 list 的大小
```

通过 lpush 和 rpush 方法，分别可以在 list 的首部和尾部添加元素；使用 lpop 和 rpop 方法，可以在 list 的首部和尾部删除元素，通过 lrange 方法，可以获取 list 指定区间的元素。

Redis 的 sets 与数据结构的 set 相似，用来存储一个没有重复元素的集合，对集合的元素可以进行添加和删除的操作，并且能够对所有元素进行枚举：

```java
redis.sadd("SetMem", "s1");//给 set 添加元素
redis.sadd("SetMem", "s2");
```

```
redis.sadd("SetMem", "s3");
redis.sadd("SetMem", "s4");
redis.sadd("SetMem", "s5");
redis.srem("SetMem", "s5");//从 set 中移除元素
Set<String> set = redis.smembers("SetMem");//枚举出 set 的元素
```

sadd 方法用来给 set 添加新的元素，而 srem 则可以对元素进行删除，通过 smembers 方法，能够枚举出 set 中的所有元素。

sorted sets 是 Redis sets 的一个升级版本，它在 sets 的基础之上增加了一个排序的属性，该属性在添加元素时可以指定，sorted sets 将根据该属性来进行排序，每次新元素增加后，sorted sets 会重新对顺序进行调整。sorted sets 不仅能够通过 range 正序对 set 取值，还能够通过 range 对 set 进行逆序取值，极大地提高了 set 操作的灵活性：

```
redis.zadd("SortSetMem", 1, "5th");//插入 sort set,并指定元素的序号
redis.zadd("SortSetMem", 2, "4th");
redis.zadd("SortSetMem", 3, "3th");
redis.zadd("SortSetMem", 4, "2th");
redis.zadd("SortSetMem", 5, "1th");

//根据范围取 set
Set<String> sortset = redis.zrange("SortSetMem", 2, 4);

//根据范围反向取 set
Set<String> revsortset = redis.zrevrange("SortSetMem", 1, 2);
```

通过 zadd 方法来给 sorted sets 新增元素，在新增操作的同时，需要指定该元素排序的序号，以便进行排序。使用 zrange 方法可以正序对 set 进行范围取值，而通过 zrevrange 方法，则可以高效率地逆序对 set 进行范围取值。

相较于传统的关系型数据库，Redis 有更好的读/写吞吐能力，能够支撑更高的并发数。而相较于其他的 key-value 类型的数据库，Redis 能够提供更为丰富的数据类型的支持，能够更灵活地满足业务需求。Redis 能够高效率地实现诸如排序取 topN、访问计数器、队列系统、数据排重等业务需求，并且通过将服务器设置为 cache-only，还能够提供高性能的缓存服务。相较于 memcache 来说，在性能差别不大的情况下，它能够支持更为丰富的数据类型。

2.3 消息系统

在分布式系统中，消息系统的应用十分广泛，消息可以作为应用间通信的一种方式。消息

被保存在队列中，直到被接收者取出。由于消息发送者不需要同步等待消息接收者的响应，消息的异步接收降低了系统集成的耦合度，提升了分布式系统协作的效率，使得系统能够更快地响应用户，提供更高的吞吐。当系统处于峰值压力时，分布式消息队列还能够作为缓冲，削峰填谷，缓解集群的压力，避免整个系统被压垮。

开源的消息系统有很多，包括 Apache 的 ActiveMQ、Apache 的 Kafka、RabbitMQ、memcacheQ 等，本节将通过 Apache 的 ActiveMQ 来介绍消息系统的使用与集群架构。

2.3.1　ActiveMQ & JMS

ActiveMQ 是 Apache 所提供的一个开源的消息系统，完全采用 Java 来实现，因此，它能够很好地支持 J2EE 提出 JMS 规范。JMS（Java Message Service，即 Java 消息服务）是一组 Java 应用程序接口，它提供消息的创建、发送、接收、读取等一系列服务。JMS 定义了一组公共应用程序接口和相应的语法，类似于 Java 数据库的统一访问接口 JDBC，它是一种与厂商无关的 API，使得 Java 程序能够与不同厂商的消息组件很好地进行通信。

JMS 支持的消息类型包括简单文本（TextMessage）、可序列化的对象（ObjectMessage）、键值对（MapMessage）、字节流（BytesMessage）、流（StreamMessage），以及无有效负载的消息（Message）等。消息的发送是异步的，因此，消息的发布者发送完消息之后，不需要等待消息接收者立即响应，这样便提高了分布式系统协作的效率。

JMS 支持两种消息发送和接收模型。一种称为 Point-to-Point（P2P）模型，即采用点对点的方式发送消息。P2P 模型是基于 queue（队列）的，消息生产者发送消息到队列，消息消费者从队列中接收消息，队列的存在使得消息的异步传输称为可能，P2P 模型在点对点的情况下进行消息传递时采用。另一种称为 Pub/Sub（Publish/Subscribe，即发布/订阅）模型，发布/订阅模型定义了如何向一个内容节点发布和订阅消息，这个内容节点称为 topic（主题）。主题可以认为是消息传递的中介，消息发布者将消息发布到某个主题，而消息订阅者则从主题订阅消息。主题使得消息的订阅者与消息的发布者互相保持独立，不需要进行接触即可保证消息的传递，发布/订阅模型在消息的一对多广播时采用。

如图 2-14 所示，对于点对点消息传输模型来说，多个消息的生产者和消息的消费者都可以注册到同一个消息队列，当消息的生产者发送一条消息之后，只有其中一个消息消费者会接收到消息生产者所发送的消息，而不是所有的消息消费者都会收到该消息。

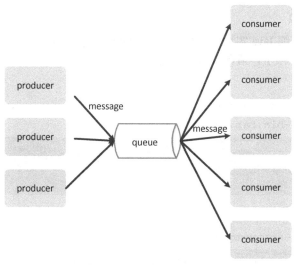

图 2-14　点对点消息传输模型

如图 2-15 所示，对于发布/订阅消息传输模型来说，消息的发布者需将消息投递给 topic，而消息的订阅者则需要在相应的 topic 进行注册，以便接收相应 topic 的消息。与点对点消息传输模型不同的是，消息发布者的消息将被自动发送给所有订阅了该 topic 的消息订阅者。当消息订阅者某段时间由于某种原因断开了与消息发布者的连接时，这个时间段内的消息将会丢失，除非将消息的订阅模式设置为持久订阅（durable subscription），这时消息的发布者将会为消息的订阅者保留这段时间所产生的消息。当消息的订阅者重新连接消息发布者时，消息订阅者仍然可以获得这部分消息，而不至于丢失这部分消息。

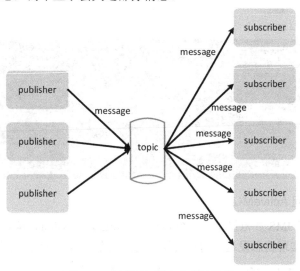

图 2-15　发布/订阅消息传输模型

1. 安装 ActiveMQ

由于 ActiveMQ 是纯 Java 实现的，因此 ActiveMQ 的安装依赖于 Java 环境，关于 Java 环境的安装此处就不详细介绍了，请读者自行查阅相关资料。

下载 ActiveMQ：

```
wget http://apache.dataguru.cn/activemq/apache-activemq/5.9.0/apache-activemq-5.9.0-bin.tar.gz
```

```
longlong@ubuntu:~$ wget http://apache.dataguru.cn/activemq/apache-activemq/5.9.0
/apache-activemq-5.9.0-bin.tar.gz
--2014-04-15 05:34:00--  http://apache.dataguru.cn/activemq/apache-activemq/5.9.
0/apache-activemq-5.9.0-bin.tar.gz
Resolving apache.dataguru.cn (apache.dataguru.cn)...
```

解压安装文件：

```
tar -xf apache-activemq-5.9.0-bin.tar.gz
```

```
longlong@ubuntu:~/temp$ tar -xf apache-activemq-5.9.0-bin.tar.gz
longlong@ubuntu:~/temp$
```

相关的配置放在{ACTIVEMQ_HOME}/conf 目录下，可以对配置文件进行修改：

```
ls /usr/activemq
```

```
longlong@ubuntu:/usr/activemq/conf$ ls
activemq.xml           credentials-enc.properties   jmx.password
broker.ks              credentials.properties       log4j.properties
broker-localhost.cert  groups.properties            logging.properties
broker.ts              jetty-realm.properties       login.config
client.ks              jetty.xml                    users.properties
client.ts              jmx.access
```

启动 ActiveMQ：

```
./activemq start
```

```
longlong@ubuntu:/usr/activemq/bin$ ./activemq start
INFO: Using default configuration
(you can configure options in one of these file: /etc/default/activemq /home/lon
glong/.activemqrc)

INFO: Invoke the following command to create a configuration file
./activemq setup [ /etc/default/activemq | /home/longlong/.activemqrc ]

INFO: Using java '/usr/java/bin/java'
INFO: Starting - inspect logfiles specified in logging.properties and log4j.prop
erties to get details
INFO: pidfile created : '/usr/activemq/data/activemq-ubuntu.pid' (pid '2953')
```

2. 通过 JMS 访问 ActiveMQ

ActiveMQ 实现了 JMS 规范提供的一系列接口，如创建 Session、建立连接、发送消息等，通过这些接口，能够实现消息发送、消息接收、消息发布、消息订阅的功能。

使用 JMS 来完成 ActiveMQ 基于 queue 的点对点消息发送：

```java
ConnectionFactory connectionFactory = new
ActiveMQConnectionFactory(
        ActiveMQConnection.DEFAULT_USER,
        ActiveMQConnection.DEFAULT_PASSWORD,
        "tcp://192.168.136.135:61616");
Connection connection = connectionFactory
                        .createConnection();
connection.start();
Session session = connection.createSession
    (Boolean.TRUE,Session.AUTO_ACKNOWLEDGE);
Destination destination = session
             .createQueue("MessageQueue");
MessageProducer producer = session.createProducer(destination);
producer.setDeliveryMode(DeliveryMode.NON_PERSISTENT);

ObjectMessage message = session
    .createObjectMessage("hello everyone!");
producer.send(message);
session.commit();
```

创建一个 ActiveMQConnectionFactory，通过 ActiveMQConnectionFactory 来创建到 ActiveMQ 的连接，通过连接创建 Session。创建 Session 时有两个非常重要的参数，第一个 boolean 类型的参数用来表示是否采用事务消息。如果消息是事务的，对应的该参数设置为 true，此时消息的提交自动由 comit 处理，消息的回滚则自动由 rollback 处理。假如消息不是事务的，则对应的该参数设置为 false，此时分为三种情况，Session.AUTO_ACKNOWLEDGE 表示 Session 会自动确认所接收到的消息；而 Session.CLIENT_ACKNOWLEDGE 则表示由客户端程序通过调用消息的确认方法来确认所收到的消息；Session.DUPS_OK_ACKNOWLEDGE 这个选项使得 Session 将"懒惰"地确认消息，即不会立即确认消息，这样有可能导致消息重复投递。Session 创建好以后，通过 Session 创建一个 queue，queue 的名称为 MessageQueue，消息的发送者将会向这个 queue 发送消息。

基于 queue 的点对点消息接收类似：

```java
ConnectionFactory connectionFactory = new
ActiveMQConnectionFactory(
        ActiveMQConnection.DEFAULT_USER,
        ActiveMQConnection.DEFAULT_PASSWORD,
        "tcp://192.168.136.135:61616");
Connection connection = connectionFactory
```

```
                    .createConnection();
connection.start();
Session session = connection.createSession(Boolean.FALSE,
        Session.AUTO_ACKNOWLEDGE);
Destination destination= session
            .createQueue("MessageQueue");
MessageConsumer consumer = session
                    .createConsumer(destination);

while (true) {
    //取出消息
    ObjectMessage message = (ObjectMessage)consumer.receive(10000);
    if (null != message) {
        String messageContent = (String)message.getObject();
        System.out.println(messageContent);
    } else {
        break;
    }
}
```

创建 ActiveMQConnectionFactory，通过 ActiveMQConnectionFactory 创建连接，通过连接创建 Session，然后创建目的 queue（这里为 MessageQueue），根据目的 queue 创建消息的消费者，消息消费者通过 receive 方法来接收 Object 消息，然后将消息转换成字符串并打印输出。

还可以通过 JMS 来创建 ActiveMQ 的 topic，并给 topic 发送消息：

```
ConnectionFactory factory = new ActiveMQConnectionFactory(
        ActiveMQConnection.DEFAULT_USER,
        ActiveMQConnection.DEFAULT_PASSWORD,
        "tcp://192.168.136.135:61616");
Connection connection = factory.createConnection();
connection.start();

Session session = connection.createSession(false,
                    Session.AUTO_ACKNOWLEDGE);
Topic topic = session.createTopic("MessageTopic");

MessageProducer producer = session.createProducer(topic);
producer.setDeliveryMode(DeliveryMode.NON_PERSISTENT);
```

```
TextMessage message = session.createTextMessage();
message.setText("message_hello_chenkangxian");
producer.send(message);
```

与发送点对点消息一样，首先需要初始化 ActiveMQConnectionFactory，通过 ActiveMQConnectionFactory 创建连接，通过连接创建 Session。然后再通过 Session 创建对应的 topic，这里指定的 topic 为 MessageTopic。创建好 topic 之后，通过 Session 创建对应消息 producer，然后创建一条文本消息，消息内容为 message_hello_chenkangxian，通过 producer 发送。

消息发送到对应的 topic 后，需要将 listener 注册到需要订阅的 topic 上，以便能够接收该 topic 的消息：

```
ConnectionFactory factory = new ActiveMQConnectionFactory(
        ActiveMQConnection.DEFAULT_USER,
        ActiveMQConnection.DEFAULT_PASSWORD,
        "tcp://192.168.136.135:61616");
Connection connection = factory.createConnection();
connection.start();

Session session = connection.createSession(false, Session.AUTO_ACKNOWLEDGE);
Topic topic = session.createTopic("MessageTopic");

MessageConsumer consumer = session.createConsumer(topic);
consumer.setMessageListener(new MessageListener() {
    public void onMessage(Message message) {
        TextMessage tm = (TextMessage) message;
        try {
            System.out.println(tm.getText());
        } catch (JMSException e) {}

    }
});
```

Session 创建好之后，通过 Session 创建对应的 topic，然后通过 topic 来创建消息的消费者，消息的消费者需要在该 topic 上注册一个 listener，以便消息发送到该 topic 之后，消息的消费者能够及时地接收到。

3. ActiveMQ 集群部署

针对分布式环境下对系统高可用的严格要求，以及面临高并发的用户访问，海量的消息发送等场景的挑战，单个 ActiveMQ 实例往往难以满足系统高可用与容量扩展的需求，这时

ActiveMQ 的高可用方案及集群部署就显得十分重要了。

当一个应用被部署到生产环境中，进行容错和避免单点故障是十分重要的，这样可以避免因为单个节点的不可用而导致整个系统的不可用。目前ActiveMQ所提供的高可用方案主要是基于Master-Slave模式实现的冷备方案，较为常用的包括基于共享文件系统的Master-Slave架构和基于共享数据库的Master-Slave架构[23]。

如图2-16所示，当Master启动时，它会获得共享文件系统的排他锁，而其他Slave则stand-by，不对外提供服务，同时等待获取Master的排他锁。假如Master连接中断或者发生异常，那么它的排他锁则会立即释放，此时便会有另外一个Slave能够争夺到Master的排他锁，从而成为Master，对外提供服务。当之前因故障或者连接中断而丢失排他锁的Master重新连接到共享文件系统时，排他锁已经被抢占了，它将作为Slave等待，直到Master再一次发生异常。

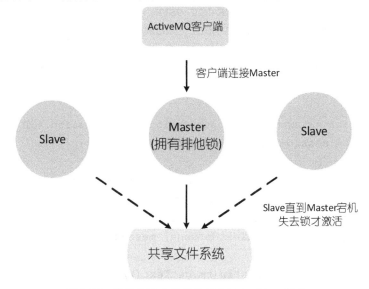

图 2-16 基于共享文件系统的 Master-Slave 架构

基于共享数据库的 Master-Slave 架构同基于共享文件系统的 Master-Slave 架构类似，如图2-17 所示。当 Master 启动时，会先获取数据库某个表的排他锁，而其他 Slave 则 stand-by，等待表锁，直到 Master 发生异常，连接丢失。这时表锁将释放，其他 Slave 将获得表锁，从而成为 Master 并对外提供服务，Master 与 Slave 自动完成切换，完全不需要人工干预。

---

23 关于 ActiveMQ 的高可用架构可以参考 http://activemq.apache.org/masterslave.html。

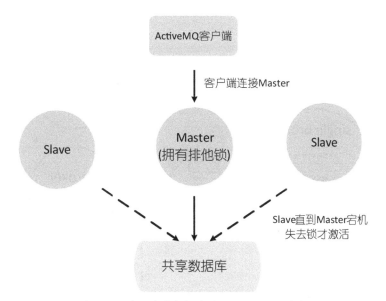

图 2-17　基于共享数据库的 Master-Slave 架构

当然，客户端也需要做一些配置，以便当服务端 Master 与 Slave 切换时，客户无须重启和更改配置就能进行兼容。在 ActiveMQ 的客户端连接的配置中使用 failover 的方式，可以在 Master 失效的情况下，使客户端自动重新连接到新的 Master：

```
failover:(tcp://master:61616,tcp://slave1:61616,tcp://slave2:61616)
```

假设 Master 失效，客户端能够自动地连接到 Slave1 和 Slave2 两台当中成功获取排他锁的新 Master。

当系统规模不断地发展，产生和消费消息的客户端越来越多，并发的请求数以及发送的消息量不断增加，使得系统逐渐地不堪重负。采用垂直扩展可以提升 ActiveMQ 单 broker 的处理能力。扩展最直接的办法就是提升硬件的性能，如提高 CPU 和内存的能力，这种方式最为简单也最为直接。再者就是就是通过调节 ActiveMQ 本身的一些配置来提升系统并发处理的能力，如使用 nio 替代阻塞 I/O，提高系统处理并发请求的能力，或者调整 JVM 与 ActiveMQ 可用的内存空间等。由于垂直扩展较为简单，此处就不再详细叙述了。

硬件的性能毕竟不能无限制地提升，垂直扩展到一定程度时，必然会遇到瓶颈，这时就需要对系统进行相应的水平扩展。对于 ActiveMQ 来说，可以采用 broker 拆分的方式，将不相关的 queue 和 topic 拆分到多个 broker，来达到提升系统吞吐能力的目的。

假设使用消息系统来处理订单状态的流转，对应的 topic 可能包括订单创建、购买者支付、售卖者发货、购买者确认收货、购买者确认付款、购买者发起退款、售卖者处理退款等，如图 2-18 所示。

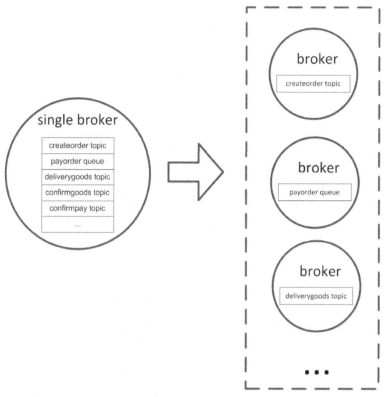

图 2-18　broker 的拆分

原本一个 broker 可以承载多个 queue 或者 topic，现在将不相关的 queue 和 topic 拆出来放到多个 broker 当中，这样可以将一部分消息量大并发请求多的 queue 独立出来单独进行处理，避免了 queue 或者 topic 之间的相互影响，提高了系统的吞吐量，使系统能够支撑更大的并发请求量及处理更多的消息。当然，如有需要，还可以对 queue 和 topic 进行进一步的拆分，类似于数据库的分库分表策略，以提高系统整体的并发处理能力。

2.4　垂直化搜索引擎

这里所介绍的垂直化搜索引擎，与大家所熟知的 Google 和 Baidu 等互联网搜索引擎存在着一些差别。垂直化的搜索引擎主要针对企业内部的自有数据的检索，而不像 Google 和 Baidu 等搜索引擎平台，采用网络爬虫对全网数据进行抓取，从而建立索引并提供给用户进行检索。在分布式系统中，垂直化的搜索引擎是一个非常重要的角色，它既能满足用户对于全文检索、模糊匹配的需求，解决数据库 like 查询效率低下的问题，又能够解决分布式环境下，由于采用分库分表或者使用 NoSQL 数据库，导致无法进行多表关联或者进行复杂查询的问题。

本节将重点介绍搜索引擎的基本原理和 Apache Lucence 的使用，以及基于 Lucence 的另一个强大的搜索引擎工具 Solr 的一些简单配置。

2.4.1　Lucene 简介

要深入理解垂直化搜索引擎的架构，不得不提到当前全球范围内使用十分广泛的一个开源检索工具——Lucene[24]。Lucene是Apache旗下的一款高性能、可伸缩的开源的信息检索库，最初是由Doug Cutting[25]开发，并在SourceForge的网站上提供下载。从 2001 年 9 月开始，Lucene 作为高质量的开源Java产品加入到Apache软件基金会，经过多年的不断发展，Lucene被翻译成C++、C#、perl、Python等多种语言，在全球范围内众多知名互联网企业中得到了极为广泛的应用。通过Lucene，可以十分容易地为应用程序添加文本搜索功能，而不必深入地了解搜索引擎实现的技术细节以及高深的算法，极大地降低了搜索技术推广及使用的门槛。

Lucene 与搜索应用程序之间的关系如图 2-19 所示。

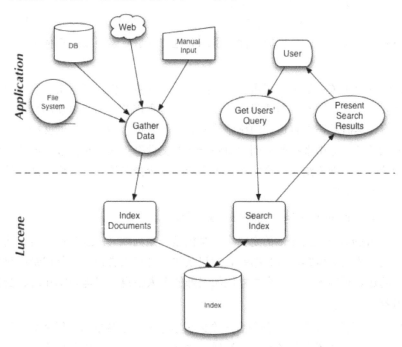

图 2-19　Lucene与搜索应用程序之间的关系[26]

24　Lucene 项目地址为 https://lucene.apache.org。
25　开源领域的重量级人物，创建了多个成功的开源项目，包括 Lucene、Nutch 和 Hadoop。
26　图片来源 https://www.ibm.com/developerworks/cn/java/j-lo-lucene1/fig001.jpg。

在学习使用 Lucene 之前，需要理解搜索引擎的几个重要概念：

倒排索引（inverted index）也称为反向索引，是搜索引擎中最常见的数据结构，几乎所有的搜索引擎都会用到倒排索引。它将文档中的词作为关键字，建立词与文档的映射关系，通过对倒排索引的检索，可以根据词快速获取包含这个词的文档列表，这对于搜索引擎来说至关重要。

分词又称为切词，就是将句子或者段落进行切割，从中提取出包含固定语义的词。对于英语来说，语言的基本单位就是单词，因此分词特别容易，只需要根据空格/符号/段落进行分割，并且排除停止词（stop word），提取词干[27]即可完成。但是对于中文来说，要将一段文字准确地切分成一个个词，就不那么容易了。中文以字为最小单位，多个字连在一起才能构成一个表达具体含义的词。中文会用明显的标点符号来分割句子和段落，唯独词没有一个形式上的分割符，因此，对于支持中文搜索的搜索引擎来说，需要一个合适的中文分词工具，以便建立倒排索引。

停止词（stop word），在英语中包含了 a、the、and 这样使用频率很高的词，如果这些词都被建到索引中进行索引的话，搜索引擎就没有任何意义了，因为几乎所有的文档都会包含这些词。对于中文来说也是如此，中文里面也有一些出现频率很高的词，如"在"、"这"、"了"、"于"等，这些词没有具体含义，区分度低，搜索引擎对这些词进行索引没有任何意义，因此，停止词需要被忽略掉。

排序，当输入一个关键字进行搜索时，可能会命中许多文档，搜索引擎给用户的价值就是快速地找到需要的文档，因此，需要将相关度更大的内容排在前面，以便用户能够更快地筛选出有价值的内容。这时就需要有适当的排序算法。一般来说，命中标题的文档将比命中内容的文档有更高的相关性，命中多次的文档比命中一次的文档有更高的相关性。商业化的搜索引擎的排序规则十分复杂，搜索结果的排序融入了广告、竞价排名等因素，由于涉及的利益广泛，一般属于核心的商业机密。

另外，关于 Lucene 的几个概念也值得关注一下：

文档（Document），在 Lucene 的定义中，文档是一系列域（Field）的组合，而文档的域则代表一系列与文档相关的内容。与数据库表的记录的概念有点类似，一行记录所包含的字段对应的就是文档的域。举例来说，一个文档比如老师的个人信息，可能包括年龄、身高、性别、个人简介等内容。

域（Field），索引的每个文档中都包含一个或者多个不同名称的域，每个域都包含了域的名称和域对应的值，并且域还可以是不同的类型，如字符串、整型、浮点型等。

词（Term），Term 是搜索的基本单元，与 Field 对应，它包括了搜索的域的名称以及搜索的

---

[27] 提取词干是西方语言特有的处理步骤，比如英文中的单词有单复数的变形，-ing 和 -ed 的变形，但是在搜索引擎中，应该当作同一个词。

关键词，可以用它来查询指定域中包含特定内容的文档。

查询（Query），最基本的查询可能是一系列 Term 的条件组合，称为 TermQuery，但也有可能是短语查询（PhraseQuery）、前缀查询（PrefixQuery）、范围查询（包括 TermRangeQuery、NumericRangeQuery 等）等。

分词器（Analyzer），文档在被索引之前，需要经过分词器处理，以提取关键的语义单元，建立索引，并剔除无用的信息，如停止词等，以提高查询的准确性。中文分词与西文分词的区别在于，中文对于词的提取更为复杂。常用的中文分词器包括一元分词[28]、二元分词[29]、词库分词[30]等。

如图 2-20 所示，Lucene 索引的构建过程大致分为这样几个步骤，通过指定的数据格式，将 Lucene 的 Document 传递给分词器 Analyzer 进行分词，经过分词器分词之后，通过索引写入工具 IndexWriter 将索引写入到指定的目录。

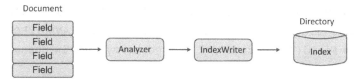

图 2-20　Lucene 索引的构建过程

而对索引的查询，大概可以分为如下几个步骤，如图 2-21 所示。首先构建查询的 Query，通过 IndexSearcher 进行查询，得到命中的 TopDocs。然后通过 TopDocs 的 scoreDocs()方法，拿到 ScoreDoc，通过 ScoreDoc，得到对应的文档编号，IndexSearcher 通过文档编号，使用 IndexReader 对指定目录下的索引内容进行读取，得到命中的文档后返回。

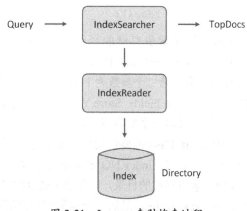

图 2-21　Lucene 索引搜索过程

28　一元分词，即将给定的字符串以一个字为单位进行切割分词，这种分词方式较为明显的缺陷就是语义不准，如"上海"两个字被切割成"上"、"海"，但是包含"上海"、"海上"的文档都会命中。
29　二元分词比一元分词更符合中文的习惯，因为中文的大部分词汇都是两个字，但是问题依然存在。
30　词库分词就是使用词库中定义的词来对字符串进行切分，这样的好处是分词更为准确，但是效率较 N 元分词更低，且难以识别互联网世界中层出不穷的新兴词汇。

2.4.2 Lucene 的使用

Lucene 为搜索引擎提供了强大的、令人惊叹的 API，在企业的垂直化搜索领域得到了极为广泛的应用。为了学习搜索引擎的基本原理，有效地使用 Lucene，并将其引入到我们的应用程序当中，本节将介绍 Lucene 的一些常用的 API 和使用方法，以及索引的优化和分布式扩展。

1. 构建索引

在执行搜索之前，先要构建搜索的索引：

```
Directory dir = FSDirectory.open(new File(indexPath));
Analyzer analyzer = new StandardAnalyzer();
Document doc = new Document();
doc.add(new Field("name","zhansan",Store.YES,Index.ANALYZED));
doc.add(new Field("address","hangzhou",Store.YES,Index.ANALYZED));
doc.add(new Field("sex","man",Store.YES,Index.NOT_ANALYZED));
doc.add(new Field("introduce","i am a coder,my name is zhansan",Store.YES,Index.NO));
IndexWriter indexWriter = new IndexWriter(dir,analyzer, MaxFieldLength.LIMITED);
indexWriter.addDocument(doc);
indexWriter.close();
```

首先需要构建索引存储的目录 Directory，索引最终将被存放到该目录。然后初始化 Document，给 Document 添加 Field，包括名称、地址、性别和个人介绍信息。Field 的第一个参数为 Field 的名称；第二个参数为 Filed 的值；第三个参数表示该 Field 是否会被存储。Store.NO 表示索引中不存储该 Field；Store.YES 表示索引中存储该 Field；如果是 Store.COMPRESS，则表示压缩存储。最后一个参数表示是否对该字段进行检索。Index.ANALYZED 表示需对该字段进行全文检索，该 Field 需要使用分词器进行分词；Index.NOT_ANALYZED 表示不进行全文检索，因此不需要分词；Index.NO 表示不进行索引。创建一个 IndexWriter，用来写入索引，初始化时需要指定索引存放的目录，以及索引建立时使用的分词器，此处用的是 Lucene 自带的中文分词器 StandardAnalyzer，最后一个参数则用来指定是否限制 Field 的最大长度。

2. 索引更新与删除

很多情况下，在搜索引擎首次构建完索引之后，数据还有可能再次被更改，此时如果不将最新的数据同步到搜索引擎，则有可能检索到过期的数据。遗憾的是，Lucene 暂时还不支持对于 Document 单个 Field 或者整个 Document 的更新，因此这里所说的更新，实际上是删除旧的 Document，然后再向索引中添加新的 Document。所添加的新的 Document 必须包含所有的 Field，包括没有更改的 Field：

```
IndexWriter indexWriter = new IndexWriter(dir,analyzer, MaxFieldLength.LIMITED);
indexWriter.deleteDocuments(new Term("name","zhansan"));
indexWriter.addDocument(doc);
```

IndexWriter 的 deleteDocuments 可以根据 Term 来删除 Document。请注意 Term 匹配的准确性，一个不正确的 Term 可能会导致搜索引擎的大量索引被误删。Lucene 的 IndexWriter 也提供经过封装的 updateDocument 方法，其实质仍然是先删除 Term 所匹配的索引，然后再新增对应的 Document：

```
indexWriter.updateDocument(new Term("name","zhansan"), doc);
```

3. 条件查询

索引构建完之后，就需要对相关的内容进行查询：

```
String queryStr = "zhansan";
String[] fields = {"name","introduce"};

Analyzer analyzer = new StandardAnalyzer();
QueryParser queryPaser = new MultiFieldQueryParser(fields, analyzer);
Query query = queryPaser.parse(queryStr);

IndexSearcher indexSearcher = new IndexSearcher(indexPath);
Filter filter = null;
TopDocs topDocs = indexSearcher.search(query, filter, 10000);

System.out.println("hits :" + topDocs.totalHits );

for(ScoreDoc scoreDoc : topDocs.scoreDocs){
    int docNum = scoreDoc.doc;
    Document doc = indexSearcher.doc(docNum);
    printDocumentInfo(doc);
}
```

查询所使用的字符串为人名 zhansan，查询的 Field 包括 name 和 introduce。构建一个查询 MultiFieldQueryParser 解析器，对查询的内容进行解析，生成 Query；然后通过 IndexSearcher 来对 Query 进行查询，查询将返回 TopDocs，TopDocs 中包含了命中的总条数与命中的 Document 的文档编号；最后通过 IndexSearcher 读取指定文档编号的文档内容，并进行输出。

Lucene 支持多种查询方式，比如针对某个 Field 进行关键字查询：

```
Term term = new Term("name","zhansan");
Query termQuery = new TermQuery(term);
```

Term 中包含了查询的 Field 的名称与需要匹配的文本值，termQuery 将命中名称为 name 的 Field 中包含 zhansan 这个关键字的 Document。

也可以针对某个范围对 Field 的值进行区间查询：

```
NumericRangeQuery numericRangeQuery
    = NumericRangeQuery.newIntRange("size", 2, 100, true, true);
```

假设 Document 包含一个名称为 size 的数值型的 Field，可以针对 size 进行范围查询，指定查询的范围为 2~100，后面两个参数表示是否包含查询的边界值。

还可以通过通配符来对 Field 进行查询：

```
Term wildcardTerm = new Term("name","zhansa?");
WildcardQuery wildcardQuery = new WildcardQuery(wildcardTerm);
```

通配符可以让我们使用不完整、缺少某些字母的项进行查询，但是仍然能够查询到匹配的结果，如指定对 name 的查询内容为 "zhansa?"，? 表示 0 个或者一个字母，这将命中 name 的值为 zhansan 的 Document，如果使用*，则代表 0 个或者多个字母。

假设某一段落中包含这样一句话 "I have a lovely white dog and a black lazy cat"，即使不知道这句话的完整写法，也可以通过 PhraseQuery 查找到包含 dog 和 cat 两个关键字，并且 dog 和 cat 之间的距离不超过 5 个单词的 document：

```
PhraseQuery phraseQuery = new PhraseQuery();
phraseQuery.add(new Term("content","dog"));
phraseQuery.add(new Term("content","cat"));
phraseQuery.setSlop(5);
```

其中，content 为查询对应的 Field，dog 和 cat 分别为查询的短语，而 phraseQuery.setSlop(5) 表示两个短语之间最多不超过 5 个单词，两个 Field 之间所允许的最大距离称为 slop。

除这些之外，Lucene 还支持将不同条件组合起来进行复杂查询：

```
PhraseQuery query1 = new PhraseQuery();
query1.add(new Term("content","dog"));
query1.add(new Term("content","cat"));
query1.setSlop(5);

Term wildTerm = new Term("name","zhans?");
WildcardQuery query2 = new WildcardQuery(wildTerm);
```

```
BooleanQuery booleanQuery = new BooleanQuery();
booleanQuery.add(query1,Occur.MUST);
booleanQuery.add(query2,Occur.MUST);
```

query1 为前面所说的短语查询,而 query2 则为通配符查询,通过 BooleanQuery 将两个查询条件组合起来。需要注意的是,Occur.MUST 表示只有符合该条件的 Document 才会被包含在查询结果中;Occur.SHOULD 表示该条件是可选的;Occur.MUST_NOT 表示只有不符合该条件的 Document 才能够被包含到查询结果中。

4. 结果排序

Lucene 不仅支持多个条件的复杂查询,还支持按照指定的 Field 对查询结果进行排序:

```
String queryStr = "lishi";
String[] fields = {"name","address","size"};
Sort sort = new Sort();
SortField field = new SortField("size",SortField.INT, true);
sort.setSort(field);
Analyzer analyzer = new StandardAnalyzer();
QueryParser queryParse = new MultiFieldQueryParser(fields, analyzer);
Query query = queryParse.parse(queryStr);
IndexSearcher indexSearcher = new IndexSearcher(indexPath);
Filter filter = null;
TopDocs topDocs = indexSearcher.search(query, filter, 100, sort);

for(ScoreDoc scoreDoc : topDocs.scoreDocs){
    int docNum = scoreDoc.doc;
    Document doc = indexSearcher.doc(docNum);
    printDocumentInfo(doc);
}
```

通过新建一个 Sort,指定排序的 Field 为 size,Field 的类型为 SortField.INT,表示按照整数类型进行排序,而不是字符串类型,SortField 的第三个参数用来指定是否对排序结果进行反转。在查询时,使用 IndexSearcher 的一个重构方法,带上 Sort 参数,则能够让查询的结果按照指定的字段进行排序:

```
name : lishi
address : shanghai
sex : man
introduce : i am a dog,my name is coco,and i have a friend,she is a cat
size : 9
name : lishi
address : shanghai
sex : man
introduce : i am a dog,my name is coco,and i have a friend,she is a cat
size : 8
name : lishi
address : shanghai
sex : man
introduce : i am a dog,my name is coco,and i have a friend,she is a cat
size : 7
name : lishi
address : shanghai
sex : man
introduce : i am a dog,my name is coco,and i have a friend,she is a cat
size : 6
```

如果是多个 Field 同时进行查询，可以指定每个 Field 拥有不同的权重，以便匹配时可以按照 Document 的相关度进行排序：

```java
    String queryStr = "zhansan shanghai";
    String[] fields = {"name","address","size"};
    Map<String,Float> weights = new HashMap<String, Float>();
    weights.put("name", 4f);
    weights.put("address", 2f);

    Analyzer analyzer = new StandardAnalyzer();
    QueryParser queryParse = new MultiFieldQueryParser(fields, analyzer, weights);
    Query query = queryParse.parse(queryStr);
    IndexSearcher indexSearcher = new IndexSearcher(indexPath);
    Filter filter = null;
    TopDocs topDocs = indexSearcher.search(query, filter, 100);

    for(ScoreDoc scoreDoc : topDocs.scoreDocs){
        int docNum = scoreDoc.doc;
        Document doc = indexSearcher.doc(docNum);
        printDocumentInfo(doc);
    }
```

假设查询串中包含 zhansan 和 shanghai 两个查询串，设置 Field name 的权重为 4，而设置 Field address 的权重为 2，如按照 Field 的权重进行查询排序，那么同时包含 zhansan 和 shanghai 的 Document 将排在最前面，其次是 name 为 zhansan 的 Document，最后是 address 为 shanghai 的 Document：

```
name : zhansan
address : shanghai
sex : man
introduce : i am a dog,my name is coco,and i have a friend,she is a cat
size : 0
name : zhansan
address : hangzhou
sex : man
introduce : i am a dog,my name is coco,and i have a friend,she is a cat
size : 0
name : lishi
address : shanghai
sex : man
introduce : i am a dog,my name is coco,and i have a friend,she is a cat
size : 0
```

5. 高亮

查询到匹配的文档后，需要对匹配的内容进行突出展现，最直接的方式就是对匹配的内容高亮显示。对于搜索 list 来说，由于文档的内容可能比较长，为了控制展示效果，还需要对文档的内容进行摘要，提取相关度最高的内容进行展现，Lucene 都能够很好地满足这些需求：

```
Formatter formatter = new SimpleHTMLFormatter("<font color='red'>","</font>");
Scorer  scorer = new QueryScorer(query);
Highlighter highLight = new Highlighter(formatter, scorer);
Fragmenter fragmenter = new SimpleFragmenter(20);
highLight.setTextFragmenter(fragmenter);
```

通过构建高亮的 Formatter 来指定高亮的 HTML 前缀和 HTML 后缀，这里用的是 font 标签。查询短语在被分词后构建一个 QueryScorer，QueryScorer 中包含需要高亮显示的关键字，Fragmenter 则用来对较长的 Field 内容进行摘要，提取相关度较大的内容，参数 20 表示截取前 20 个字符进行展现。构建一个 Highlighter，用来对 Document 的指定 Field 进行高亮格式化：

```
String hi = highLight.getBestFragment(analyzer, "introduce", doc.get("introduce"));
```

查询命中相应的 Document 后，通过构建的 Highlighter，对 Document 指定的 Field 进行高亮格式化，并且对相关度最大的一块内容进行摘要，得到摘要内容。假设对 dog 进行搜索，introduce 中如包含有 dog，那么使用 Highlighter 高亮并摘要后的内容如下：

```
introduce : i am a <font color='red'>dog</font>,my name
```

6. 中文分词

Lucene提供的标准中文分词器StandardAnalyzer只能够进行简单的一元分词，一元分词以一个字为单位进行语义切分，这种本来为西文所设计的分词器，用于中文的分词时经常会出现语义不准确的情况。可以通过使用一些其他中文分词器来避免这种情况，常用的中文分词器包括Lucene自带的中日韩文分词器CJKAnalyzer，国内也有一些开源的中文分词器，包括IK分词[31]、MM分词[32]，以及庖丁分词[33]、imdict分词器[34]等。假设有下面一段文字：

```
String zhContent = "我是一个中国人，我热爱我的国家";
```

分词之后，通过下面一段代码可以将分词的结果打印输出：

```
System.out.println("\n 分词器： " + analyze.getClass());
TokenStream tokenStream = analyze.tokenStream("content", new StringReader(text));
Token token = tokenStream.next();
while(token != null){
    System.out.println(token);
    token = tokenStream.next();
}
```

通过StandardAnalyzer分词得到的分词结果如下：

```
Analyzer standarAnalyzer = new StandardAnalyzer(Version.LUCENE_CURRENT);
```

```
分词器: class org.apache.lucene.analysis.standard.StandardAnalyzer
(我,0,1,type=<CJ>)
(是,1,2,type=<CJ>)
(一,2,3,type=<CJ>)
(个,3,4,type=<CJ>)
(中,4,5,type=<CJ>)
(国,5,6,type=<CJ>)
(人,6,7,type=<CJ>)
(我,8,9,type=<CJ>)
(热,9,10,type=<CJ>)
(爱,10,11,type=<CJ>)
(我,11,12,type=<CJ>)
(的,12,13,type=<CJ>)
(国,13,14,type=<CJ>)
(家,14,15,type=<CJ>)
```

由此可以得知，StandardAnalyzer采用的是一元分词，即字符串以一个字为单位进行切割。

使用CJKAnalyzer分词器进行分词，得到的结果如下：

---

[31] IK 分词项目地址为 https://code.google.com/p/ik-analyzer。
[32] MM 分词项目地址为 https://code.google.com/p/mmseg4j。
[33] 庖丁分词项目地址为 https://code.google.com/p/paoding。
[34] imdict 分词项目地址为 https://code.google.com/p/imdict-chinese-analyzer。

```
Analyzer cjkAnalyzer = new CJKAnalyzer();
```

```
分词器：class org.apache.lucene.analysis.cjk.CJKAnalyzer
(我是,0,2,type=double)
(是一,1,3,type=double)
(一个,2,4,type=double)
(个中,3,5,type=double)
(中国,4,6,type=double)
(国人,5,7,type=double)
(我热,8,10,type=double)
(热爱,9,11,type=double)
(爱我,10,12,type=double)
(我的,11,13,type=double)
(的国,12,14,type=double)
(国家,13,15,type=double)
```

通过分词的结果可以看到，**CJKAnalyzer** 采用的是二元分词，即字符串以两个字为单位进行切割。

使用开源的 IK 分词的效果如下：

```
Analyzer ikAnalyzer = new IKAnalyzer()
```

```
分词器：class org.wltea.analyzer.lucene.IKAnalyzer
(我,0,1)
(是,1,2)
(一个中国,2,6)
(一个,2,4)
(一,2,3)
(个中,3,5)
(个,3,4)
(中国人,4,7)
(中国,4,6)
(国人,5,7)
(我,8,9)
(热爱,9,11)
(爱我,10,12)
(的,12,13)
(国家,13,15)
```

可以看到，分词的效果比单纯的一元或者二元分词要好很多。

使用 MM 分词器分词的效果如下：

```
Analyzer mmAnalyzer = new MMAnalyzer()
```

```
分词器：class jeasy.analysis.MMAnalyzer
(我是,0,2)
(一个中,2,5)
(国人,5,7)
(我,8,9)
(热爱,9,11)
(我的,11,13)
(国家,13,15)
```

7. 索引优化

Lucene 的索引是由段（segment）组成的，每个段可能又包含多个索引文件，即每个段包含了一个或者多个 Document；段结构使得 Lucene 可以很好地支持增量索引，新增的 Document 将被添加到新的索引段当中。但是，当越来越多的段被添加到索引当中时，索引文件也就越来越多。一般来说，操作系统对于进程打开的文件句柄数是有限的，当一个进程打开太多的文件时，会抛出 too many open files 异常，并且执行搜索任务时，Lucene 必须分别搜索每个段，然后将各个段的搜索结果合并，这样查询的性能就会降低。

为了提高 Lucene 索引的查询性能，当索引段的数量达到设置的上限时，Lucene 会自动进行索引段的优化，将索引段合并成为一个，以提高查询的性能，并减少进程打开的文件句柄数量。但是，索引段的合并需要大量的 I/O 操作，并且需要耗费相当的时间。虽然这样的工作做完以后，可以提高搜索引擎查询的性能，但在索引合并的过程中，查询的性能将受到很大影响，这对于前台应用来说一般是难以接受的。

因此，为了提高搜索引擎的查询性能，需要尽可能地减少索引段的数量，另外，对于需要应对前端高并发查询的应用来说，对索引的自动合并行为也需要进行抑制，以提高查询的性能。

一般来说，在分布式环境下，会安排专门的集群来生成索引，并且生成索引的集群不负责处理前台的查询请求。当索引生成以后，通过索引优化，对索引的段进行合并。合并完以后，将生成好的索引文件分发到提供查询服务的机器供前台应用查询。当然，数据会不断地更新，索引文件如何应对增量的数据更新也是一个挑战。对于少量索引来说，可以定时进行全量的索引重建，并且将索引推送到集群的其他机器，前提是相关业务系统能够容忍数据有一定延迟。但是，当数据量过于庞大时，索引的构建需要很长的时间，延迟的时间可能无法忍受，因此，我们不得不接受索引有一定的瑕疵，即索引同时包含多个索引段，增量的更新请求将不断地发送给查询机器。查询机器可以将索引加载到内存，并以固定的频率回写磁盘，每隔一定的周期，对索引进行一次全量的重建操作，以将增量更新所生成的索引段进行合并。

8. 分布式扩展

与其他的分布式系统架构类似，基于 Lucene 的搜索引擎也会面临扩展的问题，单台机器难以承受访问量不断上升的压力，不得不对其进行扩展。但是，与其他应用不同的是，搜索应用大部分场景都能够接受一定时间的数据延迟，对于数据一致性的要求并不那么高，大部分情况下只要能够保障数据的最终一致性，可以容忍一定时间上的数据不同步，一种扩展的方式如图 2-22 所示。

每个 query server 实例保存一份完整的索引，该索引由 dump server 周期性地生成，并进行索引段的合并，索引生成好之后推送到每台 query server 进行替换，这样避免集群索引 dump 对后端数据存储造成压力。当然，对于增量的索引数据更新，dump server 可以异步地将更新推送到每台 query server，或者是 query server 周期性地到 dump server 进行数据同步，以保证数据最终的一致性。对于前端的 client 应用来说，通过对请求进行 Hash，将请求均衡地分发到集群中的每台服务器，使得压力能够较为均衡地分布，这样即达到了系统扩展的目的。

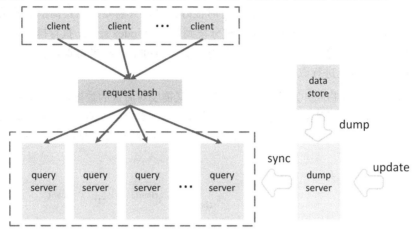

图 2-22　搜索引擎索引的读写分离

索引的读/写分离解决的是请求分布的问题，而对于数据量庞大的搜索引擎来说，单机对索引的存储能力毕竟有限。而且随着索引数量的增加，检索的速度也会随之下降。此时索引本身已经成为系统的瓶颈，需要对索引进行切分，将索引分布到集群的各台机器上，以提高查询性能，降低存储压力，如图 2-23 所示。

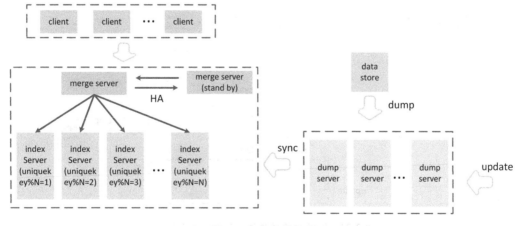

图 2-23　索引的切分

在如图 2-24 所示的架构中，索引依据 uniquekey%N，被切分到多台 index server 中进行存储。client 应用的查询请求提交到 merge server，merge server 将请求分发到 index server 进行检索，最后将查询的结果进行合并后，返回给 client 应用。对于全量的索引构建，可以使用 dump server 集群，以加快索引构建的速度，并分担存储的压力。而增量的更新请求，可以根据索引的 uniquekey 取模，将索引同步到 index server；为避免 merge server 出现单点，可以对 merge server 进行高可用部署。当然，索引切分的方案并非完美，可能也会带来一些问题。举例来说，假如查询请求需要进行结果排序，当索引没有切分时很好处理，只需要按照查询指定的条件排列即可，但是对切分后的索引来说，排序请求将被分发到每一台 index server 执行排序，排完以后取 topN（出于性能考虑）发送到 merge server 进行合并，合并后的结果与真正的结果很可能存在偏差，这就需要在业务上进行取舍。

有的时候，可能既面临高并发的用户访问请求，又需要对海量的数据集进行索引，这时就需要综合上述的两种方法，即既采用索引读写分离的方式，以支撑更大的并发访问量，又采用索引切分的方式，以解决数据量膨胀所导致的存储压力以及索引性能下降的问题，如图 2-24 所示。

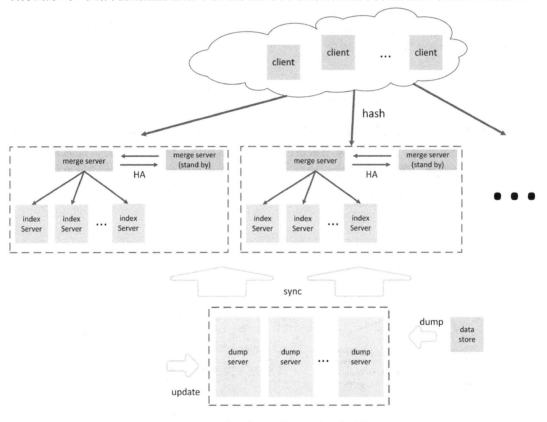

图 2-24　既进行读写分离，又进行索引切分

merge server 与 index server 作为一组基本单元进行复制，而前端应用的请求通过 Hash 被分发到不同的组进行处理；每一组与之前类似，使用 merge server 将请求分发到 index server 进行索引的查询；查询的结果将在 merge server 进行合并，合并完以后，再将结果返回给 client。

2.4.3 Solr

Solr 是一个基于 Lucene、功能强大的搜索引擎工具，它对 Lucene 进行了扩展，提供一系列功能强大的 HTTP 操作接口，支持通过 Data Schema 来定义字段、类型和设置文本分析，使得用户可以通过 HTTP POST 请求，向服务器提交 Document，生成索引，以及进行索引的更新和删除操作。对于复杂的查询条件，Solr 提供了一整套表达式查询语言，能够更方便地实现包括字段匹配、模糊查询、分组统计等功能；同时，Solr 还提供了强大的可配置能力，以及功能完善的后台管理系统。Solr 的架构如图 2-25 所示。

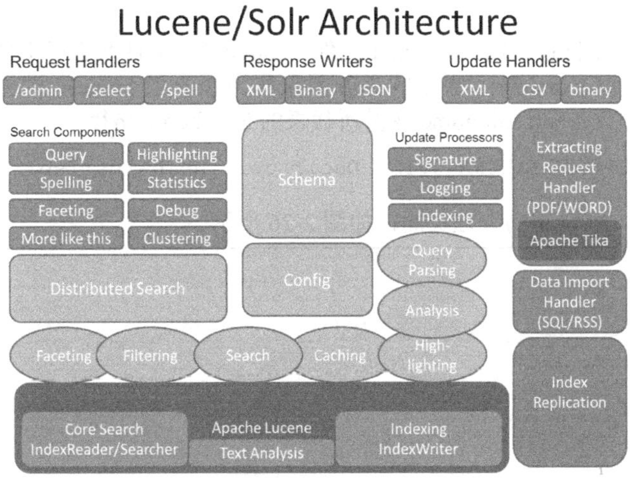

图 2-25　Solr的架构[35]

1. Solr 的配置

通过 Solr 的官方站点下载 Solr：

```
wget http://apache.fayea.com/apache-mirror/lucene/solr/4.7.2/solr-4.7.2.tgz
```

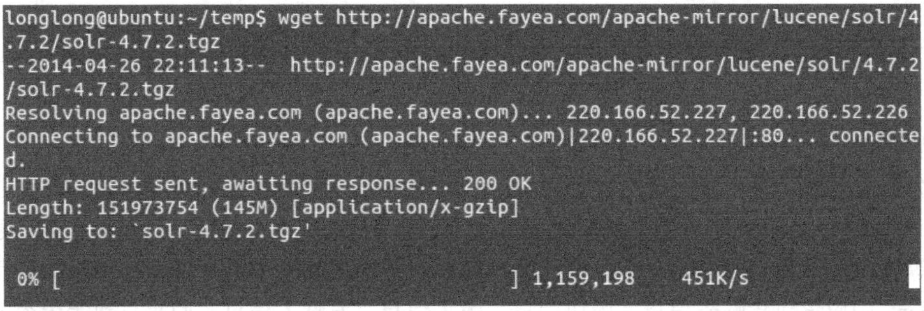

```
longlong@ubuntu:~/temp$ wget http://apache.fayea.com/apache-mirror/lucene/solr/4
.7.2/solr-4.7.2.tgz
--2014-04-26 22:11:13--  http://apache.fayea.com/apache-mirror/lucene/solr/4.7.2
/solr-4.7.2.tgz
Resolving apache.fayea.com (apache.fayea.com)... 220.166.52.227, 220.166.52.226
Connecting to apache.fayea.com (apache.fayea.com)|220.166.52.227|:80... connecte
d.
HTTP request sent, awaiting response... 200 OK
Length: 151973754 (145M) [application/x-gzip]
Saving to: `solr-4.7.2.tgz'

 0% [                                        ] 1,159,198    451K/s
```

35 图片来源 http://images.cnitblog.com/blog/483523/201308/20142655-8e3153496cf244a280c5e195232ba962.x-png。

解压：

```
tar -xf solr-4.7.2.tgz
```

修改 Tomcat 的 conf/server.xml 中的 Connector 配置，将 URIEncoding 编码设置为 UTF-8，否则中文将会乱码，从而导致搜索查询不到结果。

```
<Connector port="8080" protocol="HTTP/1.1"
           connectionTimeout="20000"
           redirectPort="8443" URIEncoding="UTF-8"/>
```

将 Solr 的 dist 目录下的 solr-{version}.war 包复制到 tomcat 的 webapps 目录下，并且重命名为 solr.war。

配置 Solr 的 home 目录，包括 schema 文件、solrconfig 文件及索引文件，如果是第一次配置 Solr，可以直接复制 example 目录下的 Solr 目录作为 Solr 的 home，并通过修改 tomcat 的启动脚本 catalina.sh 来指定 solr.solr.home 变量所代表的 Solr home 路径。

```
CATALINA_OPTS="$CATALINA_OPTS -Dsolr.solr.home=/usr/solr"
```

启动 Tomcat，访问 Solr 的管理页面，如图 2-26 所示。

图 2-26　Solr 的管理页面

2. 构建索引

在构建索引之前，首先需要定义好 Document 的 schema。同数据库建表有点类似，即每个 Document 包含哪些 Field，对应的 Field 的 name 是什么，Field 是什么类型，是否被索引，是否被存储，等等。假设我们要构建一个讨论社区，需要对社区内的帖子进行搜索，那么搜索引擎的 Document 中应该包含帖子信息、版块信息、版主信息、发帖人信息、回复总数等内容的聚合，如图 2-27 所示。

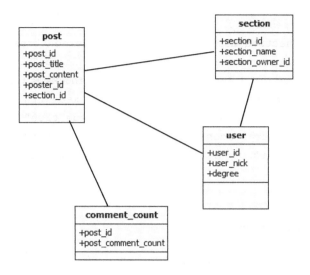

图 2-27　帖子、版块、用户、评论总数的关联关系

其中，post 用来描述用户发布的帖子信息，section 则表示版块信息，user 代表该社区的用户，comment_count 用来记录帖子的评价总数。

对帖子信息建立搜索引擎的好处在于，由于帖子的数据量大，如采用 MySQL 这一类的关系型数据库来进行存储的话，需要进行分库分表。数据经过拆分之后，就难以同时满足多维度复杂条件查询的需求，并且查询可能需要版块、帖子、用户等多个表进行关联查询，导致查询性能下降，甚至回帖总数这样的数据有可能根本就没有存储在关系型数据库当中，而通过搜索引擎，这些需求都能够很好地得到满足。

搜索引擎对应的 schema 文件定义可能是下面这个样子：

```
<?xml version="1.0" encoding="UTF-8" ?>
<schema name="post" version="1.5">

 <fields>
    <field name="_version_" type="long" indexed="true" stored="true"/>
    <field name="post_id" type="long" indexed="true" stored="true" required="true"/>
    <field name="post_title" type="string" indexed="true" stored="true"/>
    <field name="poster_id" type="long" indexed="true" stored="true" />
    <field name="poster_nick" type="string" indexed="true" stored="true"/>
    <field name="post_content" type="text_general" indexed="true" stored="true"/>
    <field name="poster_degree" type="int" indexed="true" stored="true"/>
```

```xml
        <field name="section_id" type="long" indexed="true" stored="true" />
        <field name="section_name" type="string" indexed="true" stored="true" />
        <field name="section_owner_id" type="long" indexed="true" stored="true"/>
        <field name="section_owner_nick" type="string" indexed="true" stored="true"/>
        <field name="gmt_modified" type="date" indexed="true" stored="true"/>
        <field name="gmt_create" type="date" indexed="true" stored="true"/>
        <field name="comment_count" type="int" indexed="true" stored="true"/>
        <field name="text" type="text_general" indexed="true" stored="false" multiValued="true"/>
    </fields>

    <uniqueKey>post_id</uniqueKey>

    <copyField source="post_content" dest="text"/>
    <copyField source="post_content" dest="text"/>
    <copyField source="section_name" dest="text"/>

    <types>

        <fieldType name="string" class="solr.StrField" sortMissingLast="true" />
        <fieldType name="int" class="solr.TrieIntField" precisionStep="0" positionIncrementGap="0"/>
        <fieldType name="long" class="solr.TrieLongField" precisionStep="0" positionIncrementGap="0"/>
        <fieldType name="date" class="solr.TrieDateField" precisionStep="0" positionIncrementGap="0"/>
        <fieldType name="text_general" class="solr.TextField" positionIncrementGap="100">
            <analyzer type="index">
                <tokenizer class="solr.StandardTokenizerFactory"/>
            </analyzer>
            <analyzer type="query">
                <tokenizer class="solr.StandardTokenizerFactory"/>
            </analyzer>
        </fieldType>

    </types>
</schema>
```

fields 标签中所包含的就是定义的这些字段，包括对应的字段名称、字段类型、是否索引、是否存储、是否多值等；uniqueKey 指定了 Document 的唯一键约束；types 标签中则定义了可能用到的数据类型。

使用 HTTP POST 请求可以给搜索引擎添加或者更新已存在的索引：

```
http://hostname:8080/solr/core/update?wt=json
```

POST 的 JSON 内容：

```
{
    "add": {
        "doc": {
            "post_id": "123456",
            "post_title": "Nginx 1.6 稳定版发布，顶级网站用量超越 Apache",
            "poster_id": "340032",
            "poster_nick": "hello123",
            "post_content": "据 W3Techs 统计数据显示，全球 Alexa 排名前 100 万的网站中 23.3%都在使用 nginx，在排名前 10 万的网站中，这一数据为 30.7%，而在前 1000 名的网站中，nginx 的使用量超过了 Apache，位居第 1 位。",
            "poster_degree": "2",
            "section_id": "422",
            "section_name": "技术",
            "section_owner_id": "232133333",
            "section_owner_nick": "chenkangxian",
            "gmt_modified": "2013-05-07T12:09:12Z",
            "gmt_create": "2013-05-07T12:09:12Z",
            "comment_count": "3"
        },
        "boost": 1,
        "overwrite": true,
        "commitWithin": 1000
    }
}
```

服务端的响应：

```
{
    "responseHeader": {
        "status": 0,
        "QTime": 14
    }
}
```

通过上述的 HTTP POST 请求，便可将 Document 添加到搜索引擎中。

3. 条件查询

比 Lucene 更进一步的是，Solr 支持将复杂条件组装成 HTTP 请求的参数表达式，使得用户能够快速构建复杂多样的查询条件，包括条件查询、过滤查询、仅返回指定字段、分页、排序、高亮、统计等，并且支持 XML、JSON 等格式的输出。举例来说，假如需要根据 post_id（帖子 id）来查询对应的帖子，可以使用下面的查询请求：

http://hostname:8080/solr/core/select?q=post_id:123458&wt=json&indent=true

返回的 Document 格式如下：

```
{
    "responseHeader": {
        "status": 0,
        "QTime": 0,
        "params": {
            "indent": "true",
            "q": "post_id:123458",
            "wt": "json"
        }
    },
    "response": {
        "numFound": 1,
        "start": 0,
        "docs": [
            {
                "post_id": 123458,
                "post_title": "美军研发光学雷达卫星 可拍三维高分辨率照片",
                "poster_id": 340032,
                "poster_nick": "hello123",
                "post_content": "继广域动态图像、全动态视频和超光谱技术之后，Lidar 技术也受到关注和投资。这是由于上述技术的能力已经在伊拉克和阿富汗得到试验和验证。",
                "poster_degree": 2,
                "section_id": 422,
                "section_name": "技术1",
                "section_owner_id": 232133333,
                "section_owner_nick": "chenkangxian",
                "gmt_modified": "2013-05-07T12:09:12Z",
                "gmt_create": "2013-05-07T12:09:12Z",
```

```
            "comment_count": 3,
            "_version_": 1467083075564339200
        }
    ]
  }
}
```

假设页面需要根据poster_id（发帖人id）和section_owner_nick（版主昵称）作为条件来进行查询，并且根据uniqueKey降序排列，以及根据section_id（版块id）进行分组统计，那么查询的条件表达式可以这样写：

```
http://hostname:8080/solr/core/select?q=poster_id:340032+and+section_own
er_nick:chenkangxian&sort=post_id+asc&facet=true&facet.field=section_id&
wt=json&indent=true
```

其中 q= poster_id:340032+and+section_owner_nick:chenkangxian 表示查询的 post_id 为 340032，section_owner_nick 为 chenkangxian，两个条件使用 and 组合，而 sort=post_id+asc 则表示按照 post_id 进行升序排列，facet=true&facet.field=section_id 表示使用分组统计，并且分组统计字段为 section_id。

当然，Solr还支持更多复杂的条件查询，此处就不再详细介绍了[36]。

2.5 其他基础设施

除了前面所提到的分布式缓存、持久化存储、分布式消息系统、搜索引擎，大型的分布式系统的背后，还依赖于其他支撑系统，包括后面章节所要介绍的实时计算、离线计算、分布式文件系统、日志收集系统、监控系统、数据仓库等，以及本书没有详细介绍的CDN系统、负载均衡系统、消息推送系统、自动化运维系统等[37]。

---

36 更详细的查询语法介绍请参考 Solr 官方 wiki，http://wiki.apache.org/solr/CommonQueryParameters#head-6522ef80f22d0e50d2f12ec487758577506d6002。
37 这些系统虽然本书虽没进行详细的介绍，但并不代表它们不重要，它们也是分布式系统的重要组成部分，限于篇幅，此处仅一笔带过，读者可自行查阅相关资料。

第 3 章
互联网安全架构

随着移动互联网的兴起，以及 RESTful 和 Web Service 等技术的大规模使用，HTTP 协议因其使用方便及跨平台的特性，在 Web 开发和 SOA 领域得到了广泛使用。但其所涵盖的信息，大都是未经加密的明文，信息获取门槛的降低，也为应用架构的安全性与稳定性带来了挑战。

对于常规的 Web 攻击手段，如 XSS、CRSF、SQL 注入等，防范措施相对来说比较容易，对症下药即可，比如 XSS 的防范需要转义掉输入的尖括号，防止 CRSF 攻击需要将 cookie 设置为 httponly，以及增加 session 相关的 Hash token 码，SQL 注入的防范需要将分号等字符转义，等等。做起来虽然简单，但却容易被忽视，更多的是需要从开发流程上来予以保障，以免因人为的疏忽而造成损失。

企业级 DDos 攻击的防范是一个系统工程，需要具备有效的多层监控体系，做好预案以及人员值班，可以短时间协调多个部门的安全人员就位。并且，在大规模攻击到来之前，进行充分的实战演练处置。否则，没有充分的资源准备，没有足够的应急演练，没有丰富的处理经验，DDos 攻击将是所有人的噩梦。

除了这些之外，还需要考虑到数据在网络传输过程中的安全性，防止数据被中途篡改和被第三方监听拦截，这需要从系统架构的体系上来进行保障。例如，采用摘要认证来防止信息篡改，采用签名认证来验证通信双方的合法性，通过 HTTPS 协议来保障通信过程中数据不被第三方监听和截获。

随着近年来开放平台的流行，如何保障第三方软件厂商（ISV）对开放信息的访问是经过用户授权的合法行为，成为了业界需要思考的问题。OAuth 协议的出现，使得用户在不需要泄露自己用户名密码的情况下，能够完成对第三方应用的授权，而第三方应用得到用户授权后，便可以在一定时间内访问到用户授权的数据，这样，平台商、ISV、用户三者间能够很好地互动起来，从而使用户受益。

当然，安全永远是相对的，没有最安全，只有更安全。

本章主要介绍和解决如下问题：

- 常见的 Web 攻击手段和防御方法，如 XSS、CRSF、SQL 注入等。
- 常见的一些安全算法，如数字摘要、对称加密、非对称加密、数字签名、数字证书等。
- 如何采用摘要认证方式防止信息篡改、通过数字签名来验证通信双方的合法性，以及通过 HTTPS 协议保障通信过程中数据不被第三方监听和截获。
- 在开放平台体系下，OAuth 协议如何保障 ISV 对数据的访问是经过授权的合法行为。

3.1 常见的 Web 攻击手段

本节将介绍一些常见的 Web 攻击手段，如 XSS 攻击、CSRF 攻击、SQL 注入攻击、DDos 攻击等。XSS 攻击、CSRF 攻击、SQL 注入攻击等这类攻击手段相对来说比较容易防范，对症下药即可。对于企业来说，更多是需要从开发流程上来予以保障，以免因人为的疏忽而造成损失。而对于 DDos 攻击来说，攻击手段多样，产生的影响及危害巨大，对它的防范也是一个复杂的系统工程，需要持续性地组织防御演练，做好应急预案，并保持有效的监控。

本节将详细介绍上述攻击发起的原理、应用的场景及对应的防范措施。

3.1.1 XSS 攻击

XSS攻击的全称是跨站脚本攻击（Cross Site Scripting），为不跟层叠样式表（Cascading Style Sheets，CSS）的缩写混淆，故将跨站脚本攻击缩写为XSS[1]，它是Web应用程序中最常见到的攻击手段之一。跨站脚本攻击指的是攻击者在网页中嵌入恶意脚本程序，当用户打开该网页时，脚本程序便开始在客户端的浏览器上执行，以盗取客户端cookie、用户名密码，下载执行病毒木马程序，甚至是获取客户端admin权限等。

1. XSS 的原理

假设页面上有个表单，表单名称为 nick，用来向服务端提交网站用户的昵称信息：

`<input type="text" name="nick" value="xiaomao">`

表单 nick 的内容来自用户的输入，当用户输入的不是一个正常的昵称字符串，而是 "/><script>alert("haha")</script><!-时，由于某种原因，如 nick 服务端校验不通过，服务端重定向回这个页面，并且带上之前用户输入的 nick 参数，此时页面则变成下面的内容：

`<input type="text" name="nick" value=""/><script>alert("haha")</script><!-" />`

在输入框 input 的后面带上了一段脚本程序，当然，这段脚本程序只是弹出一个消息框"haha"，如图 3-1 所示，并不会造成什么危害，攻击的威力取决于用户输入了什么样的脚本，只要稍微修改，便可使攻击极具危害性。

图 3-1　攻击脚本的弹框

---

[1] 此介绍的出处，http://baike.baidu.com/view/2161269.htm。

攻击者可以对该 URL 采用 URLEncode，如图 3-2 所示，以迷惑用户，让它看起来像是一个正常的推广链接，并且以邮件群发或者其他形式进行推广，一旦用户点击，脚本将在客户端执行，对用户造成危害。

图 3-2　URLEncode 编码后的 XSS 链接地址

还有一种场景，用户在表单上输入一段数据后，提交给服务端进行持久化，其他页面需要从服务端将数据取出来展示。还是使用之前那个表单 nick，用户输入昵称之后，服务端会将 nick 保存，并在新的页面中展现给用户，当普通用户正常输入 zhangsan，页面会显示用户的 nick 为 zhangsan：

```
<body>
    zhangsan
</body>
```

但是，如果用户输入的不是一段正常的 nick 字符串，而是<script>alert("haha")</script>，服务端会将这段脚本保存起来，当有用户查看该页面时，页面会出现如下代码：

```
<body>
    <script>alert("haha")</script>
</body>
```

同样，攻击的威力取决于用户输入的脚本，并且此种 XSS 攻击比前一种具有更为广泛的危害性，比如当一个恶意用户在一家知名博客网站上转载了一篇非常火的博文，文章中嵌入了恶意的脚本代码，其他人访问这篇文章时，嵌入在文章中的脚本代码便会执行，达到恶意攻击用户的目的。

2. XSS 防范

XSS 之所以会发生，是因为用户输入的数据变成了代码。因此，我们需要对用户输入的数据进行 HTML 转义处理，将其中的"尖括号"、"单引号"、"引号"之类的特殊字符进行转义编码，如图 3-3 所示。

HTML 字符	HTML 转义后的字符
<	&lt;
>	&gt;
'	&amp;
"	&quot;

图 3-3　HTML 字符转义

如今很多开源的开发框架本身默认就提供 HTML 代码转义的功能，如流行的 jstl、Struts 等，不需要开发人员再进行过多的开发。使用 jstl 标签进行 HTML 转义，将变量输出，代码如下：

```
<c:out value="${nick}" escapeXml="true"></c:out>
```

只需要将 escapeXml 设置为 true，jstl 就会将变量中的 HTML 代码进行转义输出。

3.1.2　CRSF 攻击

CSRF 攻击的全称是跨站请求伪造（cross site request forgery），是一种对网站的恶意利用，尽管听起来跟 XSS 跨站脚本攻击有点相似，但事实上 CSRF 与 XSS 差别很大，XSS 利用的是站点内的信任用户，而 CSRF 则是通过伪装来自受信任用户的请求来利用受信任的网站。你可以这么理解 CSRF 攻击：攻击者盗用了你的身份，以你的名义向第三方网站发送恶意请求。CRSF 能做的事情包括利用你的身份发邮件、发短信、进行交易转账等，甚至盗取你的账号。

1. CRSF 攻击原理

CSRF 的攻击原理如图 3-4 所示。

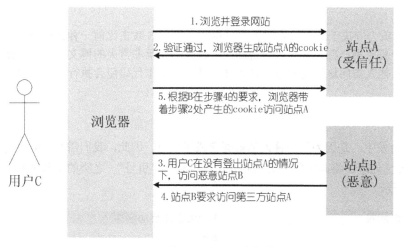

图 3-4　CSRF 攻击原理

首先用户 C 浏览并登录了受信任站点 A，登录信息验证通过以后，站点 B 会在返回给浏览器的信息中带上已登录的 cookie，cookie 信息会在浏览器端保存一定时间（根据服务端设置而定）。完成这一步以后，用户在没有登出（清除站点 A 的 cookie）站点 A 的情况下，访问恶意站点 B，这时恶意站点 B 的某个页面向站点 A 发起请求，而这个请求会带上浏览器端所保存的站点 A 的 cookie，站点 A 根据请求所带的 cookie，判断此请求为用户 C 所发送的。因此，站点 A 会根据用户 C 的权限来处理恶意站点 B 所发起的请求，而这个请求可能以用户 C 的身份发送邮件、短信、消息，以及进行转账支付等操作，这样恶意站点 B 就达到了伪造用户 C 请求站点 A 的目的。

受害者只需要做下面两件事情，攻击者就能够完成 CSRF 攻击：

- 登录受信任站点 A，并在本地生成 cookie；
- 在不登出站点 A（清除站点 A 的 cookie）的情况下，访问恶意站点 B。

很多情况下所谓的恶意站点，很有可能是一个存在其他漏洞（如 XSS）的受信任且被很多人访问的站点，这样，普通用户可能在不知不觉中便成为了受害者。

2. 攻击举例

假设某银行网站 A 以 GET 请求来发起转账操作，转账的地址为 www.xxx.com/transfer.do?accountNum=10001&money=10000，参数 accountNum 表示转账的目的账户，参数 money 表示转账金额。

而某大型论坛 B 上，一个恶意用户上传了一张图片，而图片的地址栏中填的并不是图片的地址，而是前面所说的转账地址：

```
<img src="http://www.xxx.com/transfer.do?accountNum=10001&money=10000">
```

当你登录网站 A 后，没有及时登出，这时你访问了论坛 B，不幸的事情发生了，你会发现你的账户里面少了 10000 块……

为什么会这样呢，在你登录银行 A 时，你的浏览器端会生成银行 A 的 cookie，而当你访问论坛 B 的时候，页面上的<img>标签需要浏览器发起一个新的 HTTP 请求，以获得图片资源，当浏览器发起请求时，请求的却是银行 A 的转账地址 www.xxx.com/transfer.do?accountNum=10001&money=10000，并且会带上银行 A 的 cookie 信息，结果银行的服务器收到这个请求后，会认为是你发起的一次转账操作，因此你的账户里边便少了 10000 块。

当然，绝大多数网站都不会使用 GET 请求来进行数据更新，因此，攻击者也需要改变思路，与时俱进。

假设银行将其转账方式改成 POST 提交，而论坛 B 恰好又存在一个 XSS 漏洞，恶意用户在它的页面上植入如下代码：

```
<form id="aaa" action="http://www.xxx.com/transfer.do" method="POST" display="none">
    <input type="text" name="accountNum" value="10001"/>
```

```
        <input type="text" name="money" value="10000"/>
</form>
<script>
    var form = document.forms['aaa'];
    form.submit();
</script>
```

如果你此时恰好登录了银行 A，且没有登出，当你打开上述页面后，脚本会将表单 aaa 提交，把 accountNum 和 money 参数传递给银行的转账地址 www.xxx.com/transfer.do，同样的，银行以为是你发起的一次转账，会从你的账户中扣除 10000 块。

当然，以上只是举例，正常来说银行的交易付款会有 USB key、验证码、登录密码和支付密码等一系列屏障，流程比上述流程复杂得多，因此安全系数也高得多。

3. CSRF 的防御

（1）将 cookie 设置为 HttpOnly。

CRSF 攻击很大程度上是利用了浏览器的 cookie，为了防止站内的 XSS 漏洞盗取 cookie，需要在 cookie 中设置 "HttpOnly" 属性，这样通过程序（如 JavaScript 脚本、Applet 等）就无法读取到 cookie 信息，避免了攻击者伪造 cookie 的情况出现。

在 Java 的 Servlet 的 API 中设置 cookie 为 HttpOnly 的代码如下：

`response.setHeader( "Set-Cookie", "cookiename=cookievalue;HttpOnly");`

通过 Firefox 浏览器的 firebug 插件，可以看到，cookie 被设置成了 HttpOnly，如图 3-5 所示。

图 3-5　cookie 被设置为 HttpOnly

（2）增加 token。

CSRF 攻击之所以能够成功，是因为攻击者可以伪造用户的请求，该请求中所有的用户验证信息都存在于 cookie 中，因此攻击者可以在不知道用户验证信息的情况下直接利用用户的 cookie 来通过安全验证。由此可知，抵御 CSRF 攻击的关键在于：在请求中放入攻击者所不能伪造的信息，并且该信息不存在于 cookie 之中。鉴于此，系统开发人员可以在 HTTP 请求中以参数的形式加入一个随机产生的 token，并在服务端进行 token 校验，如果请求中没有 token 或者 token 内容不正确，则认为是 CSRF 攻击而拒绝该请求。

假设请求通过 POST 方式提交，则可以在相应的表单中增加一个隐藏域：

```
<input type="hidden" name="_token" value="tokenvalue"/>
```

token 的值通过服务端生成，表单提交后 token 的值通过 POST 请求与参数一同带到服务端，每次会话可以使用相同的 token，会话过期，则 token 失效，攻击者因无法获取到 token，也就无法伪造请求。

在 session 中添加 token 的实现代码：

```
HttpSession session = request.getSession();
Object token = session.getAttribute("_token");
if(token == null || "".equals(token)){
    session.setAttribute("_token", UUID.randomUUID().toString());
}
```

（3）通过 Referer 识别。

根据 HTTP 协议，在 HTTP 头中有一个字段叫 Referer，它记录了该 HTTP 请求的来源地址。在通常情况下，访问一个安全受限的页面的请求都来自于同一个网站。比如某银行的转账是通过用户访问 http://www.xxx.com/transfer.do 页面完成的，用户必须先登录 www.xxx.com，然后通过单击页面上的提交按钮来触发转账事件。当用户提交请求时，该转账请求的 Referer 值就会是提交按钮所在页面的 URL（本例为 www.xxx.com/transfer.do）。如果攻击者要对银行网站实施 CSRF 攻击，他只能在其他网站构造请求，当用户通过其他网站发送请求到银行时，该请求的 Referer 的值是其他网站的地址，而不是银行转账页面的地址。因此，要防御 CSRF 攻击，银行网站只需要对于每一个转账请求验证其 Referer 值即可，如果是以 www.xxx.com 域名开头的地址，则说明该请求是来自银行网站自己的请求，是合法的；如果 Referer 是其他网站，就有可能是 CSRF 攻击，则拒绝该请求。

取得 HTTP 请求 Referer：

```
String referer = request.getHeader("Referer");
```

3.1.3 SQL 注入攻击

所谓 SQL 注入，就是通过把 SQL 命令伪装成正常的 HTTP 请求参数，传递到服务端，欺骗服务器最终执行恶意的 SQL 命令，达到入侵目的。攻击者可以利用 SQL 注入漏洞，查询非授权信息，修改数据库服务器的数据，改变表结构，甚至是获取服务器 root 权限。总而言之，SQL 注入漏洞的危害极大，攻击者采用的 SQL 指令决定了攻击的威力。目前涉及的大批量数据泄露的攻击事件，大部分都是通过 SQL 注入来实施的。

1. SQL 注入攻击原理

假设有个网站的登录页面如图 3-6 所示。

图 3-6　网站登录页面

输入昵称和密码后，服务端进行校验，如果昵称和密码匹配，则显示用户已经登录，后端验证的代码如下：

```java
protected void doPost(HttpServletRequest req, HttpServletResponse resp)
        throws ServletException, IOException{
    String nick = req.getParameter("nick");
    String password = req.getParameter("password");
    try{
        List<UserInfo> userInfoList = query(nick,password);

        if(userInfoList.size() > 0){
            req.setAttribute("login", "login");
        }else{
            req.setAttribute("login", "no login");
        }
    }catch(Exception e){
        throw new RuntimeException(e);
    }
    this.getServletContext().getRequestDispatcher("/logininfo.jsp")
        .forward(req, resp);

}
public List<UserInfo> query(String nickname,String password)
        throws Exception {
    Connection  conn = getConnection();
    String sql = "select * from hhuser where nick = '" + nickname +
        "'" + " and passwords = '" + password + "'";
    Statement st = (Statement) conn.createStatement();
```

```
        ResultSet rs = st.executeQuery(sql);
        List<UserInfo> userInfoList = new ArrayList<UserInfo>();
        while (rs.next()) {
            UserInfo userinfo = new UserInfo();
            userinfo.setUserid(rs.getLong("userid"));
            userinfo.setPasswords(rs.getString("passwords"));
            userinfo.setNick(rs.getString("nick"));
            userinfo.setAge(rs.getInt("age"));
            userinfo.setAddress(rs.getString("address"));
            userInfoList.add(userinfo);
        }
        conn.close();
        return userInfoList;
    }
```

上段代码的逻辑是，接收页面输入的 nick 与 password 参数，然后通过执行语句 select * from hhuser where nick = nickname and passwords = password 查询数据库中存储的用户信息，当返回的结果不为空时，则验证通过。假设数据库中的用户记录如图 3-7 所示。

```
mysql> select * from hhuser;
+--------+-----------+----------+------+----------+
| userid | passwords | nick     | age  | address  |
+--------+-----------+----------+------+----------+
|  11222 | password1 | zhangsan |   12 | address1 |
|  11223 | password2 | lisi     |   12 | address2 |
|  11224 | password3 | wanwu    |   12 | address3 |
|  11225 | password4 | maliu    |   12 | address4 |
|  11226 | password5 | tianqi   |   12 | address5 |
|  11227 | password6 | wanba    |   12 | address6 |
|  11228 | password7 | zhenjiu  |   12 | address7 |
+--------+-----------+----------+------+----------+
```

图 3-7 用户记录

乍一看，是能够校验用户名和密码验证用户登录信息的，假设用户输入 nick 为 zhangsan，密码为 password1，则验证通过，显示用户登录，如图 3-8 所示。

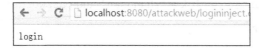

图 3-8 用户登录

否则，显示用户没有登录，如图 3-9 所示。

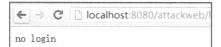

图 3-9 用户没有登录

但是，当用户输入 nick 为 zhangsan，密码为' or '1'='1 时，意想不到的事情出现了，页面显示为 login 状态，如图 3-10 所示。

图 3-10　非正常的状态

为什么会这样呢？当用户提交 nick 和 password 变量后，在服务端会被转换为如下 SQL 并在数据库服务器上执行：

select * from hhuser where nick = 'zhangsan' and passwords = '' or '1'='1'

用户通过 password 参数，在原来条件的后面增加了一个或的条件 or '1'='1'，因此，不管用户名和密码是什么内容，后面的'1'='1'条件都能满足，使查出来的用户列表不为空，这样，恶意的攻击者便可以指定任意的用户名，绕开密码验证进行登录。

以上便是一次简单的、典型的 SQL 注入攻击。当然，SQL 注入的危害不仅如此，假设用户输入用户名 zhangsan,在密码框输入' ;drop table aaa;--，会发生什么呢？示例图如图 3-11、图 3-12 所示。

　　　　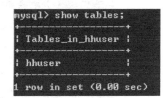

图 3-11　请求提交前　　　　图 3-12　请求提交后

请注意，数据库表 aaa 被删除了，这对于一个网站来说，后果将是灾难性的。为什么会这样呢？这是因为，原有的 SQL 语句被分号隔开，在后面添加了 drop table aaa 这样的语句，并且后面剩余部分被"--"给注释掉了，此时的 SQL 是这样的：

select * from hhuser where nick = 'zhangsan' and passwords = '' ;drop table aaa--'

aaa 表便这样被删掉了。

当然，还有其他比这更为复杂、更加危险的攻击手法，由于这些并非本章所要讲述的重点，此处便不再详细介绍了[2]。

2　关于 SQL 注入的其他方法，可以参考 justin clarke 等人所著的《SQL Injection Attacks AND Defense》。

2. SQL 注入的防范

（1）使用预编译语句。

预编译语句 PreparedStatement 是 java.sql 中的一个接口，继承自 Statement 接口。通过 Statement 对象执行 SQL 语句时，需要将 SQL 语句发送给 DBMS，由 DBMS 先进行编译后再执行。而预编译语句和 Statement 不同，在创建 PreparedStatement 对象时就指定了 SQL 语句，该语句立即发送给 DBMS 进行编译，当该编译语句需要被执行时，DBMS 直接运行编译后的 SQL 语句，而不需要像其他 SQL 语句那样先将其编译。

前面介绍过，引发 SQL 注入的根本原因是恶意用户将 SQL 指令伪装成参数传递到后端数据库执行。作为一种更为安全的动态字符串的构建方法，预编译语句使用参数占位符来替代需要动态传入的参数，这样攻击者无法改变 SQL 语句的结构，SQL 语句的语义不会发生改变，即便用户传入类似于前面' or '1'='1 这样的字符串，数据库也会将其作为普通的字符串来处理。

将前面后端验证 SQL 查询改成使用预编译语句的形式：

```
String sql = "select * from hhuser where nick = ? and passwords = ? ";
PreparedStatement st = conn.prepareStatement(sql);
st.setString(1, nickname);
st.setString(2, password);
ResultSet rs = st.executeQuery();
```

可以看到，SQL 语句中原有的变量已经用占位符?替代了，变量通过 PreparedStatement 的 setString 方法进行设置。这时输入' or '1'='1，页面显示如图 3-13 所示。

图 3-13　页面显示

可以看到，注入攻击没有生效，为什么呢？配置一下 MySQL 数据库的查询日志，然后从 MySQL 的查询日志里边找到最终执行的 SQL 语句，便可看出端倪。

Windows 环境下，在 MySQL 的安装目录下找到 my.ini 文件，在[mysqld]下面增加一行日志的配置，便可将 MySQL 的查询信息输出到 log 变量指定的日志中：

```
[mysqld]
log="d:/tmp/query_log.log"
```

通过日志，我们可以发现，预编译 SQL 语句中的特殊字符被转义了，如图 3-14 所示。

（2）使用 ORM 框架。

由上文可见，防止 SQL 注入的关键在于对一些关键字符进行转义，而常见的一些 ORM 框架，如 IBATIS、Hibernate 等，都支持对相应的关键字或者特殊符号进行转义，可以通过简单的配置，很好地预防 SQL 注入漏洞，降低了普通的开发人员进行安全编程的门槛。

```
130822 21:29:42    1 Connect   root@localhost on hhuser
            1 Query    /* mysql-connector-java-5.1.18 ( Revision: tonci.grgin@oracle.com-20110930151701-j
            1 Query    SHOW WARNINGS
            1 Query    /* mysql-connector-java-5.1.18 ( Revision: tonci.grgin@oracle.com-20110930151701-j
            1 Query    SHOW COLLATION
            1 Query    SET NAMES latin1
            1 Query    SET character_set_results = NULL
            1 Query    SET autocommit=1
            1 Query    select * from hhuser where nick = 'zhangsan' and passwords = '\' or \'1\'=\'1'
            1 Quit
```

图 3-14　日志显示

iBATIS 的 insert 语句配置：

```
<insert id="insert" parameterClass="userDO">
    insert into
    users(gmt_create,gmt_modified,userid,user_nick,address,age,sex)
    values(now(),now(),#userId#,#userNick#,#address#,#age#,#sex#)
</insert>
```

通过#符号配置的变量，iBATIS 能够对输入变量的一些关键字进行转义，防止 SQL 注入攻击。

（3）避免免密码明文存放。

对存储的密码进行单向Hash，如使用MD5对密码进行摘要，而非直接存储明文密码，这样的好处就是万一用户信息泄露，即圈内所说的被"拖库"[3]，黑客无法直接获取用户密码，而只能得到一串跟密码相差十万八千里的Hash码。

这种方法以前很管用，但是近几年随着技术的发展，开始流行一种使用彩虹表[4]的破解方法，能够根据用户密码的Hash码，比较快速的逆向得出密码的原文（或者是碰撞串），这样，使得原本安全的密码摘要的方式，也变得不那么安全。

随后便有人提出了哈希加盐法[5]（Hash+Salt），能够在一定程度上解决这个问题，所谓加盐（Salt）其实很简单，就是在生成Hash时给予一个扰动，使Hash值与标准的Hash结果不同，这样就可以对抗彩虹表了。

比如说，用户的密码是 hello，加一个盐，也就是随机字符串"abcdefjejafljal"，两者合到一起，计算 MD5，得到的结果是 cde692245a727ae12199a41864818287。通过这种操作，即便用户用的是弱密码，也能通过加盐，使实际计算哈希的密码值变成一个长字符串，一定程度上防御

3　拖库一词在黑客圈内十分流行，意思是从数据库中导出数据。

4　关于彩虹表法，后面会有介绍。

5　关于 Hash 加盐法的介绍，这篇中有提到，http://blog.csdn.net/antiy_seak/article/details/7166493。

了穷举攻击和彩虹表攻击。

（4）处理好相应的异常。

后台的系统异常，很可能包含了一些如服务器版本、数据库版本、编程语言等信息，甚至是数据库连接的地址与用户名密码，攻击者可以按图索骥，找到对应版本的服务器漏洞或者数据库漏洞进行攻击，因此，必须要处理好后台的系统异常，重定向到相应的错误处理页面，而不是任由其直接输出到页面上。

Java 系统需要对相应的异常进行 try/catch 操作：

```
try{
    //do something
}catch(Exception e){
    //do something
}finally{
    //do something
}
```

3.1.4 文件上传漏洞

在上网的过程中，我们经常会将一些如图片、压缩包之类的文件上传到远端服务器进行保存。文件上传攻击指的是恶意攻击者利用一些站点没有对文件的类型做很好的校验，上传了可执行的文件或者脚本，并且通过脚本获得服务器上相应的权利，或者是通过诱导外部用户访问、下载上传的病毒或木马文件，达到攻击的目的。

为了防范用户上传恶意的可执行文件和脚本，以及将文件上传服务器当做免费的文件存储服务器使用，我们需要对上传的文件类型进行白名单（非黑名单，这点非常重要）校验，并且限制上传文件的大小，上传的文件需要进行重新命名，使攻击者无法猜测到上传文件的访问路径。

对于上传的文件来说，不能简单地通过后缀名称来判断文件的类型，因为恶意攻击可以将可执行文件的后缀名称改成图片或者其他后缀类型，诱导用户执行。因此，判断文件类型需要使用更安全的方式。

很多类型的文件，起始的几个字节内容是固定的，因此，根据这几个字节的内容，就可以确定文件类型，这几个字节也被称为魔数[6]（magic number）。

---

6 魔数，http://baike.baidu.com/link?url=be7tzcZ00swscMT9TQEQo4IxX1LmCgSccwC5UNGYyJL6yTgNRoUE2DOHqg1J7sa_。

1. 通过魔数来判断文件类型

文件头对应类型的枚举：

```
public enum FileType {

    /**
     * JEPG
     */
    JPEG("FFD8FF"),

    /**
     * PNG
     */
    PNG("89504E47"),

    /**
     * GIF
     */
    GIF("47494638"),

    /**
     * TIFF
     */
    TIFF("49492A00"),

    /**
     * Windows Bitmap
     */
    BMP("424D"),

    /**
     * CAD
     */
    DWG("41433130"),

    /**
     * Adobe Photoshop
     */
```

```java
PSD("38425053"),

/**
 * XML
 */
XML("3C3F786D6C"),

/**
 * HTML
 */
HTML("68746D6C3E"),

/**
 * Adobe Acrobat
 */
PDF("255044462D312E"),

/**
 * ZIP Archive
 */
ZIP("504B0304"),

/**
 * RAR Archive
 */
RAR("52617221"),

/**
 * Wave
 */
WAV("57415645"),

/**
 * AVI
 */
AVI("41564920");

private String value = "";
```

```java
    private FileType(String value) {
        this.value = value;
    }

    public String getValue() {
        return value;
    }

    public void setValue(String value) {
        this.value = value;
    }
}
```

不同类型的文件对应不同的文件头，FileType 中包含了常用的文件类型对应的文件头的十六进制编码。

读取文件头，判断文件类型：

```java
/**
 * 读取文件头
 */
private static String getFileHeader(String filePath) throws IOException {
    //这里需要注意的是，每个文件的魔数的长度都不相同，因此需要使用startwith
    byte[] b = new byte[28];
    InputStream inputStream = null;
    inputStream = new FileInputStream(filePath);
    inputStream.read(b, 0, 28);
    inputStream.close();

    return bytes2hex(b);
}

/**
 * 判断文件类型
 */
public static FileType getType(String filePath) throws IOException {

    String fileHead = getFileHeader(filePath);
    if (fileHead == null || fileHead.length() == 0) {
        return null;
```

```
    }
    fileHead = fileHead.toUpperCase();
    FileType[] fileTypes = FileType.values();
    for (FileType type : fileTypes) {
        if (fileHead.startsWith(type.getValue())) {
            return type;
        }
    }
    return null;
}
```

对一个文件的前 28 个字节进行读取，并将读取的内容转换成为十六进制，与前面 FileType 中枚举的文件头进行对比，判断文件的类型。

对于图片类型的文件，可以在上传后，对图片进行相应的缩放，破坏恶意用户上传的二进制可执行文件的结构，来避免恶意代码执行。

imagemagick[7]是一套功能强大、稳定并且开源的针对图片处理的开发工具包，能够处理多种格式的图片文件，可以利用imagemagick来对图片进行缩放处理。

2. imagemagick 环境准备

（1）下载 imagemagick 源码包。

wget　http://www.jmagick.org/6.4.0/ImageMagick-6.4.0-0.tar.gz

```
longlong@ubuntu:~/image$ wget http://www.jmagick.org/6.4.0/ImageMagick-6.4.0-0.tar.gz
--2013-09-26 21:14:21--  http://www.jmagick.org/6.4.0/ImageMagick-6.4.0-0.tar.gz
Resolving www.jmagick.org... 81.187.100.18
Connecting to www.jmagick.org|81.187.100.18|:80... connected.
HTTP request sent, awaiting response... 302 Found
Location: http://218.108.192.211:80/1Q2W3E4R5T6Y7U8I9O0P1Z2X3C4V5B/www.jmagick.o
rg/6.4.0/ImageMagick-6.4.0-0.tar.gz [following]
--2013-09-26 21:14:36--  http://218.108.192.211/1Q2W3E4R5T6Y7U8I9O0P1Z2X3C4V5B/w
ww.jmagick.org/6.4.0/ImageMagick-6.4.0-0.tar.gz
Connecting to 218.108.192.211:80... connected.
HTTP request sent, awaiting response... 200 OK
Length: 11039859 (11M) [application/x-gzip]
Saving to: `ImageMagick-6.4.0-0.tar.gz'

100%[======================================>] 11,039,859   266K/s   in 36s

2013-09-26 21:15:12 (302 KB/s) - `ImageMagick-6.4.0-0.tar.gz' saved [11039859/11
039859]
```

（2）解压源码包。

tar -xf ImageMagick-6.4.0-0.tar.gz

---

7 imagemagick 项目地址为 http://www.imagemagick.org/script/index.php。

```
longlong@ubuntu:~/image$ tar -xf ImageMagick-6.4.0-0.tar.gz
longlong@ubuntu:~/image$ ls
aaa.jpg  ImageMagick-6.4.0   ImageMagick-6.4.0-0.tar.gz
longlong@ubuntu:~/image$
```

（3）安装过程如下所示。

```
./configure
make
sudo make install
```

```
longlong@ubuntu:~/image/ImageMagick-6.4.0$ ./configure && make && make install
configuring ImageMagick 6.4.0
checking build system type... i686-pc-linux-gnu
checking host system type... i686-pc-linux-gnu
checking target system type... i686-pc-linux-gnu
checking whether build environment is sane... yes
checking for a BSD-compatible install... /usr/bin/install -c
checking for a thread-safe mkdir -p... /bin/mkdir -p
checking for gawk... no
checking for mawk... mawk
checking whether make sets $(MAKE)... yes
checking for gcc... gcc
checking for C compiler default output file name... a.out
checking whether the C compiler works... yes
checking whether we are cross compiling... no
checking for suffix of executables...
checking for suffix of object files... o
checking whether we are using the GNU C compiler... yes
checking whether gcc accepts -g... yes
checking for gcc option to accept ISO C89... none needed
```

（4）配置库文件。

```
sudo ldconfig /usr/local/lib
```

```
longlong@ubuntu:~$ sudo ldconfig /usr/local/lib
[sudo] password for longlong:
```

（5）使用 convert 命令验证安装。

```
convert -list format
```

```
longlong@ubuntu:~$ convert -list format
   Format  Mode  Description
--------------------------------------------------------
      3FR  r--   Hasselblad CFV/H3D39II
       A*  rw+   Raw alpha samples
     AAI*  rw+   AAI Dune image
       AI  rw-   Adobe Illustrator CS2
     ART*  rw-   PFS: 1st Publisher Clip Art
      ARW  r--   Sony Alpha Raw Image Format
      AVI  r--   Microsoft Audio/Visual Interleaved
     AVS*  rw+   AVS X image
       B*  rw+   Raw blue samples
     BGR*  rw+   Raw blue, green, and red samples
    BGRA*  rw+   Raw blue, green, red, and alpha samples
     BMP*  rw-   Microsoft Windows bitmap image
    BMP2*  -w-   Microsoft Windows bitmap image (V2)
    BMP3*  -w-   Microsoft Windows bitmap image (V3)
     BRF*  -w-   BRF ASCII Braille format
       C*  rw+   Raw cyan samples
```

3. jmagick 的安装

由于 imagemagick 没有提供 jni 对应的头文件，如果要在 Java 环境中使用 imagemagick，还需要安装 jmagick，通过 jmagick 来对 imagemagick 进行调用。

（1）下载 jmagick，注意版本要与 imagemagick 保持一致。

```
wget http://www.jmagick.org/6.4.0/jmagick-6.4.0-src.tar.gz
```

（2）解压下载的包。

```
tar -xf jmagick-6.4.0-src.tar.gz
mv 6.4.0/ jmagic-6.4.0
```

（3）编译源码。

```
cd jmagic-6.4.0/
./configure
```

```
longlong@ubuntu:~/Downloads$ cd jmagic-6.4.0/
longlong@ubuntu:~/Downloads/jmagic-6.4.0$ ./configure
checking build system type... i686-pc-linux-gnu
checking host system type... i686-pc-linux-gnu
checking target system type... i686-pc-linux-gnu
checking for gcc... gcc
checking for C compiler default output file name... a.out
checking whether the C compiler works... yes
checking whether we are cross compiling... no
checking for suffix of executables...
checking for suffix of object files... o
checking whether we are using the GNU C compiler... yes
checking whether gcc accepts -g... yes
checking for gcc option to accept ISO C89... none needed
checking how to run the C preprocessor... gcc -E
```

```
make
```

```
longlong@ubuntu:~/Downloads/jmagic-6.4.0$ make
make[1]: Entering directory `/home/longlong/Downloads/jmagic-6.4.0/src'
make[2]: Entering directory `/home/longlong/Downloads/jmagic-6.4.0/src/magick'
/usr/java/jdk1.6.0_25/bin/javac  -d /home/longlong/Downloads/jmagic-6.4.0/classes \
        -sourcepath /home/longlong/Downloads/jmagic-6.4.0/src                     \
        -classpath /home/longlong/Downloads/jmagic-6.4.0/classes:.:/usr/java/jdk1.6.0_25/lib/dt.jar:/usr/java/jdk1.6.0_25/lib/tools.jar Magick.java
/usr/java/jdk1.6.0_25/bin/javac  -d /home/longlong/Downloads/jmagic-6.4.0/classes \
        -sourcepath /home/longlong/Downloads/jmagic-6.4.0/src                     \
        -classpath /home/longlong/Downloads/jmagic-6.4.0/classes:.:/usr/java/jdk1.6.0_25/lib/dt.jar:/usr/java/jdk1.6.0_25/lib/tools.jar MagickException.java
/usr/java/jdk1.6.0_25/bin/javac  -d /home/longlong/Downloads/jmagic-6.4.0/classes \
        -sourcepath /home/longlong/Downloads/jmagic-6.4.0/src                     \
        -classpath /home/longlong/Downloads/jmagic-6.4.0/classes:.:/usr/java/jdk1.6.0_25/lib/dt.jar:/usr/java/jdk1.6.0_25/lib/tools.jar MagickApiExcepti
```

（4）查看编译好的 jar 文件和 .so 文件。

```
cd lib
ls
```

```
longlong@ubuntu:~/Downloads/jmagic-6.4.0$ cd lib
longlong@ubuntu:~/Downloads/jmagic-6.4.0/lib$ ls
jmagick-6.4.0.jar   jmagick.jar   libJMagick-6.4.0.so   libJMagick.so
longlong@ubuntu:~/Downloads/jmagic-6.4.0/lib$
```

（5）将 .so 文件放到 /usr/lib 目录下。

```
sudo cp libJMagick-6.4.0.so /usr/lib/libJMagick.so
ls /usr/lib | grep libJMagick
```

```
longlong@ubuntu:~/Downloads/jmagic-6.4.0/lib$ sudo cp libJMagick-6.4.0.so /usr/lib/libJMagick.so
[sudo] password for longlong:
longlong@ubuntu:~/Downloads/jmagic-6.4.0/lib$ ls /usr/lib | grep libJMagick
libJMagick.so
```

（6）将 jar 文件复制到相应的工程，环境便配置好了。

Java 使用 jmagick 对图片文件进行缩放：

```java
public static void resetsize(String picFrom,String picTo)
    throws Exception{
    ImageInfo info=new ImageInfo(picFrom);
    MagickImage image=new MagickImage(info);
    MagickImage scaled=image.scaleImage(120, 97);
    scaled.setFileName(picTo);
    scaled.writeImage(new ImageInfo());
}
```

MagicImage 对象的 scaleImage 方法用于设置缩放后的图片尺寸，设置好需要保存的路径 picTo 后，通过 writeImage 方法便可以对缩放好的图像进行保存。

ImageMagick 的功能十分强大，并不局限于图像的缩放，还可以进行图片水印生成、锐化、截取、图像格式转换等一系列复杂的操作，读者可以参考相关文档自行学习。

3.1.5　DDoS 攻击

DDoS[8]（Distributed Denial of Service）即分布式拒绝服务攻击，是目前最为强大、最难以防御的攻击方式之一。要理解DDos，得先从DoS说起。最基本的DoS攻击就是利用合理的客户端请求来占用过多的服务器资源，从而使合法用户无法得到服务器的响应。DDoS攻击手段是在传统的DoS攻击基础之上产生的一类攻击方式，传统的DoS攻击一般是采用一对一的方式，当攻击目标的CPU速度、内存或者网络带宽等各项性能指标不高的情况下，它的效果是明显的，但

8：DDoS 攻击，http://baike.baidu.com/view/210076.htm?fromId=23271&redirected=seachword

随着计算机与网络技术的发展，计算机的处理能力显著增加，内存不断增大，同时也出现了千兆级别的网络，这使得DoS攻击逐渐失去了效果。这时分布式拒绝服务攻击手段（DDoS）便应运而生了。理解了DoS攻击后，DDoS的原理就非常简单了，它指的是攻击者借助公共网络，将数量庞大的计算机设备联合起来作为攻击平台，对一个或多个目标发动攻击，从而达到瘫痪目标主机的目的。通常在攻击开始前，攻击者会提前控制大量的用户计算机，称之为"肉鸡"，并通过指令使大量的肉鸡在同一时刻对某个主机进行访问，从而达到瘫痪目标主机的目的。

DDoS 的攻击有很多种类型，如依赖蛮力的 ICMP Flood、UDP Flood 等，随着硬件性能的提升，需要的机器规模越来越大，组织大规模的攻击越来越困难，现在已经不常见。还有就是依赖协议特征和具体的软件漏洞进行的攻击，如 Slowloris 攻击、Hash 碰撞攻击等，这类攻击主要利用协议和软件漏洞发起攻击，需要在特定环境下才会出现，更多的攻击者采用的是前面两种的混合方式，即利用了协议、系统的缺陷，又具备了海量的流量，如 SYN Flood、DNS Query Flood 等。

下面将介绍一些常见 DDoS 攻击手段。

1. SYN Flood

SYN Flood[9]是互联网最经典的攻击方式之一，要明白它的攻击原理，还得从TCP协议建立连接的过程开始说起。TCP协议与UDP协议不同，TCP是基于连接的协议，也就是说，在进行TCP协议通信之前，必须先建立基于TCP协议的一个连接，连接建立的过程，如图 3-15 所示。

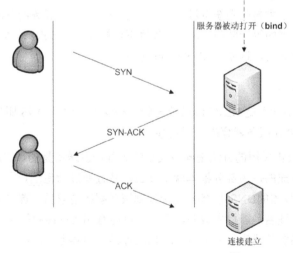

图 3-15　TCP协议三次握手过程[10]

9　SYN Flood，http://baike.baidu.com/view/294643.htm。
10　图片来源 http://zh.wikipedia.org/wiki/File:Connection_TCP.gif。

第一步，客户端发送一个包含 SYN 标识的 TCP 报文，SYN 即同步（Synchronize）的意思，SYN 报文会指明客户端的端口号及 TCP 连接的初始序列号。

第二步，服务器在收到客户端的 SYN 报文后，会返回一个 SYN+ACK 的报文，表示客户端请求被接收，同时，TCP 序列号被加一，ACK 即确认的意思（Acknowledgment）。

第三步，客户端在接收到服务端的 SYN+ACK 报文后，也会返回一个 ACK 报文给服务端，同样，TCP 序列号被加一，TCP 连接便建立好了，接下来便可以进行数据通信了。

以上三个步骤的连接过程在 TCP 协议中被称为三次握手（Three-way Handshake）。

TCP 协议为实现可靠传输，在三次握手的过程中设置了一些异常处理机制。第三步中如果服务器没有收到客户端的 ACK 报文，服务端一般会进行重试，也就是再次发送 SYN+ACK 报文给客户端，并且一直处于 SYN_RECV 状态，将客户端加入等待列表。重发一般会进行 3～5 次，大约每隔 30 秒左右会轮询一遍等待队列，重试所有客户端；另一方面，服务器在发出 SYN+ACK 报文后，会预分配一部分资源给即将建立的 TCP 连接，这个资源在等待重试期间一直保留，更为重要的是，服务器资源有限，可以维护的等待列表超过极限后就不再接收新的 SYN 报文，也就是拒绝建立新的 TCP 连接。

SYN Flood 正是利用了 TCP 协议三次握手的过程来达成攻击的目的。攻击者伪造大量的 IP 地址给服务器发送 SYN 报文，但是由于伪造的 IP 地址几乎不可能存在，也就不可能从客户端得到任何回应，服务端将维护一个非常大的半连接等待列表，并且不断对这个列表中的 IP 地址进行遍历和重试，占用了大量的系统资源。更为严重的是，由于服务器资源有限，大量的恶意客户端信息占满了服务器的等待队列，导致服务器不再接收新的 SYN 请求，正常用户无法完成三次握手与服务器进行通信，这便是 SYN Flood 攻击。

2. DNS Query Flood

DNS Query Flood 实际上是 UDP Flood 攻击的一种变形，由于 DNS 服务在互联网中具有不可替代的作用，一旦 DNS 服务器瘫痪，影响甚大。

DNS Query Flood攻击采用的方法是向被攻击的服务器发送海量的域名解析请求。通常，请求解析的域名是随机生成的，大部分根本就不存在，并且通过伪造端口和客户端IP，防止查询请求被ACL[11]过滤。被攻击的DNS 服务器在接收到域名解析请求后，首先会在服务器上查找是否有对应的缓存，由于域名是随机生成的，几乎不可能有相应的缓存信息，当没有缓存，且该域名无法直接由该DNS服务器进行解析时，DNS服务器会向其上层DNS服务器递归查询域名信息，直到全球互联网的 13 台根DNS服务器。大量不存在的域名解析请求给服务器带来了很大的负载，当解析请求超过一定量时，就会造成DNS服务器解析域名超时，这样攻击者便达成了攻击目的。

---

11 ACL，即访问控制列表（Access Control List）。

3. CC 攻击

CC[12]（Challenge Collapsar）攻击属于DDos的一种，是基于应用层HTTP协议发起的DDos攻击，也被称为HTTP Flood。

CC 攻击的原理是这样的，攻击者通过控制的大量"肉鸡"或者利用从互联网上搜寻的大量匿名的 HTTP 代理，模拟正常用户给网站发起请求直到该网站拒绝服务为止。大部分网站会通过 CDN 以及分布式缓存来加快服务端响应，提升网站的吞吐量，而这些精心构造的 HTTP 请求往往有意避开这些缓存，需要进行多次 DB 查询操作或者一次请求返回大量的数据，加速系统资源消耗，从而拖垮后端的业务处理系统，甚至连相关存储与日志收集系统也无法幸免。

CC 攻击发起容易，防范困难，影响却广泛，是近年来 DDos 攻击的主流方式。 CC 攻击并不需要攻击者控制大量的"肉鸡"，取而代之的是互联网上十分容易找到的各种 HTTP 代理，"肉鸡"由于流量异常，容易被管理人员发现，攻击持续时间难以延续，而使用 HTTP 代理则使攻击者能够发起持续高强度的攻击。攻击在应用层发起，往往又与网站的业务紧密相连，使得防守一方很难在不影响业务的情况下对攻击请求进行过滤，大量的误杀将影响到正常访问的用户，间接地达成攻击者的目的。

3.1.6 其他攻击手段

其他比较常见的攻击手段还有 DNS 域名劫持、CDN 回源攻击、服务器权限提升，缓冲区溢出，以及一些依赖于平台或者具体软件漏洞的攻击等，防御的滞后性使得攻击的手段永远都比防御的手段多，由于这些内容不是本章叙述的重点，本节便不再一一列出。

3.2 常用的安全算法

本节介绍的常用的安全算法主要包括摘要算法、对称加密算法、非对称加密算法、信息编码等，为后面章节内容的叙述做铺垫，笔者将着重介绍各种算法的使用场景与使用方法，避免涉及密码学相关理论的枯燥无味的叙述。关于各种算法的实现过程与思路，此处只做概述性的介绍，涉及数学与密码学相关领域的知识，读者可进一步查阅相关的资料进行了解和学习。

3.2.1 数字摘要

数字摘要[13]也称为消息摘要，它是一个唯一对应一个消息或文本的固定长度的值，它由一

---

12 CC 攻击，http://baike.baidu.com/view/662394.htm。
13 数字摘要，http://baike.baidu.com/view/941329.htm。

个单向Hash函数对消息进行计算而产生。如果消息在传递的途中改变了，接收者通过对收到的消息采用相同的Hash重新计算，新产生的摘要与原摘要进行比较，就可知道消息是否被篡改了，因此消息摘要能够验证消息的完整性。消息摘要采用单向Hash函数，将需要计算的内容"摘要"成固定长度的串，这个串也称为数字指纹。这个串有固定的长度，且不同的明文摘要成密文，其结果总是不同的（相对的，这个后面会介绍），而同样的明文其摘要必定一致。这样这串摘要便可成为验证明文是否是"真身"的"指纹"了。摘要生成的过程如图3-16所示。

图 3-16 摘要生成的过程

如果待摘要的关键字为 k，Hash 函数为 $f(x)$，则关键字 k 的摘要为 $f(k)$，若关键字 k1 不等于 k2，而 $f(k1)=f(k2)$，这种现象称为 Hash 碰撞。一个 Hash 函数的好坏是由发生碰撞的概率决定的，如果攻击者能够轻易地构造出两个具有相同 Hash 值的消息，那么这样的 Hash 函数是很危险的。可以认为，摘要的长度越长，算法也就越安全。由于数字摘要并不包含原文的完整信息，因此，要从摘要信息逆向得出待摘要的明文串，原则上几乎是不可能完成的任务。

有关消息摘要的特点总结如下：

（1）无论输入的消息有多长，计算出来的消息摘要的长度总是固定的。例如，应用 MD5 算法计算的摘要消息有 128 个比特位，而使用 SHA-1 算法计算出来的摘要消息有 160 个比特位。

（2）一般只要输入的消息不同，对其进行摘要以后产生的摘要消息也不相同，但相同的输入必会产生相同的输出。这是一个好的消息摘要算法所需要具备的性质：输入改变了，输出也就改变了，两条相似的消息的摘要却大相径庭。好的摘要算法很难从中找到"碰撞"，虽然"碰撞"肯定是存在的。

（3）由于消息摘要并不包含原文的完整信息，因此只能进行正向的信息摘要，而无法从摘要中恢复出原来的消息，甚至根本就找不到任何与原信息相关的信息。当然，可以采用暴力攻击的方法，尝试每一个可能的信息，计算其摘要，看看是否与已有的摘要相同。如果采用这种方式，最终肯定能恢复出摘要的消息，但是这种穷举的方式以目前的计算水平来看，需要耗费相当长的时间，因此被认为是几乎不可能实现的。

1. MD5

MD5[14]即Message Digest Algorithm 5（信息摘要算法 5），是数字摘要算法的一种实现，用于确保信息传输完整性和一致性，摘要长度为 128 位。MD5 由MD4、MD3、MD2 改进而来，主要增强了算法复杂度和不可逆性。该算法因其普遍、稳定、快速的特点，在产业界得到了极为

---

14 MD5 算法，http://baike.baidu.com/view/7636.htm。

广泛的使用，目前主流的编程语言普遍都已有MD5算法的实现。

基于Java的MD5算法的使用：

```java
public static byte[] testMD5(String content) throws Exception{
    MessageDigest md = MessageDigest.getInstance("MD5");
    byte[] bytes = md.digest(content.getBytes("utf8"));
    return bytes;
}
```

通过MessageDigest取得MD5摘要算法的实例，然后通过digest方法进行MD5摘要。

待摘要串：

```
hello,i am chenkangxian,good night!
```

MD5算法生成的摘要串（十六进制编码后）：

```
22bd33d4c72d1986ccb4227ff7f1e726
```

2. SHA

SHA[15]的全称是Secure Hash Algorithm，即安全散列算法。1993年，安全散列算法（SHA）由美国国家标准和技术协会（NIST）提出，并作为联邦信息处理标准（FIPS PUB 180）公布。1995年又发布了一个修订版FIPS PUB 180-1，通常称之为SHA-1。SHA-1是基于MD4算法的，现在已成为公认的最安全的散列算法之一，并被广泛使用。

SHA-1算法生成的摘要信息的长度为160位，由于生成的摘要信息更长，运算的过程更加复杂，在相同的硬件上，SHA-1的运行速度比MD5更慢，但是也更为安全。

基于Java的SHA-1算法的使用：

```java
public static byte[] testSHA1(String content) throws Exception{
    MessageDigest md = MessageDigest.getInstance("SHA-1");
    byte[] bytes = md.digest(content.getBytes("utf8"));
    return bytes;
}
```

同MD5算法的使用类似，SHA-1算法也是通过MessageDigest取得其摘要算法的实例，然后通过digest方法进行SHA-1摘要。

待摘要串：

```
hello,i am chenkangxian,good night!
```

SHA-1算法生成的摘要串（十六进制编码后）：

---

15 SHA算法，http://baike.baidu.com/view/531723.htm。

```
deb945d3e6fe72db1a290bcfcf53057c1caafde1
```

由于计算出的摘要转换成字符串，可能会生成一些无法显示和网络传输的控制字符，因此，需要对生成的摘要字符串进行编码，常用的编码方式包括十六进制编码与 Base64 编码。

3. 十六进制编码

我们都知道，计算机的计算采用的是二进制的数据表示方法，而十六进制也是数据的一种表示方法，并且可以与二进制数据进行相互转化，每 4 位二进制数据对应一位十六进制数据。同我们日常使用的十进制表示法不同的是，十六进制由 0～9 和 A～F 来进行表示，与十进制的对应关系是：0～9 对应 0～9，A～F 对应 10～15。

基于 Java 的十六进制编码与解码的实现：

```java
private static String bytes2hex(byte[] bytes) {
    StringBuilder hex = new StringBuilder();
    for (int i = 0; i < bytes.length; i++) {
        byte b = bytes[i];
        boolean negative = false;//是否为负数
        if(b < 0) negative = true;
        int inte = Math.abs(b);
        if(negative)inte = inte | 0x80;
//负数会转成正数(最高位的负号变成数值计算)，再转十六进制
        String temp = Integer.toHexString(inte & 0xFF);
        if (temp.length() == 1) {
            hex.append("0");
        }
        hex.append(temp.toLowerCase());
    }
    return hex.toString();
}

private static byte[] hex2bytes(String hex){
    byte[] bytes = new byte[hex.length()/2];
    for(int i = 0 ; i < hex.length(); i = i + 2){
        String subStr = hex.substring(i, i + 2);
        boolean negative = false;//是否为负数
        int inte = Integer.parseInt(subStr, 16);
        if(inte > 127) negative = true;
        if(inte == 128){
```

```
            inte = -128;
        }else if(negative){
            inte = 0 - (inte & 0x7F);
        }
        byte b = (byte)inte;
        bytes[i/2] = b;
    }
    return bytes;
}
```

每一个 byte 包含 8 位二进制数据,由于 Java 中没有无符号整型,因此 8 位中有一位为符号位,需要将符号位转换为对应的数值,然后再转换为对应的十六进制。8 位二进制可以转换为 2 位十六进制,不足 2 位的进行补 0,而解码时,需要先将符号位进行还原,再对数值进行转换,使用了 Integer.parseInt(subStr, 16)这个方法来对十六进制进行解析,将其转换为整型的数值,然后判断正负,计算出符号位,并将剩余的位还原为 byte 的数值。

4. Base64 编码

Base64[16]是一种基于 64 个可打印字符来表示二进制数据的方法,由于 2 的 6 次方等于 64,所以每 6 位为一个单元,对应某个可打印字符,三个字节有 24 位,对应于 4 个 Base64 单元,即 3 个字节需要用 4 个可打印字符来表示。在 Base64 中的可打印字符包括字母 A~Z、a~z、数字 0~9 ,这样共有 62 个字符,此外两个可打印符号在不同的系统中而不同。

很多人认为 Base64 是一种加密算法,并且将其当做加密算法来使用,而实际情况却并非这样,因为任何人只要得到 Base64 编码的内容,便可通过固定的方法,逆向得出编码之前的信息,Base64 算法仅仅只是一种编码算法而已。它可以将一组二进制信息编码成可打印的字符,在网络上传输与展现。

基于 Java 的 Base64 算法的使用:

```
private static String byte2base64(byte[] bytes){
    BASE64Encoder base64Encoder = new BASE64Encoder();
    return base64Encoder.encode(bytes);
}
private static byte[] base642byte(String base64) throws IOException{
    BASE64Decoder base64Decoder = new BASE64Decoder();
    return base64Decoder.decodeBuffer(base64);
}
```

---

16 Base64 编码,http://chenkangxian.iteye.com/blog/1683160。

JDK 中提供了 sun.misc.BASE64Encoder 和 sun.misc.BASE64Decoder 两个很好的工具类，用它们可以非常方便地完成基于 Base64 的编码和解码。

笔者将一个字符串"hello,i am chenkangxian,good night!"使用 MD5 算法进行摘要，得到的十六进制编码后的字符串为 22c333acb92d19fab4cc227f898f9926，而通过 SHA-1 算法进行摘要，得到十六进制编码后的字符串为 a2c745ad9a8272a51a290bb1b153057c1cd6839f，可以看到它们几乎是两个完全不相同的串。通过 SHA-1 算法生成的摘要串为 40 位十六进制，转换成二进制为 160 位，明显比 MD5 算法生成的 128 位摘要要长。

5. 彩虹表破解 Hash 算法

彩虹表（Rainbow Table）法[17]是一种破解哈希算法的技术，从原理上来说能够对任何一种 Hash 算法进行攻击。简单地说，彩虹表就是一张采用各种 Hash 算法生成的明文和密文的对照表，在彩虹表中，表内的每一条记录都是一串明文对应一种 Hash 算法生成的一串密文。我们得到一串加密字符，以及它采用的加密算法后，通过使用相关软件工具对彩虹表进行查找、比较、运算，能够迅速得出此加密字符串对应的明文，从而实现了对密文的破解，如图 3-17 所示。

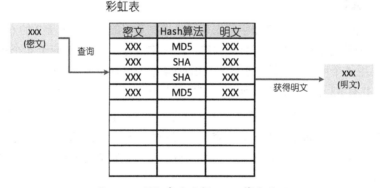

图 3-17 彩虹表法破解 Hash 算法原理

正因为彩虹表采用这种笨拙的方式，一一穷举存储明文和密文的所有组合，所以彩虹表非常庞大，根据密文所对应明文的长度和复杂度（包含的字符类型：数字、字母、特殊字符等），常用到的彩虹表大小从几百 MB 到几十 GB 不等，当然，理论上彩虹的大小是可以无穷大的。

近年来，随着一些大型网站的用户数据库的沦陷，所暴露出来的用户名及明文密码的组合在各种黑客圈子里边流传，使得彩虹表的数据积累越来越丰富、越来越准确，并且随着计算机硬件技术的发展，也使得彩虹表法破解 Hash 算法的效率越来越高，对于 Hash 算法来说，彩虹表法成为了一种不可忽视的威胁。

---

17 彩虹表法破解 Hash 算法，http://www.aiezu.com/system/windows/rainbow-table_knowledge.html。

3.2.2 对称加密算法

对称加密算法[18]是应用较早的加密算法，技术成熟。在对称加密算法中，数据发送方将明文（原始数据）和加密密钥一起经过特殊加密算法处理后，生成复杂的加密密文进行发送，数据接收方收到密文后，若想读取原文，则需要使用加密使用的密钥及相同算法的逆算法对加密的密文进行解密，才能使其恢复成可读明文。在对称加密算法中，使用的密钥只有一个，发送和接收双方都使用这个密钥对数据进行加密和解密，这就要求加密和解密方事先都必须知道加密的密钥。对称加密过程如图 3-18 所示。

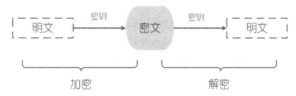

图 3-18　对称加密过程

对称加密算法的特点是算法公开、计算量小、加密速度快、加密效率高。优势在于加解密的高速度和使用长密钥时的难破解性，但是，对称加密算法的安全性依赖于密钥，泄漏密钥就意味着任何人都可以对加密的密文进行解密，因此密钥的保护对于加密信息是否安全至关重要。

常用的对称加密算法包括 DES 算法、3DES 算法、AES 算法等。

1. DES 算法

1973 年，美国国家标准局（NBS）在认识到建立数据保护标准既明显又急迫的情况下，开始征集联邦数据加密标准的方案。1975 年 3 月 17 日，NBS公布了IBM公司提供的密码算法，以标准建议的形式在全国范围内征求意见。经过两年多的公开讨论之后，1977 年 7 月 15 日，NBS宣布接受这个建议，将其作为联邦信息处理标准 46 号数据加密标准（Data Encryptin Standard），即DES正式颁布，供商业界和非国防性政府部门使用[19]。

DES 算法属于对称加密算法，明文按 64 位进行分组，密钥长 64 位，但事实上只有 56 位参与 DES 运算（第 8、16、24、32、40、48、56、64 位是校验位，使得每个密钥都有奇数个 1），分组后的明文和 56 位的密钥按位替代或交换的方法形成密文。

由于计算机运算能力的增强，原版 DES 密码的密钥长度变得容易被暴力破解，因此演变出了 3DES 算法。3DES 是 DES 向 AES 过渡的加密算法，它使用 3 条 56 位的密钥对数据进行 3 次加密，是 DES 的一个更安全的变形。

---

18 对称加密算法，http://baike.baidu.com/view/7591.htm。
19 DES 算法的介绍，王其良，高敬瑜.计算机网络安全技术.北京大学出版社.43 页。

基于 Java 的 DES 算法的使用。

生成 DES 密钥：

```
public static String genKeyDES() throws Exception{
    KeyGenerator keyGen = KeyGenerator.getInstance("DES");
    keyGen.init(56);
    SecretKey key = keyGen.generateKey();
    String base64Str = byte2base64(key.getEncoded());
    return base64Str;
}
public static SecretKey loadKeyDES(String base64Key) throws Exception{
    byte[] bytes = base642byte(base64Key);
    SecretKey key = new SecretKeySpec(bytes, "DES");
    return key;
}
```

通过 KeyGenerator 获取密钥生成器的实例后，设置 DES 算法的密钥为 56 位，便可生成 DES 算法的密钥，并且每次生成的都不相同。为了方便存储，一般将得到的 DES 密钥 Base64 编码成字符串。而将相应密钥字符串转换成 SecretKey 对象，只需要将密钥 Base64 解码后，传入对应的算法后实例化一个 SecretKeySpec 即可。

加密与解密：

```
public static byte[] encryptDES(byte[] source,SecretKey key) throws Exception{
    Cipher cipher = Cipher.getInstance("DES");
    cipher.init(Cipher.ENCRYPT_MODE, key);
    byte[] bytes = cipher.doFinal(source);
    return bytes;
}

public static byte[] decryptDES(byte[] source,SecretKey key) throws Exception{
    Cipher cipher = Cipher.getInstance("DES");
    cipher.init(Cipher.DECRYPT_MODE, key);
    byte[] bytes = cipher.doFinal(source);
    return bytes;
}
```

加密与解密均需要实例化 Cipher 对象，加密时，Cipher 初始化需要传入加密模式 Cipher.ENCRYPT_MODE 和对应的密钥 SecretKey 的实例，而解密时，传入的参数为

Cipher.DECRYPT_MODE 和对应的密钥 SecretKey。

待加密字符串：

hello,i am chenkangxian,good night!

DES 算法密钥（Base64 算法编码后）：

Q6gQ6Z3pLzE=

DES 算法加密生成的密文（Base64 算法编码后）：

127e92MkyyKnPtzqBX/H7mUrAKohP1nBctrUAAKAYNiuJO23CSuu3A==

2. AES 算法

AES[20]的全称是Advanced Encryption Standard，即高级加密标准，该算法由比利时密码学家Joan Daemen和Vincent Rijmen设计，结合两位作者的名字，又称Rijndael加密算法，是美国联邦政府采用的一种对称加密标准，这个标准用来替代原先的DES算法，已经广为全世界所使用，已成为对称加密算法中最流行的算法之一。

AES 算法作为新一代的数据加密标准，汇聚了强安全性、高性能、高效率、易用和灵活等优点，设计有三个密钥长度（128、192、256 位），比 DES 算法的加密强度更高，更为安全。

基于 Java 的 AES 算法的使用。

生成 AES 密钥：

```
public static String genKeyAES() throws Exception{
    KeyGenerator keyGen = KeyGenerator.getInstance("AES");
    keyGen.init(128);
    SecretKey key = keyGen.generateKey();
    String base64Str = byte2base64(key.getEncoded());
    return base64Str;
}

public static SecretKey loadKeyAES(String base64Key) throws Exception{
    byte[] bytes = base642byte(base64Key);
    SecretKey key = new SecretKeySpec(bytes, "AES");
    return key;
}
```

与DES算法的操作类似，不同的是AES算法支持 128、192、256 三种密钥长度，加密强度更高，但是，由于美国对于加密软件出口的控制，如果使用 192 位和 256 位的密钥，则需要另

---

20 AES 算法介绍见 http://baike.baidu.com/view/133041.htm?subLemmaId=5358738&fromId=2310288。

外下载无政策和司法限制的文件,否则程序运行时会出现异常[21]。

加密和解密:

```java
public static byte[] encryptAES(byte[] source,SecretKey key) throws Exception{
    Cipher cipher = Cipher.getInstance("AES");
    cipher.init(Cipher.ENCRYPT_MODE, key);
    byte[] bytes = cipher.doFinal(source);
    return bytes;
}

public static byte[] decryptAES(byte[] source,SecretKey key) throws Exception{
    Cipher cipher = Cipher.getInstance("AES");
    cipher.init(Cipher.DECRYPT_MODE, key);
    byte[] bytes = cipher.doFinal(source);
    return bytes;
}
```

加密解密的使用与前面 DES 算法类似,此处就不再重复解释了。

待加密字符串:

hello,i am chenkangxian,good night!

AES 算法密钥(Base64 算法编码后):

e3Rkp6XgcNqglGotAU6JlQ==

AES 算法加密后生成的密文(Base64 算法编码后):

R1wEtPnYDRU9F3dJObu9G4+JXSpDV34Qxg/tcJFby/IY5UuX8JDcV+yqK/oTLz/k

3.2.3 非对称加密算法

非对称加密算法又称为公开密钥加密算法,它需要两个密钥,一个称为公开密钥(public key),即公钥;另一个称为私有密钥(private key),即私钥。公钥与私钥需要配对使用,如果用公钥对数据进行加密,只有用对应的私钥才能进行解密,而如果使用私钥对数据进行加密,那么只有用对应的公钥才能进行解密。因为加密和解密使用的是两个不同的密钥,所以这种算法称为非对称加密算法。

非对称加密算法实现机密信息交换的基本过程是:甲方生成一对密钥并将其中的一把作为

---

21 关于该问题的解决办法见 http://stackoverflow.com/questions/6481627/java-security-illegal-key-size-or-default-parameters。

公钥向其他人公开，得到该公钥的乙方使用该密钥对机密信息进行加密后再发送给甲方，甲方再使用自己保存的另一把专用密钥（即私钥）对加密后的信息进行解密，如图 3-19 所示。

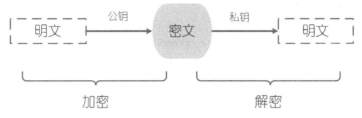

图 3-19　非对称加密过程

非对称加密算法的特点：对称加密算法中只有一种密钥，并且是非公开的，如果要解密就得让对方知道密钥，所以保证其安全性就是保证密钥的安全，而一旦密钥在传输过程中泄露，加密信息就不再安全。而非对称加密算法中包含有两种密钥，其中一个是公开的，这样就不需要像对称加密算法那样，需要传输密钥给对方进行数据加密了，大大地提高了加密算法的安全性。非对称加密算法能够保证，即使是在获知公钥、加密算法和加密算法源代码的情况下，也无法获得公钥对应的私钥，因此也无法对公钥加密的密文进行解密。

但是由于非对称加密算法的复杂性，使得其加密解密速度远没有对称加密解密的速度快。为了解决加解密速度问题，人们广泛使用对称与非对称加密算法结合使用的办法，优缺点互补，达到时间和安全的平衡：对称加密算法加密速度快，人们用它来加密较长的文件，然后用非对称加密算法来给文件密钥加密，解决了对称加密算法的密钥分发问题。

当前使用最为广泛的非对称加密算法非 RSA 莫属。

1. RSA 算法

RSA非对称加密算法是在 1977 年由Ron Rivest、Adi Shamirh和LenAdleman开发的，RSA取名来自他们三者的名字。RSA是目前最有影响力的非对称加密算法，它能够抵抗到目前为止已知的所有密码攻击，已被ISO推荐为公钥数据加密标准。RSA算法基于一个十分简单的数论事实：将两个大素数相乘十分容易，但反过来想要对其乘积进行因式分解却极其困难，因此可以将乘积公开作为加密密钥[22]。

基于 Java 的 RSA 算法的使用：

生成公钥与私钥：

```
public static KeyPair getKeyPair() throws Exception{
    KeyPairGenerator keyPairGenerator = KeyPairGenerator
            .getInstance("RSA");
```

---

22 RSA 算法，http://baike.baidu.com/view/10613.htm?fromId=539299。

```java
        KeyPairGenerator.initialize(512);
        KeyPair keyPair = keyPairGenerator.generateKeyPair();
        return keyPair;
    }
    public static String getPublicKey(KeyPair keyPair){
        PublicKey publicKey = keyPair.getPublic();
        byte[] bytes = publicKey.getEncoded();
        return byte2base64(bytes);
    }
    public static String getPrivateKey(KeyPair keyPair){
        PrivateKey privateKey = keyPair.getPrivate();
        byte[] bytes = privateKey.getEncoded();
        return byte2base64(bytes);
    }
```

首先初始化 KeyPairGenerator,并生成 KeyPair,得到 KeyPair 后,便可以通过 getPublic 与 getPrivate 分别取得公钥和私钥。为了方便保存(比如将相应的密钥存入数据库),可以使用 Base64 编码将其转换为 String 类型的打印字符。

将 String 类型的密钥转换为 PublicKey 和 PrivateKey 对象:

```java
    public static PublicKey string2PublicKey(String pubStr)
            throws Exception{
        byte[] keyBytes = base642byte(pubStr);
        /**
         * This class represents the ASN.1 encoding of a public key,
         * encoded according to the ASN.1 type
         */
        X509EncodedKeySpec keySpec = new X509EncodedKeySpec(keyBytes);
        KeyFactory keyFactory = KeyFactory.getInstance("RSA");
        PublicKey publicKey = keyFactory.generatePublic(keySpec);
        return publicKey;
    }
    public static PrivateKey string2PrivateKey(String priStr)
            throws Exception{
        byte[] keyBytes = base642byte(priStr);
        /**
         * This class represents the ASN.1 encoding of a private key,
         * encoded according to the ASN.1 type
         */
```

```java
        PKCS8EncodedKeySpec keySpec = new PKCS8EncodedKeySpec(keyBytes);
        KeyFactory keyFactory = KeyFactory.getInstance("RSA");
        PrivateKey privateKey = keyFactory.generatePrivate(keySpec);
        return privateKey;
    }
```

转换之前，先对字符串进行 Base64 解码，公钥需要先转换成 X509EncodedKeySpec 对象，然后通过 KeyFactory 生成 PublicKey 对象，而私钥需要先转换成 PKCS8EncodedKeySpec 对象，再通过 KeyFactory 生成 PrivateKey 对象。

使用公钥加密，私钥解密：

```java
    public static byte[] publicEncrypt(byte[] content, PublicKey publicKey)
            throws Exception{
        Cipher cipher = Cipher.getInstance("RSA");
        cipher.init(Cipher.ENCRYPT_MODE, publicKey);
        byte[] bytes = cipher.doFinal(content);
        return bytes;
    }
    public static byte[] privateDecrypt(byte[] content, PrivateKey privateKey)
            throws Exception{
        Cipher cipher = Cipher.getInstance("RSA");
        cipher.init(Cipher.DECRYPT_MODE, privateKey);
        byte[] bytes = cipher.doFinal(content);
        return bytes;
    }
```

加密时，首先获得 RSA 算法的 Cipher 实例，然后传入加密模式 Cipher.ENCRYPT_MODE 和公钥 PublicKey 类的实例进行初始化，通过 doFinal 方法获得加密字节流。解密过程类似，只不过这时传入的 Cipher 的初始化参数为解密模式 Cipher.DECRYPT_MODE，并且这时应该传入与加密公钥对应的私钥 PrivateKey 的实例。

待加密串：

hello,i am chenkangxian,good night!

RSA 算法私钥（Base64 编码后）：

MIICdwIBADANBgkqhkiG9w0BAQEFAASCAmEwggJdAgEAAoGBAN1YmKOgnClrfaIZb/1CDQ8t
L52VaSBJdr3V88UDlmTErYa3aLtipjOEQ42g8F/92/n1b9anVt4yE1yPzJZG4T2ts7kK71tx
vzkcMeFEP+xVhFK8YFRMnWHx4aMOO1zHCRsOZ8kabHvUYsrHA+zMEoAm9PN2Q8aevaJpyDbF
X7ulAgMBAAECgYAYsF8mMS35+MFkqU2yhAGM5c9f1mCJd2hFOG4eVY4a400vr5mA/TnomSIn

1AG7O0cMFHJLERNBaXh7ZJa/VFyfHWohrWed0J4HsmmvBC5vKFqP25d5CaIaeZQBlEZa2Nup
fqQX86bvJxKvxWiM8iWQRPcFpZBVsO4uYMKioCgxqQJBAPq0YsGk/2CnEONLuNDQPxVNPx1s
XcvVX4s5J/+l5/t7zNFwyQDiVWtnWAaHFyw1NaQLNrEL+vXI6y+vA0rlZQsCQQDiBXZhnpOH
9Z2qYyGXdOIIwKE9Dx3lvZHJQlIAybzTKypvwk8LgBsiGzeiSeb4YOIzpsG5CA28AvVSBFmx
bnAPAkAmVot7nWXIPAQjHiNHG3FqKoPqVfYKA7k2qyjouVA+bvIlXR//2JzDbexSIzpx8jkf
uu9EJ9ba2zzL7/GK9IV9AkEAkY0q+xp/r2KAsiU8kKh4l2JVc1iOzCoUJCNNY6yGqQZ3QZ1E
BgftcT1NynkFAJaDlPeicWG6VoUhLjwW9qhECQJBANYG+uKHC31MIeVq46aymaGoYh4yOkaC
AcpwOBeN6b8leqOojYhwXfJOe7uyLbZDgLsuoIgOvKWQpV2/oosyRss=

RSA 算法公钥（Base64 编码后）：

MIGfMA0GCSqGSIb3DQEBAQUAA4GNADCBiQKBgQDdWJijoJwpa32iGW/9Qg0PLS+dlWkgSXa9
1fPFA5ZkxK2Gt2i7YqYzhEONoPBf/dv59W/Wp1beMhNcj8yWRuE9rbO5Cu9bcb85HDHhRD/s
VYRSvGBUTJ1h8eGjDjtcxwkbDmfJGmx71GLKxwPszBKAJvTzdkPGnr2iacg2xV+7pQIDAQAB

RSA 算法加密后生成的密文（Base64 编码后）：

Nze55toEDUzbagI87YI9Tvy1gD4d3pyuh3fAUSxFb1bZ7xE3YnTmPcq8KbiaqU6J1hiw2akY
q4ZVePejvHOg+PET2SFZ4BTYUYCAW7I2pFtDRBp9MQW9dXXHKyemSxoktty3PY4uHEaWhOts
U4sdoTb4/AEfncgrP6V6paa0txI=

如下段代码所示，使用 1024 初始化 KeyPairGenerator，RSA 加密后的密文的长度为 1024 位，即 128 个字节，此时明文的最大长度不能超过 117 个字节，超过 117 个字节需要使用 2048 的 keysize 来初始化 KeyPairGenerator，超过 245 个字节则需要使用更高位数的 keysize。RSA 的 keysize 位数越高，其产生密钥对及加密、解密的速度越慢，这是基于大素数非对称加密算法的缺陷。

```
KeyPairGenerator keyPairGenerator = KeyPairGenerator
    .getInstance("RSA");
keyPairGenerator.initialize(1024);
```

3.2.4 数字签名

签名认证是对非对称加密技术与数字摘要技术的综合运用，指的是将通信内容的摘要信息使用发送者的私钥进行加密，然后将密文与原文一起传输给信息的接收者，接收者通过发送者的公钥解密被加密的摘要信息，然后使用与发送者相同的摘要算法，对接收到的内容采用相同的方式产生摘要串，与解密的摘要串进行对比，如果相同，则说明接收到的内容是完整的，在传输过程中没有受到第三方篡改，否则说明通信内容已被第三方修改。

通过前面章节对非对称加密算法的介绍，我们可以得知，每个人都有其特有的私钥，且都是对外界保密的，而通过私钥加密的信息，只能通过其对应的公钥才能解密。因此，私钥可以代表私钥持有者的身份，可以通过私钥对应的公钥来对私钥拥有者的身份进行校验。通过数字签名，能够确认消息是由信息发送方签名并发送出来的，因为其他人根本假冒不了消息发送方的签名，他们没有消息发送者的私钥。而不同的内容，摘要信息千差万别，通过数字摘要算法，可以确保传输内容的完整性，如果传输内容在中途被篡改，对应的数字签名的值也将发生改变。

只有信息的发送者才能产生别人无法伪造的数字签名串，这个串能对信息发送者所发送的内容完整性和发送者的身份进行校验和鉴别，如图 3-20 所示。

图 3-20 数字签名的生成

通信正文经过相应的摘要算法生成摘要后，使用消息发送者的私钥进行加密，生成数字签名，如图 3-21 所示。

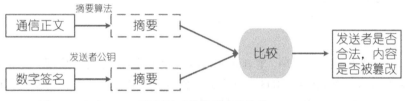

图 3-21 数字签名的校验

消息的接收端接收到消息的正文和对应的数字签名后，使用与发送端相同的摘要算法，生成通信正文的摘要，并且使用发送者的公钥对数字签名进行解密，得到发送端生成的摘要，进行比较后即可验证发送者的身份是否合法，正文的内容是否被篡改。

区别于不同的摘要的算法，不同的非对称加密方式，数字签名算法也不尽相同。常见的数字签名算法包括 MD5withRSA、SHA1withRSA 等。

1. MD5withRSA

很容易理解，MD5withRSA 算法表示采用 MD5 算法生成需要发送正文的数字摘要，并使用 RSA 算法来对正文进行加密和解密。

MD5withRSA 算法的实现：

```
private static byte[] sign(byte[] content, PrivateKey privateKey ) throws Exception{
    MessageDigest md = MessageDigest.getInstance("MD5");
    byte[] bytes = md.digest(content);
```

```java
        Cipher cipher = Cipher.getInstance("RSA");
        cipher.init(Cipher.ENCRYPT_MODE, privateKey);
        byte[] encryptBytes = cipher.doFinal(bytes);
        return encryptBytes;
    }

    private static boolean verify(byte[] content, byte[] sign, PublicKey publicKey) throws Exception{
        MessageDigest md = MessageDigest.getInstance("MD5");
        byte[] bytes = md.digest(content);
        Cipher cipher = Cipher.getInstance("RSA");
        cipher.init(Cipher.DECRYPT_MODE, publicKey);
        byte[] decryptBytes = cipher.doFinal(sign);
        if(byte2base64(decryptBytes).equals(byte2base64(bytes))){
            return true;
        }else{
            return false;
        }
    }
```

为了方便了解数字签名的原理，笔者基于 Java 对数字签名算法做了实现。使用 sign 方法生成签名，签名生成时，首先使用 MD5 算法生成内容摘要，然后使用 RSA 算法的私钥对摘要进行加密。使用 verify 方法验证签名，首先对接收到的内容进行 MD5 摘要，然后使用公钥对接收到的签名进行解密，对比摘要与解密串，便可对签名进行校验。

基于 Java 的 Signature API 的使用：

```java
    private static byte[] sign(byte[] content, PrivateKey privateKey ) throws Exception{
        Signature signature = Signature.getInstance("MD5withRSA");
        signature.initSign(privateKey);
        signature.update(content);
        return signature.sign();
    }

    private static boolean verify(byte[] content, byte[] sign, PublicKey publicKey) throws Exception{
        Signature signature = Signature.getInstance("MD5withRSA");
        signature.initVerify(publicKey);
        signature.update(content);
        return signature.verify(sign);
    }
```

Java 提供了比较友好的 API 来使用数字签名，在 sign 方法中，先获得 MD5withRSA 的一个实例，然后使用私钥对 signature 进行初始化，调用 update 传入签名内容，最后生成签名。在 verify 方法中，使用公钥对 signature 进行初始化，调用 update 传入需要校验的内容，调用 signature 的 verify 方法校验签名，并返回结果。

2. SHA1withRSA

与前面类似，SHA1withRSA 表示采用 SHA-1 算法生成正文的数字摘要，并且使用 RSA 算法来对摘要进行加密和解密。

SHA1withRSA 算法的实现：

```java
private static byte[] sign(byte[] content, PrivateKey privateKey ) throws Exception{
    MessageDigest md = MessageDigest.getInstance("SHA1");
    byte[] bytes = md.digest(content);
    Cipher cipher = Cipher.getInstance("RSA");
    cipher.init(Cipher.ENCRYPT_MODE, privateKey);
    byte[] encryptBytes = cipher.doFinal(bytes);
    return encryptBytes;
}

private static boolean verify(byte[] content, byte[] sign, PublicKey publicKey) throws Exception{
    MessageDigest md = MessageDigest.getInstance("SHA1");
    byte[] bytes = md.digest(content);
    Cipher cipher = Cipher.getInstance("RSA");
    cipher.init(Cipher.DECRYPT_MODE, publicKey);
    byte[] decryptBytes = cipher.doFinal(sign);
    if(byte2base64(decryptBytes).equals(byte2base64(bytes))){
        return true;
    }else{
        return false;
    }
}
```

SHA1withRSA 算法的流程与 MD5withRSA 算法的流程完全一致，只是签名算法换成了 SHA-1 算法而已。

基于 Java 的 Signature API 的使用：

```java
private static byte[] sign(byte[] content, PrivateKey privateKey ) throws
```

```
Exception{
    Signature signature = Signature.getInstance("SHA1withRSA");
    signature.initSign(privateKey);
    signature.update(content);
    return signature.sign();
}
private static boolean verify(byte[] content, byte[] sign, PublicKey publicKey) throws Exception{
    Signature signature = Signature.getInstance("SHA1withRSA");
    signature.initVerify(publicKey);
    signature.update(content);
    return signature.verify(sign);
}
```

Java API 的调用也与 MD5withRSA 算法的 API 使用类似，只不过此时签名算法换成了 SHA1withRSA。

3.2.5 数字证书

每个人都有很多形式的身份证明，如身份证、驾驶证、护照等，这些证件都是由相应的签发机构盖章认证的，可信程度较高，很难进行伪造，并且随着科技的发展，还可以通过指纹、视网膜等生物特征进行身份的认证。

数字证书（Digital Certificate）也称为电子证书，类似于日常生活中的身份证，也是另外一种形式的身份认证，用于标识网络中的用户身份。数字证书集合了多种密码学的加密算法，证书自身带有公钥信息，可以完成相应的加密、解密操作，同时，还拥有自身信息的数字签名，可以鉴别证书的颁发机构，以及证书内容的完整性。由于证书本身含有用户的认证信息，因此可以作为用户身份识别的依据。

通常数字证书会包含如下内容：

- 对象的名称（人、服务器、组织）；
- 证书的过期时间；
- 证书的颁发机构（谁为证书担保）；
- 证书颁发机构对证书信息的数字签名；
- 签名算法；
- 对象的公钥。

对象的名称指的是证书所代表的用户，可以是人、服务器、组织等。证书的过期时间用来确定证书是否仍然有效。颁发机构将为证书的真实性与有效性做担保，确保证书所携带的信息是经过校验的。数字签名用于鉴别证书的颁发机构,以及证书内容是否完整,颁发机构用私钥对证书进行签名,而校验方使用颁发机构的公钥来解密签名,与其用摘要算法生成的摘要进行比较,便可以验证证书是否由该机构所颁发,信息是否完整。对象的公钥用来对信息进行加密,信息传输到接收方,接收方将使用公钥对应的私钥进行解密。

如图 3-22 所示的 Google 的数字证书,颁发者为 Google Internet Authority,签名算法为 SHA1withRSA,公钥生成采用的是 RSA 算法,并且有效期为 2013 年 8 月 29 日到 2014 年 8 月 29 日。

图 3-22 Google 的数字证书

数字证书一般采用 Base64 编码后再进行存储,Google 数字证书所包含的内容,如图 3-23 所示。

```
 1 -----BEGIN CERTIFICATE-----
 2 MIIEhzCCA2+gAwIBAgIIbsM1F3SxxmEwDQYJKoZIhvcNAQEFBQAwSTELMAkGA1UE
 3 BhMCVVMxEzARBgNVBAoTCkdvb2dsZSBJbmMxJTAjBgNVBAMTHEdvb2dsZSBJbnRl
 4 cm51dCBBdXRob3JpdHkgRzIwHhcNMTMwODI5MTI0MDI4WhcNMTQwODI5MTI0MDI4
 5 WjBpMQswCQYDVQQGEwJVUzETMBEGA1UECAwKQ2FsaWZvcm5pYTEWMBQGA1UEBwwN
 6 TW91bnRhaW4gVmlldzETMBEGA1UECgwKR29vZ2xlIEluYzEYMBYGA1UEAwwPKi5n
 7 b29nbGUuY29tLmhrMIIBIjANBgkqhkiG9w0BAQEFAAOCAQ8AMIIBCgKCAQEAjrdi
 8 voGhAkMLXZNmQcNpx7GPrz/PkIjD+rYft93rxfQR5YGfAWY868dMFrirLk8AHVhT
 9 4EhVD+9fqSvg5SPRUvArOrcZkvVCdEt9YOuV+HxoxsRm7DfYHt0PAd8wbsIlAFc2
10 Xiyl/QFUZYlg6KuYtkvWRA+P+5dTX1HZAVB7qi0P2g2NKtgiyKLodxbb+vcMQt2v
11 dz9xr9KSxQBIQZOBHmEPqGsEliW0cCra5koNI/1ccg5oph1Z5HgxB8WKn3X9mpOL
12 cLoAxUfE+i+KFL17x7Q68kXYHW44/SeBFY9MlqpF+HzW8sDZ/Be5dT0UZnGOz9QL
13 y7/jCHFdiPrlUz1BnwIDAQABo4IBUTCCAU0wHQYDVR01BBYwFAYIKwYBBQUHAwEG
14 CCsGAQUFBwMCMCMGA1UdEQQcMCCCDyouZ29vZ2xlLmNvbS5oa4INZ29vZ2xlLmNv
15 bS5oazBoBggrBgEFBQcBAQRcMFowKwYIKwYBBQUHMAKGH2h0dHA6Ly9wa2kuZ29v
16 Z2xlLmNvbS9HSUFHMi5jcnQwKwYIKwYBBQUHMAGGH2h0dHA6Ly9jbGllbnRzMS5n
17 b29nbGUuY29tL29jc3AwHQYDVR00BBYEFGs2iTsyMWMb1xN+B7pLP+kn6Vh2MAwG
18 A1UdEwEB/wQCMAAwHwYDVR0jBBgwFoAUSt0GFhu89mi1dvWBtrtiGrpagS8wFwYD
19 VR0gBBAwDjAMBgorBgEEAdZ5AgUBMDAGA1UdHwQpMCcwJaAjoCGGH2h0dHA6Ly9w
20 a2kuZ29vZ2xlLmNvbS9HSUFHMi5jcmwwDQYJKoZIhvcNAQEFBQADggEBABrZbERs
21 PcZzUIjPR90I8gekhL+QZkCMB76jVNWDTaHHaU6SXwL//NJ2axbo/f1Sn9DaH2PQ
22 oOJzkvmCg5If29uofyRNJRCkp2m5L9YdydvXUT3Q9HVfzrcPgNgQmyADrNGD1PXOZ
23 lw3ahMCwsq9J0DU4CJ/X0Wpi51rat7hw90yYPy4u59QHRU91w8eu90mW0s36/YA
24 UBQzGN2tCpx7n7PcW2xXtJ1L3jqFtOTnXGtweDbkb8SlfLEm0FUT2Yb6yx0sFe0p
25 vSUXZZuadw3tayGYwgeUFP22ewtWCKa0bIuXoUGk/G/L3L1xp5JygDksG2dKEFrV
26 YEbojK2AcvLLW8o=
27 -----END CERTIFICATE-----
28
```

图 3-23 Google 数字证书的内容

1. X.509

不同的数字证书所包含的内容信息和格式可能不尽相同,因此,需要有一种格式标准来规范数字证书的存储和校验。大多数的数字证书都以一种标准的格式(即 X.509)来存储它们的信息。X.509 提供了一种标准的方式,将证书信息规范地存储到一系列可解析的字段当中,X.509 V3 是 X.509 标准目前使用最为广泛的版本。表 3-1 中介绍了 X.509 证书中所包含的字段信息。

表 3-1 X.509 所包含的证书字段 [23]

字 段	描 述
版本	当前证书的 X.509 标准的版本号
序列号	证书颁发机构(CA)生成的唯一序列号
签名算法	签名使用的签名算法,如 SHA1withRSA
证书颁发者	发布并对该证书进行签名的组织名称
有效期	此证书有效的开始时间和结束时间
对象名称	证书所代表的实体,比如一个人或者一个组织
对象的公钥信息	证书对象的公钥,生成公钥的算法,以及附加参数
发布者 ID(可选)	证书颁发者的唯一标识符
对象 ID(可选)	证书所代表对象的唯一标识符
扩展字段	可选的扩展字段集,每个扩展字段都可以被标识为关键或者是非关键的字段,关键的扩展字段非常重要,证书使用者一定要能够理解。如果证书使用者无法识别出关键扩展字段,就必须拒绝该证书 目前常用的扩展字段包括: 基本约束——对象与证书颁发机构的关系 证书策略——授予证书的策略 密钥使用——对公开密钥的使用限制
证书颁发机构数字签名	证书的颁发机构使用指定的签名算法及颁发机构的私钥对上述所有字段生成的数字签名

2. 证书签发

在现实生活中,我们的身份证件需要由相应的政府机关进行签发,而网络用户的数字证书则需要由数字证书认证机构(Certificate Authority,CA)来进行颁发,只有经过 CA 颁发的数字证书在网络中才具备可认证性。

数字证书的签发过程实际上就是对数字证书的内容,包括证书所代表对象的公钥进行数字签名,而验证证书的过程,实际上是校验证书的数字签名,包含了对证书有效期的验证。证书

---

[23] X.509 证书,http://en.wikipedia.org/wiki/X.509。

签名的生成如图 3-24 所示。

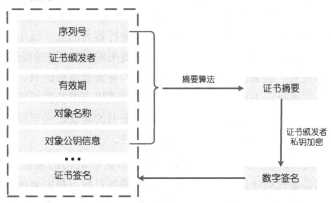

图 3-24 证书签名的生成

VeriSign（http://www.verisign.com）、GeoTrust（http://www.geotrust.com）和 Thawte（http://www.thawte.com）是公认的国际权威数字证书认证机构的"三巨头"，其中使用最为广泛的为 VeriSign 签发的电子商务用数字证书。

通常，这种由国际权威数字证书认证机构颁发的数字证书需要向用户收取昂贵的费用，但并不是所有的国际权威数字证书认证机构都收费，如 Cacert（http://www.cacert.org），就是一个免费的数字证书颁发国际组织。

3. 证书校验

客户端接收到数字证书时，首先会检查证书的认证机构，如果该机构是权威的证书认证机构，则通过该权威认证机构的根证书获得证书颁发者的公钥，通过该公钥，对证书的数字签名进行校验，如图 3-25 所示，并验证证书的有效时间是否过期。根证书是证书认证机构给自己颁发的数字证书，是证书信任链的起始点，安装根证书则意味着对这个证书认证机构的信任。

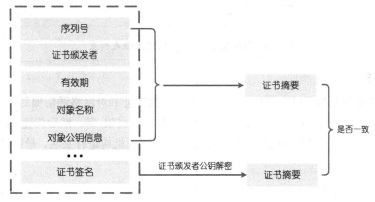

图 3-25 证书校验的过程

证书主要包含用户的信息、用户的公钥和证书认证机构对该证书信息的数字签名。要验证一份证书的真伪（即验证证书认证机构对该证书信息的签名是否有效），需要用证书认证机构的公钥来验证，而证书认证机构的公钥存在于对这份证书进行签名的上一级用户的数字证书内，但使用该证书验证又需先验证该证书本身的真伪，故又要用签发该证书的证书来验证，这样一来就构成一条证书链的关系。这条证书链在哪里终结呢？答案就是根证书。根证书是一份特殊的证书，它的签发者是它本身，下载安装根证书就表明对该根证书及其所签发的证书都表示信任，而在技术上则是建立起一个验证证书信息的链条，证书的验证追溯至根证书即结束。所以用户在使用数字证书之前必须先安装颁发该证书的根证书。

大多数操作系统都会预先安装一些较为权威的证书认证机构的根证书，如 VeriSign、GeoTrust 等。如果证书是非权威认证机构的证书，用户需要自行下载安装该证书认证机构的根证书，并且保证该根证书的合法性。因为一旦安装该机构的根证书，表示信任该根证书所颁发的所有证书。Windows 下的受信任根证书列表如图 3-26 所示。

图 3-26　Windows 下的受信任根证书列表

4．证书管理

任何机构或者个人都可以申请数字证书，并使用数字证书对网络通信保驾护航。要获得数字证书，首先需要使用数字证书管理工具，如 keytool、OpenSSL 等，然后构建 CSR（Certificate Signing Request，数字证书签发申请），提交给数字证书认证机构进行签名，最终形成数字证书。

1）keytool

keytool 是 Java 的数字证书管理工具，用于数字证书的生成、导入、导出与撤销等操作。它与本地密钥库关联，并可以对本地密钥库进行管理，可以将私钥存放于密钥库中，而公钥则使用数字证书进行输出 [24]。

（1）构建自签名证书。

在构建 CSR 之前，需要先在密钥库中生成本地数字证书。生成本地数字证书需要提供用户的身份、加密算法、有效期等一些数字证书的基本信息，这里使用 www.codeaholic.net 作为别名，使用 RSA 算法作为加密算法，并使用 1024 位的密钥，使用 MD5withRSA 作为数字签名算法，证书的有效期设置为 365 天。

生成本地证书的命令：

```
keytool -genkeypair -keyalg RSA -keysize 1024 -sigalg MD5withRSA -validity 365 -alias www.codeaholic.net -keystore /tmp/chenkangxian.keystore
```

参数介绍：

- -genkeypair——产生密钥对；
- -keyalg——加密算法，这里用的是 RSA 算法；
- -keysize——密钥大小，这里设置为 1024 位；
- -sigalg——签名算法，这里用的是 MD5withRSA；
- -validity——证书有效期，这里指定 365 天；
- -alias——别名，这里用的是 www.codeaholic.net；
- -keystore——指定密钥库的位置，此处为/tmp/chenkangxian.keystore。

命令执行结果如下所示。

```
longlong@ubuntu:~/temp$ keytool -genkeypair -keyalg RSA -keysize 1024 -sigalg MD
5withRSA -validity 365 -alias www.codeaholic.net -keystore /tmp/chenkangxian.key
store -storepass 123456
What is your first and last name?
  [Unknown]:  chenkangxian
What is the name of your organizational unit?
  [Unknown]:  codeaholic
What is the name of your organization?
  [Unknown]:  codeaholic
What is the name of your City or Locality?
  [Unknown]:  hangzhou
What is the name of your State or Province?
  [Unknown]:  zhejiang
What is the two-letter country code for this unit?
  [Unknown]:  CN
Is CN=chenkangxian, OU=codeaholic, O=codeaholic, L=hangzhou, ST=zhejiang, C=CN c
orrect?
  [no]:  yes

Enter key password for <www.codeaholic.net>
        (RETURN if same as keystore password):
Re-enter new password:
```

---

24 Java6 的 KeyTool 命令，http://docs.oracle.com/javase/6/docs/technotes/tools/solaris/keytool.html。

(2)证书导出。

执行完上面的命令后,我们已经生成了一个本地的数字证书,虽然还没有经过证书认证机构进行认证,但并不影响使用,我们可以使用相应的命令对证书进行导出。

导出证书命令:

```
keytool -exportcert -alias www.codeaholic.net -keystore /tmp/chenkangxian.keystore -file /tmp/codeaholic.cer -rfc
```

参数介绍:

- -exportcert 表示执行的是证书导出操作;
- -file 用于指定生成证书的路径;
- -keystore 指定密钥库文件,此处为上一条命令所生成的密钥库/tmp/chenkangxian.keystore;
- -rfc 表示采用可打印 Base64 格式输出。

命令执行结果如下所示。

```
longlong@ubuntu:~/temp$ keytool -exportcert -alias www.codeaholic.net -keystore /tmp/chenkangxian.keystore -file /tmp/codeaholic.cer -rfc
Enter keystore password:
Certificate stored in file </tmp/codeaholic.cer>
```

证书导出后,可以使用打印证书命令查看证书内容:

```
keytool -printcert -file /tmp/codeaholic.cer
```

参数介绍:

- -printcert 表示执行打印证书操作;
- -file 指定证书文件路径。

命令执行结果如下所示。

```
longlong@ubuntu:~/temp$ keytool -printcert -file /tmp/codeaholic.cer
Owner: CN=chenkangxian, OU=codeaholic, O=codeaholic, L=hangzhou, ST=zhejiang, C=CN
Issuer: CN=chenkangxian, OU=codeaholic, O=codeaholic, L=hangzhou, ST=zhejiang, C=CN
Serial number: 5235b8d1
Valid from: Sun Sep 15 21:40:33 CST 2013 until: Mon Sep 15 21:40:33 CST 2014
Certificate fingerprints:
         MD5:  0E:CB:6E:2B:DC:8C:8F:35:2B:55:0E:5E:39:DF:5A:B3
         SHA1: 2F:74:A5:85:5E:52:7C:64:18:13:C4:35:B9:B8:53:6D:3E:47:AE:D5
         Signature algorithm name: MD5withRSA
         Version: 3
```

(3)导出 CSR。

如果想得到证书认证机构的认证,需要导出数字证书并签发申请(CSR),经证书认证机构认证并颁发后,再将认证后的证书导入本地密钥库与信任库。

导出 CSR 命令：

```
keytool -certreq -alias www.codeaholic.net -keystore /tmp/chenkangxian.keystore -file /tmp/ codeaholic.csr -v
```

参数介绍：

- -certreq 表示执行的是证书签发申请导出操作；
- -alias 指定需要导出证书的别名；
- -keystore 指定导出操作的密钥库文件；
- -file 指定导出 CSR 的文件路径；
- -v 显示操作的详细情况。

命令执行的结果如下所示。

```
longlong@ubuntu:~/temp$ keytool -certreq -alias www.codeaholic.net -keystore /tmp
/chenkangxian.keystore -file /tmp/codeaholic.csr -v
Enter keystore password:
Certification request stored in file </tmp/codeaholic.csr>
Submit this to your CA
```

导出 CSR 后，便可以到 VeriSign、GeoTrust 等权威证书认证机构进行证书认证，但是通过这些机构认证的证书往往价格不菲，对于普通的开发测试人员来说，这些机构也提供了试用版数字证书，这不过这些证书在有效时间和扩展功能上有所限制。当然，也可以通过一些国际权威认证机构申请免费的证书认证，如 Cacert，如图 3-27 所示。

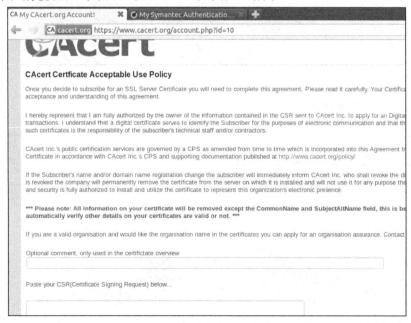

图 3-27　CAcert 证书认证申请页面

(4) 导入数字证书。

获得认证机构颁发的数字证书后，需要将其导入信任库。

导入数字证书的命令：

```
keytool -importcert -trustcacerts -alias www.codeaholic.net -file /tmp/codeaholic.cer -keystore /tmp/chenkangxian.keystore
```

- -importcert 表示执行的是证书导入命令；
- -trustcacerts 表示将证书导入信任库；
- -alias 指定导入证书的别名；
- -file 指定导入证书的文件路径；
- -keystore 指定证书的密钥库文件。

此处以自签名证书导入为例，命令执行的结果如下所示。

```
longlong@ubuntu:~/temp$ keytool -importcert -trustcacerts -alias www.codeaholic.n
et -file /tmp/codeaholic.cer -keystore /tmp/chenkangxian.keystore
Enter keystore password:
Owner: CN=chenkangxian, OU=codeaholic, O=codeaholic, L=hangzhou, ST=zhejiang, C=C
N
Issuer: CN=chenkangxian, OU=codeaholic, O=codeaholic, L=hangzhou, ST=zhejiang, C=
CN
Serial number: 5235b8d1
Valid from: Sun Sep 15 21:40:33 CST 2013 until: Mon Sep 15 21:40:33 CST 2014
Certificate fingerprints:
         MD5:  0E:CB:6E:2B:DC:8C:8F:35:2B:55:0E:5E:39:DF:5A:B3
         SHA1: 2F:74:A5:85:5E:52:7C:64:18:13:C4:35:B9:B8:53:6D:3E:47:AE:D5
         Signature algorithm name: MD5withRSA
         Version: 3
Trust this certificate? [no]:  yes
Certificate was added to keystore
```

导入证书后，可以通过相关命令，列出 keystore 中的证书。

查看 keystore 中证书的命令：

```
keytool -list -alias www.codeaholic.net -keystore /tmp/chenkangxian.keystore
```

- -list 表示将要列出 keystore 中的证书；
- -keystore 表示密钥库文件的路径；
- -alias 表示需要列出的证书别名。

命令执行的结果如下所示。

```
longlong@ubuntu:~/temp$ keytool -list -alias www.codeaholic.net -keystore /tmp/ch
enkangxian.keystore
Enter keystore password:
www.codeaholic.net, Sep 15, 2013, trustedCertEntry,
Certificate fingerprint (MD5): 0E:CB:6E:2B:DC:8C:8F:35:2B:55:0E:5E:39:DF:5A:B3
```

由于 keytool 没办法签发证书，需要使用 OpenSSL 来进行证书的签发与证书链的管理。

2）OpenSSL

（1）OpenSSL 介绍。

OpenSSL[25]包含一个开源的SSL协议的实现，虽然OpenSSL使用SSL作为其名字的重要组成部分，但其实现的功能却远远超出了SSL协议本身。OpenSSL事实上包括了三个组成部分：SSL协议库、密码算法库，以及各种与之相关的应用程序。关于SSL协议，后面介绍HTTPS协议时会涉及，此处暂且不表。作为一个基于密码学的安全开发包，OpenSSL提供的功能相当强大和全面，囊括了主要的密码算法、常用的密钥和证书封装管理功能及SSL协议，并提供了丰富的应用程序供测试或其他使用目的。这里主要是使用OpenSSL来进行密钥和证书的管理。

笔者将在 ubuntu11.04 环境下演示 OpenSSL 的使用，默认该版本已经安装好了 OpenSSL，可以先将自带的版本卸载，然后编译安装新的版本。

（2）OpenSSL 的安装。

卸载旧版的 OpenSSL：

```
sudo apt-get remove openssl
```

```
longlong@ubuntu:~$ sudo apt-get remove openssl
Reading package lists... Done
Building dependency tree
Reading state information... Done
The following packages will be REMOVED:
  openssl ssl-cert
0 upgraded, 0 newly installed, 2 to remove and 174 not upgraded.
After this operation, 971 kB disk space will be freed.
Do you want to continue [Y/n]? y
(Reading database ... 123656 files and directories currently installed.)
Removing ssl-cert ...
Removing openssl ...
Processing triggers for man-db ...
longlong@ubuntu:~$
```

下载 OpenSSL 源码包：

```
wget http://mirrors.ibiblio.org/openssl/source/openssl-1.0.1e.tar.gz
```

```
longlong@ubuntu:~/Downloads$ wget http://mirrors.ibiblio.org/openssl/source/ope
ssl-1.0.1e.tar.gz
--2013-09-28 13:30:54--  http://mirrors.ibiblio.org/openssl/source/openssl-1.0.
e.tar.gz
Resolving mirrors.ibiblio.org... 152.19.134.44
Connecting to mirrors.ibiblio.org|152.19.134.44|:80... connected.
HTTP request sent, awaiting response... 302 Found
Location: http://218.108.192.52:80/1Q2W3E4R5T6Y7U8I9O0P1Z2X3C4V5B/mirrors.ibibl
o.org/openssl/source/openssl-1.0.1e.tar.gz [following]
--2013-09-28 13:31:01--  http://218.108.192.52/1Q2W3E4R5T6Y7U8I9O0P1Z2X3C4V5B/m
rrors.ibiblio.org/openssl/source/openssl-1.0.1e.tar.gz
Connecting to 218.108.192.52:80... connected.
HTTP request sent, awaiting response... 200 OK
Length: 4459777 (4.3M) [application/x-gzip]
Saving to: `openssl-1.0.1e.tar.gz'
```

---

25 OpenSSL，http://baike.baidu.com/view/300712.htm。

解压：

```
tar -xf openssl-1.0.1e.tar.gz
```

编译安装：

./config

```
longlong@ubuntu:~/temp/openssl-1.0.1e$ ./config
Operating system: i686-whatever-linux2
Configuring for linux-elf
Configuring for linux-elf
    no-ec_nistp_64_gcc_128 [default]  OPENSSL_NO_EC_NISTP_64_GCC_128 (skip dir)
    no-gmp           [default]      OPENSSL_NO_GMP (skip dir)
    no-jpake         [experimental] OPENSSL_NO_JPAKE (skip dir)
    no-krb5          [krb5-flavor not specified] OPENSSL_NO_KRB5
    no-md2           [default]      OPENSSL_NO_MD2 (skip dir)
    no-rc5           [default]      OPENSSL_NO_RC5 (skip dir)
    no-rfc3779       [default]      OPENSSL_NO_RFC3779 (skip dir)
    no-sctp          [default]      OPENSSL_NO_SCTP (skip dir)
    no-shared        [default]
    no-store         [experimental] OPENSSL_NO_STORE (skip dir)
    no-zlib          [default]
    no-zlib-dynamic  [default]
```

make

```
longlong@ubuntu:~/temp/openssl-1.0.1e$ make
making all in crypto...
make[1]: Entering directory `/home/longlong/temp/openssl-1.0.1e/crypto'
( echo "#ifndef MK1MF_BUILD"; \
    echo '  /* auto-generated by crypto/Makefile for crypto/cversion.c */'; \
\
    echo '  #define CFLAGS "gcc -DOPENSSL_THREADS -D_REENTRANT -DDSO_DLFCN -DHAVE_DLFCN_H -Wa,--noexecstack -DL_ENDIAN -DTERMIO -O3 -fomit-frame-pointer -Wall -DOPENSSL_BN_ASM_PART_WORDS -DOPENSSL_IA32_SSE2 -DOPENSSL_BN_ASM_MONT -DOPENSSL_BN_ASM_GF2m -DSHA1_ASM -DSHA256_ASM -DSHA512_ASM -DMD5_ASM -DRMD160_ASM -DAES_ASM -DVPAES_ASM -DWHIRLPOOL_ASM -DGHASH_ASM"'; \
    echo '  #define PLATFORM "linux-elf"'; \
    echo "  #define DATE \"`LC_ALL=C LC_TIME=C date`\""; \
    echo '#endif' ) >buildinf.h
gcc -I. -I.. -I../include -DOPENSSL_THREADS -D_REENTRANT -DDSO_DLFCN -DHAVE_DLFCN_H -Wa,--noexecstack -DL_ENDIAN -DTERMIO -O3 -fomit-frame-pointer -Wall -DOPENSSL_BN_ASM_PART_WORDS -DOPENSSL_IA32_SSE2 -DOPENSSL_BN_ASM_MONT -DOPENSSL_BN_ASM_GF2m -DSHA1_ASM -DSHA256_ASM -DSHA512_ASM -DMD5_ASM -DRMD160_ASM -DAES_ASM -DVP
```

make install

```
longlong@ubuntu:~/temp/openssl-1.0.1e$ sudo make install
[sudo] password for longlong:
making all in crypto...
make[1]: Entering directory `/home/longlong/temp/openssl-1.0.1e/crypto'
making all in crypto/objects...
make[2]: Entering directory `/home/longlong/temp/openssl-1.0.1e/crypto/objects'
make[2]: Nothing to be done for `all'.
make[2]: Leaving directory `/home/longlong/temp/openssl-1.0.1e/crypto/objects'
making all in crypto/md4...
make[2]: Entering directory `/home/longlong/temp/openssl-1.0.1e/crypto/md4'
make[2]: Nothing to be done for `all'.
make[2]: Leaving directory `/home/longlong/temp/openssl-1.0.1e/crypto/md4'
making all in crypto/md5...
make[2]: Entering directory `/home/longlong/temp/openssl-1.0.1e/crypto/md5'
make[2]: Nothing to be done for `all'.
make[2]: Leaving directory `/home/longlong/temp/openssl-1.0.1e/crypto/md5'
making all in crypto/sha...
make[2]: Entering directory `/home/longlong/temp/openssl-1.0.1e/crypto/sha'
make[2]: Nothing to be done for `all'.
```

验证 OpenSSL 的安装，默认 OpenSSL 安装在/usr/local/ssl 目录下。

```
longlong@ubuntu:~$ cd /usr/local/ssl
longlong@ubuntu:/usr/local/ssl$ ls
bin  certs  include  lib  man  misc  openssl.cnf  private
longlong@ubuntu:/usr/local/ssl$ cd bin
longlong@ubuntu:/usr/local/ssl/bin$ ls
c_rehash  openssl
longlong@ubuntu:/usr/local/ssl/bin$ ./openssl version
OpenSSL 1.0.1e 11 Feb 2013
```

编辑/etc/profile，增加 OpenSSL 路径到环境变量：

```
vim /etc/profile
```

在文件最后增加如下内容：

```
SSL_HOME=/usr/local/ssl/
PATH=$SSL_HOME/bin:$PATH
export PATH
```

```
source /etc/profile
```

（3）配置 OpenSSL。

修改 OpenSSL 的配置文件/usr/local/ssl/openssl.cnf，修改其中的 dir 变量，将工作目录设置为/home/longlong/ca_dir：

```
vim /usr/local/ssl/openssl.cnf
```

```
[ ca ]
default_ca       = CA_default              # The default ca section

[ CA_default ]

dir              = /home/longlong/ca_dir   # Where everythin
certs            = $dir/certs              # Where the issued certs
crl_dir          = $dir/crl                # Where the issued crl ar
database         = $dir/index.txt          # database index file.
#unique_subject  = no                      # Set to 'no' to allow cr
                                           # several ctificates with

new_certs_dir    = $dir/newcerts           # default place for new c

certificate      = $dir/cacert.pem         # The CA certificate
                                                                  45,
```

准备相关文件和目录：

```
mkdir certs
mkdir newcerts
mkdir private
mkdir crl
touch index.txt
echo 01>serial
```

```
longlong@ubuntu:~/ca_dir$ ls
longlong@ubuntu:~/ca_dir$ mkdir certs
longlong@ubuntu:~/ca_dir$ mkdir newcerts
longlong@ubuntu:~/ca_dir$ mkdir private
longlong@ubuntu:~/ca_dir$ mkdir crl
longlong@ubuntu:~/ca_dir$ touch index.txt
longlong@ubuntu:~/ca_dir$ echo 01>serial
longlong@ubuntu:~/ca_dir$ ls
certs  crl  index.txt  newcerts  private  serial
```

- certs 目录用于存放已经颁发的证书；
- newcerts 目录用于存放 CA 指令生成的新证书；
- private 目录用于存放私钥；
- crl 目录用于存放已吊销证书；
- index.txt 文件是 OpenSSL 定义的已签发证书的文本数据库文件，这个文件通常在初始化时是空文件，但却是必须提供的参数；
- serial 文件是证书签发时使用的序列号参考文件，该文件的序列号是以十六进制格式进行存放的，该文件必须提供并且包含一个有效的序列号。

以上这些目录和文件均可在配置文件/usr/local/ssl/openssl.cnf 中指定。

构建随机数文件。

密码学中密钥的生成，常常与随机数相关联，OpenSSL 生成随机数：

```
openssl rand -out private/.rand 1000
```

```
longlong@ubuntu:~/ca_dir$ openssl rand -out private/.rand 1000
longlong@ubuntu:~/ca_dir$
```

参数的含义如下：

- rand 表示执行随机数生成；
- -out 指定输出文件；
- 参数 1000 指定的是随机数的长度。

生成私钥。

OpenSSL 通常使用 PEM（Privacy Enbanced Mail）格式来保存私钥，构建私钥的命令如下：

```
openssl genrsa -aes256 -out private/cakey.pem 1024
```

```
longlong@ubuntu:~/ca_dir$ openssl genrsa -aes256 -out private/cakey.pem 1024
Generating RSA private key, 1024 bit long modulus
...........++++++
....++++++
e is 65537 (0x10001)
Enter pass phrase for private/cakey.pem:
Verifying - Enter pass phrase for private/cakey.pem:
longlong@ubuntu:~/ca_dir$
```

参数含义如下：

- genrsa 表示使用 RSA 算法产生私钥；
- -aes256 表示使用 256 位密钥的 AES 算法对私钥进行加密；
- -out 表示输出文件的路径；
- 1024 用来指定生成私钥的长度。

（4）生成 OpenSSL 根证书。

生成根证书签发申请：

```
openssl req -new -key private/cakey.pem -out private/ca.csr
```

```
longlong@ubuntu:~/ca_dir$ openssl req -new -key private/cakey.pem -out private/c
a.csr
Enter pass phrase for private/cakey.pem:
You are about to be asked to enter information that will be incorporated
into your certificate request.
What you are about to enter is what is called a Distinguished Name or a DN.
There are quite a few fields but you can leave some blank
For some fields there will be a default value,
If you enter '.', the field will be left blank.
-----
Country Name (2 letter code) [AU]:CN
State or Province Name (full name) [Some-State]:zhejiang
Locality Name (eg, city) []:hangzhou
Organization Name (eg, company) [Internet Widgits Pty Ltd]:codeaholic
Organizational Unit Name (eg, section) []:codeaholic
Common Name (e.g. server FQDN or YOUR name) []:*.codeaholic.net
Email Address []:chenkangxian@sina.com

Please enter the following 'extra' attributes
to be sent with your certificate request
A challenge password []:123456
An optional company name []:codeaholic
longlong@ubuntu:~/ca_dir$
```

参数含义如下：

- req 表示执行的是产生证书签发申请的命令；
- -new 表示是新请求；
- -key 指定私钥的路径；
- -out 指定输出的 CSR 文件路径。

在命令执行的过程中，会提示输入生成 CSR 的过程中需要输入一些待签发用户的信息，也可以使用-subj 参数指定相关信息。

根证书签发[26]：

---

26 OpenSSL 的 ca 指令和 x509 指令均能够进行证书签发，这种灵活性给很多初学者带来了疑惑，徒增很多混乱，想了解这两个指令各自的含义和区别，可参考《OpenSSL 与网络信息安全——基础、结构和指令》一书的 192～210 页。

CSR 文件构建好了以后，与前面提到的 keytool 工具类似，可以将其发送给 CA 认证机构进行签发，当然，我们还可以自行对证书进行签发：

```
openssl x509 -req -days 365 -sha1 -extensions v3_ca -signkey private/cakey.pem
-in private/ca.csr -out certs/ca.cer
```

```
longlong@ubuntu:~/ca_dir$ openssl x509 -req -days 365 -sha1 -extensions v3_ca -s
ignkey private/cakey.pem -in private/ca.csr -out certs/ca.cer
Signature ok
subject=/C=CN/ST=zhejiang/L=hangzhou/O=codeaholic/OU=codeaholic/CN=*.codeaholic.
net/emailAddress=chenkangxian@sina.com
Getting Private key
Enter pass phrase for private/cakey.pem:
longlong@ubuntu:~/ca_dir$
```

参数含义如下：

- x509 表示生成 x509 格式证书；
- -req 表示输入 CSR 文件；
- -day 表示有效期，这里指定的是 365 天；
- -sha1 表示证书摘要采用 SHA-1 算法；
- -extensions 表示按照 openssl.cnf 文件中配置的 v3_ca 项添加扩展；
- -signkey 表示签发证书的密钥；
- -in 表示输入文件；
- -out 表示输出文件。

配置文件中 v3_ca 的配置如下：

```
[ v3_ca ]

# Extensions for a typical CA

# PKIX recommendation.
subjectKeyIdentifier=hash

authorityKeyIdentifier=keyid:always,issuer

# This is what PKIX recommends but some broken software chokes on critical
# extensions.
#basicConstraints = critical,CA:true
# So we do this instead.
basicConstraints = CA:true
```

（5）OpenSSL 签发服务端证书。

生成服务端私钥：

```
openssl genrsa -aes256 -out private/server-key.pem 1024
```

```
longlong@ubuntu:~/ca_dir$ openssl genrsa -aes256 -out private/server-key.pem 1024
Generating RSA private key, 1024 bit long modulus
........++++++
........++++++
e is 65537 (0x10001)
Enter pass phrase for private/server-key.pem:
Verifying - Enter pass phrase for private/server-key.pem:
longlong@ubuntu:~/ca_dir$
```

生成服务端 CSR 文件：

```
openssl req -new  -key private/server-key.pem -out private/server.csr -subj "/C=CN/ST=zhejiang/L=hangzhou/O=codeaholic/OU=codeaholic/CN=www.codeaholic.net"
```

```
longlong@ubuntu:~/ca_dir$ openssl req -new  -key private/server-key.pem -out private/server.csr -subj "/C=CN/ST=zhejiang/L=hangzhou/O=codeaholic/OU=codeaholic/CN=www.codeaholic.net"
Enter pass phrase for private/server-key.pem:
longlong@ubuntu:~/ca_dir$
```

这次使用 -subj 参数指定服务端的一些信息。

使用根证书签发服务端证书：

```
openssl x509 -req -days 365 -sha1 -extensions v3_req -CA certs/ca.cer -CAkey private/cakey.pem -CAserial ca.srl  CAcreateserial -in private/server.csr -out certs/server.cer
```

```
longlong@ubuntu:~/ca_dir$ openssl x509 -req -days 365 -sha1 -extensions v3_req -CA certs/ca.cer -CAkey private/cakey.pem -CAserial ca.srl -CAcreateserial -in private/server.csr -out certs/server.cer
Signature ok
subject=/C=CN/ST=zhejiang/L=hangzhou/O=codeaholic/OU=codeaholic/CN=www.codeaholic.net
Getting CA Private Key
Enter pass phrase for private/cakey.pem:
longlong@ubuntu:~/ca_dir$
```

参数含义如下：

- x509 表示签发 x509 格式的证书；
- -req 表示 -in 参数指定的是 CSR 文件；
- -days 指定证书的有效期，这里是 365 天；
- -sha1 指定证书的摘要算法；
- -extensions 指定按照配置文件中 v3_req 项的配置来添加证书扩展信息；
- -CA 用来指定 CA 证书的路径；
- -Cakey 用来指定 CA 的私钥；

- -Caserial 用来指定证书序列号文件的路径；
- -Cacreateserial 表示创建证书序列号文件，创建的序列号文件默认的名称为-CA，指定的证书名称加上.srl 后缀；
- -in 表示输入文件的路径；
- -out 表示输出文件的路径。

生成服务端证书指定的-extensions 值为 v3_req，在 OpenSSL 的配置中，v3_req 配置的 basicConstraints 的值为 CA:FALSE，而前面生成根证书时，使用的-extensions 值为 v3_ca，v3_ca 中指定的 basicConstraints 值为 CA:true，CA:true 表示该证书是颁发给 CA 机构的证书，当然，v3_req 和 v3_ca 两个配置项还有其他不同点，留给读者去挖掘。

在 x509 指令中，有多种方式可以指定一个将要生成证书的序列号，可以使用 set_serial 选项来直接指定证书的序列号，也可以使用-CAserial 选项来指定一个包含序列号的文件。所谓的序列号文件是一个包含一个十六进制正整数的文件，在默认情况下，该文件的名称为输入的证书文件名称加上.srl 后缀，比如输入的证书文件为 ca.cer，那么指令会试图从 ca.srl 文件中获取序列号，可以自己创建一个 ca.srl 文件，也可以通过指定-CAcreateserial 选项来生成一个序列号文件。

（6）OpenSSL 签发客户端证书。

生成客户端私钥：

```
openssl genrsa -aes256 -out private/client-key.pem 1024
```

```
longlong@ubuntu:~/ca_dir$ openssl genrsa -aes256 -out private/client-key.pem 1024
Generating RSA private key, 1024 bit long modulus
...........................++++++
.................................................++++++
e is 65537 (0x10001)
Enter pass phrase for private/client-key.pem:
Verifying - Enter pass phrase for private/client-key.pem:
```

生成客户端 CSR 文件：

```
openssl req -new -key private/client-key.pem -out private/client.csr -subj "/C=CN/ST=zhejiang/L=hangzhou/O=chenkangxian/OU=chenkangxian/CN=chenkangxian"
```

```
longlong@ubuntu:~/ca_dir$ openssl req -new -key private/client-key.pem -out private/client.csr -subj "/C=CN/ST=zhejiang/L=hangzhou/O=chenkangxian/OU=chenkangxian/CN=chenkangxian"
Enter pass phrase for private/client-key.pem:
```

签发客户端证书：

```
openssl x509 -req -days 365 -sha1 -CA certs/ca.cer -CAkey private/cakey.pem -CAserial ca.srl -in private/client.csr -out certs/client.cer
```

```
longlong@ubuntu:~/ca_dir$ openssl x509 -req -days 365 -sha1  -CA certs/ca.cer -C
Akey private/cakey.pem -CAserial ca.srl  -in private/client.csr -out certs/clien
t.cer
Signature ok
subject=/C=CN/ST=zhejiang/L=hangzhou/O=chenkangxian/OU=chenkangxian/CN=chenkangx
ian
Getting CA Private Key
Enter pass phrase for private/cakey.pem:
longlong@ubuntu:~/ca_dir$
```

5. 证书的使用

证书除包含一些认证信息以外，还包含了证书持有人的公钥，外界获得证书以后，可以使用公钥对相关信息进行加密，而信息接收方则使用私钥进行解密。由于证书包含了公钥、摘要算法等信息，也能够使用它来进行数字签名的校验。Java 提供完善证书管理工具 keytool，简洁的 API 使我们能够便捷地获数字证书所包含的信息，以及进行私钥的管理。

使用 OpenSSL 生成的数字证书和私钥，如需在 Java 环境下使用，需要先将其转换成 PKCS#12 编码格式的密钥库，才能够使用 keytool 工具进行相应的管理。转换证书格式：

```
openssl pkcs12 -export -clcerts -name chenkangxian -inkey private/client-key.pem
-in certs/client.cer -out client.p12
```

```
longlong@ubuntu:~/ca_dir$ openssl pkcs12 -export -clcerts -name chenkangxian -in
key private/client-key.pem -in certs/client.cer -out client.p12
Enter pass phrase for private/client-key.pem:
Enter Export Password:
Verifying - Enter Export Password:
```

参数含义如下：

- pkcs12 表示用来处理 PKCS#12 格式的证书；
- -export 表示执行的是证书导出操作；
- -clcerts 表示导出的是客户端证书，如果换做-cacerts 则表示导出的是 CA 证书；
- -name 指定别名，这里为 chenkangxian；
- -inkey 表示私钥的路径；
- -in 后面跟的是证书路径；
- -out 后面跟的是输出路径。

导出的 client.p12 文件包含了证书文件和私钥，可以作为 keytool 的 keystore 使用。

keytool 工具查看：

```
keytool -list -keystore client.p12 -storetype pkcs12 -v
```

```
longlong@ubuntu:~/ca_dir$ keytool -list -keystore client.p12 -storetype pkcs12 -
v
Enter keystore password:

Keystore type: PKCS12
Keystore provider: SunJSSE

Your keystore contains 1 entry

Alias name: chenkangxian
Creation date: Oct 2, 2013
Entry type: PrivateKeyEntry
Certificate chain length: 1
Certificate[1]:
Owner: CN=chenkangxian, OU=chenkangxian, O=chenkangxian, L=hangzhou, ST=zhejiang
, C=CN
Issuer: EMAILADDRESS=chenkangxian@sina.com, CN=*.codeaholic.net, OU=codeaholic,
O=codeaholic, L=hangzhou, ST=zhejiang, C=CN
Serial number: 8b4e61c0e78e5e69
Valid from: Tue Oct 01 20:11:05 CST 2013 until: Wed Oct 01 20:11:05 CST 2014
Certificate fingerprints:
         MD5:  1D:43:5F:D2:0E:69:36:BD:A2:97:F3:E7:B4:7F:5C:D4
         SHA1: 2C:48:10:0A:E9:C7:CE:B9:F8:D5:2F:DA:86:44:01:FA:EC:74:AA:F3
         Signature algorithm name: SHA1withRSA
         Version: 1


*******************************************
*******************************************
```

参数含义如下：

- -list 表示将要列出 keystore 中的证书；
- -keystore 用来指定证书的密钥库；
- -storetype 用来指定密钥库的格式，此处为 pkcs12；
- -v 输出详细信息。

Java 环境使用数字证书的 API。

加载密钥库：

```
String keyStorePath = "/home/longlong/ca_dir/client.p12";
String password = "123456";
KeyStore keystore = KeyStore.getInstance("pkcs12");
FileInputStream keystoreFis = new FileInputStream(keyStorePath);
keystore.load(keystoreFis, password.toCharArray());
```

keyStorePath 指定了 keystore 的路径，这里指定的是签名使用 OpenSSL 的 pkcs12 指令导出的密钥库，password 指的是密钥库的密码，使用 pkcs12 指令导出的证书格式为 pkcs12，需在 KeyStore.getInstance()方法中指定。

获得密钥库中的私钥：

```
String alias = "chenkangxian";
PrivateKey privateKey = (PrivateKey)keystore.getKey(alias, password.toCharArray());
```
通过别名 chenkangxian 获取 keystore 中的私钥。

从密钥库加载证书：

```
String alias = "chenkangxian";
X509Certificate x509Certificate = (X509Certificate)
        keystore.getCertificate(alias);
```

通过别名 chenkangxian，从密钥库中加载证书。

获得证书中的公钥：

```
PublicKey publicKey = x509Certificate.getPublicKey();
```

构建和验证数字签名：

```
Signature signature = Signature.getInstance
        (x509Certificate.getSigAlgName());
signature.initVerify(x509Certificate);
```

从证书中获得签名算法，实例化 Signature，并使用数字证书对签名进行校验。

从文件加载证书：

```
String certPath = "/home/longlong/ca_dir/certs/client.cer";
CertificateFactory certificateFactory = CertificateFactory.
                                                    getInstance("X.509");
FileInputStream certFis = new FileInputStream(certPath);
X509Certificate certificate = (X509Certificate)certificateFactory
                                    .generateCertificate(certFis);
```

从 certPath 指定的路径加载数字证书，CertificateFactory.getInstance()中指定证书的格式为 X509 格式。

3.3 摘要认证

3.3.1 为什么需要认证

经由 HTTP 协议进行通信的数据大都是未经加密的明文，包括请求参数、返回值、cookie、head 等数据，因此，外界通过对通信的监听，便可轻而易举地根据请求和响应双方的格式，伪造请求与响应，修改和窃取各种信息。相对于基于 TCP 协议层面的通信方式，针对 HTTP 协议的攻击门槛更低。因此，基于 HTTP 协议的 Web 与 SOA 架构，在应用的安全性方面需要更加重视。

经由浏览器的访问请求，可以通过浏览器插件进行网络监听，以及查看传输的网络参数，如 Firefox 浏览器的 firebug 插件，如图 3-28 所示。

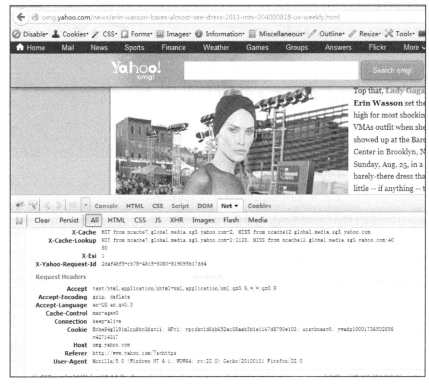

图 3-28　使用 Firefox 对 Yahoo！的访问

通过插件，可以清楚地看到 HTTP 请求所生成的任何参数及响应的 body 信息，这些数据如没有特殊处理，都是未经加密的明文，包括用户的用户名与密码。当然，浏览器插件大多数情况下只能看到本机浏览的信息。

更为危险的事情是，攻击者可以通过对一些网络核心节点的控制，再加上一些特殊的手段，如端口映射、代理监听等，使其能够监听和拦截到大量用户的通信数据包，通过对数据包进行筛选和分析，可以得到通信所涵盖的用户的所有敏感信息，如电子邮件、聊天记录甚至是登录的用户名和密码。

如图 3-29 所示，通过对局域网内关键节点的控制，笔者拦截了局域网内某用户对某知名网站的一次网络访问请求，需要注意的是，图中上面放大的区域是请求的源地址及网关地址，而下面放大的区域则是拦截到的用户登录的用户名和密码。

图 3-29　通过 wireshark[27] 对的局域网内通信进行拦截

由此可见，获取网络中 HTTP 协议通信的细节并非十分困难的事情。为了防止在通信的过程中，数据被中途拦截和修改，或者虚假的客户端冒充正常的客户端发起请求，非法与服务端进行通信，获取数据，再或者是客户端与虚假的服务端进行通信，将个人信息泄露给恶意的攻击者，需要对请求和响应的参数及客户端的身份或服务端的身份进行认证，以保证正确信息发送给了合法的接收者。

3.3.2　摘要认证的原理

对于普通的非敏感数据，我们更多关注其真实性和准确性，因此，如何在通信过程中保障数据不被篡改，首当其冲成为需要考虑的问题。

鉴于使用 HTTPS[28] 性能上的成本以及需要额外申请 CA 证书，在这种情况下，一般采用对参数和响应进行摘要的方法，即能够满足需求。

针对每次请求和响应，按照一定的规则生成数字摘要，数字摘要需要涵盖客户端与服务端通信的内容，以及双方约定好的"盐"[29]，以此来保障请求与响应不被第三方篡改。常见的摘要算法包括 MD5、SHA 等，关于摘要算法的介绍，前面章节已有详细介绍，此处便不再赘述。

由于传递端和接收端都认为 HTTP 协议的请求参数是无序的，因此客户端与服务端双方需要约定好参数的排序方式。请求的参数经过排序后，再将参数名称和值经过一定的策略组织起来，加上一个密钥 secret，也就是所谓的"盐"，然后通过约定的摘要算法生成数字摘要，传递给服务端。

27　wireshark 是一个功能较为齐全的网络分析软件，http://www.wireshark.org。
28　关于 HTTPS 协议的使用，后面将有详细介绍。
29　见前文所描述的 Hash 加盐法。

在服务端接收到客户端传递的参数后,服务端会采用与客户端相同的策略对参数进行排序,并且加上相同的 secret,采用相同的摘要方式生成摘要串。由于相同内容经过相同的摘要算法,生成的摘要内容必定是相同的。将服务端生成的摘要串与客户端生成摘要串进行比较,这样可以得知参数内容是否被篡改。

同样的,服务端返回的响应也需要加上 secret,采用约定好的摘要算法生成相应的摘要,并将生成的摘要作为响应的一部分,返回给客户端,以便验证服务端返回数据的合法性。

当客户端接收到服务端的响应后,加上相同的 secret 进行拼接,并采用与服务端相同的摘要算法进行摘要,生成的摘要串与服务端传递过来的摘要串进行比较,这样便可得知服务端的响应是否被篡改。

由于摘要算法的不可逆性,并且大部分情况下不同的请求参数会有不同的服务端响应,鉴于参数和响应的多变性,摘要认证这种方式能够在一定程度上防止信息被篡改,保障通信的安全。但是,摘要认证的安全性取决于 secret 的安全性,由于服务端与客户端采用的是相同的 secret,一旦 secret 泄露,通信的安全则无法保障。

3.3.3 摘要认证的实现

摘要认证这种方式可以在一定程度上保障通信的安全,防止通信过程中数据被第三方篡改。实现起来主要包含如下四个方面:客户端参数摘要生成、服务端参数摘要校验、服务端响应摘要生成和客户端响应摘要校验。

1. 客户端参数摘要生成

如图 3-30 所示,请求的参数需要先排好序,服务端与客户端需要事先约定好排序的方式,否则生成的摘要可能就相差十万八千里了。排好序后,将参数名称与参数值串起来,加上约定好的 secret,生成待摘要的字符串,最后使用如 MD5 之类的摘要算法生成摘要串。当然,摘要算法也需要事先约定好。

图 3-30 请求参数摘要的生成过程

基于 Java 客户端参数摘要生成的部分关键代码：

```java
private String getDigest(Map<String,String> params) throws Exception{
    String secret = "abcdefjhijklmn";

    Set<String> keySet = params.keySet();
    //使用 treeset 排序
    TreeSet<String> sortSet = new TreeSet<String>();
    sortSet.addAll(keySet);
    String keyvalueStr = "";
    Iterator<String> it = sortSet.iterator();
    while(it.hasNext()){
        String key = it.next();
        String value = params.get(key);
        keyvalueStr += key + value;
    }
    keyvalueStr += secret;
    String base64Str = byte2base64(getMD5(keyvalueStr));
    return base64Str;
}
```

params 为需要传递到服务端的请求参数，为了避免接收的参数无序，从而无法计算确定的摘要，这里先对参数按照参数名称进行 TreeSet 排序，排完序后将参数名称和值拼接起来，并使用 MD5 算法，生成客户端摘要。

2. 服务端参数摘要校验

如图 3-31 所示，服务端接收到请求的参数后，按照与客户端相同的方式将参数排序，然后将参数的名称与参数的值串起来，生成待摘要字符串，并且使用与客户端相同的摘要算法生成摘要串，最后将服务端生成的摘要串与客户端通过 header 或者其他形式传递过来的摘要串进行比较，如果一致，表示参数没有遭到篡改，反之则说明参数遭到篡改。

图 3-31 服务端参数摘要验证

基于 Java 服务端参数摘要校验的部分关键代码：

```java
private boolean validate(Map params, String digest) throws Exception{
    String secret = "abcdefjhijklmn";
    Set<String> keySet = params.keySet();
    //使用 treeset 排序
    TreeSet<String> sortSet = new TreeSet<String>();
    sortSet.addAll(keySet);
    String keyvalueStr = "";
    Iterator<String> it = sortSet.iterator();
    while(it.hasNext()){
        String key = it.next();
        String[] values = (String[])params.get(key);
        keyvalueStr += key + values[0];
    }
    keyvalueStr += secret;
    String base64Str = byte2base64(getMD5(keyvalueStr));
    if(base64Str.equals(digest)){
        return true;
    }else{
        return false;
    }
}
```

params 为服务端接收到的客户端传递过来的参数 Map，digest 为客户端参数的签名，服务端通过将参数名称放入 TreeSet 排序，能够取得跟客户端一样的参数顺序，将排好序的参数组合起来，生成摘要，与客户端传递的摘要对比，便可得知消息是否被篡改。

3. 服务端响应摘要生成

如图 3-32 所示，服务端生成响应内容以后，在响应内容的后面加上 secret，便是待摘要串，然后使用 MD5 等摘要算法生成响应的摘要串。

图 3-32　响应的摘要串生成过程

基于 Java 服务端响应摘要生成的部分关键代码：

```java
private String getDigest(String content) throws Exception{
    String secret = "abcdefjhijklmn";
    content += secret;
    String base64Str = byte2base64(getMD5(content));
    return base64Str;
}
```

content 为服务端响应的 JSON 数据或者 HTML 文本数据，生成摘要后，为了方便互联网传输，使用 Base64 对摘要数据进行编码。

4. 客户端响应摘要校验

如图 3-33 所示，客户端接收到服务端的响应内容后，在响应内容的后面加上 secret，便成为待摘要串，然后通过 MD5 等摘要算法的计算来生成对应的响应摘要，与服务端通过 header 等方式传递回来的摘要串进行比较，如果一致，表示响应没有被篡改，反之则说明参数遭到篡改。

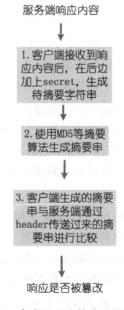

图 3-33　客户端响应摘要的校验过程

基于 Java 客户端响应摘要校验的部分关键代码：

```java
private boolean validate(String responseContent, String digest) throws Exception{
    String secret = "abcdefjhijklmn";
```

```
    byte[] bytes = getMD5(responseContent + secret);
    String responseDigest = byte2base64(bytes);
    if(responseDigest.equals(digest)){
        return true;
    }else{
        return false;
    }
}
```

responseContent 为客户端收到的服务端响应，digest 为服务端传递过来的摘要信息，通过客户端进行计算，便可得知服务端响应是否被篡改。

3.4 签名认证

3.4.1 签名认证的原理

摘要认证的方式能够一定程度上防止通信的内容被篡改，但是，算法的安全性取决于 secret 的安全性，由于通信的客户端与服务端采用的是相同的 secret，一旦 secret 泄露，恶意攻击者便可以根据相应的摘要算法，伪造出合法的请求或响应的摘要，达成攻击目的。

与摘要认证的方式类似，由于传递端和接收端都认为 HTTP 协议的请求参数是无序的，因此对于签名认证来说，客户端与服务端双方需要约定好参数的排序方式。请求的参数经过排序后，再将参数名称和值经过一定的策略组织起来，这时不再是加上 secret，而是直接通过约定的摘要算法来生成数字摘要，并且使用客户端私钥对数字摘要进行加密，将加密的密文传递给服务端。

在服务端接收到客户端传递的参数后，服务端会采用与客户端相同的策略对参数进行排序，并使用相同的摘要方式生成摘要串，然后服务端使用客户端的公钥将接收到的密文进行解密，得到客户端生成的摘要串，将服务端生成的摘要串与客户端生成摘要串进行比较。这样便可以得知，参数是否由客户端生成，并且参数的内容是否被篡改。

同样的，服务端返回的响应，也需要采用约定好的摘要算法生成相应的摘要，并且使用服务端的私钥进行加密，然后将生成的密文作为响应的一部分，返回给客户端，以便验证服务端的身份及返回数据的合法性。

当客户端接收到服务端的响应后，采用与服务端相同的摘要算法进行摘要，生成摘要串，然后使用服务端的公钥解密接收到的签名密文，得到服务端生成的摘要串，此时与客户端生成的摘要串进行比较，便可得知响应是否由服务端发出，以及响应的内容是否被篡改。

相较于摘要认证，签名认证的优势在于加密时使用的是私钥，而解密时使用的是对外公开的公钥，私钥由私钥持有者保管，不需要泄露和传输给第三方，安全性大大提高。但相较于摘要认证，签名认证所使用的非对称加密算法将消耗更多的时间和硬件资源。

3.4.2 签名认证的实现

相较于摘要认证方式，签名认证的方式能够更好地保障通信的安全，防止通信过程中数据被第三方篡改。实现起来主要包含如下四个方面：客户端参数签名生成、服务端参数签名校验、服务端响应签名生成和客户端响应签名校验。

1. 客户端参数签名生成

请求参数排序以后，将参数的名称和值拼接起来，形成待摘要字符串，然后使用与服务端约定好的摘要算法生成摘要串，生成的摘要串再使用客户端的私钥进行加密，形成数字签名，如图3-34所示。

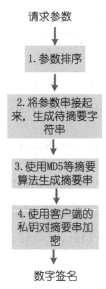

图3-34　客户端请求数字签名生成

客户端请求数字签名生成的部分关键代码：

```
private String getSign(Map<String,String> params) throws Exception{
    Set<String> keySet = params.keySet();
    //使用treeset排序
    TreeSet<String> sortSet = new TreeSet<String>();
```

```
        sortSet.addAll(keySet);
        String keyvalueStr = "";
        Iterator<String> it = sortSet.iterator();
        while(it.hasNext()){
            String key = it.next();
            String value = params.get(key);
            keyvalueStr += key + value;
        }
        byte[] md5Bytes = getMD5(keyvalueStr);
        PrivateKey privateKey = AsymmetricalUtil.string2PrivateKey(consumerPrivateKey);
        byte[] encryptBytes = AsymmetricalUtil.privateEncrypt(md5Bytes, privateKey);
        String hexStr = bytes2hex(encryptBytes);

        return hexStr;
}
```

先将请求的参数 params 放在 Treeset 中排序,按顺序取出对应的名值对拼接起来,生成待摘要串,经过 MD5 算法生成摘要串后,通过客户端的私钥将其加密,并且将加密密文按照十六进制进行编码,便于网络传输。

使用 Java 数字签名 API 对客户端请求进行数字签名:

```
private String getSign(Map<String,String> params) throws Exception{

        Set<String> keySet = params.keySet();
        //使用 treeset 排序
        TreeSet<String> sortSet = new TreeSet<String>();
        sortSet.addAll(keySet);
        String keyvalueStr = "";
        Iterator<String> it = sortSet.iterator();
        while(it.hasNext()){
            String key = it.next();
            String value = params.get(key);
            keyvalueStr += key + value;
        }

        PrivateKey privateKey = AsymmetricalUtil.string2PrivateKey(consumerPrivateKey);
        Signature signature = Signature.getInstance("MD5withRSA");
        signature.initSign(privateKey);
        signature.update(keyvalueStr.getBytes());
```

```
    return bytes2hex(signature.sign());
}
```

Java 的 java.security.Signature 对数字签名的支持也非常出色，通过 getInstance 方法取得 MD5withRSA 的实例，即通过 MD5 进行数字摘要，并且使用 RSA 算法进行非对称加密，使用客户端私钥对 signature 进行初始化，update 方法传入待摘要串，通过 sign 方法即可以取得对应内容的数字签名。

2. 服务端参数签名校验

服务端接收到请求参数后，采用与客户端相同的方式将参数排序，然后再将参数拼接成待摘要字符串，使用 MD5 等摘要算法将待摘要字符串生成摘要，然后使用客户端的公钥对接收到的签名进行解密，将服务端生成的摘要串与解密后的摘要字符串进行比较，如果一致，表示请求为客户端发送，且内容没有被修改，反之则说明请求不为客户端发送，且内容被修改，如图 3-35 所示。

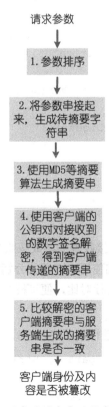

图 3-35 服务端对客户端数字签名校验

服务端对客户端数字签名校验的部分关键代码：

```java
private boolean validate(Map params, String digest) throws Exception{

    Set<String> keySet = params.keySet();
    //使用treeset排序
    TreeSet<String> sortSet = new TreeSet<String>();
    sortSet.addAll(keySet);
    String keyvalueStr = "";
    Iterator<String> it = sortSet.iterator();
    while(it.hasNext()){
        String key = it.next();
        String[] values = (String[])params.get(key);
        keyvalueStr += key + values[0];
    }
    String hexStr = bytes2hex(getMD5(keyvalueStr));

    PublicKey publicKey = AsymmetricalUtil.string2PublicKey(consumerPublicKey);
    byte[] decryptBytes = AsymmetricalUtil.publicDecrypt(hex2bytes(digest), publicKey);
    String decryptDigest = bytes2hex(decryptBytes);

    if(hexStr.equals(decryptDigest)){
        return true;
    }else{
        return false;
    }
}
```

服务端按照客户端相同的方式，对接收到的参数按照 TreeSet 进行排序，生成待摘要串，然后使用 MD5 的方式进行摘要，服务端使用客户端的公钥对接收到的数字签名进行解密，并将解密得到的摘要串与服务端的摘要串进行对比，便可校验客户端的身份，以及请求是否已经被篡改。

使用 Java 数字签名 API 对客户端进行数字签名校验：

```java
private boolean validate(Map params, String sign) throws Exception{

    Set<String> keySet = params.keySet();
    //使用treeset排序
```

```
    TreeSet<String> sortSet = new TreeSet<String>();
    sortSet.addAll(keySet);
    String keyvalueStr = "";
    Iterator<String> it = sortSet.iterator();
    while(it.hasNext()){
        String key = it.next();
        String[] values = (String[])params.get(key);
        keyvalueStr += key + values[0];
    }
    
    PublicKey publicKey = AsymmetricalUtil.string2PublicKey(consumerPublicKey);
    Signature signature = Signature.getInstance("MD5withRSA");
    signature.initVerify(publicKey);
    signature.update(keyvalueStr.getBytes());
    return signature.verify(hex2bytes(sign));
}
```

使用 Signature 同样可以对数字签名进行校验，通过 MD5withRSA 获取 Signature 的实例，然后使用客户端公钥对 signature 进行初始化，将待摘要字符串传入 update 方法，然后使用 verify 方法便可以对数字签名进行校验。

3. 服务端响应签名生成

针对于响应，服务端直接将其作为待摘要字符串，使用 MD5 等摘要算法生成摘要串后，使用服务端的私钥对摘要串进行加密，生成数字签名，如图 3-36 所示。

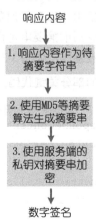

图 3-36　服务端响应数字签名生成

服务端响应数字签名生成的部分关键代码：

```java
private String getSign(String content) throws Exception{
    byte[] md5Bytes = getMD5(content);
    PrivateKey privateKey = AsymmetricalUtil.string2PrivateKey(providePrivateKey);
    byte[] encryptBytes = AsymmetricalUtil.privateEncrypt(md5Bytes, privateKey);
    String hexStr = bytes2hex(encryptBytes);
    return hexStr;
}
```

服务端将需要响应的内容作为待摘要串，使用 MD5 算法进行摘要，然后使用服务端的私钥对摘要串进行加密，并且对加密的密文进行十六进制编码。

使用 Java 数字签名 API 生成服务端响应的数字签名：

```java
private String getSign(String content) throws Exception{
    PrivateKey privateKey = AsymmetricalUtil.string2PrivateKey(providePrivateKey);
    Signature signature = Signature.getInstance("MD5withRSA");
    signature.initSign(privateKey);
    signature.update(content.getBytes());
    String hexStr = bytes2hex(signature.sign());
    return hexStr;
}
```

同样的，使用 Signature 也能够方便地对服务端响应进行签名。

4. 客户端响应签名校验

客户端接收到服务端响应内容后，使用 MD5 等摘要算法生成摘要，然后使用服务端的公钥解密服务端返回的数字签名，比较解密后的摘要串是否与客户端生成的摘要串一致，如果一致，表示响应由服务端发出且内容没有被篡改，如图 3-37 所示。

客户端对服务端响应数字签名校验的部分关键代码：

```java
private boolean validate(String responseContent, String digest) throws Exception{
    byte[] bytes = getMD5(responseContent );
    String responseDigest = bytes2hex(bytes);

    PublicKey publicKey = AsymmetricalUtil.string2PublicKey(providePublicKey);
    byte[] decryptBytes = AsymmetricalUtil.publicDecrypt(hex2bytes(digest), publicKey);
    String decryptDigest = bytes2hex(decryptBytes);
```

```
    if(responseDigest.equals(decryptDigest)){
        return true;
    }else{
        return false;
    }
}
```

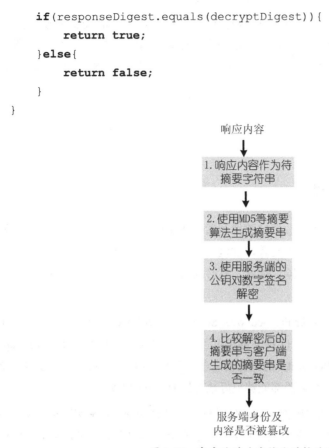

图 3-37　客户端对响应签名的校验过程

客户端接收到服务端响应 responseContent 后，通过 MD5 算法生成摘要，然后使用服务端的公钥，对接收到的数字签名进行解密，将解密得到的摘要串与通过 MD5 生成的摘要串进行对比，便可得知响应是否由服务端发送，以及响应的内容是否被篡改。

使用 Java 数字签名 API 对服务端响应数字签名的校验：

```
private boolean validate(String responseContent, String sign) throws Exception{
    PublicKey publicKey = AsymmetricalUtil.string2PublicKey(providePublicKey);
    Signature signature = Signature.getInstance("MD5withRSA");
    signature.initVerify(publicKey);
    signature.update(responseContent.getBytes());
    return signature.verify(hex2bytes(sign));
}
```

同前面一样，也可以使用 Signature 来对签名进行校验。

签名认证能很好地解决客户端与服务端身份校验问题，以及通信内容防篡改问题。但 HTTP 协议使用的是明文传输，对于任何中途拦截客户端与服务端通信的第三方来说，通信传输的内容是可见的。通过对通信的拦截，能够监听和还原客户端与服务端的通信内容。对于这种情况，数字签名的方式便无能为力了。

3.5 HTTPS 协议

3.5.1 HTTPS 协议原理

摘要认证和签名认证虽然能够解决数据完整性和通信两端合法性问题，但是对于一些较为敏感的信息，如个人隐私数据、用户名密码等，这些信息如以明文的形式传递，一旦用户的通信被拦截，相关信息会有较大的泄露风险，因此，有必要采用更加严密的手段来保障信息的安全。

HTTPS 的全称是 Hypertext Transfer Protocol over Secure Socket Layer，即基于 SSL 的 HTTP 协议，简单地说就是 HTTP 的安全版。HTTPS 协议由当时著名的浏览器厂商网景（Netscape）公司首创，虽然网景在与微软（Microsoft）的浏览器之争中败北，但是 HTTPS 这一项技术得到了传承，当前几乎所有的浏览器和服务器都能够很好地支持 HTTPS 协议。

依托 SSL 协议，HTTPS 协议能够确保整个通信过程都是经过加密的，密钥随机产生，并且能够通过数字证书验证通信双方的身份，以此来保障信息安全。其中证书中包含了证书所代表一端的公钥，以及一些其所具有基本信息，如机构名称、证书所作用域名、证书的数字签名等，通过数字签名能校验证书的真实性。通信的内容使用对称加密方式进行加密，通信两端约定好通信密码后，通过公钥对密码进行加密传输，只有该公钥对应的私钥，也就是通信的另一端能够解密获得通信密码，这样既保证了通信的安全，也使加密性能和时间成本可控。

如图 3-38 所示，HTTPS 协议在 HTTP 协议与 TCP 协议增加了一层安全层，所有请求和响应数据在经过网络传输之前，都会先进行加密，然后再进行传输。SSL 及其继任者 TLS 是为网络通信提供安全与数据完整性保障的一种安全协议，利用加密技术，以维护互联网数据传输的安全，验证通信双方的身份，防止数据在网络

图 3-38　HTTPS 协议栈

传输的过程中被拦截和窃听。

HTTPS 既支持单向认证，也支持双向认证，所谓的单向认证即只校验服务端证书的有效性，而双向认证则表示既校验服务端证书的有效性，同时也需要校验客户端证书的有效性。大部分情况下我们并不需要用到客户端证书，很多用户甚至没有客户端证书，但是在某些特定的环境下，如企业内部网络和涉及大额交易支付的场景下，也需要对用户的客户端证书进行校验，以保证通信的安全。

3.5.2　SSL/TLS

SSL的全称为Secure Sockets Layer，即安全套接层 [30]。它是一种网络安全协议，是网景在其推出的Web浏览器中同时提出的，目的是为了保障网络通信的安全，校验通信双方的身份，加密传输的数据。如图 3-38 所示，SSL在传输层与应用层之间进行数据通信的加密。

SSL 协议的优势在于它与应用层协议独立无关，高层的应用层协议如 HTTP、SSH、FTP等等，能透明的建立于 SSL 协议之上，在应用层通信之前就已经完成加密算法、通信密钥的协商以及服务端及客户端的认证工作，在此之后所有应用层协议所传输的数据都会被加密，从而保证通信的私密性。

SSL的继任者是TLS协议 [31]，全称为Transport Layer Security，即传输层安全协议，是基于SSL协议的通用化协议，同样位于应用层与传输层之间，正逐步接替SSL成为下一代网络安全协议。

SSL/TLS 协议均可以分为两层：一层为 Record Protocol，即记录协议；另一层为 Handshake Protocol，即握手协议。记录协议建立在可靠的传输协议（如 TCP）之上，提供数据封装、加密解密、数据压缩、数据校验等基本功能。握手协议建立在记录协议之上，在实际的数据传输开始前，进行加密算法的协商，通信密钥的交换，通信双方身份的认证等工作。

SSL 握手协议比较复杂，它大致的工作流程如图 3-39 所示。

30　SSL 的介绍见 http://zh.wikipedia.org/zh-cn/SSL。
31　TLS 的介绍见 http://baike.baidu.com/link?url=lVby7LSNmSKy8FjGKosRMWzM-ZW4n9PXhf3o-iGmtpwGWAgld7WC7-A7fy7NbpYl。

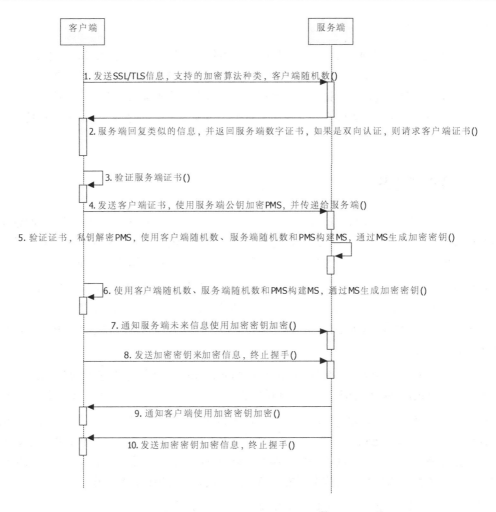

图 3-39 SSL协议握手的过程[32]

（1）客户端发送一个 client hello 消息，消息包含协议的版本信息、sessionid、客户端支持的加密算法、压缩算法等信息，并且还包含客户端产生的随机数。

（2）服务端响应一个 server hello 消息，消息包含服务端产生的随机数、协议版本信息、sessionid、压缩算法信息，还包含有服务端数字证书。如果服务端配置的是双向认证，那么服务端将请求客户端证书。

（3）客户端通过证书链验证服务端证书的有效性。

（4）如果证书验证通过，客户端将向服务端发送经过服务端公钥加密的预主密钥，即 PreMaster Secret（PMS）。假如服务端在上一个步骤请求了客户端证书，客户端会将客户端证书

---

32 关于协议的一些细节，可以参考 TLS 协议 1.0 版本的官方文档，http://www.ietf.org/rfc/rfc2246.txt。

发送给服务端进行校验。

（5）服务端验证客户端证书的有效性，并用自己的私钥对 PMS 进行解密，使用 client hello 与 server hello 两个步骤所生成的随机数，加上解密的 PMS 来生成主密钥，即 Master Secret（MS），然后通过 MS 生成加密密钥。

（6）客户端也将使用 client hello 与 server hello 两个步骤所生成的随机数，加上 PMS 来生成 MS，然后通过 MS 生成加密密钥。

（7）通知服务端未来信息使用加密密钥加密。

（8）给服务端发送加密密钥来加密信息，终止握手。

（9）通知客户端使用加密密钥加密。

（10）给客户端发送加密密钥来加密信息，终止握手。

完成握手后，客户端与服务端便可以开始加密数据通信了，过程如图 3-40 所示。

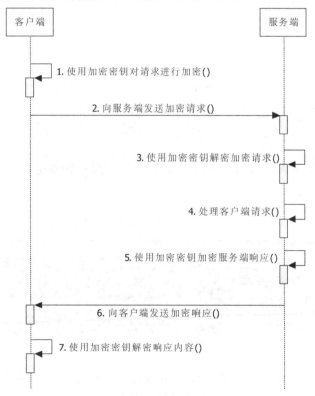

图 3-40　加密通信的过程

在服务端与客户端真正的数据交换阶段，实际上数据是通过对称加密算法来实现加密的，密钥为双方约定好的加密密钥。客户端首先使用加密密钥来加密请求内容，发送给服务端，服务端使用加密密钥对请求进行解密并处理相应的请求，然后生成响应内容。响应经过加密密钥加密后,发送给客户端,客户端通过加密密钥对响应内容进行解密,以获得响应内容。

SSL 握手协议十分复杂,对于并非密码学专家的普通开发人员来说,理解上述交互过程确实不那么容易,更别说对 SSL/TLS 协议进行实现。对于普通开发人员来说,他们关心的并不是如何实现 SSL/TLS 协议,而是如何才能让他们的程序以最简洁的方式接入 SSL/TLS 强大的安全保护功能,JSSE 正是这样的一个工具。

JSSE(Java Security Socket Extension)是 Sun 公司为了解决互联网信息安全传输提出的一个解决方案,它实现了 SSL 和 TSL 协议,包含了数据加密、服务器验证、消息完整性和客户端验证等技术。通过使用 JSSE 简洁的 API,可以在客户端和服务端之间通过 SSL/TSL 协议安全地传输数据。

首先,需要将前面 3.2.5 节所生成的客户端及服务端私钥和数字证书进行导出,生成 Java 环境可用的 keystore 文件,关于私钥与数字证书的产生,前面章节已经详细介绍过,此处便不再赘述。

客户端私钥与证书的导出:

```
openssl pkcs12 -export -clcerts -name chenkangxian -inkey private/client-key.pem -in certs/client.cer -out /home/longlong/temp/testssl/client.keystore
```

```
longlong@ubuntu:~/ca_dir$ openssl pkcs12 -export -clcerts -name chenkangxian -inkey private/client-key.pem -in certs/client.cer -out /home/longlong/temp/testssl/client.keystore
Enter pass phrase for private/client-key.pem:
Enter Export Password:
Verifying - Enter Export Password:
longlong@ubuntu:~/ca_dir$
```

服务端证书的导出:

```
openssl pkcs12 -export -clcerts -name www.codeaholic.net -inkey private/server-key.pem -in certs/server.cer -out /home/longlong/temp/testssl/server.keystore
```

```
longlong@ubuntu:~/ca_dir$ openssl pkcs12 -export -clcerts -name www.codeaholic.net -inkey private/server-key.pem -in certs/server.cer -out /home/longlong/temp/testssl/server.keystore
Enter pass phrase for private/server-key.pem:
Enter Export Password:
Verifying - Enter Export Password:
longlong@ubuntu:~/ca_dir$
```

信任证书的导出:

由于客户端与服务端证书都是由下面的 CA 所颁发认证的,因此只需要将下面 CA 的根证书作为信任库,就可以对以上的客户端与服务端证书进行识别。

```
keytool -importcert -trustcacerts -alias *.codeaholic.net -file /home/longlong/ca_dir/certs/ca.cer -keystore /home/longlong/temp/testssl/ca-trust.keystore
```

```
longlong@ubuntu:~/ca_dir$ keytool -importcert -trustcacerts -alias *.codeaholic.
net -file /home/longlong/ca_dir/certs/ca.cer -keystore /home/longlong/temp/tests
sl/ca-trust.keystore
Enter keystore password:
Re-enter new password:
Owner: EMAILADDRESS=chenkangxian@sina.com, CN=*.codeaholic.net, OU=codeaholic, O
=codeaholic, L=hangzhou, ST=zhejiang, C=CN
Issuer: EMAILADDRESS=chenkangxian@sina.com, CN=*.codeaholic.net, OU=codeaholic,
O=codeaholic, L=hangzhou, ST=zhejiang, C=CN
Serial number: 9be342556d273405
Valid from: Tue Oct 01 11:47:10 CST 2013 until: Wed Oct 01 11:47:10 CST 2014
Certificate fingerprints:
         MD5:  0B:AC:4A:76:54:B9:AA:C8:B2:B4:45:F9:CA:73:62:47
         SHA1: 82:72:5E:C6:75:59:6F:5A:37:F5:02:1E:0A:97:26:19:F6:9D:F4:0C
         Signature algorithm name: SHA1withRSA
         Version: 1
Trust this certificate? [no]:  yes
Certificate was added to keystore
longlong@ubuntu:~/ca_dir$
```

使用 JSSE 进行 SSL/TSL 协议数据传输。

Java 实现的通信客户端。

SSLSocket 初始化：

```java
public static void init() throws Exception{

    String host = "127.0.0.1";
    int port = 1234;

    //包含客户端的私钥与服务端的证书
    String keystorePath = "/home/longlong/temp/testssl/client.keystore";
    String trustKeystorePath = "/home/longlong/temp/testssl/ca-trust.keystore";
    String keystorePassword = "123456";

    SSLContext sslCentext = SSLContext.getInstance("SSL");

    //密钥库
    KeyManagerFactory kmf = KeyManagerFactory.getInstance("sunx509");

    //信任库
    TrustManagerFactory tmf = TrustManagerFactory.getInstance("sunx509");

    KeyStore keystore = KeyStore.getInstance("pkcs12");
    KeyStore trustKeystore = KeyStore.getInstance("jks");

    FileInputStream keystoreFis = new FileInputStream(keystorePath);
```

```java
    keystore.load(keystoreFis, keystorePassword.toCharArray());

    FileInputStream trustKeystoreFis = new FileInputStream(trustKeystorePath);
    trustKeystore.load(trustKeystoreFis, keystorePassword.toCharArray());

    kmf.init(keystore, keystorePassword.toCharArray());
    tmf.init(trustKeystore);

    //上下文初始化
    sslCentext.init(kmf.getKeyManagers(), tmf.getTrustManagers(), null);

    //SSLSocket 初始化
    sslSocket = (SSLSocket) sslCentext.getSocketFactory().createSocket(host, port);

}
```

初始化时首先取得 SSLContext、KeyManagerFactory、TrustManagerFactory 的实例，然后加载客户端的密钥库和信任库到相应的 KeyStore，对 KeyManagerFactory 和 TrustManagerFactory 进行初始化，最后用 KeyManagerFactory 和 TrustManagerFactory 对 SSLContext 进行初始化，并创建 SSLSocket。

进行 SSL 通信：

```java
public static void process() throws Exception{
    String hello = "hello chenkangxian!";
    OutputStream output = sslSocket.getOutputStream();
    output.write(hello.getBytes(), 0, hello.getBytes().length);
    output.flush();

    byte[] inputBytes = new byte[20];
    InputStream input = sslSocket.getInputStream();
    input.read(inputBytes);

    System.out.println(new String(inputBytes));

}
```

使用 SSLSocket 与使用 Socket 其实区别不大，process 方法将给服务端发送"hello chenkangxian!"这个字符串，并解析服务端的返回，然后进行输出。

Java 实现的通信服务端。

SSLServerSocket 初始化：

```java
public static void init() throws Exception{

    int port = 1234;

    //keystore 中包含服务端的私钥与服务端的证书
    String keystorePath = "/home/longlong/temp/testssl/server.keystore";
    String trustKeystorePath = "/home/longlong/temp/testssl/ca-trust.keystore";
    String keystorePassword = "123456";

    SSLContext sslCentext = SSLContext.getInstance("SSL");

    //密钥库
    KeyManagerFactory kmf = KeyManagerFactory.getInstance("sunx509");

    //信任库
    TrustManagerFactory tmf = TrustManagerFactory.getInstance("sunx509");

    KeyStore keystore = KeyStore.getInstance("pkcs12");
    KeyStore trustKeystore = KeyStore.getInstance("jks");

    FileInputStream keystoreFis = new FileInputStream(keystorePath);
    keystore.load(keystoreFis, keystorePassword.toCharArray());

    FileInputStream trustKeystoreFis = new FileInputStream(trustKeystorePath);
    trustKeystore.load(trustKeystoreFis, keystorePassword.toCharArray());

    kmf.init(keystore, keystorePassword.toCharArray());
    tmf.init(trustKeystore);

    //上下文初始化
    sslCentext.init(kmf.getKeyManagers(), tmf.getTrustManagers(), null);

    serverSocket = (SSLServerSocket)sslCentext.getServerSocketFactory().createServerSocket(port);
    serverSocket.setNeedClientAuth(true);
}
```

与客户端的初始化类似，服务端初始化时也是先取得 SSLContext、KeyManagerFactory、TrustManagerFactory 的实例，然后加载服务端的密钥库和信任库到相应的 KeyStore，对 KeyManagerFactory 和 TrustManagerFactory 进行初始化，最后用 KeyManagerFactory 和 TrustManagerFactory 对 SSLContext 进行初始化，并创建 SSLServerSocket。

处理 SSL 请求：

```java
public static void process() throws Exception{

    String bye = "bye bye!";

    while(true){

        Socket socket = serverSocket.accept();

        byte[] inputBytes = new byte[20];
        InputStream input = socket.getInputStream();
        input.read(inputBytes);

        System.out.println(new String(inputBytes));

        OutputStream output = socket.getOutputStream();
        output.write(bye.getBytes(),0,bye.getBytes().length);
        output.flush();

    }
}
```

服务端的 SSLServerSocket 将在循环中不断地接收客户端的请求，将客户端传过来的字符串打印，并返回给客户端 "bye bye!"。

3.5.3　部署 HTTPS Web

HTTPS 既支持单向认证，也支持双向认证，单向认证仅需要服务端提供证书即可，客户端通过服务端证书验证服务端身份；而双向认证既需要服务端提供服务端的证书，也需要客户端提供客户端证书，需要同时验证服务端和客户端双方的身份，并对通信内容加密。

本节将以 Tomcat[33]为例，介绍如何在 Java 环境下，搭建基于 Tomcat 的单向认证和双向认证 HTTPS Web，此处将使用 3.2.5 节所生成的客户端、服务端证书和 CA 根证书，关于证书的生成请参照 3.2.5 节。

1. Tomcat 单向认证的配置

首先下载 Tomcat，Tomcat6 是目前最稳定最常用的版本。

```
wget http://mirrors.cnnic.cn/apache/tomcat/tomcat-6/v6.0.37/bin/apache-tomcat-6.0.37.tar.gz
```

解压：

```
tar -xf apache-tomcat-6.0.37.tar.gz
mv apache-tomcat-6.0.37 tomcat
```

启动 Tomcat，如图 3-41 所示。

```
cd tomcat/bin
./startup.sh
```

33：Tomcat，http://tomcat.apache.org/

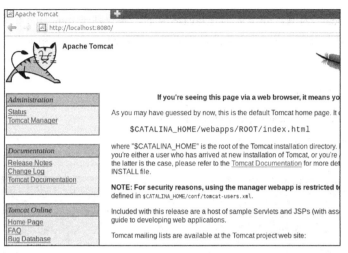

图 3-41　Tamcat 启动界面

修改 Tomcat 配置：

```
cd tomcat/conf
vim server.xml
```

找到默认注释的 HTTPS 配置的这一行：

```
<!--
  <Connector port="8443" protocol="HTTP/1.1" SSLEnabled="true"
        maxThreads="150" scheme="https" secure="true"
        clientAuth="false" sslProtocol="TLS" />
-->
```

打开注释，加上 keystore 的地址与 keystore 密码两项，keystoreFile="/home/longlong/temp/testssl/server.keystore"，keystorePass="123456"，并且将 port 修改为 HTTPS 默认的 443 端口。由于此处使用的 keystore 为 PKCS#12 格式，因此需要加上参数 keystoreType="pkcs12"，由于这里配置的是单向认证，只需要校验服务端证书的有效性，所以将 clientAuth 一项设置为 false。

```
<Connector port="443" protocol="HTTP/1.1" SSLEnabled="true"
      maxThreads="150" scheme="https" secure="true"
      clientAuth="false" sslProtocol="TLS"
      keystoreFile="/home/longlong/temp/testssl/server.keystore"
      keystorePass="123456"
      keystoreType="pkcs12"/>
```

Ubuntu 从 10.04 起，默认关闭 1024 以下的端口，需要安装 authbind 才能使用相应的端口。authbind 是 GNU 下的一个小工具，用于帮助系统管理员来为程序指定端口。

安装：

sudo apt-get install authbind

```
longlong@ubuntu:~$ sudo apt-get install authbind
[sudo] password for longlong:
Reading package lists... Done
Building dependency tree
Reading state information... Done
The following NEW packages will be installed:
  authbind
0 upgraded, 1 newly installed, 0 to remove and 174 not upgraded.
Need to get 16.9 kB of archives.
After this operation, 131 kB of additional disk space will be used.
WARNING: The following packages cannot be authenticated!
  authbind
Install these packages without verification [y/N]? y
Get:1 http://us.archive.ubuntu.com/ubuntu/ natty/main authbind i386 1.2.0build3 [16.9 kB]
Fetched 16.9 kB in 5s (3,183 B/s)
Selecting previously deselected package authbind.
(Reading database ... 123579 files and directories currently installed.)
Unpacking authbind (from .../authbind_1.2.0build3_i386.deb) ...
Processing triggers for man-db ...
Setting up authbind (1.2.0build3) ...
longlong@ubuntu:~$
```

配置 443 端口：

sudo touch /etc/authbind/byport/443

重新启动 tomcat：

sudo ./shutdown.sh

sudo authbind --deep ./startup.sh

由于 HTTPS 的默认端口为 443，因此在访问时可以不带端口号，直接使用 https://localhost 进行访问，用 Firefox 访问会看到如图 3-42 所示的页面。

图 3-42　访问显示界面

这是因为服务端证书目前是不可信任的,需要将颁发该服务端证书的根证书导入到浏览器,如图3-43所示。

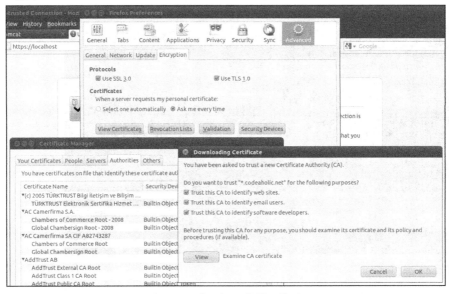

图3-43　导入根证书到浏览器

根证书内容如图3-44所示。

图3-44　根证书内容

由于服务端证书是给www.codeaholic.net这个域名颁发的,因此需要在本机上设置host,对该域名进行解析:

```
sudo vim /etc/hosts
```

增加如下条目：

127.0.0.1　www.codeaholic.net

浏览器中输入 https://www.codeaholic.net 便可进行访问，如图 3-45 所示。

图 3-45　访问页面

2．Tomcat 双向认证的配置

双向认证与单向认证的区别在于双向认证需要对客户端证书进行校验，这样通信的双方都可以通过证书对对方的身份进行校验，增加了通信的安全性。

相较于单向认证的配置，双向认证需要在其基础上进行些许修改：

Tomcat 的 server.xml 文件增加信任库配置，truststoreFile 指的是信任库地址，通过信任库中的根证书，服务端才能够对根证书签名的客户端证书进行识别，truststorePass 指的是信任库的密钥，truststoreType 指的是信任库的格式，并且启用客户端认证，将 clientAuth 设置为 true。

```
<Connector port="443" protocol="HTTP/1.1" SSLEnabled="true"
        maxThreads="150" scheme="https" secure="true"
        clientAuth="true" sslProtocol="TLS"
        keystoreFile="/home/longlong/temp/testssl/server.keystore"
        keystorePass="123456"
        keystoreType="pkcs12"
        truststoreFile="/home/longlong/temp/testssl/ca-trust.keystore"
        truststorePass="123456"
        truststoreType="jks"/>
```

浏览器导入包含客户端证书与私钥的 keystore 文件，如图 3-46 所示。

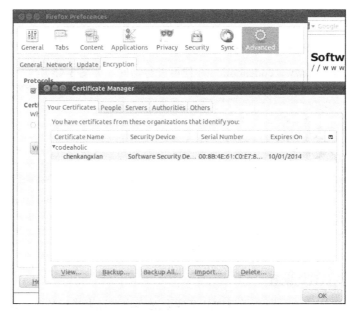

图 3-46 导入客户端证书与私钥的 keystore 文件

初次访问 https://www.codeaholic.net，会弹出客户端证书选择窗口，如图 3-47 所示。

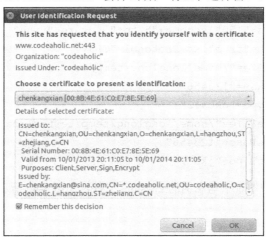

图 3-47 客户端证书选择窗口

选择正确的客户端证书即可进行访问。

随着互联网技术和电子商务的快速发展，HTTPS 协议在业界已经得到了广泛的认可和使用，有效地保护了用户私密信息的安全，像 Google 的 Gmail 邮件等安全级别较高的服务，已开始使用 2048 位密钥的 RSA 算法来进行加密，而像网上银行、第三方支付等一些金融行业，更是离不开 HTTPS 协议，大部分银行的专业版都需要使用内置客户端证书的 USB key 才能够进行操作，而像支付宝这类的第三方支付企业，在进行大额交易时，也必须先下载客户端证书才能够进行后续操作。HTTPS 协议已成为事实上的安全通信的工业标准。

3.6 OAuth 协议

前文所提到的摘要认证、签名认证和 HTTPS 协议，能够保障客户端与服务端在双方相互信任情况下通信的安全，但是对于下文所描述的场景来说，以上的认证方式却无能为力。

随着互联网的深入发展，一些互联网巨头逐渐积累了海量的用户和数据。对于平台级的软件厂商来说，用户需求多种多样，变化万千，以一己之力予以充分满足，难免疲于奔命，因此，将数据以接口的形式下放给众多的第三方开发者，便成了必然的趋势。第三方开发者经过二次开发，满足一小部分的用户的独特需求，即能够使自己获得利益，也能够让数据流动起来，在大平台周围形成一个良性的生态环境，最终达到用户、平台商、第三方开发者共赢。

理想是美好的，但是问题也随之而来，如何保障用户数据的安全，防止用户隐私泄露，便成为了首要的问题。平台商必须保障对于用户私有数据的访问，均是经过用户授权的合法行为，且不会对第三方泄露类似用户名和密码这样的核心数据。

在这样的背景下，诞生了 OAuth 协议。

3.6.1 OAuth 的介绍

OAuth[34]协议旨在为用户资源的授权访问提供一个安全、开放的标准。平台商通过OAuth协议，提示用户对第三方软件厂商（ISV）进行授权，使得第三方软件厂商能够使用平台商的部分数据，对用户提供服务，如图 3-48 所示。与以往的授权方式不同，OAuth协议并不需要触及用户的账户信息，即用户名密码，便可以完成第三方对用户信息访问的授权[35][36]。

---

34 IETF 关于 OAuth 协议的介绍见 http://tools.ietf.org/html/rfc5849。
35 OAuth 协议官网，http://oauth.net。
36 OAuth 协议的介绍见 http://zh.wikipedia.org/wiki/OAuth。

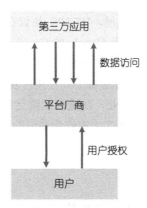

图 3-48　平台厂商通过 OAuth 协议对第三方应用授权

用户通过平台商对第三方应用进行授权，而第三方应用得到授权后，便可以在一定的时间内，通过平台商提供的接口，访问到用户授权的信息，为用户提供服务。

正是由于 OAuth 协议平衡了 ISV、平台商、用户三者间的诉求，很多大型互联网企业，如 Google、Yahoo!、Facebook、Microsoft 等，都通过 OAuth 协议对外开放了其所拥有的海量数据，繁荣了整个互联网生态圈，与此同时，也使得 OAuth 协议正逐渐成为开放资源授权的标准协议。

3.6.2　OAuth 授权过程

OAuth 发展到目前为止，一共经历了 OAuth1.0、OAuth1.0a、OAuth2.0 等几个版本，发展道路并非一帆风顺，期间也曾暴露出一些漏洞 [37]，并且不同的厂商也会推出不同的 OAuth 定制版本。不论是 OAuth1.0 还是 OAuth2.0，其核心思想都是将资源做权限分级和隔离，ISV 引导用户在平台端登录，完成授权。获得授权后 ISV 可以在一定时间段内访问用户的私有数据，用户可以完全把控这一过程，且授权可取消。这样第三方 ISV 能够利用平台商所拥有的一些数据来服务用户，为用户创造价值，形成了一个生态系统的闭环。

要获得 OAuth 协议授权，首先需要第三方开发者向平台商申请应用 ID，即 appId，对自己的 APP 进行注册。一次 OAuth 授权涵盖了三个角色：普通用户（consumer）、第三方应用（ISV）、平台商（platform）。OAuth 对 ISV 授权数据访问过程如图 3-49 所示，包含了如下几个步骤：

---

[37] OAuth 所暴露出安全漏洞，http://oauth.net/advisories/2009-1。

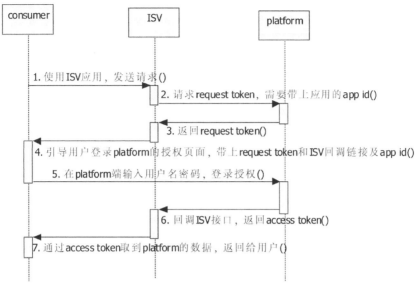

图 3-49　OAuth 协议授权数据访问过程

（1）用户先对 ISV 的应用进行访问，发起请求。

（2）ISV 接收到用户请求后，再向平台商请求 request token，并带上其申请的 appId。

（3）平台将返回给第三方应用 request token。

（4）ISV 应用将用户引导到平台的授权页面，并带上自己的 appId、request token 和回调地址。

（5）用户在平台的页面上进行登录，并且完成授权（这样便不会将用户名密码赤裸裸地暴露给第三方）。

（6）平台通过 ISV 提供的回调链接，返回给 ISV 应用 access token。

（7）ISV 应用通过 access token 取到用户授权的数据，进行加工后返回给用户，授权数据访问完成。

通常情况下，OAuth 协议在进行协议授权和数据传输时，包含的都是敏感度较高的内容，为了确保通信安全，一般会包含如前文所述的认证过程，如摘要认证、签名认证、HTTPS 等，由于前面章节已经详细介绍过，此处不再赘述。

OAuth 授权是一个相对较复杂的体系，涵盖系统设计的方方面面，不仅包括之前所说的认证过程，还需要解决开发者入驻、权限粒度的控制、token 生成和校验、分布式 session、公私钥的管理等一系列问题。但相较于几年前来说，随着开源社区的发展，一大批开源的 OAuth 库如雨后春笋般涌现，为 OAuth 协议的实现和使用降低了门槛，使得 OAuth 协议逐渐地开始走入"寻常百姓家"，为广大用户所知晓。目前已有很多开源社区开始支持 OAuth 协议，详情可以参照 http://oauth.net/2。

第 4 章
系统稳定性

一家成熟的大型网站如同一台时刻不停歇的印钞机，只要它不停止工作，即使不更新不搞活动，也能够给它的所有者实实在在地带来收益，给它的用户带来价值。一旦哪天印钞机坏了，工作人员应该在第一时间内知晓，并进行修理，因为拖的时间越长，所带来的损失就越大。同理，要保障线上系统的安全稳定地运行，开发人员也需要知晓系统当前的运行情况，当发生故障系统不可用时，相关的开发人员也应该第一时间获得消息，进行修复。

对于在线运行的系统来说，可能会碰到各种各样的问题，如依赖的应用宕机、程序 bug、线程死锁、黑客攻击、负载过高等各种奇怪、诡异甚至是匪夷所思的问题。一般来说，由于权限的限制，生产环境是不允许进行 debug 操作的。因此，当遇到问题后，经验丰富的程序员往往第一反应便是远程登录到相应的机器，找到相关系统的日志进行分析，以查找问题的根源。而在分析的过程中，难免会需要用到一些 shell 命令，或者编写一些脚本，以加快分析的速度，更快地从日志中筛选有价值的内容。

任何系统都会有一个设计的承载上限，一旦超过这个上限，系统将有被压垮的危险。就好比一座大桥，设计承载为 20 吨，一辆小轿车载重为 2 吨，开过去当然没有问题，假设一辆载重为 60 吨的大卡车开过去，那就很难说了。前两年有一些大型的电商网站，为了举办营销活动，前期花了大笔资金做了大量的宣传，因此活动当天吸引了大量访问，当汹涌的流量排山倒海压来时，由于没有做好充分的容量预估和压测，并且没有采用合理的限流措施，导致系统直接被压垮，所有的前期投入都付诸东流。作为系统的管理者，应该在系统上线之前，通过压力测试，了解系统能够承载的流量峰值；上线之后，需要做好流量的控制，在流量到来之前，制定相应的应急预案，从而避免系统被蜂拥而来的流量所压垮。

开发人员总是在思考，如何让自己开发的应用能够使用更少的资源服务好更多的用户，如何能够更加快速地响应用户的请求，减少用户等待。对于性能的渴求，促使他们不断寻找新的方法、新的思路来改进现有的应用程序，本章也将介绍一些常用的性能优化方法和思路供读者参考。

JDK 提供了一系列的故障跟踪和排查工具，如 jstat、jmap、jstack 等，这些工具能够帮助查看到 JVM 运行的一些细节，包括各内存空间的使用情况、GC 执行情况、线程堆栈、堆中对象等。通过这些信息，能帮助我们实时了解到 Java 应用的运行细节，快速地发现和定位可能存在的问题。

本章主要介绍和解决如下问题：
- 常用的在线日志分析命令的使用和日志分析脚本的编写，如 cat、grep、wc、less 等命令的使用，以及 awk、shell 脚本的编写。
- 如何进行集群的监控，包括监控指标的定义、心跳检测、容量评估等。
- 如何保障高并发系统的稳定运行，如采用流量控制、依赖管理、服务分级、开关等策略，以及介绍如何设计高并发系统。
- 如何优化应用的性能，包括前端优化、Java 程序优化、数据库查询优化等。
- 如何进行 Java 应用故障的在线排查，包括一系列排查工具的使用，以及一些实际案例的介绍等。

4.1 在线日志分析

日志中包含了程序在遇到异常情况所打印的堆栈信息，访问用户 IP 地址、请求 url、应用响应时间、内存垃圾回收信息，以及系统开发者在系统运行过程中想打印的任何信息。通过异常堆栈，可以定位到依赖的谁宕机了，产生问题的程序 bug 的行，对异常进行修复；通过访问 IP 和请求 url 和参数，排查是否遭到攻击，以及攻击的形式；通过应用的响应时间、垃圾回收，以及系统 load 来判断系统负载，是否需要增加机器；通过线程 dump，判断是否死锁及线程阻塞的原因；通过应用的 GC（Garbage Collection，即内存回收）日志，对系统代码和 JVM 内存参数进行优化，减少 GC 次数与 stop the world 时间，优化应用响应时间。

而要想通过日志分析得出系统产生问题的原因，首先需要熟悉日志分析的相关命令和脚本，从日志中筛选出有价值的内容。

4.1.1 日志分析常用命令

目前大部分互联网企业在线的应用服务器采用的都是 UNIX/Linux 操作系统，因此，熟练掌握一些常用的 shell 命令，能让工作事半功倍。

一些较为基础的入门级的操作，像 ls、cp、mv、rm、mkdir、touch 这些，此处便不做介绍了，如果对这些命令不熟悉的读者，请自行查阅相关资料。本节将介绍一些在日志分析中经常会用到的命令和技巧。

1. 查看文件的内容

cat 命令是一个显示文本文件内容的便捷工具，如果一个日志文件比较小，可以直接使用 cat 命令将其内容打印出来，进行查看。但对于较大的日志文件，请不要这样做，打开一个过大的文件可能会占用过多的系统资源，从而影响系统对外的服务。

```
longlong@ubuntu:~/temp$ cat access.log
124.119.202.29 455 GET www.xxx.com/list.htm www.qq.com 404 432004
126.119.222.29 230 GET www.xxx.com/list.htm www.qq.com 500 432004
124.119.22.59 120 POST www.xxx.com/detail.htm www.sina.com 404 439274
125.19.22.29 599 POST www.xxx.com/index.htm www.taobao.com 302 432004
126.119.222.29 599 GET www.xxx.com/detail.htm www.google.com 200 439274
125.119.222.39 455 POST www.xxx.com/index.htm www.google.com 302 432004
124.19.222.29 12 POST www.xxx.com/publish.htm www.sina.com 200 432943
125.119.222.39 455 GET www.xxx.com/userinfo.htm www.sina.com 302 490
124.19.222.29 98 POST www.xxx.com/publish.htm www.qq.com 200 31232
124.119.22.59 67 GET www.xxx.com/index.htm www.taobao.com 404 48243
124.119.202.29 230 GET www.xxx.com/publish.htm www.taobao.com 301 48243
124.109.222.29 98 GET www.xxx.com/list.htm www.taobao.com 500 31232
```

使用 cat 时，还可以带上 -n 参数，以显示行号：

```
longlong@ubuntu:~/temp$ cat -n access.log
     1  124.119.202.29 455 GET www.xxx.com/list.htm www.qq.com 404 432004
     2  126.119.222.29 230 GET www.xxx.com/list.htm www.qq.com 500 432004
     3  124.119.22.59 120 POST www.xxx.com/detail.htm www.sina.com 404 439274
     4  125.19.22.29 599 POST www.xxx.com/index.htm www.taobao.com 302 432004
     5  126.119.222.29 599 GET www.xxx.com/detail.htm www.google.com 200 439274
     6  125.119.222.39 455 POST www.xxx.com/index.htm www.google.com 302 432004
     7  124.19.222.29 12 POST www.xxx.com/publish.htm www.sina.com 200 432943
     8  125.119.222.39 455 GET www.xxx.com/userinfo.htm www.sina.com 302 490
     9  124.19.222.29 98 POST www.xxx.com/publish.htm www.qq.com 200 31232
```

2. 分页显示文件

cat 的缺点在于，一旦执行后，便无法再进行交互和控制。而 more 命令可以分页的展现文件内容，按 Enter 键显示文件下一行，按空格键便显示下一页，按 F 键显示下一屏内容，按 B 键显示上一屏内容。

```
longlong@ubuntu:~/temp$ more access.log
124.119.202.29 455 GET www.xxx.com/list.htm www.qq.com 40
4 432004
126.119.222.29 230 GET www.xxx.com/list.htm www.qq.com 50
0 432004
124.119.22.59 120 POST www.xxx.com/detail.htm www.sina.co
m 404 439274
125.19.22.29 599 POST www.xxx.com/index.htm www.taobao.co
m 302 432004
126.119.222.29 599 GET www.xxx.com/detail.htm www.google.
com 200 439274
125.119.222.39 455 POST www.xxx.com/index.htm www.google.
com 302 432004
124.19.222.29 12 POST www.xxx.com/publish.htm www.sina.co
m 200 432943
125.119.222.39 455 GET www.xxx.com/userinfo.htm www.sina.
com 302 490
--More--(0%)
```

另一个命令 less 提供比 more 更加丰富的功能，支持内容查找，并且能够高亮显示。

```
less access.log
```

使用/GET 查找字符串 GET，并且高亮显示。

```
124.119.202.29 455 GET www.xxx.com/list.htm www.
qq.com 404 432004
126.119.222.29 230 GET www.xxx.com/list.htm www.
qq.com 500 432004
124.119.22.59 120 POST www.xxx.com/detail.htm ww
w.sina.com 404 439274
125.19.22.29 599 POST www.xxx.com/index.htm www.
taobao.com 302 432004
126.119.222.29 599 GET www.xxx.com/detail.htm ww
w.google.com 200 439274
125.119.222.39 455 POST www.xxx.com/index.htm ww
w.google.com 302 432004
124.19.222.29 12 POST www.xxx.com/publish.htm ww
w.sina.com 200 432943
125.119.222.39 455 GET www.xxx.com/userinfo.htm
www.sina.com 302 490
124.19.222.29 98 POST www.xxx.com/publish.htm ww
/GET
```

3. 显示文件尾

使用 tail 命令能够查看到文件最后几行，这对于日志文件非常有效，因为日志文件常常是追加写入的，新写入的内容处于文件的末尾位置。

```
longlong@ubuntu:~/temp$ tail -n2 access.log
126.119.222.29 67 POST www.xxx.com/index.htm www
.taobao.com 301 432943
124.119.202.29 67 POST www.xxx.com/publish.htm w
ww.qq.com 302 432943
```

-n 参数后面跟的数字表示显示文件最后几行，此处为 2，表示显示文件最后 2 行。

指定-f 参数，可以让 tail 程序不退出，并且持续地显示文件新增加的行。

```
longlong@ubuntu:~/temp$ tail -n2 -f access.log
126.119.222.29 67 POST www.xxx.com/index.htm www
.taobao.com 301 432943
124.119.202.29 67 POST www.xxx.com/publish.htm w
ww.qq.com 302 432943
124.119.202.29 67 POST www.xxx.com/publish.htm w
ww.qq.com 302 432943
```

可以看到，给文件新写入一行，新写入的行也会实时显示出来。

4. 显示文件头

与 tail 命令类似，head 命令用于显示文件开头的一组行。

```
longlong@ubuntu:~/temp$ head -n2 access.log
124.119.202.29 455 GET www.xxx.com/list.htm www.
qq.com 404 432004
126.119.222.29 230 GET www.xxx.com/list.htm www.
qq.com 500 432004
```

-n 参数用来指定显示文件开头的几行，此处为 2，表示显示 access.log 开头 2 行。

5. 内容排序

一个文件中包含有众多的行，经常需要对这些行中的某一列进行排序操作，sort 命令的作用便是对数据进行排序。

```
longlong@ubuntu:~/temp$ cat sortfile
5
90
2
5
7
9
12
343
432
longlong@ubuntu:~/temp$ sort -n sortfile
2
5
5
7
9
12
90
343
432
```

可以看到，通过 cat 命令查看 sortfile，文件中数字是无序的，而通过 sort –n 命令查看，数字是从小到大排好了序的。sort 命令默认是按照字符序排列的，通过-n 参数，指定按照数字顺序来进行排列，带上-r 参数，表示按照逆序排列，

```
longlong@ubuntu:~/temp$ sort -n -r sortfile
432
343
90
12
9
7
5
5
2
```

还可以选取文件的指定列来进行排序：

```
longlong@ubuntu:~/temp$ sort -k 2 -t ' ' -n access.log
124.109.222.29 12 GET www.xxx.com/detail.htm ww
w.baidu.com 200 80834
124.109.222.29 12 GET www.xxx.com/detail.htm ww
w.baidu.com 301 48243
124.109.222.29 12 GET www.xxx.com/detail.htm ww
w.baidu.com 301 49397
124.109.222.29 12 GET www.xxx.com/detail.htm ww
w.baidu.com 302 490
124.109.222.29 12 GET www.xxx.com/detail.htm ww
w.baidu.com 404 98324
124.109.222.29 12 GET www.xxx.com/detail.htm ww
w.baidu.com 500 2789
124.109.222.29 12 GET www.xxx.com/detail.htm ww
w.google.com 302 3344
```

通过 sort 的-k 参数来指定排序的列，此处传的是 2，表示第二列；-t 参数指定列分割符，这里列的分隔符是空格；-n 指定按照数字来进行排序，数据的内容将按照文件的第二列，也就是请求响应时间，来进行排序。

6．字符统计

wc 命令可以用来统计指定文件中的字符数、字数、行数，并输出统计结果：

```
longlong@ubuntu:~/temp$ wc -l access.log
11001 access.log
```

使用-l 参数来统计文件中的行数，此处显示的以上文件有 11001 行。

还可以查看文件所包含的字节数：

```
longlong@ubuntu:~/temp$ wc -c access.log
781633 access.log
```

使用-c 参数能够显示文件的字节数，此处文件为 781633 字节。

可以通过-L 参数查看最长的行的长度：

```
longlong@ubuntu:~/temp$ wc -L access.log
75 access.log
```

通过 wc –L 得出最长的行长度为 75。

通过-w 参数，能够查看文件包含有多少个单词：

```
longlong@ubuntu:~/temp$ wc -w access.log
77007 access.log
```

7. 查看重复出现的行

uniq 命令可以用来显示文件中行重复的次数，或者显示仅出现一次的行，以及仅仅显示重复出现的行；并且 uniq 的去重针对的只是连续的两行，因此它常常与 sort 结合起来使用。

```
longlong@ubuntu:~/temp$ cat uniqfile
aaa
bbb
ccc
ddd
aaa
ddd
xx
yy
gg
eee
bbb
aaa
bbb
bbb
```

以上是文件内容，通过 sort 排序后，再通过 uniq 去重统计：

```
longlong@ubuntu:~/temp$ sort uniqfile | uniq -c
      3 aaa
      4 bbb
      1 ccc
      2 ddd
      1 eee
      1 gg
      1 xx
      1 yy
```

-c 参数用来在每一行最前面加上该行出现的次数。

展现仅出现一次的行：

```
longlong@ubuntu:~/temp$ sort uniqfile | uniq -c -u
      1 ccc
      1 eee
      1 gg
      1 xx
      1 yy
```

加上-u 参数，便只会显示出现一次的行。

展现重复出现的行：

```
longlong@ubuntu:~/temp$ sort uniqfile | uniq -c -d
      3 aaa
      4 bbb
      2 ddd
```

加上-d 参数，便只会显示重复出现的行。

8. 字符串查找

使用 grep 命令可以查找文件中符合条件的字符串，如果发现文件内容符合指定查找查找串的行，会将该行打印出来。

```
longlong@ubuntu:~/temp$ grep qq access.log
124.119.202.29 455 GET www.xxx.com/list.htm www.qq.com 404 432004
126.119.222.29 230 GET www.xxx.com/list.htm www.qq.com 500 432004
124.19.222.29 98 POST www.xxx.com/publish.htm www.qq.com 200 31232
124.119.202.29 455 GET www.xxx.com/detail.htm www.qq.com 500 439274
125.119.222.39 455 GET www.xxx.com/detail.htm www.qq.com 302 98324
125.19.22.29 455 GET www.xxx.com/publish.htm www.qq.com 302 432943
124.109.222.29 120 POST www.xxx.com/userinfo.htm www.qq.com 301 31232
124.19.222.29 78 POST www.xxx.com/publish.htm www.qq.com 500 490
124.19.222.29 21 GET www.xxx.com/publish.htm www.qq.com 500 2789
125.19.22.29 67 POST www.xxx.com/publish.htm www.qq.com 500 432004
125.119.222.39 67 GET www.xxx.com/detail.htm www.qq.com 404 2789
124.119.202.29 455 POST www.xxx.com/list.htm www.qq.com 302 49397
```

qq 为指定的查找串，而 access.log 是文件名称。

使用-c 参数，可以显示查找到的行数。

```
longlong@ubuntu:~/temp$ grep -c qq access.log
2262
```

grep 的查找支持正则表达式，比如查找 G 开头 T 结尾的字符串：

```
longlong@ubuntu:~/temp$ grep 'G.*T' access.log
124.119.202.29 455 GET www.xxx.com/list.htm www.qq.com 404 432004
126.119.222.29 230 GET www.xxx.com/list.htm www.qq.com 500 432004
126.119.222.29 599 GET www.xxx.com/detail.htm www.google.com 200 439274
125.119.222.39 455 GET www.xxx.com/userinfo.htm www.sina.com 302 490
124.119.22.59 67 GET www.xxx.com/index.htm www.taobao.com 404 48243
124.119.202.29 230 GET www.xxx.com/publish.htm www.taobao.com 301 48243
124.109.222.29 98 GET www.xxx.com/list.htm www.taobao.com 500 31232
124.119.202.29 599 GET www.xxx.com/detail.htm www.taobao.com 301 432943
```

9. 文件查找

常常需要修改一个文件，而只知道文件名称，不知道文件路径，或者需要查找一个文件的路径，这时就需要使用文件查找命令 find。

```
longlong@ubuntu:~/temp$ find /home/longlong -name access.log
/home/longlong/temp/access.log
```

在 /home/longlong 路径下查找文件名为 access.log 的文件，查找到的文件路径为 /home/longlong/temp/access.log。

查找以 txt 后缀结尾的文件：

```
longlong@ubuntu:~/temp$ find /home/longlong -name "*.txt"
/home/longlong/activemq-cpp/apr-1.4.8/test/data/file_datafile.txt
/home/longlong/activemq-cpp/apr-1.4.8/test/data/mmap_datafile.txt
/home/longlong/activemq-cpp/apr-util-1.5.2/xml/expat/win32/MANIFEST.txt
/home/longlong/activemq-cpp/util-linux-2.21.1/libmount/docs/libmount-sec
t
/home/longlong/activemq-cpp/util-linux-2.21.1/Documentation/col.txt
/home/longlong/activemq-cpp/util-linux-2.21.1/Documentation/getopt_chang
/home/longlong/activemq-cpp/util-linux-2.21.1/Documentation/mount.txt
```

还可以使用 find 命令，递归打印当前目录的所有文件：

```
longlong@ubuntu:~/temp/data1$ find . -print
.
./tmp
./storage
./blocksBeingWritten
./detach
./current
./current/subdir11
./current/subdir47
./current/subdir44
./current/blk_-6724776470345859348_1645.meta
./current/subdir18
./current/subdir10
./current/blk_3417714610468388698_1433.meta
./current/subdir53
./current/subdir33
```

其中．表示当前目录。

使用 whereis 命令，能够方便地定位到文件系统中可执行文件的位置：

```
longlong@ubuntu:~/temp/data1$ whereis zkCli.sh
zkCli: /usr/zookeeper/bin/zkCli.sh /usr/zookeeper/bin/zkCli.cmd
longlong@ubuntu:~/temp/data1$ whereis openssl
openssl: /usr/bin/openssl /usr/bin/X11/openssl /usr/local/openssl /man1/openssl.1ssl.gz
```

10. 表达式求值

在实际操作中，常常需要对表达式进行求值，使用 expr 命令，能够对运算表达式或者字符串进行运算求值。

```
longlong@ubuntu:~/temp/data1$ expr 10 \* 3
30
longlong@ubuntu:~/temp/data1$ expr 10 % 3
1
longlong@ubuntu:~/temp/data1$ expr 10 + 10
20
longlong@ubuntu:~/temp/data1$ expr index "www.qq.com" qq
5
longlong@ubuntu:~/temp/data1$ expr length "this is a test"
14
```

可以通过 expr 计算加减乘除表达式的值来查找字符串的索引位置，以及计算字符串的长度。因为 shell 可能会误解*的含义，因此乘法运算时必须使用反斜杠对*进行转义。

11. 归档文件

可以使用 tar 命令来生成归档文件，以及将归档文件展开。对于需要将多个日志文件从服务器拉到本地，以及从本地将工具包上传到服务器的场景，使用 tar 命令几乎是不可避免的。

```
longlong@ubuntu:~/temp/data1$ tar -cf aaa.tar detach tmp
longlong@ubuntu:~/temp/data1$ ls
aaa.tar  blocksBeingWritten  current  detach  storage  tmp
```

上述命令将当前目录下的 detach 和 tmp 目录打包成 aaa.tar 文件，其中-c 参数表示生成新的包，而-f 参数则指定包的名称。

通过-t 参数能够列出包中文件的名称：

```
longlong@ubuntu:~/temp/data1$ tar -tf aaa.tar
detach/
tmp/
```

而通过另一个参数-x 则能够对打好的包进行解压：

```
longlong@ubuntu:~/temp/data1/tmp$ tar -xf aaa.tar
longlong@ubuntu:~/temp/data1/tmp$ ls
aaa.tar  detach  tmp
```

12. URL 访问工具

要想在命令行下通过 HTTP 协议访问网页文档，就不得不用到一个工具，这便是 curl，它支持 HTTP、HTTPS、FTP、FTPS、Telnet 等多种协议，常被用来在命令行下抓取网页和监控 Web 服务器状态。

curl 功能强大，此处仅介绍它一些常见的用法，比如发起网页请求：

```
longlong@ubuntu:~$ curl www.google.com
<HTML><HEAD><meta http-equiv="content-type" content="text/html;charset=utf-8">
<TITLE>302 Moved</TITLE></HEAD><BODY>
<H1>302 Moved</H1>
The document has moved
<A HREF="http://www.google.com.hk/url?sa=p&amp;hl=zh-CN&amp;pref=hkredirect&amp;pval=yes&amp;q=http://www.google.com.hk/&amp;ust=1387541809641270&amp;usg=AFQjEb9XuLydTmNQSb8MebWVR1G6CmEw">here</A>.
</BODY></HTML>
```

加上-i 参数，返回带 header 的文档：

```
longlong@ubuntu:~$ curl -i www.google.com
HTTP/1.1 302 Found
Location: http://www.google.com.hk/url?sa=p&hl=zh-CN&pref=hkredirect&pval=yes&q=http://www.google.com.hk/&ust=1387543002135692&usg=AFQjCNF8quBsLfgzgFQMNEmD5D8fhS7o-g
Cache-Control: private
Content-Type: text/html; charset=UTF-8
Set-Cookie: PREF=ID=a44a20b79166a997:FF=0:NW=1:TM=1387542972:LM=1387542972:S=ybTVGdVOWvWPTuhG; expires=Sun, 20-Dec-2015 12:36:12 GMT; path=/; domain=.google.com
Date: Fri, 20 Dec 2013 12:36:12 GMT
Server: gws
Content-Length: 376
X-XSS-Protection: 1; mode=block
X-Frame-Options: SAMEORIGIN
Alternate-Protocol: 80:quic

<HTML><HEAD><meta http-equiv="content-type" content="text/html;charset=utf-8">
<TITLE>302 Moved</TITLE></HEAD><BODY>
<H1>302 Moved</H1>
The document has moved
<A HREF="http://www.google.com.hk/url?sa=p&amp;hl=zh-CN&amp;pref=hkredirect&amp;pval=yes&amp;q=http://www.google.com.hk/&amp;ust=1387543002135692&amp;usg=AFQjCNF8quBsLfgzgFQMNEmD5D8fhS7o-g">here</A>.
</BODY></HTML>
```

使用-I 参数，可以只返回页面的 header 信息：

```
longlong@ubuntu:~$ curl -I http://www.google.com
HTTP/1.1 302 Found
Location: http://www.google.com.hk/url?sa=p&hl=zh-CN&pref=hkredirect&pval=yes&q=
http://www.google.com.hk/&ust=1387543158356774&usg=AFQjCNFBMJ98Ic7yt3QwbXjLO7Lx_
RP1tQ
Cache-Control: private
Content-Type: text/html; charset=UTF-8
Set-Cookie: PREF=ID=3855f27081dce03d:FF=0:NW=1:TM=1387543128:LM=1387543128:S=so6
eaAsvZaEW2xll; expires=Sun, 20-Dec-2015 12:38:48 GMT; path=/; domain=.google.com
Date: Fri, 20 Dec 2013 12:38:48 GMT
Server: gws
Content-Length: 376
X-XSS-Protection: 1; mode=block
X-Frame-Options: SAMEORIGIN
Alternate-Protocol: 80:quic
```

curl 能做的不仅仅只有这些，还可以使用它来完成提交表单，传递 cookie 信息，构造 refer 等一系列操作。

当然，单条命令的作用始终有限，难成大气候。将不同的命令组合起来使用或者是编写成脚本，威力将更为强大，使用得当将会极大地提高工作效率。

13. 查看请求访问量

对于在线运行的系统来说，常常会碰到各种恶意攻击行为，其中比较常见的便是 HTTP flood，也称为 CC 攻击。如何能够快速地定位到攻击，并迅速响应，便成为开发运维人员必备的技能。定位问题最快捷的办法便是登录到相应的应用，查看访问日志，找到相应的攻击来源，如访问量排名前 10 的 IP 地址。

```
cat access.log | cut -f1 -d " " | sort | uniq -c | sort -k 1 -n -r | head -10
```

```
longlong@ubuntu:~/temp$ cat access.log | cut -f1 -d " " | sort | uniq -c | sort
-k 1 -n -r | head -10
   1455 174.119.232.29
   1437 124.119.22.59
   1397 125.119.222.39
   1385 124.19.222.29
   1359 124.119.202.29
   1354 126.119.222.29
   1337 125.19.22.29
   1277 124.109.222.29
```

页面访问量排名前 10 的 url：

```
cat access.log | cut -f4 -d " " | sort | uniq -c | sort -k 1 -n -r | head -10
```

```
longlong@ubuntu:~/temp$ cat access.log | cut -f4 -d " " | sort | uniq -c | sort
-k 1 -n -r | head -10
   2280 www.xxx.com/list.htm
   2236 www.xxx.com/userinfo.htm
   2194 www.xxx.com/publish.htm
   2165 www.xxx.com/index.htm
   2126 www.xxx.com/detail.htm
```

命令之间使用管道连接起来，摘取访问日志文件中指定的列，排序、去重后，再按照出现次数进行反向排序，取其中前 10 条记录，其中 cut 命令前面没有提到，此处用来过滤日志中的指定列，列之间使用空格来分隔。

14. 查看最耗时的页面

对于开发人员来说，页面的响应时间是非常值得关注的，因为这直接关系到用户能否快速地看到他想看到的内容。因此，开发人员常常需要将响应慢的页面找出来，进行优化：

```
cat access.log | sort -k 2 -n -r | head -10
```

```
longlong@ubuntu:~/temp$ cat access.log | sort -k 2 -n -r | head -10
174.119.232.29 740 POST www.xxx.com/userinfo.htm www.taobao.com 404 2789
174.119.232.29 740 POST www.xxx.com/userinfo.htm www.taobao.com 301 49397
174.119.232.29 740 POST www.xxx.com/userinfo.htm www.taobao.com 200 432004
174.119.232.29 740 POST www.xxx.com/userinfo.htm www.taobao.com 200 2789
174.119.232.29 740 POST www.xxx.com/userinfo.htm www.sina.com 500 48243
174.119.232.29 740 POST www.xxx.com/userinfo.htm www.sina.com 404 490
174.119.232.29 740 POST www.xxx.com/userinfo.htm www.sina.com 302 490
174.119.232.29 740 POST www.xxx.com/userinfo.htm www.sina.com 302 439274
174.119.232.29 740 POST www.xxx.com/userinfo.htm www.sina.com 302 432004
174.119.232.29 740 POST www.xxx.com/userinfo.htm www.sina.com 301 98324
```

其中，access.log 文件的第二行为页面的响应时间，通过 sort 按照第二行逆序后，再通过 head 命令取出排名前 10 的页面。

15. 统计 404 请求的占比

对于请求的返回码，有些时候也是需要关注的。例如，如果 404 请求占比过多，要么就是有恶意攻击者在进行扫描，要么就是系统出现问题了。同样，对于 500 的请求也是如此，可以通过如下命令来查看 404 请求的占比：

```
export total_line=`wc -l access.log | cut -f1 -d " "` && export not_found_line=`awk '$6=='404'{print $6}' access.log | wc -l` && expr $not_found_line \* 100 / $total_line
```

```
longlong@ubuntu:~/temp$ export total_line=`wc -l access.log | cut -f1 -d " "` &&
 export not_found_line=`awk '$6=='404'{print $6}' access.log | wc -l` && expr $n
ot_found_line \* 100 / $total_line
19
```

首先计算出 access.log 总的行数，通过 export 导出为 total_line 变量，然后通过 awk 命令输出 404 请求的行，通过 wc -l 统计 404 请求的行数，导出为 not_found_line 变量，最后通过 expr 命令，计算出 not_found_line 乘 100 除以 total_line 的值，也就是 404 请求所占的百分比。关于 awk 的用法，下一节将会有详细介绍。

当然，随着需求的千变万化，命令的组合方式千差万别，就好比不同的兵器，经过不同人的手能展现出不同的威力，运用之妙，存乎一心。下一节将重点介绍 sed 和 awk 两个重量级的大杀器，以及日志分析的一些常用脚本。

4.1.2 日志分析脚本

在介绍使用脚本方式分析处理日志之前，先介绍两种更为常用的文本处理工具，sed 和 awk，这些工具可以极大的简化需要完成的数据处理任务。

1. sed 编辑器

sed 编辑器也称为流编辑器（stream editor），普通的交互式编辑器如 vi，可以交互地接收键盘的命令，进行插入、删除和文本替换等操作。而流编辑器则是在编辑数据之前，预先指定数据的编辑规则，然后按照规则将数据输出到标准输出。在流编辑器的所有规则与输入的行匹配完毕以后，编辑器读取下一行，重复之前的规则。处理完所有数据后，流编辑器停止。因此，sed 是面向行的，并且 sed 并不会修改文件本身，除非使用重定向存储输出，所以 sed 是比较安全的。

sed 支持在命令行直接指定文本编辑命令，具体格式如下：

```
sed [options] 'command' file(s)
```

command 为具体的文本编辑命令，而 file 为输入的文件。

如将日志文件中的 xxx 替换成 yahoo 输出：

```
sed 's/xxx/yahoo/' access.log | head -10
```

```
longlong@ubuntu:~/temp$ sed 's/xxx/yahoo/' access.log | head -10
124.119.202.29 455 GET www.yahoo.com/list.htm www.qq.com 404 432004
126.119.222.29 230 GET www.yahoo.com/list.htm www.qq.com 500 432004
124.119.22.59 120 POST www.yahoo.com/detail.htm www.sina.com 404 439274
125.19.22.29 599 POST www.yahoo.com/index.htm www.taobao.com 302 432004
126.119.222.29 599 GET www.yahoo.com/detail.htm www.google.com 200 439274
125.119.222.39 455 POST www.yahoo.com/index.htm www.google.com 302 432004
124.19.222.29 12 GET www.yahoo.com/publish.htm www.sina.com 200 432943
125.119.222.39 455 GET www.yahoo.com/userinfo.htm www.sina.com 302 490
124.19.222.29 98 POST www.yahoo.com/publish.htm www.qq.com 200 31232
124.119.22.59 67 GET www.yahoo.com/index.htm www.taobao.com 404 48243
```

s 表示执行的是文本替换命令，将 xxx 替换成 yahoo。

筛选日志中指定的行输出：

```
sed -n '2,6p' access.log
```

```
longlong@ubuntu:~/temp$ sed -n '2,6p' access.log
126.119.222.29 230 GET www.xxx.com/list.htm www.qq.com 500 432004
124.119.22.59 120 POST www.xxx.com/detail.htm www.sina.com 404 439274
125.19.22.29 599 POST www.xxx.com/index.htm www.taobao.com 302 432004
126.119.222.29 599 GET www.xxx.com/detail.htm www.google.com 200 439274
125.119.222.39 455 POST www.xxx.com/index.htm www.google.com 302 432004
```

-n 参数表示只输出指定的行，而'2,6p'表示选择的是第二行与第六行之间的行。

根据正则表达式删除日志中指定的行：

```
sed '/qq/d' access.log
```

```
longlong@ubuntu:~/temp$ sed '/qq/d' access.log
124.119.22.59 120 POST www.xxx.com/detail.htm www.sina.com 404 439274
125.19.22.29 599 POST www.xxx.com/index.htm www.taobao.com 302 432004
126.119.222.29 599 GET www.xxx.com/detail.htm www.google.com 200 439274
125.119.222.39 455 POST www.xxx.com/index.htm www.google.com 302 432004
124.19.222.29 12 POST www.xxx.com/publish.htm www.sina.com 200 432943
125.119.222.39 455 GET www.xxx.com/userinfo.htm www.sina.com 302 490
124.119.22.59 67 GET www.xxx.com/index.htm www.taobao.com 404 48243
124.119.202.29 230 GET www.xxx.com/publish.htm www.taobao.com 301 48243
124.109.222.29 98 GET www.xxx.com/list.htm www.taobao.com 500 31232
```

d 表示执行的是文本删除命令，将包含 qq 的行删除。

显示文件行号：

```
sed '=' access.log
```

```
longlong@ubuntu:~/temp$ sed '=' access.log
1
124.119.202.29 455 GET www.xxx.com/list.htm www.qq.com 404 432004
2
126.119.222.29 230 GET www.xxx.com/list.htm www.qq.com 500 432004
3
124.119.22.59 120 POST www.xxx.com/detail.htm www.sina.com 404 439274
4
125.19.22.29 599 POST www.xxx.com/index.htm www.taobao.com 302 432004
5
126.119.222.29 599 GET www.xxx.com/detail.htm www.google.com 200 439274
6
```

=命令用来显示文件行号。

在行首插入文本：

```
sed -e 'i\head' access.log | head -10
```

```
longlong@ubuntu:~/temp$ sed -e 'i\head' access.log | head -10
head
124.119.202.29 455 GET www.xxx.com/list.htm www.qq.com 404 432004
head
126.119.222.29 230 GET www.xxx.com/list.htm www.qq.com 500 432004
head
124.119.22.59 120 POST www.xxx.com/detail.htm www.sina.com 404 439274
head
125.19.22.29 599 POST www.xxx.com/index.htm www.taobao.com 302 432004
head
126.119.222.29 599 GET www.xxx.com/detail.htm www.google.com 200 439274
```

i 命令用来在行首插入内容，i\head 表示在每行的前面插入 head 字符串。

在行末追加文本：

```
sed -e 'a\end' access.log | head -10
```

```
longlong@ubuntu:~/temp$ sed -e 'a\end' access.log | head -10
124.119.202.29 455 GET www.xxx.com/list.htm www.qq.com 404 432004
end
126.119.222.29 230 GET www.xxx.com/list.htm www.qq.com 500 432004
end
124.119.22.59 120 POST www.xxx.com/detail.htm www.sina.com 404 439274
end
125.19.22.29 599 POST www.xxx.com/index.htm www.taobao.com 302 432004
end
126.119.222.29 599 GET www.xxx.com/detail.htm www.google.com 200 439274
end
```

a 命令用来在行末追加内容，a\end 表示在每一行的末尾追加 end 字符串。

对匹配的行进行替换：

```
sed -e '/google/c\hello' access.log | head -10
```

```
longlong@ubuntu:~/temp$ sed -e '/google/c\hello' access.log | head -10
124.119.202.29 455 GET www.xxx.com/list.htm www.qq.com 404 432004
126.119.222.29 230 GET www.xxx.com/list.htm www.qq.com 500 432004
124.119.22.59 120 POST www.xxx.com/detail.htm www.sina.com 404 439274
125.19.22.29 599 POST www.xxx.com/index.htm www.taobao.com 302 432004
hello
hello
124.19.222.29 12 POST www.xxx.com/publish.htm www.sina.com 200 432943
125.119.222.39 455 GET www.xxx.com/userinfo.htm www.sina.com 302 490
126.119.222.29 98 POST www.xxx.com/publish.htm www.qq.com 200 31232
124.119.22.59 67 GET www.xxx.com/index.htm www.taobao.com 404 48243
```

c 命令用于对文本进行替换操作，查找/google/匹配的行，用 hello 对匹配的行进行替换。

可以将多个命令合并起来使用，使用分号分隔：

```
sed -n '1,5p;1,5=' access.log
```

```
longlong@ubuntu:~/temp$ sed -n '1,5p;1,5=' access.log
124.119.202.29 455 GET www.xxx.com/list.htm www.qq.com 404 432004
1
126.119.222.29 230 GET www.xxx.com/list.htm www.qq.com 500 432004
2
124.119.22.59 120 POST www.xxx.com/detail.htm www.sina.com 404 439274
3
125.19.22.29 599 POST www.xxx.com/index.htm www.taobao.com 302 432004
4
126.119.222.29 599 GET www.xxx.com/detail.htm www.google.com 200 439274
5
```

上面是两条命令，第一个是打印出第一行到第五行，第二条命令是将第一行到第五行每一行的行号打印出来。

如果编辑命令较为复杂，也支持将文本处理命令定义在文件中，具体的格式如下：

```
sed [options] -f scriptfile file(s)
```

比如下面的几条命令，将 xxx 替换成为 ttb，然后打印第一行到第六行，并且输出行号：

```
s/xxx/ttb/
1,6p
1,6=
```

将这些内容放在文件 testsed 中，通过-f 参数来指定文件，执行命令：

```
sed -n -f testsed access.log
```

```
longlong@ubuntu:~/temp$ cat testsed
s/xxx/ttb/
1,6p
1,6=
longlong@ubuntu:~/temp$ sed -n -f testsed access.log
124.119.202.29 455 GET www.ttb.com/list.htm www.qq.com 404 432004
1
126.119.222.29 230 GET www.ttb.com/list.htm www.qq.com 500 432004
2
124.119.22.59 120 POST www.ttb.com/detail.htm www.sina.com 404 439274
3
125.19.22.29 599 POST www.ttb.com/index.htm www.taobao.com 302 432004
4
126.119.222.29 599 GET www.ttb.com/detail.htm www.google.com 200 439274
5
125.119.222.39 455 POST www.ttb.com/index.htm www.google.com 302 432004
6
```

2．awk 程序

尽管 sed 编辑器能够方便动态地修改文本，但是它也有局限性，它不能提供类似于编程环境的文本处理规则定义的支持。因此，sed 可能还无法支持过于个性化的文本处理需求，而这恰好是 awk 的长处，它能够提供一个类似于编程的开放环境，让你能够自定义文本处理的规则，修改和重新组织文件中的内容。

awk 在流编辑方面比 sed 更为先进的是：它提供一种编程语言而不仅仅是一组文本编辑的命令，在编程语言的内部，可以定义保存数据的变量，使用算术和字符串操作函数对数据进行运算，支持结构化编程概念，能够使用 if 和循环语句等。

awk 使用的通用格式如下：

```
awk [option] 'pattern {action}' file
```

其中，option 为命令的选项，pattern 为行匹配规则，action 为执行的具体操作；如果没有 pattern，则对所有行执行 action，而如果没有 action，则打印所有匹配的行；file 为输入的文件。

打印文件指定的列：

```
awk '{print $1}' access.log | head -10
```

```
longlong@ubuntu:~/temp$ awk '{print $1}' access.log | head -10
124.119.202.29
126.119.222.29
124.119.22.59
125.19.22.29
126.119.222.29
125.119.222.39
124.19.222.29
125.119.222.39
124.19.222.29
124.119.22.59
```

print 命令用来格式化输出，支持转义字符，$1 表示第一列，awk 默认用空格将一行分割成多个列，可以使用-F 来指定列的分割符。

筛选指定的行，并且打印出其中一部分列：

```
awk '/google/{print $5,$6}' access.log | head -10
```

```
longlong@ubuntu:~/temp$ awk '/google/{print $5,$6}' access.log | head -10
www.google.com 200
www.google.com 302
www.google.com 200
www.google.com 301
www.google.com 301
www.google.com 404
www.google.com 302
www.google.com 500
www.google.com 301
www.google.com 301
```

使用/google/查找包含 Google 的行，并且打印第五、第六列。

查找 length 大于 40 的行，并且打印该行的第三列：

```
awk 'length($0)>40{print $3}' access.log | head -10
```

```
longlong@ubuntu:~/temp$ awk 'length($0)>40{print $3}' access.log | head -10
GET
GET
POST
POST
GET
POST
POST
GET
POST
GET
```

$0 表示当前的行，length($0)用来获取当前行的长度，然后通过 print $3 打印出第三列。

对内容进行格式化输出：

```
awk '{line = sprintf ( "method:%s,response:%s", $3 , $7 ); print line}' access.log | head -10
```

```
longlong@ubuntu:~/temp$ awk '{line = sprintf ( "method:%s,response:%s", $3 , $7
); print line}' access.log | head -10
method:GET,response:432004
method:GET,response:432004
method:POST,response:439274
method:POST,response:432004
method:GET,response:439274
method:POST,response:432004
method:POST,response:432943
method:GET,response:490
method:POST,response:31232
method:GET,response:48243
```

定义一个 line 的变量，用于接收 sprintf 的输出，而 sprintf 用于格式化输出第三行的请求方式和第七行的响应时间。

awk 支持编程的方式来定义文本处理，如果程序较为复杂，可以将文本处理程序定义在文件中，通过-f 选项来指定包含文本处理程序的脚本文件。例如，可以将前面执行的格式化输出命令放在 testawk 文件中。

```
awk -f testawk access.log | head -10
```

```
longlong@ubuntu:~/temp$ cat testawk
{line = sprintf ( "method:%s,response:%s", $3 , $7 ); print line}
longlong@ubuntu:~/temp$ awk -f testawk access.log | head -10
method:GET,response:432004
method:GET,response:432004
method:POST,response:439274
method:POST,response:432004
method:GET,response:439274
method:POST,response:432004
method:POST,response:432943
method:GET,response:490
method:POST,response:31232
method:GET,response:48243
```

当然，awk 能做的显然不只是这么点，正是由于其具备灵活的编程功能，所以提供了无限的扩展空间：

```
{
  if( map[$4] > 0 ){
    map[$4]=map[$4] + $2
    map_time[$4]=map_time[$4] + 1
  }
  else{
    map[$4]=$2
    map_time[$4]= 1
  }
}
END{
```

```
    for(i in map){
      print i"="map[i]/map_time[i];
    }
}
```

通过上面一段 awk 脚本，可以将输入的日志信息的第四列，也就是页面响应时间进行累加，并且将页面的访问次数也累加起来，最后求出平均值，也就是页面的平均响应时间。其中，变量 map 中存放的是每个 url 所对应的响应时间累加值，而 map_time 中存放的则是每个页面被访问的次数。awk 数组支持通过字符串进行索引，最后在 END 块中对 map 进行迭代，打印出每个 url 的平均响应时间。

```
longlong@ubuntu:~/temp$ cat testawk_script
{
if( map[$4] > 0 ){
    map[$4]=map[$4] + $2
    map_time[$4]=map_time[$4] + 1
  }
  else{
    map[$4]=$2
    map_time[$4]= 1
  }
}
END{
  for(i in map){
    print i"="map[i]/map_time[i];
  }
}
longlong@ubuntu:~/temp$ awk -f testawk_script access.log
www.xxx.com/detail.htm=223.116
www.xxx.com/userinfo.htm=215.349
www.xxx.com/list.htm=234.848
www.xxx.com/index.htm=220.804
www.xxx.com/publish.htm=220.856
```

通过上述文件中的 awk 脚本，成功地计算出了每个页面的响应时间。

当然，这里仅仅只介绍了 awk 的一少部分功能，但即便是这一少部分功能，也能够管中窥豹，足以显示 awk 功能的强大。

3. shell 脚本

脚本能够更加方便地使用外部工具和命令，将内容输出到各个通道甚至是数据库，处理和调度各种复杂的任务等。

举个例子来说，线上环境常常需要编写一些脚本来查看系统运行的情况，并且定期执行。一旦系统出现异常，便打印出错误消息，监控系统通过捕捉错误消息，发出报警。下面一个脚本将能够查看系统的 load 和磁盘占用，在 load 超过 2 或者磁盘利用超过 85% 的情况下报警：

```
#!/bin/bash
#chenkangxian@gmail.com
```

```
load=`top -n 1 | sed -n '1p' | awk '{print $11}'`
load=${load%\,*}
disk_usage=`df -h | sed -n '2p' | awk '{print $(NF - 1)}'`
disk_usage=${disk_usage%\%*}
overhead=`expr $load \> 2.00`
if [ $overhead -eq 1 ];then
 echo "system load is overhead"
fi
if [ $disk_usage -gt 85 ];then
 echo "disk is nearly full, need more disk space"
fi
exit 0
```

大致的流程是这样的，先通过 top 命令取得系统的 load 值，-n 后面的 1 表示只刷新一次，然后使用 sed 过滤出第一行，也就是包含 load 信息的行。top 命令会输出 1 分钟、5 分钟、15 分钟 load 的平均值，通过 awk 筛选出 1 分钟内的平均 load，赋值给 load 变量，而${load%\,*}则是从右边开始，过滤掉不需要的逗号。接下来便是获取磁盘的利用率，通过 df 命令取得磁盘利用率信息，用 sed 筛选包含磁盘总的利用率的第二行，通过 awk 命令，筛选出包含磁盘利用率的列，再使用${disk_usage%\%*}过滤掉最后的百分号。由于取到的 load 信息包含两位小数，因此需要使用 expr $load \> 2.00 命令进行比较，并且将结果赋值给 overhead。最后，通过 if 语句判断系统是否负载过高，或者磁盘利用率占 85%以上，如果达到上述上限，则打印输出相关警告信息。

另外，有些时候，一些关键的日志信息需要写入到 DB 当中，通过脚本来进行日志文件与数据库的同步，能够极大地提高工作效率。当然，这仅仅适合于少量数据间离线同步操作。

首先，建立相关的 MySQL 表，用来存储日志数据：

```
create table access_log(
ip varchar(20),#IP 地址
rt bigint,#响应时间
method varchar(10),#请求方式
url varchar(400),#请求地址
refer varchar(400),#请求来源
return_code int,#返回码
response_size bigint #响应大小
);
```

编写脚本，读取日志文件，并且进行字段切割，组装成 SQL 语句，再插入到具体的数据库表当中：

```bash
#!/bin/bash
#chenkangxian@gmail.com
ACCESS_FILE=/home/longlong/temp/access.log
MYSQL=/usr/bin/mysql
while read LINE
do
 OLD_IFS="$IFS"
 IFS=" "
 field_arr=($LINE)
 IFS="$OLD_IFS"
 STATEMENT="insert into access_log values('${field_arr[0]}',${field_arr[1]},'${field_arr[2]}','${field_arr[3]}','${field_arr[4]}',${field_arr[5]},${field_arr[6]});"
 echo $STATEMENT
 $MYSQL test -u root -p123456 -e "${STATEMENT}"
done < $ACCESS_FILE
exit 0
```

大致的流程是这样的，脚本首先定义日志文件路径及 MySQL 的安装路径，通过一个 while 循环，读取到日志文件 access.log 当中的行，将行通过空格进行分割，分成一个个 field，存放到数组 field_arr 当中，定义 insert 语句，将分割的 field 组装成 insert 语句，然后调用 MySQL 执行插入操作。其中，OLD_IFS 用来临时存放系统的数组分隔符，将系统的数组分隔符重新定义成空格，field_arr=($LINE)表示使用 IFS 变量对一行数据进行切割，存放到 field_arr 数组变量当中，最后通过 OLD_IFS 变量将系统的 IFS 还原。MySQL 插入操作，需要指定 MySQL 的库名 test，-u 选项指定了用户名 root，而-p 则指定了用户的密码，-e 后面跟的是需要执行的 SQL 语句。

可以看到，数据已经被插入到 DB 对应的表中：

```
mysql> select count(*) from access_log;
+----------+
| count(*) |
+----------+
|    11001 |
+----------+
1 row in set (0.01 sec)
```

总之，脚本能做的还有很多，海阔凭鱼跃，天高任鸟飞，没有做不到的，只有想不到的。

当然，登录到相应的机器只能够了解到本地系统当前的状态，无法与往期进行对比，且完全依赖于手工。如何能够将相应集群的日志收集分析，实时展现分析结果，并且能够与往期的数据进行对比，而不需要登录到相应的机器手工操作呢，后面章节关于日志收集系统的介绍，将能够解答这个问题。

4.2 集群监控

大型的互联网企业的背后，依靠的是成千上万台服务器日夜不停运转，以支撑其业务的运转。宕机对于互联网企业来说，代价是沉重的，轻则影响用户体验，重则直接影响交易，导致交易下跌，并且给企业声誉造成不可挽回的损失。对于这些机器对应的开发和运维人员来说，即便是每台机器登录一次，登录这么多台机器也够呛，何况还需要进行系统指标的检查。因此，依靠人力是不可能完成 24 小时不间断监控服务器的任务的。

如今，互联网已经深入到人们生活的每个角落，可以想象一下，假如哪一天 Google 或者 Baidu 不能进行搜索，抑或是 amazon 或者 taobao 不能进行购物，这个世界将会如何？因此，成熟稳健的系统往往需要对集群运行时的各个指标进行收集，如系统的 load、CPU 的利用率、I/O 繁忙程度、网络 traffic、内存利用率、应用心跳等，对这些信息进行实时监控，如发现异常情况，能够第一时间通知到相应的开发和运维人员进行处理，在用户还没察觉之前处理完故障和异常，将损失降到最低。

4.2.1 监控指标

系统运行的繁忙程度、健康状态，反映在一系列的运行期指标上，不管是 CPU 负载过高，磁盘 I/O 过于频繁，或者内存使用过多，导致频繁 Full GC，抑或是请求 qps 过高，系统不堪重负，或网络过于繁忙、丢包率上升等情况。由木桶原理我们可以得知，只要任何一个地方出现瓶颈，将导致整体的服务质量下降。因此，实时获知这些关键的系统指标便显得尤为重要。一旦某项指标超过假定的阈值，被监控系统捕捉以后，将自动通知相应的开发和运维人员进行处理。

1. load

在 Linux 系统中，可以通过 top 和 uptime 命令来查看系统的 load 值，那什么是系统的 load 呢？系统的 load 被定义为特定时间间隔内运行队列中的平均线程数，如果一个线程满足以下条件，该线程就会处于运行队列中：

- 没有处于 I/O 等待状态；
- 没有主动进入等待状态，也就是没有调用 wait 操作；
- 没有被终止。

每个CPU的核都维护了一个运行队列，系统的load主要由运行队列来决定。假设一个CPU有 8 个核，运行的应用程序启动了 16 个线程，并且这 16 个线程都处于运行状态，那么在平均分配的情况下，每个CPU的运行队列中就有 2 个线程在运行。假设这种情况维持了 1 分钟，那么这一分钟内的系统 load 值就为 2。当然，load 计算的算法较为复杂，因此，这种情况也非绝对[1]。

load 的值越大，也就意味着系统的 CPU 越繁忙，这样线程运行完以后等待操作系统分配下一个时间片段的时间也就越长。一般来说，只要每个 CPU 当前的活动线程数不大于 3，我们认为它的负载是正常的，如果每个 CPU 的线程数大于 5，则表示当前系统的负载已经非常高了，需要采取相应的措施来降低系统的负载，以便影响系统的响应速度。

使用 uptime 查看系统的 load：

```
longlong@ubuntu:~$ uptime
 21:32:39 up 7 min,  2 users,  load average: 0.22, 0.36, 0.26
longlong@ubuntu:~$
```

load average 后面跟的三个值分别表示在过去的 1 分钟、5 分钟、15 分钟内系统的 load 值。

2. CPU 利用率

在 Linux 系统下，CPU 的时间消耗主要在这几个方面，即用户进程、内核进程、中断处理、I/O 等待、Nice 时间、丢失时间、空闲等几个部分，而 CPU 的利用率则为这些时间所占总时间的百分比。通过 CPU 的利用率，能够反映出 CPU 的使用和消耗情况。

可以通过 top 命令来查看 Linux 系统的 CPU 消耗情况：

```
top | grep Cpu
```

```
longlong@ubuntu:~$ top | grep Cpu
Cpu(s):  0.6%us,  1.2%sy,  0.2%ni, 94.8%id,  3.1%wa,  0.0%hi,  0.0%si,  0.0%st
Cpu(s):  7.9%us,  2.4%sy,  0.0%ni, 89.7%id,  0.0%wa,  0.0%hi,  0.0%si,  0.0%st
Cpu(s):  0.7%us,  0.7%sy,  0.0%ni, 98.3%id,  0.3%wa,  0.0%hi,  0.0%si,  0.0%st
Cpu(s):  0.3%us,  1.0%sy,  0.0%ni, 98.7%id,  0.0%wa,  0.0%hi,  0.0%si,  0.0%st
```

其中，CPU 后面跟的各个列便是各种状态下 CPU 所消耗的时间占比。

用户时间（User Time）即 us 所对应的列，表示 CPU 执行用户进程所占用的时间，通常情况下希望 us 的占比越高越好。

系统时间（System Time）即 sy 所对应的列，表示 CPU 在内核态所花费的时间，sy 的占比较高，通常意味着系统在某些方面设计的不合理，比如频繁的系统调用导致的用户态与内核态的频繁切换。

Nice 时间（Nice Time）即 ni 所对应的列，表示系统在调整进程优先级的时候所花费的时间。

空闲时间（Idle TIme）即 id 所对应的列，表示系统处于空闲期，等待进程运行，这个过程所占用的时间。当然，我们希望 id 的占比越低越好。

等待时间（Waiting Time）即 wa 所对应的列，表示 CPU 在等待 I/O 操作所花费的时间，系统不应花费大量的时间来进行等待，否则便表示可能有某个地方设计不合理。

---

[1] 关于 load 的详细介绍参见 http://en.wikipedia.org/wiki/Load_(computing)。

硬件中断处理时间（Hard Irq Time）即 hi 所对应的列，表示系统处理硬件中断所占用的时间。

软件中断处理时间（Soft Irq Time）即 si 所对应的列，表示系统处理软件中断所占用的时间。

丢失时间（Steal Time）即st所对应的列，是在硬件虚拟化开始流行后操作系统新增的一列，表示被强制等待虚拟CPU的时间，此时hypervisor[2]正在为另一个虚拟处理器服务。如果st占比较高，则表示当前虚拟机与该宿主上的其他虚拟机间的CPU争用较为频繁。

对于多个或者多核 CPU 的情况，常常需要查看每个 CPU 的利用情况，此时可以按 1，便可以查看到每个核的 CPU 利用率：

```
top - 23:20:49 up 4 min,  3 users,  load average: 0.23, 0.62, 0.31
Tasks: 173 total,   1 running, 172 sleeping,   0 stopped,   0 zombie
Cpu0  :  0.7%us,  2.0%sy,  0.0%ni, 97.3%id,  0.0%wa,  0.0%hi,  0.0%si,  0.0%st
Cpu1  :  0.3%us,  1.0%sy,  0.0%ni, 98.7%id,  0.0%wa,  0.0%hi,  0.0%si,  0.0%st
Cpu2  :  0.7%us,  1.0%sy,  0.0%ni, 98.3%id,  0.0%wa,  0.0%hi,  0.0%si,  0.0%st
Cpu3  :  0.3%us,  0.3%sy,  0.0%ni, 99.3%id,  0.0%wa,  0.0%hi,  0.0%si,  0.0%st
Mem:   1026132k total,   586340k used,   439792k free,    27624k buffers
Swap:  1046524k total,        0k used,  1046524k free,   250144k cached

  PID USER      PR  NI  VIRT  RES  SHR S %CPU %MEM    TIME+  COMMAND
 1048 root      20   0  111m  43m 6968 S    4  4.4   0:07.45 Xorg
 2117 longlong  20   0  256m  80m  31m S    4  8.1   0:07.72 compiz
 2388 longlong  20   0 77868  15m  10m S    2  1.6   0:01.59 gnome-terminal
   10 root      20   0     0    0    0 S    1  0.0   0:02.82 rcu_sched
 2151 longlong  20   0 70484  15m  12m S    1  1.5   0:01.31 vmtoolsd
 1507 root      20   0 26956 4148 3416 S    0  0.4   0:00.42 vmtoolsd
 2240 longlong  20   0 42396  10m 8540 S    0  1.0   0:00.34 gtk-window-deco
 2495 longlong  20   0  2852 1172  876 S    0  0.1   0:00.36 top
    1 root      20   0  3656 2056 1288 S    0  0.2   0:01.95 init
```

默认情况下 top 是按照进程来显示 CPU 的消耗情况的，按"Shift+H 键"可以按照线程来查看 CPU 的消耗情况，这一点对于 Java 应用来说非常有用。

```
top -p 2864
```

```
longlong@ubuntu:~$ jps
2864 QuorumPeerMain
3020 Jps
longlong@ubuntu:~$ top -p 2864

top - 23:10:05 up  1:45,  3 users,  load average: 0.09, 0.11, 0.08
Tasks:   4 total,   0 running,   4 sleeping,   0 stopped,   0 zombie
Cpu(s):  0.0%us,  1.0%sy,  0.0%ni, 96.6%id,  0.3%wa,  0.0%hi,  0.0%si,  0.0%st
Mem:   1026108k total,   809592k used,   216516k free,    97364k buffers
Swap:  1046524k total,        0k used,  1046524k free,   325140k cached

  PID USER      PR  NI  VIRT  RES  SHR S %CPU %MEM    TIME+  COMMAND
 2864 longlong  20   0  404m  23m  10m S  0.0  2.4   0:00.01 java
 2867 longlong  20   0  404m  23m  10m S  0.0  2.4   0:00.60 java
 2868 longlong  20   0  404m  23m  10m S  0.0  2.4   0:00.04 java
 2869 longlong  20   0  404m  23m  10m S  0.0  2.4   0:00.00 java
```

-p 选项可以指定查看的进程。

---

2 关于 hypervisor，http://www.ibm.com/developerworks/cn/linux/l-hypervisor。

3. 磁盘剩余空间

磁盘剩余空间也是一个非常关键的指标，如果磁盘没有足够的剩余空间，正常的日志写入及系统 I/O 都将无法进行。

通过 df 命令，能够看到磁盘的剩余空间：

```
df -h
```

```
longlong@ubuntu:~$ df -h
Filesystem      Size  Used Avail Use% Mounted on
/dev/sda1        29G  7.0G   20G  26% /
udev            494M  4.0K  494M   1% /dev
tmpfs           201M  780K  200M   1% /run
none            5.0M     0  5.0M   0% /run/lock
none            502M  152K  501M   1% /run/shm
```

-h 选项表示按单位格式化输出。该命令显示 sda1 一共有 29 GB 的空间，7.0 GB 已用，剩余 20 GB 空间可用。

如果需要查看具体目录所占用的空间，分析大文件所处位置，可用使用 du 命令来进行查看：

```
du -d 1 -h /home/longlong
```

```
longlong@ubuntu:~$ du -d 1 -h /home/longlong
576M    /home/longlong/activemq-cpp
4.0K    /home/longlong/Desktop
240K    /home/longlong/.gconf
96K     /home/longlong/.config
71M     /home/longlong/ceclipse
12M     /home/longlong/tomcat
72K     /home/longlong/ca_dir
4.0K    /home/longlong/Public
12K     /home/longlong/.dbus
8.0K    /home/longlong/.vim
4.0K    /home/longlong/Documents
4.0K    /home/longlong/Pictures
4.0K    /home/longlong/Downloads
298M    /home/longlong/eclipse
3.0M    /home/longlong/metastore_db
388M    /home/longlong/.gstreamer-0.10
40K     /home/longlong/.pulse
15M     /home/longlong/.mozilla
60K     /home/longlong/storm
4.0K    /home/longlong/Videos
107M    /home/longlong/chukwa
569M    /home/longlong/hadoop
```

其中-d 参数用来指定递归深度，这里指定为 1，表示只列出指定目录的下一级目录文件的大小，-h 选项用来进行按文件大小单位的格式化输出。

4. 网络 traffic

对于对外提供服务的网络应用而言，网络的 traffic 也很值得关注。一般而言，托管在运营商机房的机器，网络带宽一般情况下不会成为瓶颈，并且集群内部网络都是通过光纤来进行通信，传输质量相当好。但对于单个节点来说，由于业务赋予的使命不尽相同，比如某些节点是进行负载均衡和反向代理的节点，某些节点是集群的 Master，对于网卡和带宽的要求更高。并且在某些极端情况下，比如大促活动、热点事件，网络流量急剧上升，也不排除某些应用会出现网络瓶颈。因此，关注网络的流量，清楚各个节点的阈值和水位，对于开发和运维人员来说也十分重要。

通过 sar 命令，可以看到系统的网络状况：

```
sar -n DEV 1 1
```

-n 选项表示汇报网络状况，而 DEV 则表示查看的是各个网卡的网络流量，第一个 1 表示每一秒抽样一次，第二个 1 表示总共取一次。

展示的结果中，lo 表示的是本地回环网络，而 eth0 表示的是网卡。后面的 rxpck/s 表示的是每秒接收的数据包数量，txpck/s 表示的是每秒发出的数据包数量，rxKB/s 表示每秒接收到的字节数（KB），txKB/s 表示的是每秒发送的字节数（KB），rxcmp/s 表示每秒收到的压缩包的数量，txcmp/s 表示每秒发送的压缩包的数量，rxmcst/s 表示每秒收到的广播包的数量，Average 表示的是多次取样的平均值。

```
longlong@ubuntu:~$ sar -n DEV 1 1
Linux 3.8.0-29-generic (ubuntu)     01/01/2014      _i686_    (4 CPU)

03:08:56 AM     IFACE   rxpck/s   txpck/s   rxkB/s   txkB/s   rxcmp/s   txcmp/s   rxmcst/s
03:08:57 AM        lo      0.00      0.00     0.00     0.00      0.00      0.00       0.00
03:08:57 AM      eth0      0.00      0.00     0.00     0.00      0.00      0.00       0.00

Average:        IFACE   rxpck/s   txpck/s   rxkB/s   txkB/s   rxcmp/s   txcmp/s   rxmcst/s
Average:           lo      0.00      0.00     0.00     0.00      0.00      0.00       0.00
Average:         eth0      0.00      0.00     0.00     0.00      0.00      0.00       0.00
```

5. 磁盘 I/O

磁盘 I/O 的繁忙度也是一个重要的系统指标。对于 I/O 密集型的应用来说，比如数据库应用和分布式文件系统等，I/O 的繁忙程度也一定程度地反映了系统的负载情况，容易成为应用性能的瓶颈。

查看系统的 I/O 状况：

```
iostat -d -k
```

```
longlong@ubuntu:~$ iostat -d -k
Linux 3.8.0-29-generic (ubuntu)     01/01/2014      _i686_    (4 CPU)

Device:            tps    kB_read/s    kB_wrtn/s    kB_read    kB_wrtn
sda               3.60        43.27         7.22     398255      66472
```

使用 iostat 工具能够看到磁盘的 I/O 情况，其中-d 选项表示查看磁盘使用情况，-k 选项表示以 KB 为单位显示。显示的各个列中，Device 表示设备名称，tps 表示每秒处理的 I/O 请求数，kB_read/s 表示每秒从设备读取的数据量，kB_wrtn/s 表示每秒向设备写入的数据量，kB_read 表示读取的数据总量，kB_wrtn 表示写入的数据总量。

6. 内存使用

程序运行时的数据加载、线程并发、I/O 缓冲等，都依赖于内存，可用内存的大小决定了程序是否能正常运行以及运行的性能。

通过 free 命令，能够查看到系统的内存使用情况，加上-m 参数表示以 MB 为单位：

```
free -m
```

```
longlong@ubuntu:~$ free -m
              total       used       free     shared    buffers     cached
Mem:           1002        616        385          0         27        275
-/+ buffers/cache:         313        688
Swap:          1021          0       1021
```

Linux 的内存包括物理内存 Mem 和虚拟内存 swap，下面介绍下每一列的含义：

- total：内存总共的大小；
- used：已使用内存的大小；
- free：可使用的内存大小；
- shared：多个进程共享的内存空间大小；
- buffers：缓冲区的大小；
- cached：缓存的大小。

Linux 的内存管理机制与 Windows 有所不同，其中有一个思想便是内存利用率最大化，内核会将剩余的内存申请为 cached，而 cached 不属于 free 范畴。因此，当系统运行时间较长时，会发现 cached 这块区域比较大，对于有频繁文件读/写操作的系统，这种现象更加明显。

但是，free 的内存小，并不代表可用的内存小，当程序需要申请更大的内存时，如果 free 内存不够，系统会将部分 cached 或 buffers 内存回收，回收的内存再分配给应用程序。因此，Linux 可用于分配的内存不仅仅只有 free 的内存。可看 free 命令显示的第三行，也就是-/+ buffers/cache 对应的行，这一行将内存进行了重新计算，used 减去 buffers 和 cached 占用的内存，而 free 则加上了 buffers 和 cached 对应的内存。

对于应用来说，更值得关注的应该是虚拟内存 swap 的消耗，swap 内存使用过多，表示物理内存已经不够用了，操作系统将本应该物理内存存储的一部分内存页调度到磁盘上，以腾出足够的空间给当前的进程使用。当其他进程需要运行时，再从磁盘将内存的页调度到物理内存当中，以恢复进程的运行。而这个调度的过程，则会产生 swap I/O，如果 swap I/O 较为频繁，将严重地影响系统的性能。

通过 vmstat 命令，可以查看到 swap I/O 的情况：

vmstat

```
longlong@ubuntu:~$ vmstat
procs -----------memory---------- ---swap-- -----io---- -system-- ------cpu-----
 r  b   swpd   free   buff  cache   si   so    bi    bo   in   cs us sy id wa
 2  0      0 378192  28504 282657    0    0    11     0   27   52  0  0 99  0
```

其中，swap 列的 si 表示每秒从磁盘交换到内存的数据量，单位是 KB/s，so 表示每秒从内存交换到磁盘的数据量，单位也是 KB/s。

对于 Java 应用来说，JVM 有一套较为复杂和精巧的自动内存回收机制，关于 JVM 的内存分区及内存优化，后面章节将会有提到。

7. qps

qps 是 query per second 的缩写，即每秒查询数。qps 在很大程度上代表了系统在业务上的繁忙程度，而每次请求的背后，可能对应着多次磁盘 I/O、多次网络请求，以及多个 CPU 时间片。

通过关注系统的 qps 数，我们能够非常直观地了解到当前系统业务情况，一旦当前系统的 qps 值超过所设置的预警阈值，即可考虑增加机器以对集群进行扩容，以免因压力过大而导致宕机。集群预警阈值的设置，可以根据前期压测得出的值，综合后期的运维经验，评估一个较为合理的数值。

8. rt

rt 是 response time 的缩写，即请求的响应时间。响应时间是一个非常关键的指标，直接关系到前端的用户体验。因此，任何开发人员和设计师都想尽可能地降低系统的 rt 时间。对于 Web 应用来说，如果响应太慢而导致用户失去耐心，将流失大量的用户。降低 rt 时间需要从各个方面入手，找到应用的瓶颈，对症下药。例如，通过部署 CDN 边缘节点来缩短用户请求的物理路径；通过内容压缩来减少传输的字节数；使用缓存来减少磁盘 I/O 和网络请求等。

而通过 Apache 或者 Nginx 的访问日志，便能够得知每个请求的响应时间。以 Nginx 为例，在访问日志的输出格式中，增加$request_time 的输出，便能够获得响应时间。

CPU、内存、网络、磁盘、qps 和 rt，这些对于所有类型的应用都需要关注，也有一些指标只针对某一类型的应用，如 select/ps、update/ps、delete/ps 只针对数据库应用，thread running 只针对 MySQL 数据库应用，FullGC 只针对 Java 应用。

9. select/ps

对于数据库应用来说，单纯的 qps 或者 tps（transaction per second，即每秒事务数）所反映的系统繁忙程度还不够细致，因为读取数据和写入数据所耗费的资源是不相同的，而对于读多写少或是写多读少的应用采取的优化策略也不尽相同。

select/ps 记录了数据库每秒处理的 select 语句的数量。对于 MySQL 数据库来说，如果 select

请求数量过多，则可以适当地增加读库，以降低系统读的压力。

10. update/ps、delete/ps

update/ps 记录了数据库每秒处理 update 语句的数量，相应的，delete/ps 则记录了数据库每秒处理 delete 语句的数量。对于 MySQL 数据库来说，如果 update/delete 这样的写入请求过多，单单增加读的 slave 已经解决不了问题，这时需要对相应的库进行拆分，将请求分散到其他集群。

11. GC

对于 Java 应用来说，GC 是一个不得不关注的指标。当 GC 发生时，JVM 上的应用程序的工作线程将会暂时停止运行，从外部来看便是程序暂时停止响应。从 JDK1.3 开始，到现在的 JDK1.7，JVM 虚拟机开发团队一直致力于消除或者减少工作线程因内存回收而导致的停顿，用户线程的停顿时间在不断地缩短，但是仍然没办法完全消除。

在 JVM 内存分代回收的情况下，对象在 JVM 内存的新生代 Eden 区中分配。当 Eden 区没有足够的空间时虚拟机将发起一次 Minor GC，对内存进行垃圾回收。Minor GC 指的是发生在新生代的 GC，因为 Java 对象大多数具备朝生夕死的特征，因此，Minor GC 发生的比较频繁，但一般回收速度比较快。而 Major GC，也称为 Full GC，指的是发生在老年代的 GC，Full GC 的速度则比 Minor GC 慢得多，因此应用因为 GC 而停顿的时间也就更长。JVM 内存的分代收集如图 4-1 所示。

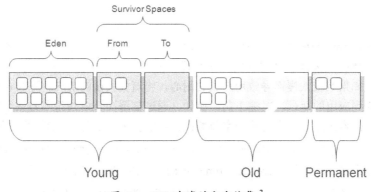

图 4-1　JVM内存的分代收集[3]

可以对 JVM 的一些内存参数进行调整和优化，以降低 GC 时应用停止响应的时间。如果一个 Java 应用频繁地进行 Full GC，我们认为它的性能是有问题的。因此，实时获得应用的 GC 情况，便显得非常有意义了。

本节介绍了一系列有关系统运行情况的关键性指标，通过在机器部署 agent 或将相关信息输出到日志文件，再通过相应的日志收集系统，实时地对信息进行收集，我们便能够对集群的

---

[3] 图片来源 http://www.eleforest.us/wp-content/uploads/2013/03/jvm.jpg。

运行状况进行管理和调度。而有关日志收集系统的实现，第 5 章将会详细地介绍。

4.2.2 心跳检测

对于分布式集群来说，可能一个集群包含成千上万台机器，每台机器上运行着各自的业务逻辑，并且各个应用之间相互依赖，关系错综复杂。对于单台机器来说，出问题的概率可能性比较低，可能一年最多也就那么一两回。假设单台机器发生故障的概率是万分之一，而一个集群可能拥有超过 10000 台机器，按照统计学的概率来计算，这时机器发生故障的概率达 100%。退一万步讲，即使你能够保证你所负责的机器和应用都不会有任何故障，但分布式系统间的依赖错综复杂，难免你所依赖的应用不会出现问题。因此，对于开发运维人员来说，对集群服务器和部署于其上的应用的心跳检测是必不可少的，因为心跳检测能够帮助相关人员第一时间感知到问题，迅速对问题进行处理和解决。

对于自治的分布式系统而言，一般都有一整套的集群心跳检测机制，能够实时地移除掉宕机的 Slave，避免路由规则将任务分配给已宕机的机器来处理。而如果是 Master 宕机，集群也能自动地进行 Master 的选举，从而避免由 Master 宕掉而导致整个集群不能提供服务的情况发生，这一类系统，如 ZooKeeper，便是一个很好的典范。也有一部分系统可以通过外部干预，使备份机器 stand by，或者是双机互为备份，以实现故障切换，如 MySQL、Nginx 等，以避免单点故障的发生。而这里我们讲的心跳检测，主要针对业务系统，可以是 SOA 系统中对外部提供的各种服务，也可以是普通的 Web 站点。

1. ping

ping 原本是潜艇人员的军事术语，用来表示发射声波脉冲，并通过声呐接收到回波，以确定对方的位置[4]。而在计算机世界里，ping 衍生为最常用的心跳检测方法，通过执行ping命令，使用ICMP协议，发出要求远端主机回应的信息，如果远程主机的网络没有问题，就会对该消息进行回应。ping指令能够检测网络链路是否通畅，远端主机是否能够到达：

```
ping   192.168.2.105
```

```
longlong@ubuntu:~$ ping   192.168.2.105
PING 192.168.2.105 (192.168.2.105) 56(84) bytes of data.
64 bytes from 192.168.2.105: icmp_req=1 ttl=128 time=2.40 ms
64 bytes from 192.168.2.105: icmp_req=2 ttl=128 time=1.12 ms
64 bytes from 192.168.2.105: icmp_req=3 ttl=128 time=1.08 ms
64 bytes from 192.168.2.105: icmp_req=4 ttl=128 time=1.05 ms
64 bytes from 192.168.2.105: icmp_req=5 ttl=128 time=1.48 ms
64 bytes from 192.168.2.105: icmp_req=6 ttl=128 time=1.66 ms
```

其中，192.168.2.105 为需要检测的远端主机地址，客户端向远端发送了 56 byte 的数据，远

---

4 ping 的含义见 http://en.wiktionary.org/wiki/ping。

端回应了 64 byte 的数据，time 表示所花费的时间。

假设网络不通，ping 命令的结果是这样的：

```
ping 192.168.2.106
```

```
longlong@ubuntu:~$ ping  192.168.2.106
PING 192.168.2.106 (192.168.2.106) 56(84) bytes of data.
From 192.168.2.105 icmp_seq=3 Destination Host Unreachable
From 192.168.2.105 icmp_seq=3 Destination Host Unreachable
From 192.168.2.105 icmp_seq=3 Destination Host Unreachable
From 192.168.2.105 icmp_seq=3 Destination Host Unreachable
From 192.168.2.105 icmp_seq=3 Destination Host Unreachable
From 192.168.2.105 icmp_seq=3 Destination Host Unreachable
```

其中，192.168.2.105 是一个不存在的地址，返回结果表示远端地址不可达。

通过-c 选项，可以指定执行 ping 的次数：

```
longlong@ubuntu:~$ ping -c 2 192.168.2.105
PING 192.168.2.105 (192.168.2.105) 56(84) bytes of data.
64 bytes from 192.168.2.105: icmp_req=1 ttl=128 time=0.963 ms
64 bytes from 192.168.2.105: icmp_req=2 ttl=128 time=1.03 ms

--- 192.168.2.105 ping statistics ---
2 packets transmitted, 2 received, 0% packet loss, time 1001ms
rtt min/avg/max/mdev = 0.963/0.997/1.032/0.046 ms
```

2. 应用层检测

ping 指令虽然能够检测出网络是否通畅，但是对于具体的 Web 应用来说，即使网络通畅，操作系统运行正常，也有可能出现问题，比如 Java 系统频繁 full GC，导致应用不能响应，或者代码错误导致线程死锁，或者遭遇网络攻击，系统无响应等。对于这些情况，我们就需要使用应用层的心跳检测来对应用的健康状态进行监控。

通过 curl 指令定时访问应用中预留的自检 url，可以实时地感知到应用的健康状态，一旦系统无响应或者响应超时，即可输出报警信息，以被相应的监控调度系统捕捉到，第一时间通知开发和运维人员进行处理。

通过 curl 执行自检的效果：

```
curl http://192.168.2.105:8080/selfcheck/check.htm
```

```
longlong@ubuntu:~$ curl http://192.168.2.105:8080/selfcheck/check.htm
ok
```

其中，selfcheck 是在远端 192.168.2.105 上部署的测试应用，自检的地址为 check.htm，自检返回值为 ok。正常情况下 check.htm 都会返回 ok，当远端的应用出现故障时，返回值便不能够正常返回，这时候，只要返回值不是 ok，即输出相应的错误信息。

通过 shell 实现应用监控的脚本：

```
#!/bin/bash
```

```
#chenkangxian@gmail.com
export LD_LIBRARY_PATH=$LD_LIBRARY_PATH:/usr/local/lib
CURL=/usr/local/bin/curl
url_for_check="http://192.168.2.105:8080/selfcheck/check.htm"
result=`$CURL -s $url_for_check`

if [[ $result = *ok* ]];then
   echo 'check success'
else
   echo 'check error'
fi
exit 0
```

首先导出 curl 库的地址，并且定义 CURL 变量为 curl 的安装地址。在服务器的多用户环境下，可能调度脚本的是其他用户，而该用户没有配置 curl 环境变量，从而导致一系列问题的发生，这里直接显式指定 curl 的安装路径。然后定义需要检测的地址，也就是 url_for_check 变量。通过 curl 的-s 选项来请求待检测的地址，这样请求将以静默模式执行。通过判断结果是否为 ok，来输出检测是否成功的信息。

正常情况下运行的结果：

./check.sh

```
longlong@ubuntu:~/temp$ ./check.sh
check success
```

如果将服务器停掉：

./check.sh

```
longlong@ubuntu:~/temp$ ./check.sh
check error
```

监控系统通过定时调度以上的一段脚本的执行，便能够获取到应用的状态，如果出现异常，能够及时报警。

3. 业务检测

应用层检测能够识别系统的整体情况，而往往一个应用对外会提供多个功能，假如系统某部分功能出现异常，比如依赖的其他系统出现故障，像搜索无结果、部分数据无法获取等，引起一部分功能不可用，这时很可能对应的应用层检查是正常的，而系统却的的确确出了故障，对于这种情况，该如何进行识别和处理呢？

对于 Web 应用来说，不同的页面对应了不同的逻辑链路。假如链路的某个节点出现异常，由于有相应的容错处理，导致前台页面可能看起来也没什么问题，或者后端对相应的异常进行了捕获，使链接跳转到相应的容错页面。即使是页面抛出错误异常，导致异常的原因可能千差万别,如果不是人为地打开相应的页面,很难察觉出问题。

难道就不能自动检测到页面的异常情况吗?当然不是。

一种办法是通过页面的大小来判断页面是否出现异常,正常情况下,同一个页面的大小虽然内容是动态的,但每天变动的范围有限,如果某一天,页面包含的内容大小突然变大或者变小,即判断为页面不正常,发出报警。这种办法实施起来有诸多限制,监控的效果也不是很理想,比如,某天对页面进行了大的改版,发布上线后,监控系统可能识别为系统异常。而对于真正的系统异常,如果页面大小恰好在正常范围内,则可能被漏过。

还有一种办法,便是检测页面的返回值,虽然这样做起来结果会更加准确,但这样的检测将跟具体的业务挂钩,或者对业务的代码逻辑具有一定的侵入性。

对于返回值的检测,假如返回的内容较少,可以直接通过字符串比较来进行处理,如果返回的页面包含较多的内容,单纯的字符串处理识别起来比较复杂,可在 response 的 header 中约定一个值,来标识返回的结果是否正常。

假设服务端正常返回,将在 response 的 header 中写入如下值:

```
response.setHeader("Server-Status", "ok");
```

即使用 Server-Status 为 ok 来标识服务端当前返回的结果是正常的,而假如该页面所依赖的服务宕机,页面无法正常显示,则可以不在 response 的 header 中设置值,或者设置 Server-Status 为另外一个值,这样检测程序便能够感知到系统此时已经发生异常。

通过 curl 对 header 进行检测,通过 -I 选项,只查看 header:

```
curl -I http://192.168.2.105:8080/selfcheck/index.htm
```

```
longlong@ubuntu:~$ curl -I http://192.168.2.105:8080/selfcheck/index.htm
HTTP/1.1 200 OK
Server: Apache-Coyote/1.1
Server-Status: ok
Content-Length: 0
Date: Thu, 02 Jan 2014 14:32:07 GMT
```

远端服务器 192.168.2.105 上部署了一个测试应用 selfcheck,其中 index.htm 为首页的地址,通过 curl 请求可以看到,首页的 header 中已经加入了标识页面状态的 header,Server-Status 的值为 ok,表示页面访问正常。

通过一个 shell 脚本,可以检测 response 中是否包含对应的 header:

```
#!/bin/bash
#chenkangxian@gmail.com
export LD_LIBRARY_PATH=$LD_LIBRARY_PATH:/usr/local/lib
CURL=/usr/local/bin/curl
URL_FILE=/home/longlong/temp/urls.check
HOST="http://192.168.2.105:8080"
```

```
OUTPUT=""
STATUS=1 #1:success 2:error

while read LINE
do
result=`$CURL -s -I ${HOST}${LINE} | grep 'Server-Status' | awk -F : '{print $2}'`
 if [[ $result = *ok* ]];then
   continue
 else
   STATUS=2
   OUTPUT="$OUTPUT $LINE"
 fi
done < $URL_FILE

if [ $STATUS -eq 1 ];then
 echo "success"
else
 echo "$OUTPUT error"
fi
exit 0
```

大致的流程是这样的，首先导出 curl 的库与定义 curl 的全路径。根据业务的不同，需要检测的 url 可能有多个，这里统一放在一个外部文件中进行存放，方便扩展。URL_FILE 变量定义了该文件的地址；HOST 变量为请求的主机地址；OUTPUT 变量为输出内容；STATUS 为状态变量，1 表示检测成功，2 表示检测失败。接下来，循环读取 URL_FILE 中的 url 地址，通过 curl 的 -I 选项，获得 response 的 header，通过 grep 筛选出 Server-Status。然后通过 awk 拿到 Server-Status 的值，假如值为 ok，则不做处理，反之，将 STATUS 置为 2，并且在输出中加上检测失败的 url 地址。最后判断 STATUS 的值是否为 1，如果为 1，输出检测成功，否则输出检测失败，并且带上失败的 url 地址。

正常情况下脚本的运行结果如下：

./pagecheck.sh

```
longlong@ubuntu:~/temp$ cat urls.check
/selfcheck/index.htm
longlong@ubuntu:~/temp$ ./pagecheck.sh
success
```

如果在检测 url 文件中配置不存在的页面，脚本运行的结果如下：

./pagecheck.sh

```
longlong@ubuntu:~/temp$ cat urls.check
/selfcheck/index.htm
/selfcheck/detail.htm
/selfcheck/list.htm
longlong@ubuntu:~/temp$ ./pagecheck.sh
/selfcheck/detail.htm /selfcheck/list.htm error
```

其中，detail.htm 和 list.htm 为不存在的页面。

跟前面应用层检测的处理方式一样，监控系统通过调度脚本定时执行，能够感知到相关业务是否正常运行，如果出现异常，能够及时报警。

4.2.3 容量评估及应用水位

在新系统上线之前，或者需要在已在线运行的系统上做一些推广活动时，相关的业务方需要对系统的访问量进行评估。当然，具体的值肯定不是拍脑袋凭空想象出来的，而是根据以往的经验数据、历年的访问量，以及推广的力度评估的一个合理的值。什么是合理的值呢？即不能无限制的大，也不能太小。评估的量太大，大量的资源投入进去而达不到实际的效果，纯粹浪费资源；评估的量过小，大量的访问涌进来，可能一下子便将系统压垮。

业务方给出总的访问量，即总 PV、UV 以后，再逐一细化，推导出落到每一个独立的系统、接口上的流量大概是多少，这样一来，每个子系统所承载的量也就清晰了。子系统将根据落到系统上的总的访问量，来评估机器的数量、网络的带宽和技术实现方式。

如图 4-2 所示，假设业务方给出的或者是经过以往经验评估出的系统总的 PV 值为 2500 万，根据各个系统所占的流量比重，可以计算出其中落到详情页 detail 系统的访问量为 500 万，落到列表页 list 系统的访问量为 800 万，首页的访问量为 1000 万，落到登录 login 系统的访问为 150 万，落到购买下单 buy 系统的访问量为 50 万。其中，detail 系统需要查询 MySQL DB，每一次访问需要查询 4 次 DB，以聚合数据，因此，detail 给 MySQL DB 所带来的查询请求为 2000 万，而 list 的数据展现依赖于 search 和 cache，其中，list 的每次展现，需要查询一次 search，查询两次 cache，这样 list 分别给 search 带来 800 万的访问请求，给 cache 带来 1600 万的访问请求。一般来说，首页的访问量最大，并且对于性能非常敏感。因此，为了保障用户能够第一时间看到首页，首页一般存放在 CDN 缓存上，并且将页面进行静态化，动态数据通过异步获取，通过 CDN 系统的智能路由，能够将用户的请求路由到离他最近的 CDN 缓存机器上来获取页面，以降低延迟。CDN 是一个独立的复杂的系统，一般我们只需要将内容输送给它即可，而不需考虑它的容量。

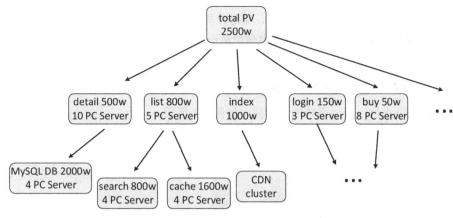

图 4-2 系统流量分配图

既然每个子系统的流量已经估算好，接下来便需要评估需要机器的数量。假设机器的配置都是均衡对称的，我们需要取其中的一个最小子集来进行压力测试，以便得出单个单元所能够承载的访问量。压测机器的配置需要与线上机器保持同等配置，以免结果出现误差。压测最关心的两个值，一个是 qps，另一个便是 rt。当 rt 达到无法忍受的上限，或者系统某些地方开始出现瓶颈时，如内存不足，系统频繁 Full GC，I/O 等待时间过长，CPU load 超高等，这个时候的 qps 便是一个单元能够承受的极限值。

系统运行的峰值，关乎应用的生死，往往是最后的那一根稻草，将系统压垮。在进行系统峰值评估时，一般会遵循一个原则，即所谓的 80/20 原则，80%的访问请求将在 20%的时间内到达[5]，这样便可以根据系统对应的PV计算出系统的峰值qps。如果是大型促销或者是推广力度较以往更大的时候，视情况可乘以 3～5 倍[6]，计算公式如下：

峰值 qps =（总的 PV×80%）/（60×60×24×20%）

然后再将总的峰值 qps 除以单台机器所能够承受的最高的 qps 值，便是所需要机器的数量：

机器数 = 总的峰值 qps / 压测得出的单台机器极限 qps

这样便能够较为科学地评估出系统究竟需要多少机器来承载。

当系统新发布上线，或者正承受较大压力时，比如"双十一"/"双十二"购物狂欢节、热点事件、遭受 DDos 攻击等情况，系统的开发和运维人员急需要了解当前系统运行的状态和负载情况，最直观的便是通过当前的运行水位图来了解到当前系统的压力。

---

[5] 根据实际的分析计算，事实上 80-20 原则可能有一点激进，因此，也有按照 60-40 原则来进行计算的。
[6] 这并不是一个放之天下皆准的规律，不同的站点，访问模型可能不同，具体的值还是需要根据历史的访问数据来进行计算。

通过访问日志分析，或者其他统计手段，实时计算出当前系统的 qps 值（前 1～2 分钟的平均值），然后结合系统上线之前压力测试所得到的单台机器的极限 qps，乘以当前部署的机器总数，便能够得到当前的水位：

当前水位 = 当前总 qps /（单台机器极限 qps×机器数）×100%

根据当前的系统水位，画出系统的水位图，如图 4-3 所示。

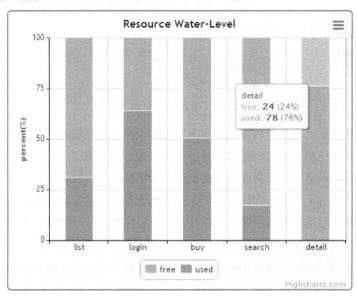

图 4-3 　系统水位模拟图 [7]

图 4-3 描绘了 list、login、buy、search、detail 几个系统目前的水位状况，红色部分为当前的 qps，绿色部分为系统余量。通过这样的图表，系统的管理者能够实时直观地看到系统的负载情况，及时调度资源，以免服务不可用。

并且通过历史数据的积累，还可以绘制出单个系统随着时间推移的历史水位，以便系统管理者能够随时回溯到历史峰值，给容量评估提供参考依据。

如图 4-4 所示，其中纵轴为百分比，横轴为时间点，红色部分为对应时间点的系统的平均水位，绿色部分为该时间点系统的平均余量，鼠标移上去，能够显示当前点的详细信息。

---

[7] 本节图表均为 highchart 绘制的模拟图，不反映真实数据，也不跟真实系统挂钩。

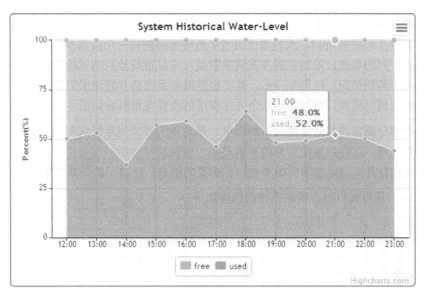

图 4-4 系统历史水位模拟图

4.3 流量控制

任何系统都有承载上限，一旦超过这个上限，系统将有被压垮的危险。就好比一座大桥，设计能承载为 20 吨，一辆小轿车载重为 2 吨，开过去当然没有问题，假设一辆载重为 60 吨的大卡车开过去，那就很难说了。当然，大桥的具体施工方偷工减料，没达到设计标准，那又是另外一回事了。

对于分布式系统的设计来说，也是同样的道理。通过上线前的压力测试，能够得出系统可以承受的最大访问量。日常的访问量在系统的承受范围以内，自然可以轻松应对，但对于热点事件、热门推广活动这种导致访问量突然猛增的情况来说，事前的预估是一回事，预估的数据只是根据经验或者是统计学计算的理论值，跟真实的情况不一定完全相同，况且互联网的特征就是传播迅速、影响广泛，用户行为是很难预估的。因此，作为系统的管理者，需要做好流量的控制，在流量到来之前，制定相应的应急预案，以避免系统被蜂拥而来的流量所压垮。

4.3.1 流量控制实施

任何系统都有一个承载的上限，超过这个上限，则流量控制不可避免。就如前文所述，假如真有一辆载重为 60 吨的大卡车开过来，而桥只能够承载 20 吨，唯一的办法便是将大卡车拦下来，否则一旦将大桥压垮，所有人都过不了河，对于分布式系统的设计来说，也是如此。

流量控制可以从多个维度来进行,比如对系统的总并发请求数进行限制,或者限制单位时间内的请求次数(如限制 qps),或者通过白名单机制来限制每一个接入系统调用的频率等。不同的机制适应不同的场景。限制总的并发请求数量,可以很好地控制系统的负载,避免出现流量突增将系统压垮的情况;而限制 qps,其实也是限制系统总并发请求数的另一个手段;通过限制接入系统的调用频次,可以防止某个外部调用的流量突增影响到服务本身的稳定性。

超载的那部分流量该如何处理呢?最简单、最直接的方式便是将这部分流量丢弃,不进行任何处理直接返回,这样给系统带来的开销最小。但是这样会给一部分用户带来糟糕的用户体验,意味着他们打开页面可能看到的不是自己想要的结果,而显示的是系统繁忙。

基于 Java 的信号量机制,实现流控的代码如下:

```java
//信号量定义
Semaphore semphore = new Semaphore(100);
…
//请求处理
if(semphore.getQueueLength() > 0){
    return;
}
try {
    semphore.acquire();

    //处理具体的业务逻辑

} catch (InterruptedException e) {
    e.printStackTrace();
}finally{
    semphore.release();//释放
}
```

在系统初始化时,定义信号量的资源数量为 100。接收到请求以后,首先判断当前是否有请求在等待处理,如果是,则直接返回,否则便申请获得信号量资源。当 acquire 返回之后,才开始处理具体的业务逻辑。而业务逻辑处理完毕后,最终需要将信号量资源释放,以便其他请求进来后能够获取到空闲的资源。

当然,资源数量的值可不是随随便便拍脑袋想出来的,而是在压力测试过程中不断尝试,以及上线之后不断调整,才得出的一个值。并且随着硬件结构的升级和系统的优化,系统能够承受的并发量也在提升,因此该值也需要不断调整。由于不同的系统在设计架构和程序功能上差异很大,即便是硬件配置相同,资源量的值也不具有复用性。

另一种思路便是通过单机内存队列来进行有限的等待，直接丢弃用户请求的处理方式显得简单而粗暴，并且如果是 I/O 密集型应用（包括网络 I/O 和磁盘 I/O），瓶颈一般不在 CPU 和内存。因此，适当的等待，既能够提升用户体验，又能够提高资源利用率。

通过 Java 的信号量机制，也能够比较方便地实现有限等待：

```java
//信号量定义
Semaphore semphore = new Semaphore(100);

…

//请求处理
if(semphore.getQueueLength() > 40){
    return;
}
try {
    semphore.acquire();

//处理具体的业务逻辑

} catch (InterruptedException e) {
    e.printStackTrace();
}finally{
    semphore.release();//释放
}
```

如上段代码所示，将等待队列的长度设置为 40，当超过指定长度时，则直接返回。根据 JDK 中信号量的实现，如果存在可用资源，则 semphore.acquire() 直接返回，否则，当前的线程加入等待队列，并且进入循环等待，不断地尝试获得资源，直到当前 CPU 时间片段耗尽，在下一个 CPU 周期继续尝试。CPU 忙等待的好处是避免操作系统上下文切换所带来的调度开销，前提当然是忙等待能够较快地获得到资源，否则，CPU 空转将带来资源浪费[8]。

同样，等待队列的长度需要根据机器的硬件配置与压测的结果做合理的调整。队列的长度太小，则浪费资源，而如果等待的线程太多，则大量 CPU 资源空转。并且在 Java 虚拟机中，每个线程都将占用一定的内存空间，用来存放局部变量、动态链接等内容，线程太多则有可能导致 Java 虚拟机内存 OutOfMemory。

还有一种方式便是通过分布式消息队列来将用户的请求异步化，用户的请求直接提交给分

---

8 对此处细节有兴趣的朋友可以查看 Semaphore 的实现，将使您获益良多。

布式请求处理队列，提交成功便视为成功处理，然后系统返回，后端通过不断地读取请求队列中的数据，进行业务逻辑的处理。这样，请求的接收与业务逻辑处理解耦，当系统请求较多时，请求进入请求处理队列排队，前端用户不用等待系统处理完毕，便能够得到响应，并且不会有请求失败的挫败感。快速返回也能够尽量释放系统的资源，后端系统能够以固定频率来进行请求的处理，削峰填谷，不用担心瞬间流量过大被压垮。请求处理队列如图 4-5 所示。

图 4-5　请求处理队列

通过 Java 实现的基于 ActiveMQ 的请求提交：

```java
public class RequestSubmit {

    private MessageProducer producer;
    private Session session;

    public void init() throws Exception{
        ConnectionFactory connectionFactory = new
            ActiveMQConnectionFactory(
                ActiveMQConnection.DEFAULT_USER,
                ActiveMQConnection.DEFAULT_PASSWORD,
                "tcp://localhost:61616");
        Connection connection = connectionFactory
                                    .createConnection();
        connection.start();
        session = connection.createSession
        (Boolean.TRUE,Session.AUTO_ACKNOWLEDGE);
        Destination destination = session
                        .createQueue("RequestQueue");
        producer= session.createProducer(destination);
        producer.setDeliveryMode(DeliveryMode.NON_PERSISTENT);
    }

    public void submit(HashMap<Serializable,Serializable>
```

```java
    requestParam) throws Exception{

    ObjectMessage message = session
            .createObjectMessage(requestParam);
    producer.send(message);
    session.commit();
}

public static void main(String[] args) throws Exception{
    RequestSubmit submit = new RequestSubmit();
    submit.init();
    HashMap<Serializable,Serializable> requestParam
            = new HashMap<Serializable,Serializable>();
    requestParam.put("nick", "chenkangxian");
    submit.submit(requestParam);
}
}
```

首先，通过 init 方法，初始化 ActiveMQ 的连接和 Session 等信息，然后构建请求参数，参数以键值对的形式存放在 HashMap 中，最后将请求参数投递给请求的消息队列。

通过 Java 实现的基于 ActiveMQ 的请求处理：

```java
public class RequestProcessor {

    public void requestHandler(HashMap<Serializable,Serializable>
            requestParam) throws Exception{
        //do something
    }

    public static void main(String[] args) throws Exception{

        ConnectionFactory connectionFactory = new
                ActiveMQConnectionFactory(
            ActiveMQConnection.DEFAULT_USER,
            ActiveMQConnection.DEFAULT_PASSWORD,
            "tcp://localhost:61616");
        Connection connection = connectionFactory
                        .createConnection();
        connection.start();
```

```java
        Session session = connection.createSession(Boolean.FALSE,
                Session.AUTO_ACKNOWLEDGE);
        Destination destination= session
                        .createQueue("RequestQueue");
        MessageConsumer consumer = session
                        .createConsumer(destination);

        RequestProcessor processor = new RequestProcessor();

        while (true) {
            //取出消息
            ObjectMessage message=(ObjectMessage)consumer.receive(1000);
            if (null != message) {
                HashMap<Serializable,Serializable> requestParam =
                    (HashMap<Serializable,Serializable>)message
                                                    .getObject();
                processor.requestHandler(requestParam);
            } else {
                break;
            }
        }
    }
}
```

请求处理程序不断地从请求队列中读取请求，将请求的参数传递给请求处理器 RequestProcessor 的 requestHandler 方法进行处理，requestHandler 方法则负责请求的具体的处理逻辑。

当然，队列的容量也是有限的，请求量太大，且持续时间较长，以至于太多请求来不及处理，可能会导致消息积压，并且以异步的方式提交，对于队列系统的可靠性也是一大考验。有的场景需要消息系统能够保证消息成功投递，而不被丢失，这种情况则需要用到事务消息。对于重复投递的消息，也需要有去重机制来进行保障，否则，消息被重复处理则可能导致数据紊乱。

4.3.2 服务稳定性

分布式 SOA 环境下系统的依赖错综复杂，同一个应用既可能是服务者也可能是服务消费者。作为服务提供者时所提供的服务可能被多个服务消费者调用，外部调用的时间、频次并不完全可控；而作为服务消费者，当前系统也可能会依赖其他第三方服务，但是第三方服务稳定性并不受服务调用方所控制。因此,如何控制由于第三方服务不稳定而形成的多米诺骨牌效应,使得第三方服务的稳定性不影响到当前系统,便成为了亟待解决的问题。

1. 依赖管理

依赖管理最重要的意义在于弄清楚谁调用了谁,谁被谁调用了,调用频次如何。分布式 SOA 架构体系的特点便是系统的高度解耦。不同的应用对外提供了大量的服务,而通过第三方的服务调用,大大提高了开发的工作效率,降低重复造轮子的几率。与此同时,作为服务提供方,又可能要依赖许多其他第三方所提供的服务,因而最终将形成一个网状的依赖关系,如图 4-6 所示。

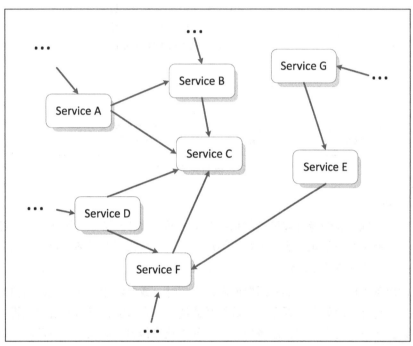

图 4-6 系统依赖关系图

对于服务的提供者来说,它必须清楚,谁调用了自己,调用的频次怎样,这样才能够知道当前系统的压力和水位在一个怎样层次上,是否需要进行扩容。同时,服务提供者也需要对自己依赖的服务了然于胸,哪些是核心链路所依赖的服务,哪些是非核心链路的依赖,以便依赖的系统出现问题或者故障时,及时进行服务降级,避免因非核心依赖导致的故障传导,影响当前服务的稳定性。

单一应用架构或者是垂直应用架构下,系统之间的相互依赖较少,依赖关系简单,依赖关系的管理较为容易。但对于分布式系统来说,SOA 架构下的服务提供者的数量成百上千,依赖关系错综复杂,如依赖传统的方式来理清楚这些依赖关系,并且进行依赖的维护和管理,将变得十分复杂和棘手。

对于这种情况下的依赖关系的管理，必须借助当前大数据时代的一系列数据处理工具，对应用的调用日志进行收集和整理，将其中的调用关系和被调用关系，以及调用的频次，通过数据的统计分析和提取来进行展现[9]。

如图 4-7 所示，通过服务消费日志，可以分析出每个服务依赖的服务与调用的频次，也可以分析出依赖于当前服务的应用，以及服务被调用的次数。

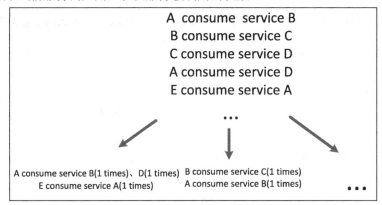

图 4-7　依赖关系分析

2. 优雅降级

通过依赖的管理，我们能够知道当前系统调用了哪些服务及被哪些服务调用。接下来，我们便可以根据当前系统所依赖的服务及系统的流程，来判断依赖的服务是否会影响应用的主流程，以此来决定当前应用依赖的优先级。

当依赖的服务出现不稳定，响应缓慢或者调用超时，或者依赖系统宕机，当前的系统需要能够及时感知并进行相应处理。否则，大量超时的调用，有可能将当前系统的线程和可用连接数用完，导致新的请求进不来[10]，服务僵死，这便是故障传递。如果处理不及时，故障的传递可将一个非核心链路的问题扩大，引起核心节点故障，最终形成多米诺骨牌效应，使得整个集群都不能对外提供服务。

这时服务调用优雅降级的重要性便体现出来了。对于调用超时的非核心服务，可以设定一个阈值，如果调用超时的次数超过这个阈值，便自动将该服务降级。此时服务调用者跳过对该服务的调用，并指定一个休眠的时间点，当时间点过了以后，再次对该服务进行重试，如果服务恢复，则取消降级，否则继续保持该服务的降级状态，直到所依赖的服务故障恢复。这样便

9　关于数据分析和图形化展现，第 5 章将会详细介绍。
10　正常情况下服务调用者都会设置一个超时时间，以免线程长时间 hang 住，一旦超时则主动失败。

可以在一定程度上避免故障传递的现象发生。

3. 服务分级

对于服务提供者来说，需要了解清楚当前的服务到底被多少人调用，并建立应用白名单机制，服务调用需要事先申请，以便将调用方增加到白名单当中进行管理和容量规划。为保障系统稳定，对于未知的调用者，最好的方式便是直接拒绝，以免给系统带来不确定风险。如果没有事先的容量规划，当未知的调用者流量突增时，很可能将系统拖垮。

服务提供者也需要对服务消费者的优先级进行区分，哪些调用将影响核心链路，哪些调用是非核心链路。当系统压力过大、无法承载时，必须确保等级高的应用、核心的调用链路优先确保畅通，而对于重要性不那么高的应用，则可以暂时"丢车保帅"。

举个例子来说，某电商网站的交易下单系统、论坛系统、后台奖金发放系统均依赖于用户信息查询服务，原因其实也很容易理解，下单需要用户的收货地址，论坛需要查询用户的等级，发放奖金需要查询用户的资质，如图 4-8 所示。

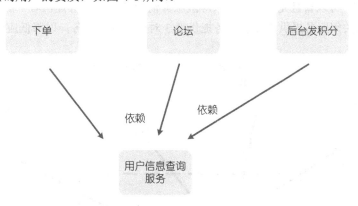

图 4-8　用户信息查询服务的依赖

依赖用户信息查询的三个系统，它们的重要性其实很容易区分，下单系统关系到整个站点的交易，下单失败将导致交易下跌，直接引起经济损失；论坛主要是用户发泄和"吐槽"的一个渠道，如果查不到用户信息，可能会导致发不了帖，查看其他人之前的帖子应该是可以的（取决于系统的设计）；后台发积分的任务推迟几个小时执行，对于用户来说，感知度不高。因此，毫无疑问，下单是最重要的，属于核心链路的依赖，其次是论坛，最后是后台的发积分动作。

当系统运行平稳，水位离警戒线尚有距离时，大家相安无事，互相之间和平友好地相处着。某天，该电商网站上线了一次大型促销活动，以致下单量猛增。提供用户信息查询的这个服务，系统负载陡然升高，眼看就要突破警戒水位。这时，如果新增的资源短时间内无法就位，可以通过屏蔽论坛和积分程序的调用，来降低用户信息查询服务的负载，以使该服务平安度过流量高峰，避免其他非核心应用的调用成为压垮系统的最后一根稻草。

4. 开关

当系统负载较高，即将突破警戒水位时，如何通过实时地屏蔽一些非核心链路的调用来降低系统的负载呢？这时需要系统预先定义一些开关来控制程序的服务提供策略。开关通过修改一些预先定义好的全局变量，来控制系统的关键路径和逻辑。例如，可以定义一个是否允许某一个级别的应用调用当前服务的开关，当系统处于流量高峰期时，将非核心链路的调用屏蔽，等高峰期过去之后，再将相应的开关打开。

当然，同一个应用，可能也会对外提供多个服务，如果服务耗费系统资源较多，且又不影响系统核心链路，这时也可以将一些非核心的服务关闭，以减轻系统的负担，有效地提高系统对核心应用的服务能力。

如图 4-9 所示，服务消费者 A 和 B 依赖于服务提供者 1，服务消费者 C 依赖于服务提供者 2，服务消费者 D 则依赖于服务提供者 3，服务提供者 1、2、3 则是部署在同一个应用当中，服务消费者 A 关联到核心链路，优先级最高。当系统负载超过警戒水位时，为了保障对服务消费者 A 的服务稳定，可以暂且先通过开关来屏蔽服务消费者 B 对服务提供者 1 的调用，并且视情况再通过开关来关闭服务提供者 2 和服务提供者 3 对外提供的服务，以降低应用的负载。

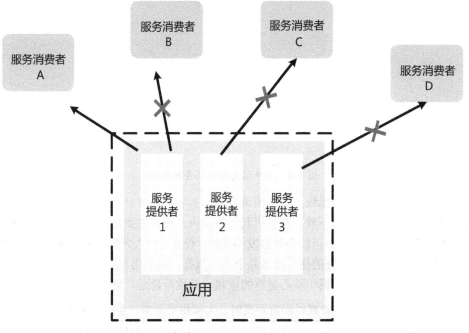

图 4-9　紧急情况使用开关保障核心应用稳定

5. 应急预案

紧急情况并不是时刻都发生，大部分人在第一次面对突发事件时，难免会显得手足无措。

因此，要想在系统出现故障的情况下，能够处变不惊、沉着应对，将损失降到最低，首先得准备一份应急预案，并且得经常性地进行故障演练，以熟悉各种情况下对应的应急预案的操作流程和规范，避免在紧急情况下由于错误的决策而使损失扩大，并且这样在实际操作中也能够积累经验。

应急预案中需要明确地规定服务的级别，梳理清楚核心应用的调用链路，对于每一种故障，都做出合理的假设，并且要有针对性的处理方法。对于级别低的调用和功能，事先应准备好屏蔽的开关和接口。

服务的级别将决定哪些调用者是"车"，哪些调用者是"帅"，必要的时候要丢车保帅。级别的定义关联到各依赖系统的稳定，因此需要服务提供者与服务的调用者及相关业务方事先充分沟通，以免出现由于沟通不畅导致的应用被屏蔽的现象发生。应急方案中所制定的故障处理流程，将对系统可能面临的各种情况做出假设，如应用负载过高、依赖宕机、DDos 攻击、物理设备损坏、网卡流量被占满等情况。针对应用负载过高的情况，可以事先准备大批备用机器，一旦某个应用负载超过警戒水位，则调度机器进行应用环境搭建，紧急扩容。出现依赖宕机的情况，如果数据无法写入，为避免数据丢失，可暂时写在本地，一旦依赖恢复，则通过事先准备的应急脚本将数据进行还原。如果遭遇 DDos 攻击，则可以针对攻击的类型进行流量的清洗，通过开关开启验证码来进行验证，并且启动流控机制，进行相应的防范。对于物理机器损坏的情况，在系统设计上就需要考虑冗余，一旦机器损坏，及时下线损坏机器，并且快速搭建好新应用上线。如果网卡流量被占满，则可以修改相应的负载均衡策略，将流量牵引到其他机房，这对于应用的多机房部署和异地容灾，也是一次考验。

应急预案中将定义好可能遇到的问题，以及相应的处理方式，明确地指出哪些服务需要关闭，哪些是"车"，哪些是"帅"，一旦出现假设的情况，则对相关预案的条目进行操作，其中包括一些开关的准备、应急脚本的编写等。

台上一分钟，台下十年功，有了预案以后，还需要平时经常性地演练，以熟悉相关的流程和操作规范，这样在遇到故障时，才能够处变不惊。

4.3.3 高并发系统设计

相对于传统商业模式来说，电子商务带来的变革，使得人们可以足不出户便能够享受到购物的乐趣。在十几、二十年前，很难想象几亿中国人能够在"双十一"一天，产生几百亿的消费金额。与此同时，大流量所带来的高并发问题也随之而来，给相关技术人员带来前所未有的挑战。

高并发系统设计与普通系统设计的区别在于，既要保障系统的可用性和可扩展性，又要兼顾数据的一致性，还要处理多线程同步的问题。任何细微问题，都有可能在高并发环境下被无限地放大,直至系统宕机。

1. 操作原子性

原子操作指的是不可分割的操作,它要么执行成功,要么执行失败,不会产生中间状态。在多线程程序中,原子操作是一个非常重要的概念,它常常用来实现一些数据同步机制,具体的例子如 Java 的原子变量、数据库的事务等。同时,原子操作也是一些常见的多线程程序 bug 的源头。并发相关的问题对于测试来说,并不是每次都能够重现,因此处理起来十分棘手。

举个例子,大部分站点都有数据 count 统计的需求,一种实现方式如下:

```java
public class Count {

    public int count = 0;

    static class Job implements Runnable{
        private CountDownLatch countDown;
        private Count count;
        public Job(Count count,CountDownLatch countDown){
            this.count = count;
            this.countDown = countDown;
        }
        @Override
        public void run() {
            count.count++;
            countDown.countDown();
        }
    }

    public static void main(String[] args) throws InterruptedException {

        CountDownLatch countDown = new CountDownLatch(1500);
        Count count = new Count();
        ExecutorService ex = Executors.newFixedThreadPool(5);
        for(int i = 0; i < 1500; i ++){
            ex.execute(new Job(count,countDown));
        }
        countDown.await();
        System.out.println(count.count);
        ex.shutdown();
```

        }
    }

count 对象中有一个 count 的 int 类型属性，Job 负责每次给 count 对象的 count 属性做++操作，创建一个包含 5 个线程的线程池。新建一个 count 共享对象，将对象的引用传递给每一个线程，线程负责给对象的 count 属性做++操作。乍一看，程序的逻辑没什么问题，但程序运行的结果却总是不正确，这是为什么呢？

问题出在count.count++上，这里涉及多线程同步的问题。除此之外，其中很重要的一点，count.count++并不是原子操作，当Java代码最终被编译成字节码时，run()方法会被编译成以下几条指令[11]：

```
public void run();
  Code:
   0:   aload_0
   1:   getfield        #17;
   4:   dup
   5:   getfield        #26;    //获取 count.count 的值，并将其压入栈顶
   8:   iconst_1                //将 int 型 1 压入栈顶
   9:   iadd                    //将栈顶两 int 型数值相加，并将结果压入栈顶
  10:   putfield        #26;    //将栈顶的结果赋值给 count.count
  13:   aload_0
  14:   getfield        #19;
  17:   invokevirtual   #31;
  20:   return
}
```

要完成 count.count++操作，首先需要将 count.count 与 1 入栈，然后再相加，最后再用结果覆盖 count.count 变量。而在多线程情况下，有可能执行完 getfield 指令之后，其他线程此时执行 putfield 指令，给 count.count 变量赋值，这样栈顶的 count.count 变量的值与其实际的值就存在不一致的情况。执行完 iadd 指令后，再将结果赋值回去，就会出现错误。

JDK5.0 以后开始提供 Atomic Class，支持 CAS（CompareAndSet）等一系列原子操作，来帮助我们简化多线程程序设计。要避免上述情况的发生，可以使用 JDK 提供的原子变量：

```
public class AtomicCount {
    public AtomicInteger count = new AtomicInteger(0);

    static class Job implements Runnable{
```

---

11 字节码并非最终执行的汇编指令，但是已经足够用来说明原子性问题。

```java
        private AtomicCount count;
        private CountDownLatch countDown;
        public Job(AtomicCount count,CountDownLatch
                countDown){
            this.count = count;
            this.countDown = countDown;
        }
        @Override
        public void run() {
            boolean isSuccess = false;
            while(!isSuccess){
                int countValue = count.count.get();
                isSuccess = count.count.
                    compareAndSet(countValue, countValue + 1);
            }
            countDown.countDown();
        }
    }
    public static void main(String[] args)
            throws InterruptedException {

        CountDownLatch countDown = new CountDownLatch(1500);
        AtomicCount count = new AtomicCount();
        ExecutorService ex = Executors.newFixedThreadPool(5);
        for(int i = 0; i < 1500; i ++){
            ex.execute(new Job(count,countDown));
        }
        countDown.await();
        System.out.println(count.count.get());
        ex.shutdown();
    }
}
```

通过 AtomicInteger 的 compareAndSet 方法，只有当假定的 count 值与实际的 count 值相同时，才将加 1 后的值赋值回去，避免发生多线程环境下变量值被并发修改而导致的数据紊乱。

通过查看AtomicInteger的compareAndSet方法的实现，可以发现，它通过调用Unsafe对象的

native方法compareAndSwapInt方法来完成原子操作[12]：

```
public final boolean compareAndSet(int expect, int update) {
    return unsafe.compareAndSwapInt(this, valueOffset, expect, update);
}
```

而native方法compareAndSwapInt在Linux下的JDK的实现如下[13]：

```
UNSAFE_ENTRY(jboolean, Unsafe_CompareAndSwapInt(JNIEnv *env, jobject unsafe,
jobject obj, jlong offset, jint e, jint x))
    UnsafeWrapper("Unsafe_CompareAndSwapInt");
    oop p = JNIHandles::resolve(obj);
    jint* addr = (jint *) index_oop_from_field_offset_long(p, offset);
    return (jint)(Atomic::cmpxchg(x, addr, e)) == e;
UNSAFE_END
```

Unsafe_CompareAndSwapInt最终通过Atomic::cmpxchg(x, addr, e)来实现原子操作，而Atomic::cmpxchg在x86处理器架构下（Linux下）的JDK实现如下[14]：

```
inline jint Atomic::cmpxchg(jint exchange_value, volatile jint* dest, jint
compare_value){
    int mp = os::is_MP();
    __asm__ volatile(LOCK_IF_MP(%4) "cmpxchgl %1,(%3)"
                : "=a" (exchange_value)
                : "r" (exchange_value),"a" (compare_value),"r" (dest),"r" (mp)
                : "cc", "memory");
    return exchange_value;
}
```

通过os::is_MP()来判断当前系统是否为多核系统，如果是，在执行cmpxchgl指令前，先通过LOCK_IF_MP宏定义将CPU总线锁定，这样同一芯片上其他处理器就暂时不能通过总线来访问内存，保证了该指令在多处理器环境下的原子性。而cmpxchgl指令则先判断eax寄存器中的compare_value变量值是否与exchange_value变量的值相等，如果相等，则执行exchange_value与dest的交换操作，并将exchange_value的值返回。其中，"=a"中的=表示输出，而"a"表示eax寄存器，变量前的"r"表示任意寄存器，"cc"表示告诉编译器cmpxchgl指令的执行，将影响到

---

[12] 该段代码来自 openjdk6 的源码，源码下载地址为 http://download.java.net/openjdk/jdk6/promoted/b27/openjdk-6-src-b27-26_oct_2012.tar.gz，路径为 jdk/src/share/classes/java/util/concurrent/atomic/AtomicInteger.java。
[13] 该段代码来自 openjdk6 的源码，代码的路径为 hotspot/src/share/vm/prims/unsafe.cpp。
[14] 该段代码来自 openjdk6 的源码，代码的路径为 hotspot/src/os_cpu/linux_x86/vm/atomic_linux_x86.inline.hpp。

标志寄存器，而"memory"则是告诉编译器该指令需要重新从内存中读取变量的最新值，而非使用寄存器中已经存在的拷贝。

最终，JDK 通过 CPU 的 cmpxchgl 指令的支持，实现了 AtomicInteger 的 CAS 操作的原子性。

另一种情况便是数据库的事务操作，数据库事务具有 ACID 属性，即原子性（Atomic）、一致性（Consistency）、隔离性（Isolation）、持久性（Durability），为针对数据库的一系列操作提供了一种从失败状态恢复到正常状态的方法，使数据库在异常状态下也能够保持数据的一致性。并且在面对并发访问时，数据库能够提供一种隔离方法来避免彼此间的操作互相干扰。

数据库事务由具体的 DBMS 系统来保障操作的原子性，同一个事务当中，如果有某个操作执行失败，则事务当中的所有的操作都需要进行回滚，回到事务执行前的状态。导致事务失败的原因可能很多，可能是因为修改不符合表的约束规则，也有可能是网络异常，甚至是存储介质故障，等等。而一旦事务失败，则需要对所有已做出的修改操作进行还原，使数据库的状态恢复到事务执行前的状态，以保障数据的一致性，使修改操作要么全部成功，要么全部失败，避免存在中间状态[15]。

为了实现数据库状态的恢复，DBMS 系统通常需要维护事务日志以追踪事务中所有影响数据库数据的操作，以便执行失败时进行事务的回滚。以 MySQL 的 innodb 存储引擎为例，innodb 存储引擎通过预写事务日志[16]的方式来保障事务的原子性、一致性及持久性。它包含 redo 日志和 undo 日志，redo 日志在系统需要时对事务操作进行重做，当系统宕机重启后，能够对内存中还没有持久化到磁盘的数据进行恢复；而 undo 日志则能够在事务执行失败时，利用这些 undo 信息将数据还原到事务执行前的状态。

事务日志可以提高事务执行的效率，存储引擎只需要将修改行为持久到事务日志当中，便可以只对该数据在内存中的拷贝进行修改，而不需要每次修改都将数据回写到磁盘。这样做的好处是，日志写入是一小块区域的顺序 I/O，而数据库数据的磁盘回写则是随机 I/O，磁头需要不停地移动来寻找需要更新数据的位置，无疑效率更低。通过事务日志的持久化，既保障了数据存储的可靠性，又提高了数据写入的效率。

通过 Java 进行数据库事务操作的代码：

```
Class.forName("com.mysql.jdbc.Driver");
Connection conn = DriverManager.getConnection
    ("jdbc:mysql://localhost:3306/hhuser", "root", "123456");
conn.setAutoCommit(false);

try{
```

---

15 关于数据库事务的介绍见 http://zh.wikipedia.org/wiki/数据库事务。
16 在写入数据之前，先将数据操作写入日志，这种称为预写日志。

```java
    Statement stmt = conn.createStatement();
    int insertResult = stmt.executeUpdate
    ("insert into hhuser set userid=125,nick = 'chenkangxian'");
    int updateResult = stmt.executeUpdate
    ("update hhuser set nick='chenkangxian@abc.com' where userid = 125");
    if(insertResult > 0 && updateResult > 0){
        conn.commit();
    }else{
        conn.rollback();
    }
}catch(Exception e){
    conn.rollback();
}
```

上述代码先在数据库 hhuser 的 hhuser 表中插入 userid 为 125 的用户记录，然后将 usereid 为 125 的记录的 nick 更新为用户邮箱，两条 SQL 语句在同一个事务中执行，如果哪一条语句执行抛异常，或者是执行失败，即影响的行为 0，则事务回滚，否则提交事务。事务保障了 insert 和 update 两条语句的原子性。

2. 多线程同步

同步的意思就是协同步调，按照预定的次序来执行。多线程同步指的是线程之间执行的顺序，多个线程并发地访问和操作同一数据，并且执行的结果与访问或者操作的次序有关。为了避免线程间的竞争导致错误发生，我们需要保证一段时间内只有一个线程能够操作共享的变量或者数据，而为了实现这种保证，就需要进行一定形式的线程同步。对于线程中操作共享变量或者数据的那段代码，我们称为临界代码段。对于临界代码段来说，有一个简单易用的工具——锁。通过锁的保护，可以避免线程间的竞争关系，即一个线程在进入临界代码段之前，必须先获得锁，而当其退出临界代码段时，则释放锁给其他线程。

还是前面 count 计数的例子，通过在 Java 中使用 synchronized 关键字和锁来实现线程间的同步：

```java
public void run() {
    synchronized(count){
        count.count++;
    }
    ......
}
```

通过 synchronized，能够保证同一时刻只有一个线程能够修改 count 对象。synchronized 关键字在经过编译之后，会在同步块的前后分别形成 monitorenter 和 monitorexit 这两个字节码指令。加入关键字后，run()方法反编译成字节码码后的代码如下所示。

```
……
 6:    monitorenter
 7:    aload_0
 8:    getfield
11:    dup
12:    getfield
15:    iconst_1
16:    iadd
17:    putfield
20:    aload_1
21:    monitorexit
……
```

monitorenter 和 monitorexit 这两个字节码都需要一个引用类型的参数，来指明锁定和解锁的对象。如果 synchronized 明确指定了对象参数，那锁的对象便是这个传入的参数，假如没有明确指定，则根据 synchronized 修饰的是实例方法还是类方法，来找到对应的对象实例或者对应类的 Class 对象作为锁对象。在执行 monitorenter 指令时，首先要尝试获取对象的锁，如果这个对象没有被锁定，或者当前线程已经拥有了该对象的锁，则将锁的计数器加 1。相应的，在执行 monitorexit 指令时，锁的计数器将会减 1，当计数器为 0 时，表示锁被释放。如果获取对象的锁失败了，则当前线程需要阻塞等待，直到对象的锁被释放为止。

另一种方式是使用 ReentrantLock 锁来实现线程间的同步。在 count 对象中加入 ReentrantLock 的实例：

```
private final ReentrantLock lock = new ReentrantLock();
```

然后在 count.count++之前加锁，并且在++操作完成之后，释放锁给其他线程：

```
count.lock.lock();
count.count++;
count.lock.unlock();
```

这样对于 count.count 变量的操作便被串行化了，避免了线程间的竞争。相对于 synchronized 而言，使用 ReentrantLock 的好处是，ReentrantLock 的等待是可以中断的。通过 tryLock(timeout, unit)，可以尝试获得锁，并且指定等待的时间。另一个特性是可以在构造 ReentrantLock 时使用公平锁，公平锁指的是多个线程在等待同一个锁时，必须按照申请锁的先后顺序来依次获得锁。synchronized 中的锁是非公平的，默认情况下 ReentrantLock 也是非公平的，但是可以在构造函数中指定使用公平锁。

对于 ReentrantLock 来说，还有一个十分实用的特性，它可以同时绑定多个 Condition 条件，以实现更精细化的同步控制：

```java
class BoundedBuffer {
    final Lock lock = new ReentrantLock();
    final Condition notFull = lock.newCondition();
    final Condition notEmpty = lock.newCondition();

    final Object[] items = new Object[100];
    int putptr, takeptr, count;

    public void put(Object x) throws InterruptedException {
        lock.lock();
        try {
            while (count == items.length)
                notFull.await();
            items[putptr] = x;
            if (++putptr == items.length) putptr = 0;
            ++count;
            notEmpty.signal();
        } finally {
            lock.unlock();
        }
    }
    public Object take() throws InterruptedException {
        lock.lock();
        try {
            while (count == 0)
                notEmpty.await();
            Object x = items[takeptr];
            if (++takeptr == items.length) takeptr = 0;
            --count;
            notFull.signal();
            return x;
        } finally {
            lock.unlock();
        }
    }
}
```

这是Oracle官方文档中所提供的关于Condition使用的一个经典案例——有界缓冲区 [17]。NotFull（非满）和notEmpty（非空）两个条件与锁lock相关联，当缓冲区当前处于已满状态时，notFull条件await，执行put操作的当前线程阻塞，并且释放当前已获得的锁，直到take操作执行，notFull条件signal，等待的线程被唤醒，等待的线程需要重新获得lock的锁，才能从await返回。而当缓冲区为空时，notEmpty条件await，执行take操作的当前线程阻塞，并且释放当前已经获得的锁，直到put操作执行，notEmpty条件signal，执行take操作的线程才能够被唤醒，并且需要重新获得lock的锁，才能够从await返回。

3. 数据一致性

分布式系统常常通过复制数据来提高系统的可靠性和容错性，并且将数据的副本存放到不同的机器上。由于多个副本的存在，使得维护副本一致性的代价很高。因此，许多分布式系统都采用弱一致性或者是最终一致性，来提高系统的性能和吞吐能力，这样不同的一致性模型也相继被提出。

强一致性要求无论数据的更新操作是在哪个副本上执行，之后所有的读操作都要能够获取到更新的最新数据。对于单副本的数据来说，读和写都是在同一份数据上执行，容易保证强一致性。但对于多副本数据来说，若想保障强一致性，就需要等待各个副本的写入操作都执行完毕，才能提供数据的读取，否则就有可能数据不一致。这种情况下需要通过分布式事务来保证操作的原子性，并且外界无法读到系统的中间状态。

弱一致性指的是系统的某个数据被更新后，后续对该数据的读取操作取到的可能是更新前的值，也可能是更新后的值。全部用户完全读取到更新后的数据需要经过一段时间，这段时间称为"不一致性窗口"。

最终一致性是弱一致性的一种特殊形式，这种情况下系统保证用户最终能够读取到某个操作对系统的更新，"不一致性窗口"的时间依赖于网络的延迟、系统的负载和副本的个数。

分布式系统中采用最终一致性的例子很多，如 MySQL 数据库的主/从数据同步，ZooKeeper 的 Leader election 和 Atomic broadcas 等。

4. 系统可扩展性

系统的可扩展性也称为可伸缩性，是一种对软件系统计算处理能力的评价指标。高可扩展性意味着系统只要经过很少的改动，甚至只需要添加硬件设备，便能够实现整个系统的处理能力的线性增长。单台机器硬件受制于科技水平的发展，短时间内的升级空间是有限的，因此很容易达到瓶颈。并且随着性能的提升，成本也成指数级升高，因此，可扩展性更加侧重于系统

---

17 Oracle 关于 Condition 介绍的 Java doc 地址为 http://docs.oracle.com/javase/6/docs/api/java/util/concurrent/locks/Condition.html。

的水平扩展。

大型分布式系统常常通过大量廉价的 PC 服务器，来达到原本需要小型机甚至大型机的同等处理能力。进行系统扩展时，只需要增加相应的机器，便能够使性能线性平滑地提升，以达到硬件升级同等的效果，并且不会受制于硬件的技术水平。水平扩展相对于硬件的垂直扩展来说，对于软件设计的能力要求更高，系统设计更复杂，但却能够使系统处理能力几乎可以无限制扩展。

系统的可扩展性也会受到一些因素的制约，CAP理论[18]指出，系统的一致性、可用性和可扩展性这三个要素对于分布式系统来说，很难同时满足。因此，在系统设计时，往往得做一些取舍。某些情况下，通过放宽对于一致性的严格要求，以使得系统更易于扩展，可靠性更高。

下面将介绍一个典型的案例，通过在数据一致性、系统可用性和系统可扩展性之间寻找平衡点，来完成瞬间高并发场景下的系统设计。

5. 并发减库存

大部分电商网站都会有这样一个场景——减库存。在正常情况下，对于普通的商品售卖来说，同时参与购买的人数并不是很多，因此问题并不那么明显。但是，对于像秒杀活动、低价爆款商品、抽奖活动这种并发数极高的场景来说，情况便显得不同了。

低价商品往往都具有极大的吸引力，能够在短时间内吸引大量买家，也有一大帮想伺机获利的网络投机者，借助分布式秒杀工具来进行下单套利交易。而且秒杀活动往往会在指定时间开始，这样更加剧了并发问题。在活动开始的瞬间，用户的下单和减库存请求将呈爆炸式增长，瞬间的 qps 可达平时的几千倍，这将对系统的设计和实现带来极大的挑战。

首先要解决的问题便是杜绝网络投机者使用工具参与秒杀导致的不公平竞争的行为，让竞争变得公平。而防止机器请求的最原始、最简单也是最有效的方式，便是采用图像验证码，用户必须手工输入图片上的字符才能够进行后续操作。当然，随着技术的发展，简单图像也能够进行识别，因此验证码技术也在不断演进。为了防止图像识别技术识别验证码字符，可以采用问答式的验证码，如"1+1=？"，这样即便是识别了验证码上的字符，也无法自动识别答案。当然，验证码并非是一个完美的解决方案，它会导致系统的易用性降低，用户体验因此而下降。

其次要解决的便是数据一致性的问题，对于高并发访问的浏览型系统来说，单机数据库如不进行扩展，往往很难支撑。因此常常会采用分库技术来提高数据库的并发能力，并且通过使

---

18 CAP 理论最早是在 2000 年由 Berkeley 的 Eric Brewer 教授在 ACM PODC 会议上提出的，此后，MIT 的 Seth Gilbert 和 Nancy Lynch 从理论上证明了 Brewer 猜想的正确性。C 表示一致性（Consistency），A 表示可用性（Availability），P 则表示分区可容忍性（Tolerance of network Partition），一致性和可用性比较好理解，分区可容忍性指的是数据的分布对系统的正确性和性能的影响，往往也可理解为可扩展性，该理论认为，一致性、可用性和可扩展性这三个要素是很难同时满足的。

用分布式缓存技术，将磁盘磁头的机械运动转化为内存的高低电平，以降低数据库的压力，加快后端的响应速度。响应的越快，线程释放的也越快，能够支持的单位时间内的查询数（qps）也越高，并发的处理能力就越强。使用缓存和分库技术，吞吐量的确是上去了，带来的问题便是跨数据库或者是分布式缓存与数据库之间难以进行事务操作[19]。由于下单和减库存这两个操作不在同一个事务当中，可能导致的问题便是，有可能下单成功，库存减失败，导致"超卖"的现象发生；或者是下单失败，而减库存成功，而导致"少卖"的现象发生，并且在超高并发的情况下，导致这种失败的概率较往常更高，如图 4-10 所示。

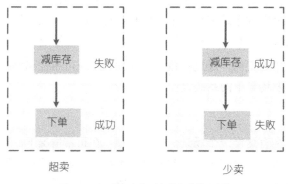

图 4-10 "超卖"和"少卖"现象

为了避免数据不一致的情况发生，并且保证前端页面能够在高并发情况下正常浏览，可以采用实际库存和浏览库存分离的方式。由于前端页面验证码和下单系统的限流保护，真正到达后端系统下单的流量并没有前端浏览系统的流量大，因此可以将真实的库存保存在数据库中，而前端浏览的库存信息存放于缓存中，这样数据库下单与减库存两个动作可以在同一个事务当中执行，避免出现数据不一致的情况。库存更新完毕后，再将数据库中的数据同步到缓存中。

实际库存与浏览库存分离之后，虽解决了数据不一致的问题，但这一措施将引入新的问题。商业数据库如 Oracle 由于扩展成本太高，大部分互联网企业转而选用开源的 MySQL 数据库，MySQL 根据存储引擎的不同，采用不同的锁策略。myisam 存储引擎对写操作采用的是表锁策略，当一个用户对表进行写操作时，该用户会获得一个写锁，写锁会禁止其他用户的写入操作。innodb 存储引擎采用的则是行锁策略，只有在对同一行进行写入操作时，锁机制才会生效。显而易见，innodb 更适合高并发写入的场景。

那么采用 innodb 存储引擎，对于高并发下单减库存的场景，会带来什么问题呢？每个用户下单之后，需要对库存信息进行更新。对于参与秒杀的热门商品来说，大部分更新请求最终都会落到少量的几条记录上，而行锁的存在，使得线程之间需要进行锁的争夺。一个线程获得行锁以后，其他并发线程就需要等待它处理完成，这样系统将无法利用多线程并发执行的优势，

---

19 分布式事务实现所需要付出的性能代价太高。

并且随着并发数的增加，等待的线程会越来越多，rt 急剧飚升，最终导致可用连接数被占满，数据库拒绝服务。

既然当条记录的行锁会导致无法并发地利用资源的问题，那么可以通过将一行库存拆分成多行，便可以解除行锁导致的并发资源利用的问题。当然，下单减库存操作最终路由到哪一条记录，可以采用多种策略，如根据用户 id 取模、随机等，总的库存通过 sum 函数进行汇总，再同步到缓存，给前端页面做展现，以降低数据库的压力，如图 4-11 所示。

图 4-11　库存记录拆分，sum 取总数

当然，这样也会导致另外一些问题，当总库存大于 0 时，前端的下单请求可能刚好被路由到一条库存为 0 的记录，导致减库存失败，而实际上此时还有其他记录的库存是不为 0 的。

4.4　性能优化

开发人员无时无刻不在思考如何让自己开发的应用能够使用更少的资源服务好更多的用户，如何能够更加快速地响应用户的请求，减少用户等待。对于性能的渴求，促使着他们不断寻找新的方法、新的思路，来改进现有的应用程序。

4.4.1　如何寻找性能瓶颈

Web 的性能优化涉及前端优化、服务端优化、操作系统优化、数据库查询优化、JVM 调优等众多领域的知识，每个领域如果深入去发掘，都可以编写成一本相关的书籍。因此，本节将只介绍一些常用的方法与工具，来帮助读者快速定位性能的瓶颈。

对于性能优化来说,第一步也是最重要的一步,便是寻找可以优化的点,也就是所谓的性能瓶颈。性能瓶颈实际上就是木桶原理中最短的那一块木板,只有补上这块短板,才能够更好地发挥应用的整体性能。

1. 前端优化工具——YSlow

YSlow[20]是Yahoo!提供的用于网页性能分析的浏览器插件,它通过一系列由Yahoo!提出并得到业界充分认可的页面性能评估规则,来对当前页面进行性能检测,提供F~A六个级别的评分,F代表最差,A表示最好,并且给出分析所得到的相关数据及优化的具体建议。我们可以通过相关数据来快速发现页面的不足,并对自己的网站和服务器进行相应的优化。YSlow的用户界面如图4-12所示。

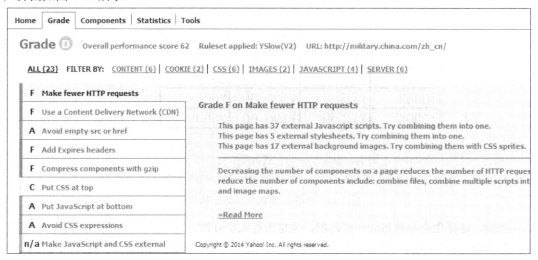

图4-12　YSlow的用户界面

2. 页面响应时间

服务端单个请求的响应速度跟整个页面的响应时间及页面的加载速度密切相关,它也是衡量页面性能的一个重要指标。借助另外一个工具firebug[21],我们能够清楚地看到整个页面的加载时间,以及具体每一个请求耗费的时间。这样我们便能够快速找到响应慢的请求,分析原因并进行优化。Firebug的用户界面如图4-13所示。

20　YSlow项目地址及Yahoo!提出的影响页面性能的一系列因素,http://yslow.org。
21　Firebug,https://www.getfirebug.com。

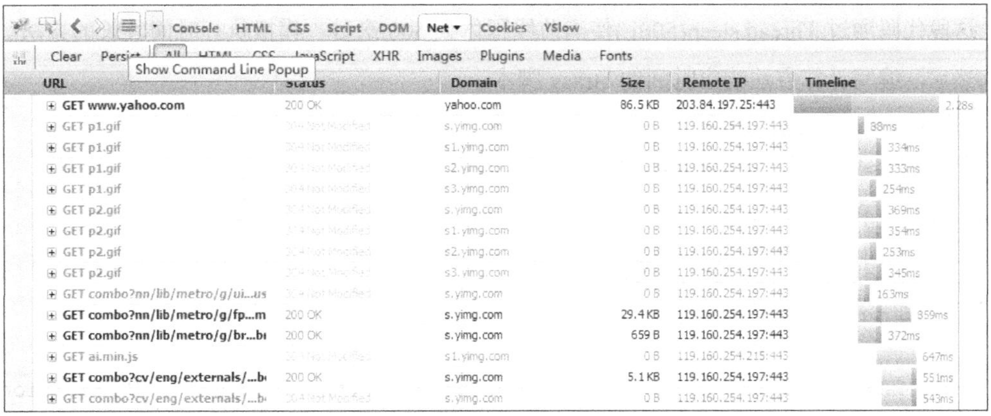

图 4-13 Firebug 的用户界面

当然，由于请求和响应需要经过网络链路中的反向代理、交换路由设备、负载均衡设备等节点，并且客户端的网络环境也可能对测试造成干扰，同时客户端的响应时间也不便于批量收集，因此多数情况下我们更关注另一个指标，即服务端的 RT（Response Time）时间。通过服务端访问日志的配置，我们能够得到每一个请求的响应时间，并且通过对数据进行收集和分析，能够通过数据报表看到响应时间的趋势变化及波动情况，及时发现某一段时间内系统波动和毛刺所隐藏的问题。

3. 方法响应时间

定位到响应慢的请求以后，接下来便需要深入发掘导致请求响应慢的原因，并且定位到具体的代码。通过对代码的检查分析，能够定位到具体的方法和代码行，但是通常来说这种方式比较浪费时间，且容易遗漏，通过Java环境下的一个十分有效的动态跟踪工具——btrace[22]，能够快速地定位和发现耗时的方法。

首先，编写一段测试代码：

```java
@Override
protected void doPost(HttpServletRequest req, HttpServletResponse resp)
        throws ServletException, IOException {
    PrintWriter out = resp.getWriter();
    try {
        Thread.sleep(500L);
    } catch (InterruptedException e) {}
    out.write("success");
}
```

---

22 btrace，https://kenai.com/projects/btrace。

这段代码通过 Thread.sleep(500L) 使当前线程休眠 500 毫秒，模拟执行时间较长的方法。

然后，编写计算方法响应时间的 btrace 脚本：

```
import com.sun.btrace.annotations.*;
import static com.sun.btrace.BTraceUtils.*;

@BTrace
public class MethodTimeCost {
  @TLS private static long starttime;

    @OnMethod(clazz="/com\\.http\\.testbtrace\\..*/",method="/.+/",location=
@Location(Kind.ENTRY))
    public static void startExecute(){
        starttime = timeMillis();
    }

    @OnMethod(clazz="/com\\.http\\.testbtrace\\..*/",method="/.+/",location=
@Location(Kind.RETURN))
    public static void endExecute(){
        long timecost = timeMillis() - starttime;
        if(timecost > 50){
          print(strcat(strcat(name(probeClass()), "."), probeMethod()));
          print("   [");
          print(strcat("Time taken : ", str(timecost)));
          println("]");
        }

    }
}
```

这段脚本通过记录进入方法的时间点和方法结束的时间点，计算出方法执行所消耗的时间，如果执行时间超过 50 毫秒，则在控制台打印出类的名称和方法的名称。其中，OnMethod 注解用来表示当前方法执行的事件，clazz 属性指定要跟踪的类名称（可以使用通配符），method 用来指定执行的方法，location 则表示执行的时机[23]。

启动需要跟踪的 Java 程序，然后执行 jps 获取该进程的 id：

```
jps
```

---

[23] btrace 工具包的 samples 目录下面有很多 btrace 的使用范例，几乎涵盖了工具使用的各个方面。

```
longlong@ubuntu:/usr/btrace/bin$ jps
3316
4084 Jps
3683 Bootstrap
```

最后，执行这段 btrace 脚本。3683 指的是要跟踪的进程 id，../script/MethodTimeCost.java 则是脚本的路径，运行一段时间后，便可以看得到执行时间超过 50 ms 的方法：

```
./btrace -cp build 3683  ../script/MethodTimeCost.java
```

```
longlong@ubuntu:/usr/btrace/bin$ ./btrace -cp build 3683  ../script/MethodTimeCost.java
com.http.testbtrace.Login.doPost    [Time taken : 501]
com.http.testbtrace.Login.doGet     [Time taken : 502]
^CPlease enter your option:
       1. exit
       2. send an event
       3. send a named event
```

当然，btrace 的使用并不局限于此，它的功能十分强大，特别是在 Java 应用在线故障排查方面，是一把不可或缺的利器。对于在线应用来说，出于对系统稳定性和数据安全性等方面的考虑，一般是无法进行 debug 操作的。在出现一些在平时测试无法预料且线下又难以重现的异常时，如能祭出 btrace 这把利器，往往能够起到事半功倍的效果。

关于 BTrace 的使用，后面还将进行详细的介绍，这里就不多说了。

4. GC 日志分析

GC 日志能够反映出 Java 应用执行内存回收详细情况，如 Minor GC 的频繁程度、Full GC 的频繁程度、GC 所导致应用停止响应的时间、引起 GC 的原因等。

根据程序吞吐量优先还是响应时间优先的不同，sun HotSpot 虚拟机 1.6 版在服务器端提供 Parallel Scavenge/Parallel Old 与 ParNew/CMS 两种比较常用的垃圾收集器的组合，其中 Parallel Scavenge 和 ParNew 为新生代的垃圾收集器，而 Parallel Old 和 CMS 为老年代的垃圾收集器，如图 4-14 所示。

在 JVM 启动时加上下面几个参数：

```
-verbose:gc -Xloggc:/gc.log -XX:+PrintGCDetails -XX:+PrintGCDateStamps
```

其中，-verbose:gc 表示输出 GC 相关信息，-Xloggc:/gc.log 指定 GC 日志存放在/gc.log 目录下，-XX:+PrintGCDetails 表示将输出 GC 详情，而-XX:+PrintGCDateStamps 则表示日志中会输出 GC 的时间戳，通过这几个参数，便能够将 GC 相关的详细信息打印到 GC 日志当中。

Parallel Scavenge 收集器的 GC 日志的格式如下：

```
2014-02-17T14:17:19.047+0800: 97.756:[GC [PSYoungGen: 1348425K->2096K(2216192K)]
3360755K->2018009K(5116160K), 0.0640020 secs] [Times: user=0.24 sys=0.01,
real=0.06 secs]
```

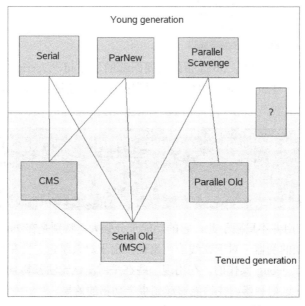

图 4-14　HotSpot JVM1.6 的垃圾回收器 [24]

这反映出，JVM 的堆大小为 5116160 KB，已经使用 3360755 KB，经过回收后已使用的大小变为 2018009 KB。其中，新生代的大小为 2216192 KB，已经使用的空间为 1348425 KB，经过回收后变为 2096 KB。

Parallel Scavenge/Parallel Old 组合 Full GC 所产生日志如下：

```
2014-02-18T04:37:20.618+0800: 99.327: [Full GC [PSYoungGen: 2779200K-> 0K
(2782336K)] [PSOldGen: 2475753K->1210837K(2899968K)] 5254953K->1210837K(5682304K)
[PSPermGen: 94128K->94128K(109568K)], 5.8954740 secs] [Times: user=6.13
sys=0.00, real=5.89 secs]
```

其中，新生代的大小为 2782336 KB，老年代的大小为 2899968 KB，堆的大小为 5682304 KB，永久代的大小为 109568 KB。由 GC 日志可知，此次 Full GC 是由于老年代满了所导致的。

ParNew 收集器的 GC 日志格式如下：

```
2014-02-20T13:12:23.334+0800: 143.977: [GC 143.977: [ParNew: 2356922K->
166185K(2403008K), 0.0275450 secs] 3160143K->1021743K(3975872K), 0.0278960
secs] [Times: user=0.37 sys=0.00, real=0.03 secs]
```

其中，新生代的空间大小为 2403008 KB，收集前已使用的空间为 2356922 KB，收集后已使用的空间为 166185 KB，新生代回收的空间为 2356922 KB-166185 KB=2190737 KB。堆的大

24　图片来源 https://blogs.oracle.com/jonthecollector/resource/Collectors.jpg。

小为 3975872 KB，垃圾回收前已使用的空间为 3160143 KB，回收后已使用的空间为 1021743 KB，堆回收的空间为 3160143 KB-1021743 KB = 2138400 KB。通过新生代回收的空间与堆回收的空间可以计算出，有这么多的对象晋升到了老年代（2190737 KB-2138400 KB = 52337 KB）。这次 GC 所消耗的时间为 0.0278960 秒。

下面这段日志反映的是执行 CMS GC 时所产生的日志：

2014-02-20T13:11:17.554+0800: 78.196: [GC [1 CMS-initial-mark: 0K(1572864K)] 2240616K(3975872K), 1.1883700 secs] [Times: user=1.19 sys=0.00, real=1.19 secs]
2014-02-20T13:11:18.743+0800: 79.385: [CMS-concurrent-mark-start]
2014-02-20T13:11:18.810+0800: 79.452: [CMS-concurrent-mark: 0.037/0.067 secs] [Times: user=0.37 sys=0.01, real=0.07 secs]
2014-02-20T13:11:18.810+0800: 79.452: [CMS-concurrent-preclean-start]
2014-02-20T13:11:18.838+0800: 79.481: [CMS-concurrent-preclean: 0.027/0.028 secs] [Times: user=0.11 sys=0.00, real=0.02 secs]
2014-02-20T13:11:18.838+0800: 79.481: [CMS-concurrent-abortable-preclean-start]
2014-02-20T13:11:19.180+0800: 79.822: [GC 79.822: [ParNew: 2346280K->218432K(2403008K), 0.2444410 secs] 2346280K->263080K(3975872K), 0.2446420 secs] [Times: user=1.53 sys=0.23, real=0.24 secs]
2014-02-20T13:11:23.395+0800: 84.037: [CMS-concurrent-abortable-preclean: 4.172/4.557 secs] [Times: user=15.22 sys=0.39, real=4.56 secs]
2014-02-20T13:11:23.396+0800: 84.038: [GC[YG occupancy: 1337142 K (2403008 K)]84.038: [Rescan (parallel) , 0.0550880 secs]84.094: [weak refs processing, 0.0000140 secs]84.094: [class unloading, 0.0126960 secs]84.106: [scrub symbol & string tables, 0.0146290 secs] [1 CMS-remark: 44648K(1572864K)] 1381790K(3975872K), 0.0851600 secs] [Times: user=0.99 sys=0.00, real=0.09 secs]
2014-02-20T13:11:23.481+0800: 84.124: [CMS-concurrent-sweep-start]
2014-02-20T13:11:23.513+0800: 84.156: [CMS-concurrent-sweep: 0.031/0.032 secs] [Times: user=0.06 sys=0.01, real=0.03 secs]
2014-02-20T13:11:23.514+0800: 84.156: [CMS-concurrent-reset-start]
2014-02-20T13:11:23.530+0800: 84.172: [CMS-concurrent-reset: 0.016/0.016 secs] [Times: user=0.02 sys=0.01, real=0.01 secs]

CMS 收集器是一款以获取最短回收停顿时间为目的的收集器，它是基于标记—清除算法实现的，运转过程比前面介绍的几个收集器更为复杂，整个过程大致分为四个步骤：初始标记（CMS initial mark）、并发标记（CMS concurrent mark）、重新标记（CMS remark）、并发清除（CMS concurrent sweep）。

在执行初始标记和重新标记这两个步骤时，系统仍然是停止响应的（stop the world）。但是在整个过程中耗时最长的并发标记和并发清除的这两个步骤，CMS 收集器都可以与用户线程一起工作，这样便减少了 JVM 因为 GC 停止响应的时间。

与前面的 GC 日志相比，通过 CMS 日志也能够反映出内存空间的变化，但是反映的更多的是 GC 执行的各个阶段所消耗的时间。由此也可以看出，CMS 收集器更关心的是 JVM 停止响应的时间。

5. 数据库查询

很多请求响应速度慢的原因，最终都是由于糟糕的数据库查询语句所导致的。如何定位到这些糟糕的查询语句呢？MySQL 提供慢 SQL 日志的功能，能够记录下响应时间超过一定阈值的 SQL 查询。

查看是否启用慢日志：

```
show variables like 'log_slow_queries';
```

```
mysql> show variables like 'log_slow_queries';
+------------------+-------+
| Variable_name    | Value |
+------------------+-------+
| log_slow_queries | OFF   |
+------------------+-------+
1 row in set (0.01 sec)
```

查看慢于多少秒的 SQL 会记录到慢日志当中：

```
show variables like 'long_query_time';
```

```
mysql> show variables like 'long_query_time';
+-----------------+-----------+
| Variable_name   | Value     |
+-----------------+-----------+
| long_query_time | 10.000000 |
+-----------------+-----------+
1 row in set (0.03 sec)
```

通过 MySQL 的配置文件 my.cnf[25]，可以修改慢日志的相关配置：

```
log_slow_queries = /var/log/mysql/mysql-slow.log
long_query_time = 1
```

```
# Here you can see queries with especially long duration
log_slow_queries        = /var/log/mysql/mysql-slow.log
long_query_time = 1
```

其中，log_slow_queries 用来指定慢日志的路径，而 long_query_time 用来指定慢于多少秒的 SQL 会被记录到日志当中。

---

25 Linux 下 MySQL 的配置文件名称为 my.cnf，Windows 下的文件名称为 my.ini。

查看记录慢 SQL 语句的日志：

```
# Time: 140219  5:23:30
# User@Host: root[root] @ localhost []
# Query_time: 107.944268  Lock_time: 0.001461  Rows_sent: 7892689  Rows_examined: 760
SET timestamp=1392816210;
select * from access_log cross join access_log1;
```

这是一个 cross join 的极端例子，用两个上万行记录的表 access_log 与 access_log1 做 cross join。当然，正常情况下很少有人会这么做。其中，第三行记录的 Query_time 表示的是查询所消耗的时间，Lock_time 指的是锁等待时间，Rows_sent 表示的是查询返回的行数，而 Rows_examined 则表示查询检查的行数。

6. 系统资源使用

系统资源的使用情况能够反映出是否某一部分硬件资源已经达到瓶颈。例如，在高并发情况下，可以查看 CPU 当前的利用率和系统的 load，查看网卡的流量，查看磁盘 I/O 的密集程度，查看内存的使用等。通过硬件的指标来判断资源是否已经达到瓶颈。通过这些指标可以将应用分为 CPU 密集型、网络密集型、磁盘 I/O 密集型、内存使用密集型等应用，根据应用的特征来进行机器配置的选型，以便使资源的利用达到最大化。

关于系统资源使用的查看，在 4.2.1 节监控指标这节已经详细介绍过，读者可以翻到相关章节进行阅读。

寻找性能瓶颈的方式可能多种多样，并不拘泥于以上几点，但最终的目的都是为了找到系统中响应慢影响用户体验或者是资源利用不均衡导致资源浪费等原因所形成的短板，对这些制约系统发展和提升的短板进行优化和改进，以达到提升整体性能的目的。

4.4.2 性能测试工具

性能测试指的是通过一些自动化的测试工具模拟多种正常、峰值，以及异常负载的条件来对系统的各项性能指标进行测试。系统在上线运行之前，需要经过一系列的性能测试，以确定系统在各种负载下的性能指标的变化，发现系统潜在的一些瓶颈和问题。通过性能测试，能够得到应用性能的基准线，即系统能够承载的峰值访问，高位运行时系统的稳定性，以及系统响应时间等一系列关键指标，给系统的上线运维提供了重要的参考依据。

本节将介绍一些针对 HTTP 协议的性能测试工具，如 ab、jmeter 等，使用这些性能测试工具，能够简化性能相关的数据计算和提取，提高性能测试的工作效率。除此之外，还将介绍一些工具和方法，使测试的结果能够更接近于真实环境系统的表现。

1. ab

ab的全称为ApacheBench[26]，是Apache基金会提供的一款专门用来对HTTP服务器进行性能测试的小工具，可以模拟多个并发请求来对服务器进行压力测试，得出服务器在高负载下能够支持的qps及应用的响应时间，为系统设计者提供参考依据。

ab 的使用：

```
ab [options] [http[s]://]hostname[:port]/path
```

常用参数：

- -n requests 为请求次数；
- -c concurrency 为并发数。

假设并发数为5，一共执行 100 次请求，目标服务器为 192.168.2.102，则对应的命令为：

```
ab -n 100 -c 5 http://192.168.2.102:8080/selfcheck/
```

执行后的结果如下所示。

```
Server Software:        Apache-Coyote/1.1
Server Hostname:        192.168.2.102
Server Port:            8080

Document Path:          /selfcheck/
Document Length:        6 bytes

Concurrency Level:      5
Time taken for tests:   0.385 seconds
Complete requests:      100
Failed requests:        0
Write errors:           0
Total transferred:      14600 bytes
HTML transferred:       600 bytes
Requests per second:    259.85 [#/sec] (mean)
Time per request:       19.242 [ms] (mean)
Time per request:       3.848 [ms] (mean, across all concurrent requests)
Transfer rate:          37.05 [Kbytes/sec] received

Connection Times (ms)
              min  mean[+/-sd] median   max
Connect:        1    7   5.0      6      22
Processing:     2   11   5.7     11      33
Waiting:        0    9   5.7      9      30
Total:          5   18   7.1     17      39

Percentage of the requests served within a certain time (ms)
  50%     17
  66%     19
  75%     21
  80%     22
  90%     29
  95%     34
  98%     38
  99%     39
 100%     39 (longest request)
```

---

[26] Apache 的 ab 项目地址为 http://httpd.apache.org/docs/2.2/programs/ab.html。

其中,几个比较重要的指标包括:

- Requests per second 为每秒处理的请求数量;
- Time per request 为第一个 Time per request 的值为每次并发所消耗的平均时间,第二次 Time per request 为每次请求所消耗的平均时间;
- Complete requests 为完成的请求数量;
- Failed requests 为失败的请求数量。

2. Apache JMeter

JMeter[27]是Apache基金会提供的另一个开源性能测试工具,它的功能比ab更为强大,采用纯Java实现,支持多种协议的性能基准测试,如HTTP、SOAP、FTP、TCP、SMTP、POP3 等;可以用于模拟在服务器、网络或者其他对象上施加高负载,以测试它们的压力承受能力,或者分析它们在不同负载的情况下的性能表现;能够灵活地进行插件化的扩展;支持通过脚本方式的回归测试,并且提供各项指标的图形化展示。JMeter的界面如图 4-15 所示。

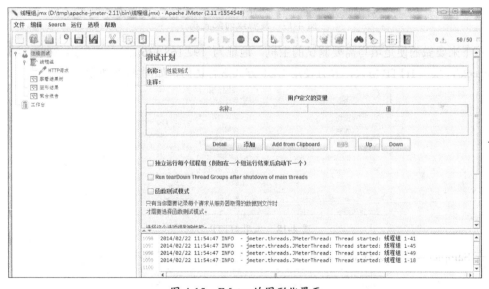

图 4-15　JMeter 的图形化界面

选中线程组子菜单,新建一个线程组,如图 4-16 所示。

27　JMeter 项目地址为 https://jmeter.apache.org。

图 4-16　新建线程组

假设需要执行的测试并发线程数为 50，循环次数为 1000，发出请求的间隔时间为 0 秒，则可以做如下配置，如图 4-17 所示。

图 4-17　线程组的配置属性

接下来要做的便是填写需要测试的主机，地址为 192.168.136.133，端口为 8080，路径为 /selfcheck/，采用 HTTP 协议，并且使用 GET 方式进行访问，如图 4-18 所示。

图 4-18　采用 HTTP 协议

在 Sampler 菜单中选择 HTTP 请求子菜单，对应的属性如图 4-19 所示。

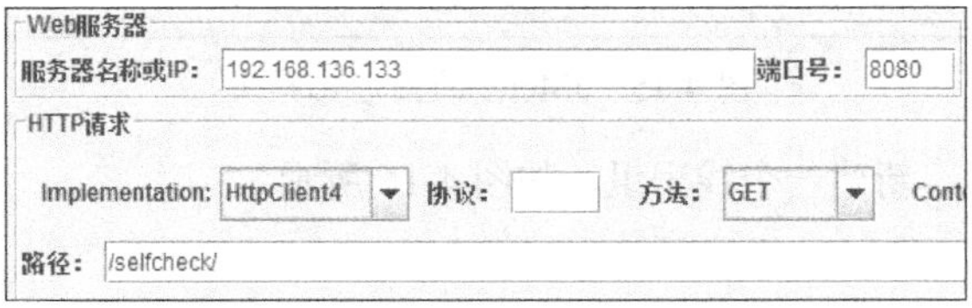

图 4-19　HTTP 请求对应的属性

最后，选择结果展现的 Listener，按 "Ctrl+R 键" 启动，便可以在对应的 Listener 看到测试的结果，如图 4-20 所示。

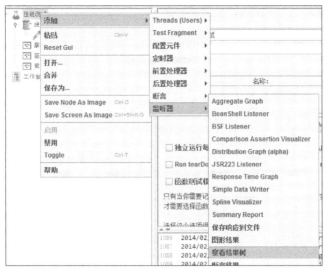

图 4-20　查看测试结果

选择聚合报告 Listener，展现的结果如图 4-21 所示。

Label	# Samples	Average	Median	90% Line	Min	Max	Error %	Throughput	KB/sec
HTTP请求	50000	9	4	19	0	3117	0.00%	146.8/sec	18.2
总体	50000	9	4	19	0	3117	0.00%	146.8/sec	18.2

图 4-21　展现结果

Samples 表示请求执行的次数，Average 表示请求平均响应时间，Throughput 表示系统的吞吐，也就是每秒处理的请求数量。

在执行性能测试的同时，可以通过一些工具，如 jconsole、VisualVM，来远程实时查看测试机的负载、内存使用、GC 等情况，作为参考。以应用服务器 Tomcat 为例，只需在启动脚本中加入如下配置，便能够通过 jconsole、VisualVM 等工具查看系统相关信息：

```
CATALINA_OPTS="$CATALINA_OPTS -Djava.rmi.server.hostname=192.168.136.133
-Dcom.sun.management.jmxremote -Dcom.sun.management.jmxremote.port=9004 -Dcom.
sun.management.jmxremote.ssl=false -Dcom.sun.management.jmxremote.authenticate=false"
```

通过jconsole[28]来查看CPU和内存的使用情况，如图 4-22 所示。

---

28 jconsole 为 JDK 自带的工具，文档地址为 http://docs.oracle.com/javase/6/docs/technotes/guides/management/jconsole.html。

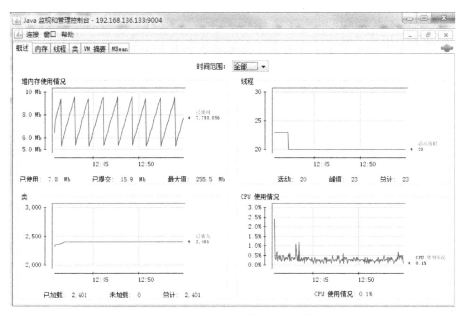

图 4-22 查看 CPU 和内存的使用情况

可以通过 VisualVM[29] 来查看更详细的系统信息，如图 4-23 所示。

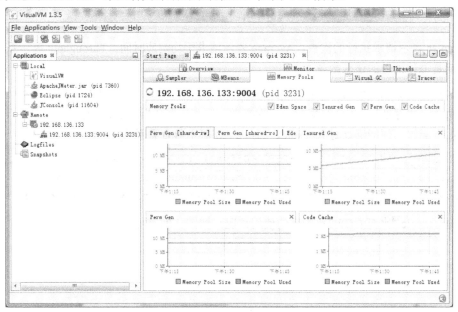

图 4-23 通过 VisualVM 查看系统信息

---

29 VisualVM 项目地址为 http://visualvm.java.net。

3. HP LoadRunner

LoadRunner 是惠普（HP）公司研发的一款功能极为强大的商业付费性能测试工具，它通过模拟大量实际用户的操作行为和实时性能检测的方式，帮助用户更加快速地查找和确认问题。此外，LoadRunner 能够支持最为广泛的协议标准，适应各种体系架构，几乎是应用性能测试领域的行业标准。

相较于 ab 和 JMeter，LoadRunner 是成熟的商业工具，功能更加强大，支持的协议更为广泛，用户体验更好。但是，它也具备所有商业软件固有的软肋，软件需要购买 lisence，对于企业来说使用成本更高；由于代码不开源，体系较为封闭，不方便根据业务场景来定制修改，并且 LoadRunner 包罗万象，功能非常全面，但这些功能并非所有场景都需要，反而带来更高的学习成本。

关于 LoadRunner 的更多介绍，请移步至其官网 [30]，此处不再赘述。

有些时候，由于业务复杂，测试环境下模拟的数据难以覆盖正式环境的方方面面，可能会与线上真实的用户访问存在差异，导致性能测试的结果与真实情况下的结果存在较大误差。在这种情况下，就需要考虑从线上真实环境引一部分流量到测试机，以保证结果的准确性。

4. 反向代理引流

在分布式环境下，流量真正到达服务器之前，一般会经过负载均衡设备进行转发，通过修改负载均衡的策略，可以改变后端服务器所承受的压力。在新版本发布之前，可以先对少部分机器进行灰度发布，以验证程序的正确性和稳定性，并且通过修改负载均衡策略，可以改变机器所承受的负载，达到对在线机器进行性能基准测试的目的，如图 4-24 所示。

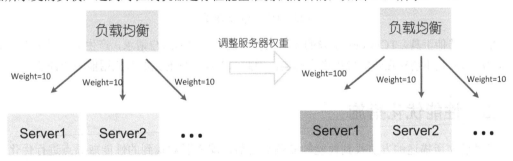

图 4-24　调整后端服务器权重

以 Nginx 为例，后端服务器权重的配置如下：

```
upstream back_server_pool {
    server 192.168.0.14 weight=100;
```

---

30 LoadRunner，http://www8.hp.com/us/en/software-solutions/loadrunner-load-testing/index.html

```
    server 192.168.0.15 weight=10;
    server 192.168.0.16 weight=10;
}
```

其中，IP 地址为 192.168.0.14 的后端服务器权重为 100，其他机器的权重为 10。

5. TCPCopy

TCPCopy[31]是网易技术部于 2011 年 9 月开源的一个项目，它是一款请求复制工具，能够将在线请求复制到测试机器，模拟真实环境，达到程序在不上线的情况下承担线上真实流量的效果，目前已广泛用于国内各大互联网公司。

TCPCopy分为TCPCopy Client和TCPCopy Server，其中TCPCopy Client运行在真实环境的线上服务器之上，用来捕获在线请求数据包，而TCPCopy Server则运行在测试机上，用来截获响应包，并将响应包的头部信息传递给TCPCopy Client，以完成TCP交互，原理如图 4-25 所示[32]。

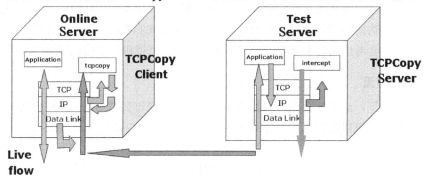

图 4-25 TCPCopy原理图[33]

相较于其他工具，TCPCopy 引导的流量来自于线上真实的用户请求，产生的效果更接近于实际情况，并且不会对在线的应用产生影响，因此，能够更好的完成对应用能力的评估。

4.4.3 性能优化措施

通过前文所描述的方法找到性能的瓶颈点之后，就需要对找到的性能瓶颈点进行优化。性能优化可以从多个方面来入手，比如前端的资源文件（脚本、样式、图片等）、后端的 Java 程序、数据传输、结果缓存，以及数据库、JVM 的 GC 甚至于服务器硬件等，本节将一一进行介绍。

---

31 TCPCopy 项目地址为 https://github.com/wangbin579/tcpcopy。
32 详细实现和架构方面的介绍请参照 http://blog.csdn.net/wangbin579/article/details/8949315。
33 图片来源 https://raw.github.com/wangbin579/auxiliary/master/images/traditional_architecture.GIF。

1. 前端性能优化

影响页面性能的因素可能包含很多方面，Yahoo！曾对网站速度优化提出了非常著名 34 条准则，后精简为更为直观的 23 条，这些著名的规则最后都反映在 YSlow 的评分体系上，YSlow 会针对每一条来进行评分。

（1）页面的 HTTP 请求数量。

新建一个到服务器的 HTTP 连接需要重新经历 TCP 协议握手建立连接状态等过程，并且大部分请求和响应都包含了很多相同 header 与 cookie 内容，增加了网络带宽消耗。因此，减少 HTTP 请求的数量能够加速页面的加载，在不改变页面外观的情况下，可以通过采取合并样式和脚本文件等措施，来减少页面加载所需要请求数。

（2）是否使用 CDN 网络。

CDN 网络使得用户能够就近取得所需要的资源，降低静态资源传输的网络延迟。可以将图片、样式文件、脚本文件、页面框架等不需要频繁变动的内容推送到 CDN 网络，以提高页面加载的速度。

（3）是否使用压缩。

对于前端样式文件与脚本文件，可以将其中空格、注释等不必要的字符去掉，并且通过使用 gzip 压缩来减少网络上传输的字节数。当然，压缩也是有成本的，它会消耗一定的 CPU 资源，但通常情况下来说这种开销都是值得的。

其他的规则还包括将样式放在页面首部加载，将脚本放在页面底部加载，避免 CSS 表达式，减少 DNS 查找等，对于前端页面性能优化的感兴趣的读者，可以查阅相关资料进行阅读。

2. Java 程序优化

通过前面的步骤找到执行速度慢的 Java 方法后，就需要想办法对原有的设计进行优化，如使用单例模式，减少系统开销，将单线程变为多线程，提升资源利用率，采用选择就绪模式，提高并发吞吐，对于不相互影响的流程，可以使用 Future 模式来提升任务效率……通过这些措施来提高 Java 程序的性能。

（1）单例。

对于 I/O 处理、数据库连接、配置文件解析加载等一些非常耗费系统资源的操作，我们必须对这些实例的创建进行限制，或者始终使用一个公用的实例，以节约系统开销，这种情况下就需要用到单例模式。

单例模式的实现：

```
public class Singleton {
    private static Singleton instance;
```

```java
    static {
        instance = new Singleton();
    }
    private Singleton(){
        //消耗资源的操作
    }
    public static Singleton getInstance() {
        return instance;
    }
}
```

"饿汉"式的单例模式在类加载时进行 Singleton 对象的实例化,通过在构造函数中执行消耗资源的初始化操作,将构造函数设置为私有,使得外部不能够实例化对象,只能够通过 getInstance 方法来获得单例。

(2) Future 模式。

假设一个任务执行起来需要花费一些时间,为了省去不必要的等待时间,可以先获取一个"提货单",即 Future,然后继续处理别的任务,直到"货物"到达,即任务执行完得到结果,此时便可以用"提货单"进行提货,即通过 Future 对象得到返回值。

如下面代码所示,加载数据可能需要花费一定时间,此时可以先开始任务,随后处理其他事情,等其他事情都处理完后再取结果:

```java
public class TestFuture {
    static class Job<Object> implements Callable<Object>{
        @Override
        public Object call() throws Exception {
            return loadData();
        }
    }

    public static void main(String[] args) throws Exception{

        FutureTask future = new FutureTask(new Job<Object>());
        new Thread(future).start();

        //do something else

        Object result = (Object)future.get();
```

        }
    }

FutureTask 类实现了 Future 和 Runnable 接口，FutureTask 开始后，loadData()执行时间可能较长，因此可以先处理其他事情，等其他事情处理好以后，再通过 future.get()来获取结果，如果 loadData()还未执行完毕，则此时线程会阻塞等待。

（3）线程池。

有些时候程序执行慢是因为没有充分利用硬件资源，比如，明明是多核 CPU，但程序中却使用单线程串行操作，这种情况下可以将原来的串行操作改成多线程并发，以提高执行效率。

但在生产环境中，如果为每一个任务都创建一个线程，将导致大量的线程被创建。线程创建和销毁本身是有一定代价的，并且活跃的线程会消耗一定的系统资源，如内存。如果可运行线程比可用处理器数量要多，则会有线程闲置，而闲置的线程就导致了内存空间的浪费，并且如果并发数太高，占用内存过多，还有可能导致 JVM OutOfMemory。

这个时候可以使用线程池，即可避免因过多线程导致的内存溢出，任务执行完以后，线程还可以重用，减少了线程创建和销毁本身的消耗：

```java
public class TestExecutorService {
    static class Job implements Runnable{
        @Override
        public void run() {
            doWork();//具体工作
        }
        private void doWork(){
            System.out.println("doing...");
        }
    }
    public static void main(String[] args) {
        ExecutorService exec = Executors.newFixedThreadPool(5);
        for(int i = 0; i < 10; i ++)
            exec.execute(new Job());
    }
}
```

通过 Executors.newFixedThreadPool(5)创建一个固定大小为 5 的线程池，用它来并发执行 10 个任务。

使用线程池将互不依赖的几个动作切分，通过多线程对串行工作进行改进，将成倍地提高工作效率。

(4)选择就绪。

JDK 自 1.4 起开始提供全新的 I/O 编程类库,简称 NIO,其不但引入了全新高效的 Buffer 和 Channel,同时还引入了基于 Selector 的非阻塞 I/O 机制,将多个异步的 I/O 操作集中到一个或几个线程当中进行处理。使用 NIO 代替阻塞 I/O 能提高程序的并发吞吐能力,降低系统的开销。

举例来说,假设客户端需要与服务端进行通信,给服务端发送 hello:

```
Socket client = new Socket("127.0.0.1", 9999);
OutputStream out = client.getOutputStream();
String hello = "hello!";
out.write(hello.getBytes());
out.flush();
client.close();
```

JDK1.4 以前的阻塞 I/O,服务端一般的处理方式如下:

```
public static void main(String[] args) throws Exception {
    ServerSocket server = new ServerSocket (9999);
    while (true)
    {
        Socket s = server.accept ();
        new Thread(new ProcessJob(s)).start ();
    }
}


static class ProcessJob implements Runnable{

    private Socket s ;
    public ProcessJob(Socket s){
        this.s = s;
    }
    @Override
    public void run() {
        int count = 0;
        byte[] b = new byte[1024];
        try{
            while((count = s.getInputStream().read(b))>0){
                System.out.write(b, 0, count);
            }
```

```
            s.close();
        }catch(Exception e){e.printStackTrace();};
    }
}
```

对于每一个请求，单独开一个线程进行相应的逻辑处理，如果客户端的数据传递并不是一直进行，而是断断续续的，则相应的线程需要 I/O 等待，并进行上下文切换。

使用 NIO 引入的 Selector 机制后，可以提升程序的并发效率：

```
static class AcceptJob implements Runnable{
    private Selector clientSelector;
    private Selector serverSelector;
    public AcceptJob(Selector clientSelector,Selector serverSelector){
        this.clientSelector = clientSelector;
        this.serverSelector = serverSelector;
    }
    @Override
    public void run() {
        try {
            while(true){
                int n = serverSelector.selectNow();
                if(n <= 0)continue;
                Iterator<SelectionKey> it =
                    serverSelector.selectedKeys().iterator();
                while(it.hasNext()){

                    SelectionKey key = it.next();
                    if(key.isAcceptable()){
                        ServerSocketChannel server =
                            (ServerSocketChannel)key.channel();
                        SocketChannel channel = server.accept();
                        channel.configureBlocking(false);
                        channel.register(clientSelector,
                            SelectionKey.OP_READ);
                    }
                    it.remove();
                }

            }
```

```java
            } catch (Exception e) {e.printStackTrace();}
        }
    }

    static class ProcessJob implements Runnable{
        private Selector clientSelector;
        public ProcessJob(Selector clientSelector){
            this.clientSelector = clientSelector;
        }
        @Override
        public void run() {
            int count = 0;
            ByteBuffer bb = ByteBuffer.allocate(1024);
            try {
                while(true){
                    int n = clientSelector.selectNow();
                    if(n <= 0) continue;
                    Iterator<SelectionKey> it =
                        clientSelector.selectedKeys().iterator();
                    while(it.hasNext()){
                        SelectionKey key = it.next();
                        if(key.isReadable()){
                            SocketChannel client =
                                (SocketChannel)key.channel();
                            while((count = client.read(bb))>0){
                                System.out.write(bb.array(), 0, count);
                                bb.clear();
                            }
                            client.close();
                        }
                        it.remove();
                    }
                }
            } catch (Exception e) {e.printStackTrace();}
        }
    }
```

```java
public static void main(String[] args) throws Exception {
    Selector clientSelector = Selector.open();
    Selector serverSelector= Selector.open();

    ServerSocketChannel serverChannel = ServerSocketChannel.open();
    ServerSocket serverSocket = serverChannel.socket();
    serverSocket.bind(new InetSocketAddress(9999));
    serverChannel.configureBlocking(false);
    serverChannel.register(serverSelector, SelectionKey.OP_ACCEPT);

    AcceptJob acceptJob = new AcceptJob(clientSelector,serverSelector);
    ProcessJob processJob = new ProcessJob(clientSelector);
    Thread acceptThread = new Thread(acceptJob);
    Thread processThread = new Thread(processJob);
    acceptThread.start();
    processThread.start();
}
```

AcceptJob 负责接收新的请求，而 ProcessJob 负责具体的请求处理，通过 clientSelector.selectNow()能够判断目前是否有客户端就绪，而 clientSelector.selectedKeys().iterator()能够对当前已经就绪的客户端进行迭代。只有当客户端就绪时，如 SelectionKey.isReadable()为 true 时，ProcessJob 才会进行对应的 I/O 处理。Selector 机制使得线程不必等待客户端的 I/O 就绪，当客户端还没就绪时，可以处理其他请求，提高了服务端的并发吞吐能力，降低了资源消耗。

（5）减少上下文切换。

操作系统会给每个执行的线程分配时间片，如果可运行的线程数大于机器的 CPU 数量，则操作系统可能会将某个正在运行的线程调度出来，使其他线程能够使用 CPU，这就会产生上下文切换。操作系统需要保存当前线程运行的上下文，并且给新调度进来运行的线程设置上下文。

进行线程上下文切换会有一定的调度开销,这个过程中操作系统和 JVM 会消耗一定的 CPU 周期，并且由于 CPU 处理器会缓存线程的一部分数据，当新线程被切换进来时，它所需要的数据可能不在 CPU 缓存中，因此还会导致 CPU 缓存的命中率下降。

程序在进行锁等待或者被阻塞时，当前线程会挂起。因此，如果锁的竞争激烈，或者线程频繁 I/O 阻塞，就可能导致上下文切换过于频繁，从而增加调度开销，并且降低程序的吞吐量。

（6）降低锁竞争。

锁的竞争会使得更多的线程等待，本来并行的操作变为串行，并且会导致上下文频繁地切换。因此，减少锁的竞争能够提高程序的性能。

降低锁竞争的一种有效的方式是尽可能地缩短锁持有的时间，比如可以将一部分与锁无关的代码移出同步代码块，特别是执行起来开销较大的操作，以及可能使当前线程被阻塞的操作。

举例来说，假设有一个计数器，对当前正在执行的 Job 进行计数，当 Job 开始执行时，计数器加 1，当 Job 执行完毕后，计数器减 1，一种实现方式如下：

```
static class RunningCount{
    private Integer runningCount = 0;
    public synchronized void run(Job job){
        runningCount ++;
        doSomething(job);
        runningCount --;
    }
    private void doSomething(Job job){
        ……
    }
}
```

runningCount 表示当前正在运行的 Job 数量，给 run()方法加上同步关键字，使得其他线程不仅需要等待 runningCount++ 和 runningCount-- 操作，还需要等待 doSomething()方法的执行，而 doSomething()方法又比较耗时，这样单个线程锁的持有时间将会很长，通过改进，代码的实现如下：

```
static class RunningCount{
    private Integer runningCount = 0;
    public void run(Job job){
        synchronized(runningCount){
            runningCount ++;
        }
        doSomething(job);
        synchronized(runningCount){
            runningCount --;
        }
    }

    private void doSomething(Job job){
        }
    }
}
```

在 run()方法中，只对 runningCount 对象加锁，当 runningCount 的++或者--操作执行完毕后，锁迅速释放，以减少其他线程的等待时间。

另一种减小锁持有时间的方式是减小锁的粒度，将原先使用单独锁来保护的多个变量变为采用多个相互独立的锁分别进行保护，这样就能够降低线程请求锁的几率，从而减少竞争发生的可能性。当然，使用的锁越多，发生死锁的风险也就越高。

举例来说，假设某站点需要进行投票，统计喜欢苹果的人数和喜欢梨的人数，并且在投票完以后改变选择，取消之前的操作，一种实现方式如下：

```java
class LikeCount{
    private Integer likeApple = 0;
    private Integer likePear = 0;
    public synchronized void likePear(){
        likePear ++;
    }
    public synchronized void likeApple(){
        likeApple ++;
    }
    public synchronized void unlikePear(){
        likePear --;
    }
    public synchronized void unlikeApple(){
        likeApple --;
    }
}
```

两个变量 likeApple 和 likePear 分别代表喜欢苹果和喜欢梨，同步方法使得对 likeApple 的操作同时进行。由于 LikeCount 对象被锁，操作 lifePear 的线程也必须等待，而实际上 likeApple 和 likePear 两个变量之间没有任何内在联系，因此可以将实现方式改为：

```java
class LikeCount{
    private Integer likeApple = 0;
    private Integer likePear = 0;
    public void likePear(){
        synchronized(likePear){
            likePear ++;
        }
    }

    public void likeApple(){
```

```
        synchronized(likeApple){
            likeApple ++;
        }
    }

    public void unlikePear(){
        synchronized(likePear){
            likePear --;
        }
    }

    public void unlikeApple(){
        synchronized(likeApple){
            likeApple --;
        }
    }
}
```

通过这种方式，将 likeApple 与 likePear 两个本身没有任何关系的变量解耦，在对 likeApple 进行操作的同时，也可以对 likePear 变量进行操作，提高了程序的吞吐。

第三种降低锁竞争的方式就是放弃使用独占锁，而使用其他更友好的并发方式来保障数据的同步，比如前文所提到的原子变量，或者是使用读写锁。读/写锁实现了多个读取操作与单个写入操作情况下的数据同步，由于读操作不会修改公共资源，因此在执行读操作时不需要进行加锁，而写入操作必须获得独占的锁，以保障对公共资源的修改不会出错。对于多读少写的情况，使用读写锁能够比使用独占锁提供更高的并发数量。

3. 压缩

在进行数据传输之前，可以先将数据进行压缩，以减少网络传输的字节数，提升数据传输的速度。接收端可以将数据进行解压，以还原出传递的数据，并且经过压缩的数据还可以节约所耗费的存储介质（磁盘或内存）的空间与网络带宽，降低成本。当然，压缩也并不是没有开销，数据压缩需要大量的CPU计算，并且根据压缩算法的不同，计算的复杂度和数据的压缩比也存在较大差异。一般情况下，需要根据不同的业务场景，选择不同的压缩算法[34]。

Java 使用 gzip 来对数据进行压缩：

```
public static byte[] gzip(byte[] data) throws Exception {
```

---

34 常见压缩工具和算法的压缩比率及资源消耗情况见 http://pokecraft.first-world.info/wiki/Quick_Benchmark:_Gzip_vs_Bzip2_vs_LZMA_vs_XZ_vs_LZ4_vs_LZO。

```java
        ByteArrayOutputStream bos = new ByteArrayOutputStream();
        GZIPOutputStream gzip = new GZIPOutputStream(bos);
        gzip.write(data);
        gzip.finish();
        gzip.close();
        byte[] b = bos.toByteArray();
        bos.close();
        return b;
    }

    public static byte[] ungzip(byte[] data) throws Exception {
        ByteArrayInputStream bis = new ByteArrayInputStream(data);
        GZIPInputStream gzip = new GZIPInputStream(bis);
        byte[] buf = new byte[1024];
        int num = -1;
        ByteArrayOutputStream baos = new ByteArrayOutputStream();
        while ((num = gzip.read(buf, 0, buf.length)) != -1) {
            baos.write(buf, 0, num);
        }
        gzip.close();
        bis.close();

        byte[] b = baos.toByteArray();
        baos.flush();
        baos.close();
        return b;
    }
```

gzip()方法能够对传入的二进制数据进行压缩，而 ungzip 方法则可以对压缩的数据进行解压。

4. 结果缓存

对于相同的用户请求，如果每次都重复地查询数据库，重复地进行计算，将浪费很多的时间和资源。将计算后的结果缓存到本地内存，或者是通过分布式缓存来进行结果的缓存，可以节约宝贵的 CPU 计算资源，减少重复的数据库查询或者磁盘 I/O，将原本磁头的物理转动变成内存的电子运动，提高应用的响应速度，并且线程的迅速释放也使得应用的吞吐能力得到了提升。

前面章节已有关于缓存的相应的介绍，此处便不再赘述。

5. 数据库查询性能优化

通过 SQL 慢日志定位到速度慢的 SQL 查询语句之后，需要对数据库的查询进行优化。以 MySQL 为例，可以从如下几个方面进行优化。

（1）合理使用索引。

索引就是数据的"目录"，通过"目录"，能快速地找到所需要的数据，避免进行全表扫描。MySQL的索引是在存储引擎层面实现的，因此不同的存储引擎，索引的实现机制也存在着差异。大部分存储引擎都使用B树[35]（MyISAM）或者B树的变体B+树（InnoDB）的数据结构来进行数据存储，B树索引能够加快数据访问的速度，适合进行全键值匹配查询、键值范围查询、键前缀查询。

索引是影响数据库性能的一个重要因素，一旦索引使用不当，将严重影响数据库的性能。MySQL提供了explain[36]命令，用来解释和分析SQL查询语句，通过explain命令，可以模拟查询优化器来执行SQL语句，从而知道MySQL是如何执行你的SQL语句的。

举例来说，现有如下一张表，用来存放用户的订单信息：

```
create table order_info(
order_id int primary key auto_increment,
user_id int ,
price int,
good_id int,
good_title varchar(100),
good_info varchar(500)
);
```

假设通过 order_id（即表的主键）来进行查询，explain 的结果是这样的：

```
explain select * from order_info where order_id = 1;
```

```
mysql> explain select * from order_info where order_id = 1;
+----+-------------+------------+-------+---------------+---------+---------+-------+------+-------+
| id | select_type | table      | type  | possible_keys | key     | key_len | ref   | rows | Extra |
+----+-------------+------------+-------+---------------+---------+---------+-------+------+-------+
|  1 | SIMPLE      | order_info | const | PRIMARY       | PRIMARY | 4       | const |    1 |       |
+----+-------------+------------+-------+---------------+---------+---------+-------+------+-------+
```

其中，select_type 为 SIMPLE，表示只是简单查询；table 列表示所查询的表，这里为 order_info；type 为 const，表示查询结果最多匹配一行；const 查询很快，只有在查询的列使用

---

[35] B 树（B-Tree）全称是 Balance Tree，即平衡树，关于 B 树的介绍请参考 http://zh.wikipedia.org/zh-cn/B%E6%A0%91。

[36] 关于 explain 指令更详细的介绍请移步 MySQL 官网，http://dev.mysql.com/doc/refman/5.5/en/explain-output.html#explain-join-types。

了主键索引或者唯一索引的情况下，进行常数值比较时查询的 type 才为 const；possible_keys 指查询能够使用到的索引；PRIMARY 表示查询可以使用主键索引；key 则显示的是 MySQL 实际使用的索引；key_len 表示 MySQL 决定使用的索引的长度，该列为 int 类型，因此长度为 4；ref 则显示与索引列比较的列，这里为常数，即 const；row 列显示 MySQL 认为查询执行时它必须检查的行数；extra 列则显示 MySQL 解决查询的一些详细信息，此处为空。

通常情况下使用索引无疑加快了查询速度，但是建了索引就一定能够使用到吗？不见得，在某些情况下，查询的列即使建了索引，也不一定能够用上。

假设 order_info 表对 good_id 列建了索引，建索引的语句如下：

```
alter table order_info add index id_index(good_id);
```

对 order_info 表的查询语句如下：

```
select * from order_info where good_id -1 = 4;
```

通过 explain 可以看到，可用的索引与使用的索引列都为 NULL，表示查询没有可用的索引，并且 type 列为 ALL，表示查询将进行全表扫描，具体的查询结果如下：

```
explain select * from order_info where good_id -1 = 4;
```

```
mysql> explain select * from order_info where good_id -1 = 4;
+----+-------------+------------+------+---------------+------+---------+------+-------+-------------+
| id | select_type | table      | type | possible_keys | key  | key_len | ref  | rows  | Extra       |
+----+-------------+------------+------+---------------+------+---------+------+-------+-------------+
|  1 | SIMPLE      | order_info | ALL  | NULL          | NULL | NULL    | NULL | 54030 | Using where |
+----+-------------+------------+------+---------------+------+---------+------+-------+-------------+
```

这是为什么呢？原来，当查询的列不是独立的，而是表达式或者函数的一部分时，这种情况下，MySQL 将无法使用该列的索引。全表扫描的性能往往是很差的，因此需要尽可能地避免进行全表扫描。

另一种情况是当查询的列需要进行模糊匹配时，即使该列建了索引，也需要进行全表扫描，如下：

```
alter table order_info add index title_index(good_title);
explain select * from order_info where good_title like '%22%';
```

```
mysql> explain select * from order_info where good_title like '%22%';
+----+-------------+------------+------+---------------+------+---------+------+-------+-------------+
| id | select_type | table      | type | possible_keys | key  | key_len | ref  | rows  | Extra       |
+----+-------------+------------+------+---------------+------+---------+------+-------+-------------+
|  1 | SIMPLE      | order_info | ALL  | NULL          | NULL | NULL    | NULL | 54030 | Using where |
+----+-------------+------------+------+---------------+------+---------+------+-------+-------------+
```

对 order_info 表建立针对 good_title 列的索引 title_index，当对 good_title 进行模糊查询时，通过 explain 解释发现，显示的可用的索引与使用的索引均为 NULL，并且 type 为 ALL，即查询将进行全表扫描。因此，在进行系统设计时，需要尽可能地避免使用模糊查询，如果模糊查询无法避免，则可以另外搭建全文检索系统来支持模糊查询的功能。

在实际的数据库查询中，大多数查询都包含了组合条件，即对每个列都分别建了索引。但是实际上，在 MySQL 早期的版本中，一次查询只能够使用其中一个索引，而此时并没有哪一个单列索引能够达到最佳效果。在 5.0 或者更新的版本当中，MySQL 引入了索引合并（index merge）的策略，才使得这种情况有一定好转，查询能够同时使用两个单列索引，并将结果进行合并。虽然索引合并策略能够在一定的条件下改善组合条件查询的情况，但是，完全可以通过建立多列索引来避免索引合并给数据库带来额外的开销，以达到更好的性能。

假设 order_info 表对 price、good_id、good_title 分别建了单列索引：

```
alter table order_info add index price_index(price);
alter table order_info add index id_index(good_id);
alter table order_info add index title_index(good_title);
```

对 order_info 的查询如下：

```
select * from order_info where price = 10 and good_id = 1 and good_title = '22';
```

```
mysql> explain select * from order_info where price = 10 and good_id = 1 and good_title = '22';
+----+-------------+------------+-------------+-------------------------------+-----------------------+
| id | select_type | table      | type        | possible_keys                 | key                   |
key_len | ref  | rows | Extra
+----+-------------+------------+-------------+-------------------------------+-----------------------+
|  1 | SIMPLE      | order_info | index_merge | id_index,title_index,price_index | id_index,price_index |
5,5 | NULL |    1 | Using intersect(id_index,price_index); Using where
```

通过 explain 可以看到，查询使用了 id_index 和 price_index 两个索引，并进行了索引合并，而通过对 price、good_id、good_title 建立组合索引，则完全可以避免索引合并：

```
alter table order_info add index price_id_title (price,price,good_title);
```

explain 的结果如下：

```
mysql> explain select * from order_info where price = 10 and good_id = 1 and good_title = '22';
+----+-------------+------------+------+----------------+----------------+---------+-------------------+
| id | select_type | table      | type | possible_keys  | key            | key_len | ref               |
ows | Extra       |
+----+-------------+------------+------+----------------+----------------+---------+-------------------+
|  1 | SIMPLE      | order_info | ref  | price_id_title | price_id_title |     113 | const,const,const |
   1 | Using where |
```

对于使用 B 树或 B+树存储的组合索引来说，有一个最基本的原则，即"最左前缀"的原则，如果查询不是按照索引的最左列来开始查询，则无法使用到组合索引：

```
explain select * from order_info where good_id = 12 and good_title = '22';
```

```
mysql> explain select * from order_info where good_id = 12 and good_title = '22';
+----+-------------+------------+------+---------------+------+---------+------+-------+-------------+
| id | select_type | table      | type | possible_keys | key  | key_len | ref  | rows  | Extra       |
+----+-------------+------------+------+---------------+------+---------+------+-------+-------------+
|  1 | SIMPLE      | order_info | ALL  | NULL          | NULL | NULL    | NULL | 54030 | Using where |
```

可以看到，在不指定第一列 price 的情况下，虽然指定了第二列和第三列，但是仍然需要进行全表扫描，无法使用索引 price_id_title。在实际案例中，很有可能 price 是通过前端应用作为查询条件传递而来的，当 price 为空时，就会导致全表扫描，这种情况需要尤为注意。

最左前缀原则也规定了不能够跳过索引中的列进行查询，并且如果查询中有某个列使用了范围查询，则其右边所有的列都无法使用索引进行查询优化。举例来说，比如不指定 good_id 的值，而查询 price=10 且 good_title='22'的订单，则只能够用到索引的第一列：

```
explain select * from order_info where price = 10 and good_title = '22';
select count(*) from order_info where price = 10;
```

```
mysql> explain select * from order_info where price = 10 and good_title = '22';
+----+-------------+------------+------+----------------+----------------+---------+-------+-------+-------+
| id | select_type | table      | type | possible_keys  | key            | key_len | ref   | rows  | Extra |
+----+-------------+------------+------+----------------+----------------+---------+-------+-------+-------+
|  1 | SIMPLE      | order_info | ref  | price_id_title | price_id_title | 5       | const | 27015 | Using where |
+----+-------------+------------+------+----------------+----------------+---------+-------+-------+-------+
1 row in set (0.00 sec)

mysql> select count(*) from order_info where price = 10;
+----------+
| count(*) |
+----------+
|    28661 |
+----------+
```

通过以上结果可以看到，由于 price 的区分度不高，price=10 的记录为 28661 条，如果要找到 good_title 为'22'的订单，无法使用 good_title 列进行索引，需要对 price=10 的所有记录进行扫描。查询需要扫描的行数为 27015，性能将大为下降，还不如 good_title 的单列索引：

```
alter table order_info add index title_index(good_title);
```

```
mysql> explain select * from order_info where price > 9 and price < 11 and good_title = '22';
+----+-------------+------------+------+-----------------------------+-------------+---------+-------+------+-------------+
| id | select_type | table      | type | possible_keys               | key         | key_len | ref   | rows | Extra       |
+----+-------------+------------+------+-----------------------------+-------------+---------+-------+------+-------------+
|  1 | SIMPLE      | order_info | ref  | price_id_title,title_index  | title_index | 103     | const |  112 | Using where |
+----+-------------+------------+------+-----------------------------+-------------+---------+-------+------+-------------+
```

此时如果将索引列调换一下顺序，将区分度高的 good_title 放在第一，则扫描的行将大大减少：

```
alter table order_info add index title_id_price (good_title,good_id,price);
```

可以看到，扫描的行数将大大减少，只需要扫描 112 行就能够查询到需要的记录。

```
mysql> explain select * from order_info where price = 10 and good_title = '22';
+----+-------------+------------+------+----------------+----------------+---------+-------+------+-------+
| id | select_type | table      | type | possible_keys  | key            | key_len | ref   | rows | Extra |
+----+-------------+------------+------+----------------+----------------+---------+-------+------+-------+
|  1 | SIMPLE      | order_info | ref  | title_id_price | title_id_price | 103     | const | 112  | Using where |
+----+-------------+------------+------+----------------+----------------+---------+-------+------+-------+
```

order by 语句与 group by 语句同样也遵循最左前缀的原则，在一个多列的 B 树索引中，索引会按照最左优先的原则进行排序，首先是第一列，再是第二列，依此类推。可以利用这一特性，来优化 order by 或者是 group by 语句：

explain select * from order_info where price = 1 order by good_id;

```
mysql> explain select * from order_info where price = 1 order by good_id;
+----+-------------+------------+------+----------------+----------------+---------+-------+------+-------+
| id | select_type | table      | type | possible_keys  | key            | key_len | ref   | rows | Extra |
+----+-------------+------------+------+----------------+----------------+---------+-------+------+-------+
|  1 | SIMPLE      | order_info | ref  | price_id_title | price_id_title | 5       | const | 51   | Using where |
+----+-------------+------------+------+----------------+----------------+---------+-------+------+-------+
```

通过 explain 可以看到，查询条件是 price=1，根据 good_id 进行排序，这时可以使用到索引 price_id_title，而如果以 good_id = 1 作为条件，用 price 进行排序，则无法使用到索引 price_id_title：

explain select * from order_info where good_id = 1 order by price;

```
mysql> explain select * from order_info where good_id = 1 order by price;
+----+-------------+------------+------+---------------+------+---------+------+-------+----------------------------+
| id | select_type | table      | type | possible_keys | key  | key_len | ref  | rows  | Extra                      |
+----+-------------+------------+------+---------------+------+---------+------+-------+----------------------------+
|  1 | SIMPLE      | order_info | ALL  | NULL          | NULL | NULL    | NULL | 54030 | Using where; Using filesort |
+----+-------------+------------+------+---------------+------+---------+------+-------+----------------------------+
```

可以看到，type 为 ALL，即查询将会进行全表扫描。

（2）反范式设计。

关系数据库理论所提出的范式设计，要求在表的设计过程中尽可能地减少数据冗余，这样带来的好处有如下几点：

- 冗余数据的减少，无疑节约了存储空间，而且保证了关系的一致性；
- 由于冗余数据的减少，当数据需要进行更新时，要修改的数据也变少了，这样会提升更新操作的速度；
- 范式化的表通常更小，可以更好地利用表的查询缓存来提高查询速度。

但是，对于大多数复杂的业务场景来说，数据展现的维度不可能是单表的。因此在进行查询操作时，需要进行表的关联。这不仅代价高昂，而且由于查询条件指定的列可能并不在同一个表中，因此也无法使用到索引，这将导致数据库的性能严重下降。

举例来说，有用户信息和订单信息两张表：

```
create table user(
user_id int primary key auto_increment,
user_nick varchar(100) ,
sex int,
age int,
introduce varchar(400)
);
create table order_info(
order_id int primary key auto_increment,
user_id int ,
price int,
good_id int,
good_title varchar(100),
good_info varchar(500)
)
```

当相关的业务需要展现性别为女（sex=1）、年龄为 20（age=20）岁且消费金额大于 20（price>20）的用户订单时，相关的查询语句如下：

```
select a.*,b.user_id,b.user_nick,b.sex from order_info as a left join user as b on a.user_id = b.user_id where a.price > 20 and b.sex=1 and b.age=20;
```

通过 explain 解析，我们可以看到，由于 order_info.price 与 user.sex 和 user.age 三列不在同一个表中，因此无法通过使用组合索引来避免大范围的列的扫描：

```
mysql> explain select a.*,b.user_id,b.user_nick,b.sex from order_info as a left
join user as b on a.user_id = b.user_id where a.price > 20 and b.sex=1 and b.age
=20;
+----+-------------+-------+--------+---------------+---------+---------+-------
------+-------+-------------+
| id | select_type | table | type   | possible_keys | key     | key_len | ref
     | rows  | Extra       |
+----+-------------+-------+--------+---------------+---------+---------+-------
------+-------+-------------+
|  1 | SIMPLE      | a     | ALL    | NULL          | NULL    | NULL    | NULL
     | 54030 | Using where |
|  1 | SIMPLE      | b     | eq_ref | PRIMARY       | PRIMARY | 4       | test.a
.user_id |     1 | Using where |
```

为了尽可能地避免关联查询带来的性能损耗，有人提出了反范式设计，即将一些常用的需要关联查询的列进行冗余存储，以便减少表关联带来的随机 I/O 和全表扫描，比如订单表可以使用如下的设计：

```
create table order_info_ext(
```

```
order_id int primary key auto_increment,
user_id int ,
user_nick varchar(100) ,
sex int,
age int,
price int,
good_id int,
good_title varchar(100),
good_info varchar(500)
);
```

将用户的昵称、性别、年龄字段放到订单表中进行冗余存储，在正常情况下，用户的昵称与性别不会经常性地变动，年龄字段如果改为出生年月的话，也很少会有改动，这些均可以在功能实现上予以规避。因此，几乎可以不用担心 user 表数据变更带来的 order_info 表数据不一致的情况。

通过对 age、sex、price 三个字段建立组合索引，来避免查询带来的全表扫描：

```
alter table order_info_ext add index age_sex_price(age,sex,price);
explain select * from order_info_ext where age=20 and sex=1 and price > 20;
```

```
mysql> explain select * from order_info_ext where age=20 and sex=1 and price > 2
0;
+----+-------------+----------------+-------+---------------+---------------+----
----+------+------+-------------+
| id | select_type | table          | type  | possible_keys | key           | ke
y_len | ref  | rows | Extra       |
+----+-------------+----------------+-------+---------------+---------------+----
----+------+------+-------------+
|  1 | SIMPLE      | order_info_ext | range | age_sex_price | age_sex_price | 15
      | NULL |    1 | Using where |
+----+-------------+----------------+-------+---------------+---------------+----
----+------+------+-------------+
```

通过 explain 可以看到，只需要扫描少量的行，就可以得到需要的结果。

反范式设计能够提供更好的查询性能，减少了关联和全表扫描，但也并非完美，它增加了更新的成本和存储成本，并且提高了数据不一致的风险。

（3）使用查询缓存。

MySQL 会将 select 查询的结果缓存在内存中，当下次有相同的查询时，直接将结果返回，而不用进行索引遍历和磁盘数据读取操作，这样将提高查询的效率。默认情况下 MySQL 的查询缓存是打开的，可以通过修改配置文件来配置缓存的大小和阈值：

- query_cache_type = 1；
- query_cache_size = 16 MB；
- query_cache_limit = 1 MB。

其中，query_cache_type=1 表示缓存为开启状态，如果为 0，则表示查询缓存关闭；query_cache_size 则用来表示总的缓存空间的大小，此处为 16 MB；而 query_cache_limit 则表示最大能缓存记录集的大小，避免一个记录集占用过多的缓存空间而降低缓存的命中率。

查看缓存是否开启：

```
select @@query_cache_type;
```

```
mysql> select @@query_cache_type;
+--------------------+
| @@query_cache_type |
+--------------------+
| OFF                |
+--------------------+
```

查看缓存总大小：

```
select @@query_cache_size;
```

```
mysql> select @@query_cache_size;
+--------------------+
| @@query_cache_size |
+--------------------+
|           16777216 |
+--------------------+
```

查看记录集缓存限制：

```
select @@query_cache_limit;
```

```
mysql> select @@query_cache_limit;
+---------------------+
| @@query_cache_limit |
+---------------------+
|             1048576 |
+---------------------+
```

（4）使用搜索引擎。

在分布式环境下，为了便于数据库扩展，提高并发处理能力，相关联的表可能并不在同一个数据库当中，而是分布在多个库当中，并且表也可能已经进行了切分，无法进行复杂的条件查询。这时候就需要搭建搜索引擎，将需要进行查询和展现的列通过一定的规则都建到索引当中，以提供复杂的跨表查询与分组操作。关于搜索引擎相关的知识，前面章节已有详细介绍，此处便不再赘述。

（5）使用 key-value 数据库。

对于保有海量数据的互联网企业来说，多表的关联查询是非常忌讳的。出于性能的考虑，更多时候往往是根据表的主键来进行查询，或者进行简单的条件查询。因此，SQL 的功能被很大程度地弱化了。

为了达到更大的并发，或者支持更快的主键查询，以及获得更好的可伸缩性，可以采用 key-value 数据库，将数据进行扁平化存储。key-value 数据库不同于普通的关系型数据库，它更适合存储非结构化数据，所有的数据都只有一个索引，便是 key。它省去了关系型数据库中 SQL 解析和处理的开销，更加方便和简洁。因此，key-value 数据库通常来说也提供了更好的并发读写性能。关于 key-value 数据库前面章节已有详细介绍，请读者翻到相应章节进行阅读。

6. GC 优化

对于 Java 应用来说，在 JVM 的自动内存管理机制的帮助下，已经不再需要为每一个 new 的对象手工进行 delete/free 操作，便捷的背后，付出的代价却是 JVM 在进行垃圾回收时，会导致所有的工作线程暂停（stop the world），GC 已成为影响 Java 应用性能的一个重要因素。

前面已经提到，我们通过 GC 日志能够看出一些端倪，包括 Minor GC 的频率、Full GC 的频率、GC 导致的停顿时间及 GC 发生的原因等。可以通过这些信息来解决 GC 所导致的一些问题，以及对应用性能进行优化。

举例来说，对于下面这段 GC 日志：

```
2012-02-19T05:00:46.461+0800: 139.170: [Full GC [PSYoungGen: 1907328K->0K(1910144K)] [PSOldGen: 2665961K->1211211K(2899968K)] 4573289K->1211211K(4810112K) [PSPermGen: 94244K->94244K(98560K)], 4.9259400 secs] [Times: user=5.19 sys=0.00, real=4.93 secs]
```

导致 GC 的原因是由于 YoungGen 的空间难以满足新对象创建的需要，并且由于 Parallel Scavenge 垃圾收集器的悲观策略，每次晋升到 OldGen 的平均大小如果大于当前 OldGen 的剩余空间，则触发一次 FullGC。上述情况如果频繁发生，则可以通过-Xmx 与-Xms 参数来调整整个堆的大小，以增加 OldGen 的大小，YoungGen 对应的-Xmn 保持不变。

而对于下面这种情况来说，情况又不相同了：

```
2012-07-13T11:21:45.423+0800: 4070.053: [Full GC [PSYoungGen: 53055K->0K(2488128K)] [ParOldGen: 350072K->279976K(2682880K)] 403128K->279976K(5171008K) [PSPermGen: 262143K->132624K(262144K)], 1.8700750 secs] [Times: user=10.46 sys=0.00, real=1.87 secs]
```

通过日志可以发现，导致 FullGC 的原因是由于 PermGen 空间被占满。PermGen 通常用来存放已被虚拟机加载的类信息，以及常量、静态变量、即时编译器编译后的代码等数据。PermGen 的空间由于内存回收条件十分苛刻，在应用启动后一般都比较稳定，并且通过 GC 回收的内存也十分有限。如果因为 PermGen 的空间不够用而频繁发生 FullGC，一种情况可能是由于 PermGen 确实设置得过小，对于 Groovy 一类的动态语言来说，会频繁地进行类型的加载操作，这时调整 -XX:PermSize 和-XX:MaxPermSize 两个参数的大小就可以解决问题；另一种情况则可能是由于错误的代码导致的频繁类加载，需要使用 jmap 将堆 dump 下来进行分析，以定位具体的错误代码位置。

对于 CMS 收集器来说，需要面对另一种情况：

```
2012-02-04T04:18:32.546+0800: 127343.488:[GC [1 CMS-initial-mark: 1769471K
(1769472K)] 2062028K(2064384K), 0.2118860 secs] [Times: user=0.21 sys=0.00,
real=0.21 secs]
2012-02-04T04:18:32.758+0800: 127343.700: [CMS-concurrent-mark-start]
2012-02-04T04:18:32.781+0800: 127343.722: [Full GC 127343.722: [CMS2012-02-
04T04:18:38.514+0800: 127349.455: [CMS-concurrent-mark: 5.741/5.755 secs]
[Times: user=5.80 sys=0.00, real=5.76 secs]
 (concurrent mode failure): 1769472K->1701222K(1769472K), 12.9942680 secs]
2064383K->1701222K(2064384K),   [CMS  Perm  :  49958K->49949K(262144K)],
12.9944000 secs] [Times: user=13.04 sys=0.00, real=13.00 secs]
```

如果在 GC 日志中看到 concurrent mode failure，这是由于 CMS 在 concurrent mark 阶段时用户线程还在运行，这样的话 CMS 收集器就不能等到 OldGen 快要被填满时再进行内存回收，需要预留足够的空间给用户线程使用。默认情况下，CMS 收集器的垃圾回收会在 OldGen 使用了 68%空间时被激活，但是这个值有点过于保守，如果应用中 OldGen 增长的不是太快，可以适当调整参数-XX:CMSInitiatingOccupancyFraction，将其增大。如-XX:CMSInitiatingOccupancy-Fraction=80，表示当 OldGen 使用了 80%的时候，CMS 收集会被激活，以降低 GC 的频率，获得更好的性能。但是，如果在 CMS 运行期间，预留的内存无法满足程序需要，则会出现 concurrent mode failure。这时虚拟机会临时启用 Serial Old 收集器来进行 OldGen 的垃圾收集，反而会降低性能。如果频繁出现 concurrent mode failure，可以适当地降低-XX:CMSInitiatingOccupancyFraction 的值。

7. 硬件提升性能

不同的应用类型，对于硬件资源的需求和消耗情况也不尽相同。因此，针对不同的应用类型来进行硬件的定制，已成为互联网行业的趋势。

对于分布式缓存集群来说，希望内存越大越好，这样的话，更多的数据能够被缓存到内存中，缓存的命中率自然而然就提高了。而由于数据最终存储在硬盘中，对于数据库集群来说，对硬盘的读/写性能要求很高，硬盘的I/O速度决定了数据库响应的快慢和整体的吞吐，使用Fusion-io扩展卡或者SSD硬盘这种采用Flash来代替磁盘作为存储介质的新技术，能够给数据库系统的吞吐带来质的飞跃。对于采用LVS或者Nginx等软件负载均衡策略的网络节点来说，网卡的吞吐能力关系到下游后端服务器节点整体吞吐，因此，需要避免网卡成为系统吞吐的瓶颈。而对于普通Web应用而言，最关注的莫过于应用的多线程并发处理能力，在尽可能短的时间内处理尽可能多的用户请求，这就需要CPU的核数尽可能多，同时也可以使用intel的超线程技

术 [37]，以提高系统的多任务处理能力。

通过硬件来提升系统性能的方式简单而直接，唯一的限制便是成本，如何在可控的成本下，达到最优的性能，成为考验技术人员智慧的一大挑战。

4.5 Java 应用故障排查

对于在线运行的应用来说，常常会因为流量过高、程序 bug、依赖故障、线程死锁、配置错误等一系列原因，导致系统不可用或者部分不可用，从而带来损失。对于技术人员来说，需要第一时间定位原因并解决故障，以将损失降到最低。本节将介绍一些常用的 Java 故障排查工具，以及对一些相关案例进行解析。

4.5.1 常用工具

在进行故障定位时，知识和经验是发现问题的基础，数据是依据，而工具则是运用知识的手段，知识和经验告诉我们如何去做，而运用工具则能够帮助我们更加快速地发现和定位问题。

JDK 自身提供了一系列的 Java 故障排查工具，虽然简单，但是进行在线故障排查时却十分有用。因为生产环境的机器出于性能和安全方面的考虑，往往不能够使用图形化工具进行远程连接，这时就只能够依赖 JDK 命令行自带的工具了。而图形化工具则提供了更加友好的界面和更为详尽的功能，在有条件的情况下或者在事后分析问题时，能够事半功倍。

1. jps

jps 命令用来输出 JVM 虚拟机进程的一些信息，有点类似于 Linux 的 ps 命令，可以列出虚拟机当前正在执行的进程，并显示其主类（即 main 函数所在的 class）和进程的 ID。jps 命令的功能虽然简单，但是使用频率却很高，因为后续要介绍的大部分工具都需要进程 ID，以确定需要监控的虚拟机进程，jps 可以方便地找到进程主类对应的进程 ID。

jps 的用法：

```
longlong@ubuntu:~$ jps -help
usage: jps [-help]
       jps [-q] [-mlvV] [<hostid>]

Definitions:
    <hostid>:      <hostname>[:<port>]
```

jps 命令的一些选项：

---

[37] 超线程（Hyper-Threading），http://zh.wikipedia.org/wiki/%E8%B6%85%E5%9F%B7%E8%A1%8C%E7%B7%92。

- -q 只输出进程 ID 的名称，而省略主类的名称；
- -m 输出进程启动时传递给 main 函数的参数；
- -l 输出主类的全名，如果执行的是 jar 文件，则输出 jar 文件的路径；
- -v 输出虚拟机进程启动时所带的 JVM 参数。

通过 jps 命令查看进程启动时所带的 JVM 参数：

```
jps -v
```

```
longlong@ubuntu:~$ jps -v
2834 Bootstrap -Djava.util.logging.config.file=/usr/tomcat/conf/logging.properti
es -Djava.util.logging.manager=org.apache.juli.ClassLoaderLogManager -Djava.rmi.
server.hostname=192.168.136.133 -Dcom.sun.management.jmxremote -Dcom.sun.managem
ent.jmxremote.port=9004 -Dcom.sun.management.jmxremote.ssl=false -Dcom.sun.manag
ement.jmxremote.authenticate=false -Djava.endorsed.dirs=/usr/tomcat/endorsed -Dc
atalina.base=/usr/tomcat -Dcatalina.home=/usr/tomcat -Djava.io.tmpdir=/usr/tomca
t/temp
2978 Jps -Denv.class.path=.:/usr/java/lib/dt.jar:/usr/java/lib/tools.jar -Dappli
cation.home=/usr/java -Xms8m
```

2. jstat

jstat 是一个可以用来对虚拟机各种运行状态进行监控的工具，通过它可以查看到虚拟机的类加载与卸载情况，管理内存使用和垃圾收集等信息，监视 JIT 即时编译器的运行情况等，几乎囊括了 JVM 运行的方方面面。在很多由于权限或者其他原因而无法使用图形化工具的情况下，JVM 自带的 jstat 工具成为了运行期定位问题的首选。

jstat 的用法：

```
longlong@ubuntu:~$ jstat -help
Usage: jstat -help|-options
       jstat -<option> [-t] [-h<lines>] <vmid> [<interval> [<count>]]

Definitions:
  <option>      An option reported by the -options option
  <vmid>        Virtual Machine Identifier. A vmid takes the following form:
                     <lvmid>[@<hostname>[:<port>]]
                Where <lvmid> is the local vm identifier for the target
                Java virtual machine, typically a process id; <hostname> is
                the name of the host running the target Java virtual machine;
                and <port> is the port number for the rmiregistry on the
                target host. See the jvmstat documentation for a more complete
                description of the Virtual Machine Identifier.
  <lines>       Number of samples between header lines.
  <interval>    Sampling interval. The following forms are allowed:
                    <n>["ms"|"s"]
                Where <n> is an integer and the suffix specifies the units as
                milliseconds("ms") or seconds("s"). The default units are "ms".
  <count>       Number of samples to take before terminating.
  -J<flag>      Pass <flag> directly to the runtime system.
```

jstat 命令的一些选项：

- -class 用来查看类加载的统计信息；

- -compiler 用来查看即时编译器编译相关信息的统计；
- -gc 用来查看 JVM 中垃圾收集情况的统计信息，包括 Eden 区，2 个 survivor 区域，老年代永久代的容量和已用空间，GC 时间；
- -gccapacity 用来查看新生代、老年代和永久代的存储容量；
- -gccause 用来查看垃圾收集的统计情况，并且显示最后一次及当前正在发生的垃圾收集的原因；
- -gcnew 用来查看新生代垃圾收集情况；
- -gcnewcapacity 用来查看新生代存储容量情况；
- -gcold 用来查看老年代和持久代发生的 GC 情况；
- -gcoldcapacity 用来查看老年代容量；
- -gcpermcapacity 用来查看持久代的容量；
- -gcutil 用来查看新生代、老年代和持久代的垃圾收集情况；
- -printcompilation 用来查看通过 JIT 编译过的方法。

通过 jstat 查看 JVM 的新生代、老年代和持久代的垃圾收集情况：

```
jstat -gcutil 2702
```

```
longlong@ubuntu:~$ jstat -gcutil 2702
  S0     S1     E      O      P      YGC   YGCT    FGC   FGCT    GCT
 0.00   0.12   1.82   42.88  65.30    11   0.106    0   0.000   0.106
```

其中，S0 和 S1 表示 survivor 空间已使用空间的占比；E 表示 Eden 区域已使用空间的占比；O 表示老年代已使用空间的占比；P 表示永久的已使用空间占比；YGC 表示应用程序启动后发生 YoungGC 的次数；YGCT 表示 YoungGC 总共耗时的长度；FGC 表示发生 FullGC 的次数；FGCT 表示发生 FullGC 消耗的时间；GCT 表示从应用程序启动到采样时用于 GC 的时间。

3. jinfo

jinfo 命令主要用于查看应用程序的配置参数，以及打印运行 JVM 时所指定的 JVM 参数。jinfo 可以使用-sysprops 选项将虚拟机进程中所指定的 System.getProperties()的内容打印出来，并且该命令还可以查看未被显式指定的 JVM 参数的系统默认值，这通过 jps –v 是无法看到的。同时，jinfo 命令还能够在运行期修改 JVM 参数，通过使用-flag name=value 或者-flag [+|-]name 来修改一部分运行期可修改的虚拟机参数。

jinfo 命令的用法：

```
longlong@ubuntu:~$ jinfo -help
Usage:
    jinfo [option] <pid>
        (to connect to running process)
    jinfo [option] <executable <core>
        (to connect to a core file)
    jinfo [option] [server_id@]<remote server IP or hostname>
        (to connect to remote debug server)

where <option> is one of:
    -flag <name>         to print the value of the named VM flag
    -flag [+|-]<name>    to enable or disable the named VM flag
    -flag <name>=<value> to set the named VM flag to the given value
    -flags               to print VM flags
    -sysprops            to print Java system properties
    <no option>          to print both of the above
    -h | -help           to print this help message
```

通过 jinfo 来查看运行 JVM 进程时指定的参数：

```
jinfo -flags 2702
```

```
longlong@ubuntu:/usr/tomcat/bin$ jinfo -flags 2419
Attaching to process ID 2419, please wait...
Debugger attached successfully.
Client compiler detected.
JVM version is 20.45-b01

-Djava.util.logging.config.file=/usr/tomcat/conf/logging.properties -Djava.util.
logging.manager=org.apache.juli.ClassLoaderLogManager -Djava.rmi.server.hostname
=192.168.136.133 -Dcom.sun.management.jmxremote -Dcom.sun.management.jmxremote.p
ort=9004 -Dcom.sun.management.jmxremote.ssl=false -Dcom.sun.management.jmxremote
.authenticate=false -Djava.endorsed.dirs=/usr/tomcat/endorsed -Dcatalina.base=/u
sr/tomcat -Dcatalina.home=/usr/tomcat -Djava.io.tmpdir=/usr/tomcat/temp
```

4. jstack

jstack 命令用来生成虚拟机当前的线程快照信息，线程快照就是当前虚拟机每一个线程正在执行的方法堆栈的集合。生成线程快照的目的主要是为了定位线程长时间没有响应的原因，如线程死锁、网络请求没有设置超时时间而长时间没有返回、死循环、信号量没有释放等，都有可能导致线程长时间停顿。这时如果能够 dump 出当前 JVM 虚拟机的线程快照，就能够看出没有响应的线程究竟在做什么事情，从而定位问题。

jstack 命令的用法：

```
longlong@ubuntu:/usr/tomcat/bin$ jstack -help
Usage:
    jstack [-l] <pid>
        (to connect to running process)
    jstack -F [-m] [-l] <pid>
        (to connect to a hung process)
    jstack [-m] [-l] <executable> <core>
        (to connect to a core file)
    jstack [-m] [-l] [server_id@]<remote server IP or hostname>
        (to connect to a remote debug server)

Options:
    -F  to force a thread dump. Use when jstack <pid> does not respond (process is hung)
    -m  to print both java and native frames (mixed mode)
    -l  long listing. Prints additional information about locks
    -h or -help to print this help message
```

- -F 用来在输出不被响应时强制生成线程的快照；
- -m 用来打印出包含 Java 和 native 代码的所有堆栈信息；
- -l 用来打印出关于锁的附加信息。

通过 jstack 来查看线程快照：

```
jstack 2419
```

```
longlong@ubuntu:/usr/tomcat/bin$ jstack 2419
2014-03-11 07:16:48
Full thread dump Java HotSpot(TM) Client VM (20.45-b01 mixed mode, sharing):

"Attach Listener" daemon prio=10 tid=0xb4200c00 nid=0xa50 runnable [0x00000000]
   java.lang.Thread.State: RUNNABLE

"TP-Monitor" daemon prio=10 tid=0xb371dc00 nid=0x98f in Object.wait() [0xb360b00
0]
   java.lang.Thread.State: TIMED_WAITING (on object monitor)
       at java.lang.Object.wait(Native Method)
       - waiting on <0x84830da8> (a org.apache.tomcat.util.threads.ThreadPool$M
onitorRunnable)
       at org.apache.tomcat.util.threads.ThreadPool$MonitorRunnable.run(ThreadP
ool.java:565)
       - locked <0x84830da8> (a org.apache.tomcat.util.threads.ThreadPool$Monit
orRunnable)
       at java.lang.Thread.run(Thread.java:662)

"TP-Processor4" daemon prio=10 tid=0xb371c400 nid=0x98e runnable [0xb365c000]
   java.lang.Thread.State: RUNNABLE
       at java.net.PlainSocketImpl.socketAccept(Native Method)
       at java.net.PlainSocketImpl.accept(PlainSocketImpl.java:408)
       - locked <0x84830e58> (a java.net.SocksSocketImpl)
       at java.net.ServerSocket.implAccept(ServerSocket.java:462)
       at java.net.ServerSocket.accept(ServerSocket.java:430)
```

5. jmap

jmap 可以用来查看等待回收对象的队列，查看堆的概要信息，包括采用的是哪种 GC 收集器、堆空间的使用情况，以及通过 JVM 参数指定的各个内存空间的大小等。并且 jmap 还有一个十分强大的功能，便是可以生成 JVM 堆的转储快照。通过相关工具对堆转储快照进行分析，能够看到内存中究竟有哪些对象，以及这些对象分别所占用的空间，以便找到诸如内存泄漏等问题的罪魁祸首 [38]。

有一点需要注意的是，jmap 执行堆 dump 操作时，由于生成的转储文件较大，将耗费大量的系统资源。因此，应避免在系统高位运行时执行该指令，否则有可能造成短时间内系统无法响应的情况出现。

---

38 通过在 JVM 启动时指定-XX:+HeapDumpOnOutOfMemoryError 参数，可以在 JVM 发生 OOM(OutOfMemory) 的情况下生成堆转储快照，以便排查导致 OOM 的原因。

jmap 命令的用法：

```
longlong@ubuntu:/usr/tomcat/bin$ jmap -help
Usage:
    jmap [option] <pid>
        (to connect to running process)
    jmap [option] <executable <core>
        (to connect to a core file)
    jmap [option] [server_id@]<remote server IP or hostname>
        (to connect to remote debug server)

where <option> is one of:
    <none>               to print same info as Solaris pmap
    -heap                to print java heap summary
    -histo[:live]        to print histogram of java object heap; if the "live"
                         suboption is specified, only count live objects
    -permstat            to print permanent generation statistics
    -finalizerinfo       to print information on objects awaiting finalization
    -dump:<dump-options> to dump java heap in hprof binary format
                         dump-options:
                             live         dump only live objects; if not specified
                                          all objects in the heap are dumped.
                             format=b     binary format
                             file=<file>  dump heap to <file>
                         Example: jmap -dump:live,format=b,file=heap.bin <pid>
    -F                   force. Use with -dump:<dump-options> <pid> or -histo
                         to force a heap dump or histogram when <pid> does not
                         respond. The "live" suboption is not supported
                         in this mode.
    -h | -help           to print this help message
    -J<flag>             to pass <flag> directly to the runtime system
```

- -heap 用来打印堆的概要信息，包括使用回收器的类型、堆的配置信息、各内存分代的空间使用情况；
- -histo[:live]用来打印每个 class 的实例数、内存占用、类全名等信息，假如指定 live 选项，则只统计当前还存活的对象数量；
- -permstat 用来打印出每个 ClassLoader 和该 ClassLoader 所加载的 class 的数量；
- -finalizerinfo 用来显示在 F-Queue 中等待 Finalizer 线程执行 finalize 方法的对象；
- -dump:[live,]format=b,file=<filename>用来生成 JVM 的堆转储快照，live 指定是否只需要 dump 出活的对象，format=b 表示采用二进制格式，file 则指定存储的文件名；
- -F 用来当 JVM 进程对-dump 操作没有响应时，使用该选项可以强制生成堆转储快照。

通过 jmap 来显示堆的详细信息：

```
jmap -heap 2419
```

```
longlong@ubuntu:/usr/tomcat/bin$ jmap -heap 2419
Attaching to process ID 2419, please wait...
Debugger attached successfully.
Client compiler detected.
JVM version is 20.45-b01

using thread-local object allocation.
Mark Sweep Compact GC

Heap Configuration:
   MinHeapFreeRatio = 40
   MaxHeapFreeRatio = 70
   MaxHeapSize      = 264241152 (252.0MB)
   NewSize          = 1048576 (1.0MB)
   MaxNewSize       = 4294901760 (4095.9375MB)
   OldSize          = 4194304 (4.0MB)
   NewRatio         = 2
   SurvivorRatio    = 8
   PermSize         = 12582912 (12.0MB)
   MaxPermSize      = 67108864 (64.0MB)

Heap Usage:
New Generation (Eden + 1 Survivor Space):
   capacity = 4915200 (4.6875MB)
   used     = 3927256 (3.7453231811523438MB)
   free     = 987944 (0.9421768188476562MB)
   79.90022786458333% used
Eden Space:
   capacity = 4390912 (4.1875MB)
   used     = 3926344 (3.7444534301757812MB)
   free     = 464568 (0.44304656982421875MB)
   89.41978340718283% used
```

6. BTrace

BTrace[39]是一个开源的Java程序动态跟踪工具，前面在介绍性能优化时，已经提到过如何使用它来监控方法的执行时间，这里我们将进行更深一步地讲解。它工作的基本原理是通过Hotspot虚拟机的HotSwap技术将跟踪的代码动态替换到被跟踪的Java程序内，以观察程序运行的细节。这个功能在实际的生产环境中十分有意义，每当在线运行的系统出现问题时，大部分情况我们都希望能够更多地了解程序运行的细节，这里边包含了排查错误的一些十分必要的信息，如方法的参数、变量的值、方法的返回值等。但又不可能在开发时将所有程序运行的细节都打印到日志上，这使得很多情况下不得不重新修改代码部署，然后再观察，再修改，周而复始，直到问题解决。这样极大地提高了排查问题的代价，并且重启应用也有可能使问题在短时间内无法重现。通过使用BTrace，可以在不修改代码、不重启应用的情况下，动态地查看程序运行的细节，方便地对程序进行调试。

BTrace 的用法：

```
btrace [-I <include-path>] [-p <port>] [-cp <classpath>] <pid> <btrace-script> [<args>]
```

---

39 BTrace 项目地址为 https://kenai.com/projects/btrace。

- -I——BTrace 支持对 #define、#include 这样的条件编译指令进行简单的处理，include-path 用来指定这样的头文件目录；
- -p——port 参数用来指定 btrace agent 端口，默认是 2020；
- -cp——classpath 用来指定编译所需类路径，一般是指 btrace-client.jar 等类所在路径；
- pid——需要跟踪的 Java 进程 id；
- btrace-script——自定义的 btrace 脚本；
- args——传递给 btrace 脚本的参数。

假设 com.http.selfcheck.Index 类存在这样一个方法：

```
private int sub(int a,int b){
    return a + b;
}
```

通过下面一段 BTrace 脚本，可以在方法执行时，输出传递给方法的参数与方法的返回值：

```
import com.sun.btrace.BTraceUtils;
import com.sun.btrace.annotations.*;
import static com.sun.btrace.BTraceUtils.*;
@BTrace
public class TraceMethod {
    @OnMethod(clazz = "com.http.selfcheck.Index",
            method = "sub", location = @Location(Kind.RETURN))
    public static void execute(@Return int rtn, int a, int b) {
        println(strcat("a : ", str(a)));
        println(strcat("b : ", str(b)));
        println(strcat("return : ", str(rtn)));
    }
}
```

其中，在 OnMethod 注解中，clazz 属性用于指定类的全名，method 属性用于指定跟踪的方法名称；在 execute 方法中，@Return 注解后面跟的是方法执行的返回值，a 和 b 分别为方法的两个参数。最后，通过 println 函数，输出各个参数与返回值的内容。

当方法执行时，BTrace 脚本相应的输出结果如下：

```
bin/btrace -cp build 3053 script/TraceMethod.java
```

```
longlong@ubuntu:/usr/btrace$ bin/btrace -cp build 3053 script/TraceMethod.java
a : 1
b : 2
return : 3
a : 1
b : 2
return : 3
a : 1
b : 2
return : 3
```

7. JConsole

图 4-26　JConsole 的连接界面

JConsole 是一款 JDK 内置的图形化性能分析工具，它可以用来连接本地或者远程正在运行的 JVM，对运行的 Java 应用程序的性能及资源消耗情况进行分析和监控，并提供可视化的图表对相关数据进行展现。

通过运行 bin 目录下的 JConsole 命令，它将自动搜索出本机所有的 Java 进程，选中其中一个进程双击即可以开始监控，也可以使用远程连接功能，对远端的 JVM 进程进行监控。JConsole 的连接界面如图 4-26 所示。

由 LocalProcess 可以看到，当前机器有两个 Java 进程，一个是 Tomcat，一个是 JConsole 本身。

选中 Tomcat 进程，将进入 JConsole 的主界面，它包括概况、内存、线程、类、VM 摘要、MBeans 六个选项卡，如图 4-27 所示。

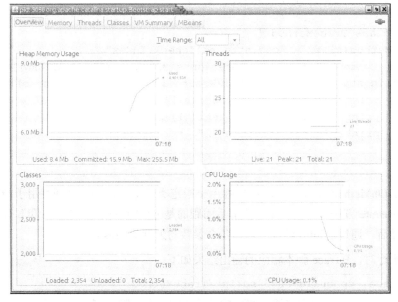

图 4-27　JConsole 的主界面

其中，概况一栏显示了堆的使用、线程数量、类加载情况、CPU 利用率等数据随时间变化的情况。

而内存一栏，则着重展示了堆内存、非堆内存、Survivor 区、Eden 区、老年代、永久代等内存空间的消耗情况等信息，以及这些数据随时间变化的趋势，相当于 jstat 命令的图形化展示。

JConsloe 的内存标签页如图 4-28 所示。

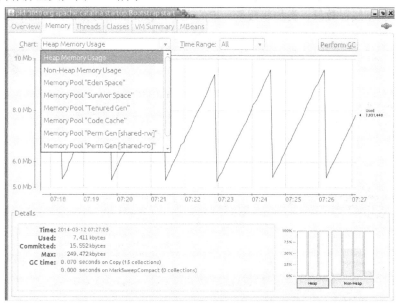

图 4-28　JConsole 的内存标签页

而对应的线程标签页则相当于 jstack 的图形化展示，显示了线程数量随时间变化的趋势，并且选中单个线程，可以查看线程的线程栈的详细内容，如图 4-29 所示。

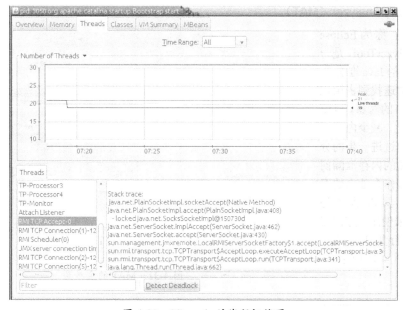

图 4-29　JConsole 的线程标签页

类标签页主要展现 JVM 加载的类随时间变化的情况，而 VM 摘要则展现了一些当前 JVM 的汇总信息，包括线程数量、类加载数量、堆的大小，以及启动时指定的 JVM 参数等，如图 4-30 所示。

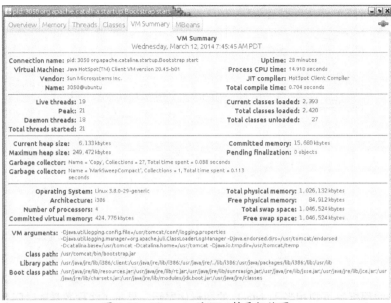

图 4-30　JConsole 的 VM 摘要标签页

8. Memory Analyzer（MAT）

MAT[40] 全称为 Eclipse Memory AnalyzerTool，是一款功能强大的 Java 堆分析工具，能够快速找到占用堆内存空间最多的对象，以便程序进行优化，减少内存消耗，还能够通过进一步的分析，定位可能的内存泄漏问题。它既能够作为独立的客户端运行，又能够作为 Eclipse 插件来使用，方便与开发环境进行集成。MAT 的主界面如图 4-31 所示。

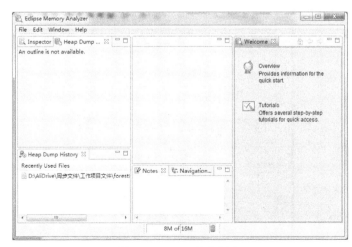

图 4-31　MAT 的主界面

40　MAT，https://www.eclipse.org/mat。

通过单击"File"→"Open heap dump"菜单，即可打开通过 dump 生成的堆的快照并进行分析，查看堆中的相关数据，以确定问题的所在。并且还可以通过工具的自动分析，生成一份内存泄漏的分析报表，以快速发现内存消耗异常的对象，定位问题，生成的报表如图 4-32 所示。

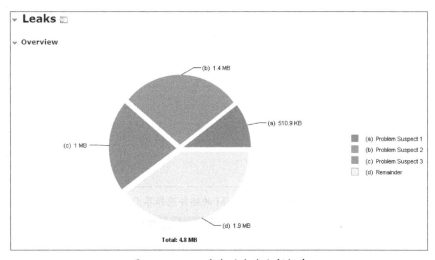

图 4-32　MAT 生成的内存分析报表

如果在线运行的服务器出现异常，如 OOM，或者出现频繁 FullGC 等情况，有时候为了尽快系统恢复运行，减少损失，可能当时难以准确定位问题，可以先 dump 堆以保留现场，等重启机器之后再通过 MAT 对堆快照进行分析，以定位可能的内存溢出与程序 bug。

9. VisualVM

VisualVM 是一款功能十分强大的"All-in-One"工具，涵盖了 JVM 内存消耗监视、性能分析、线程，以及堆转储分析、垃圾回收监视等几乎所有能包含进来的功能，是到目前为止，伴随 JDK 发布的功能最为强大的运行、监视和故障排查程序。

VisualVM 不仅自身提供了强大的功能，还支持通过插件方式进行功能扩展。用户可以通过安装插件，使工具具有无限的可能性……

（1）VisualVM 插件的安装步骤。

通过单击"Tools"→"Plugins"菜单，从可用的插件中选择需要安装的插件，如图 4-33 所示。

选中需要的插件进行安装，如图 4-34 所示。

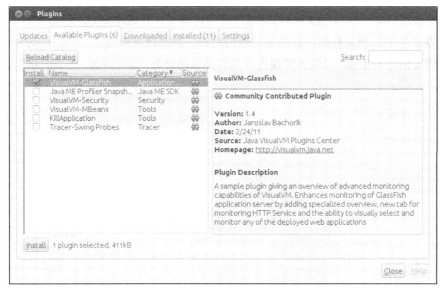

图 4-33　VisualVM 的插件选择界面

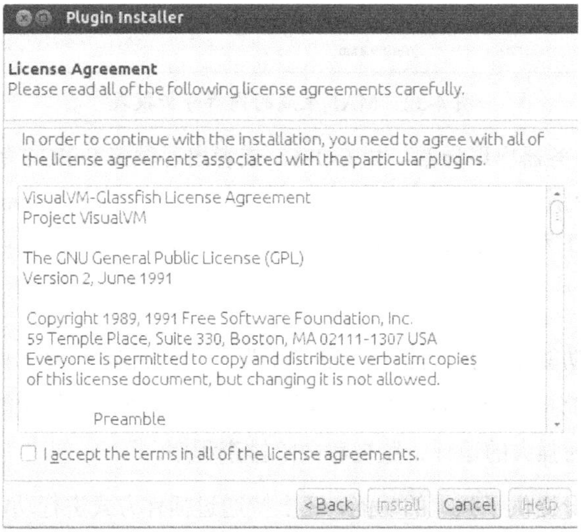

图 4-34　VisualVM 的插件安装界面

安装完的视图如图 4-35 所示。

下面我们将介绍 VisualVM 的一些常用功能，如内存监控、GC 监控、应用程序分析、线程分析、堆 dump 分析、CPU，以及内存抽样、BTrace 跟踪等。

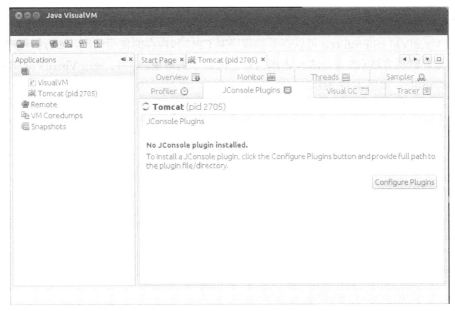

图 4-35　VisualVM 插件安装完后的主界面

（2）内存与 GC。

我们可以通过 VisualGC 插件来查看到当前 JVM 中 Eden、Survivor、Old、Perm 各个内存空间的大小及已使用的空间占比，并且还能够查看到这些内存区域空间使用随时间变化的情况，以及 GC 发生的次数和消耗的时间，数据十分详尽。VisualVM 的 VisualGC 插件的界面如图 4-36 所示。

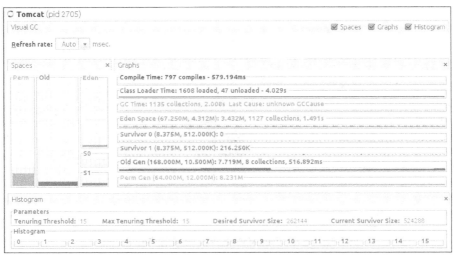

图 4-36　VisualVM 的 VisualGC 插件界面

（3）应用程序分析。

通过 VisualVM 的 Profiler，可以查看到程序对 CPU 和内存的使用情况，如分析程序中执行次数最多最耗时的方法（热点方法），占用内存空间最多的对象，等等。通过 VisualVM 的 Profiler 进行 CPU Profile，如图 4-37 所示。

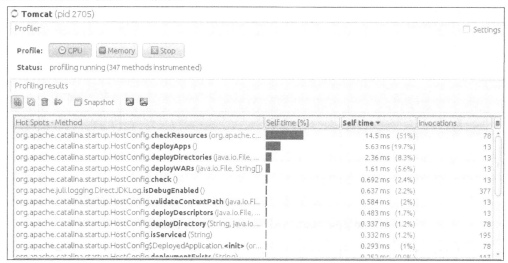

图 4-37　通过 VisualVM 的 Profiler 进行 CPU Profile

通过 Profiler 可以发现，checkResource 方法执行占用了最长的时间，并且一共执行了 78 次。通过 VisualVM 的 Profiler 进行内存 Profile，如图 4-38 所示。

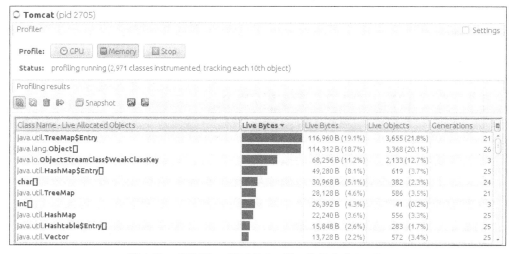

图 4-38　通过 VisualVM 的 Profiler 进行内存 Profile

可以看到，当前占用内存空间最多的为 TreeMap 的实例。

（4）线程分析。

通过 VisualVM 的 Threads，可以看到程序当前的所有线程，以及这些线程的状态和线程堆栈信息，如图 4-39 所示。

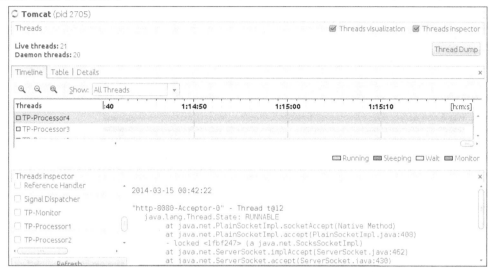

图 4-39 通过 VisualVM 的 Threads 查看当前运行的线程

Timeline 显示了线程的状态随时间的变化情况，选择其中的一个线程，可以查看到线程运行堆栈信息。通过单击 ThreadDump 按钮，可以查看和保留当前时刻的线程快照，如图 4-40 所示。

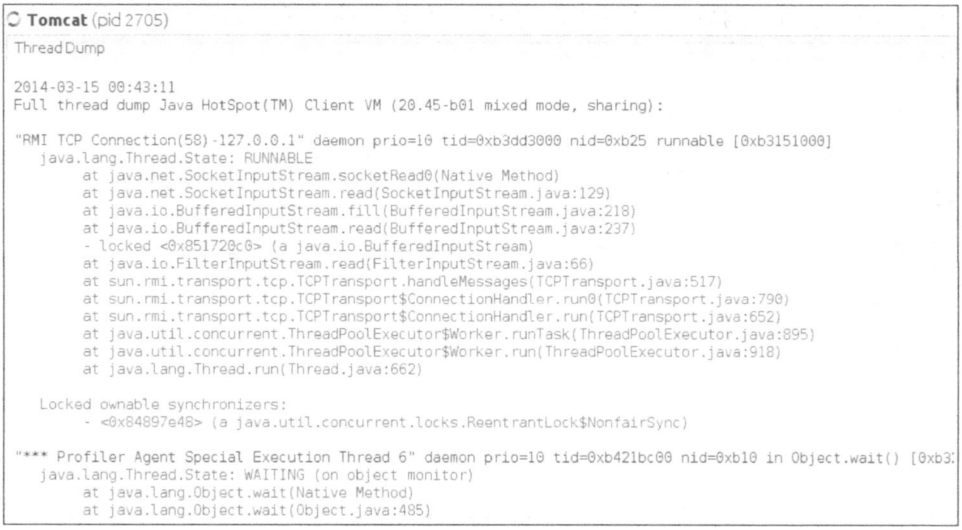

图 4-40 通过 VisualVM 的 Threads 查看线程快照

（5）堆 dump 分析。

在 VisualVM 的 monitor 标签页下，可以通过单击 Heap Dump 按钮来执行堆 dump 操作。堆 dump 能够分析出潜在的内存溢出错误，查找定位到内存中的大对象，并查看对应变量的值，如图 4-41 所示。

图 4-41　通过 VisualVM 的 heapdump 查看堆的汇总

堆的汇总信息显示了堆的大小、堆中对象的大小、class 的数量、classloader 的数量等信息，并且通过单击右侧的 find 按钮，还可以找到堆中最大的对象。

而选中 classes tab，则显示了堆中对应的类的实例数量的排行，如图 4-42 所示。

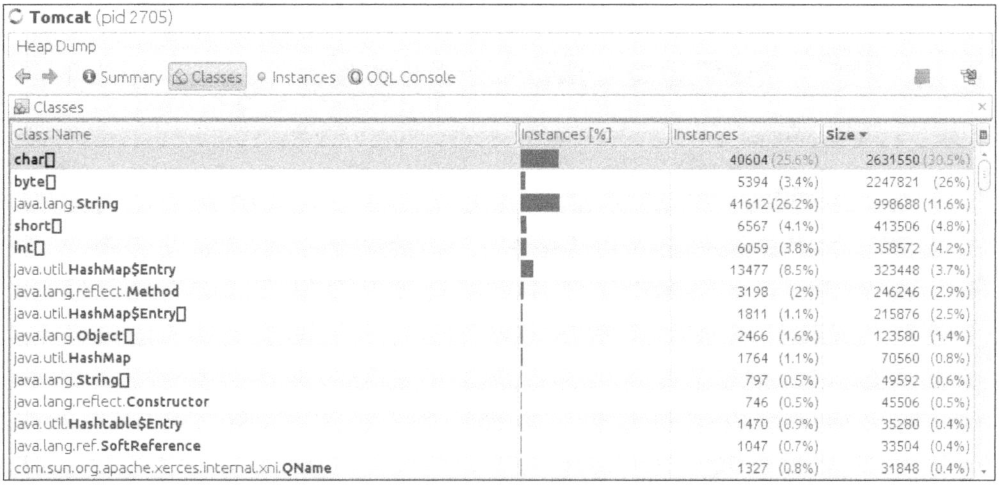

图 4-42　通过 VisualVM 的 heapdump 查看类对应的实例数

（6）Btrace 的使用。

BTrace 也能够作为 VisualVM 的插件来使用，安装好 BTrace 插件之后，选中要调试的进程，用鼠标右键单击"Trace Application"，就可以进入 BTrace 面板，然后输入相应的脚本代码，单击 Start 按钮，就可以对程序进行跟踪和调试，如图 4-43 所示。

图 4-43　VisualVM 的 BTrace 插件使用

使用前面介绍的对方法参数和返回值进行跟踪的脚本，对 com.http.selfcheck.Index 的 sub 方法进行跟踪，通过 Output 面板可以看到，输出结果与之前一致。

4.5.2　典型案例分析

上一节介绍了很多 Java 应用问题排查的工具，在实际处理问题时，除了相应的知识和工具之外，经验也是一个很重要的因素。因此，本节将分享几个实际环境中所遇到过的案例，以及这些案例的分析和解决过程，来帮助读者获得故障处理的相关经验。

1．内存溢出

有时程序在运行一段时间后，由于程序的 bug，会出现 OutOfMemory 异常。通常情况下这种现象都是由于内存溢出或者大对象造成的内存不够用所导致的，如何定位到内存溢出的代码或者大对象，便成为了解决问题的关键。下面一段程序是模拟 OutOfMemory 异常，用来介绍当遇到 OOM 异常时的处理方法。

模拟 OOM 的 Java 程序：

```java
public class TestOOM {
```

```java
static class Obj{
    public byte[] bytes = "hello everyone".getBytes();
}
public static void main(String[] args) {
    ArrayList<Obj> list = new ArrayList<Obj>();
    while(true){
        list.add(new Obj());
    }
}
```

为了使问题尽快出现，这里限制了堆内存的大小，并且在发生 OOM 时，dump 当前 JVM 的堆，以便进行分析，使用的 JVM 参数如下：

```
-Xms10m -Xmx10m -Xmn5m  -XX:+HeapDumpOnOutOfMemoryError
```

程序运行的结果如图 4-44 所示。

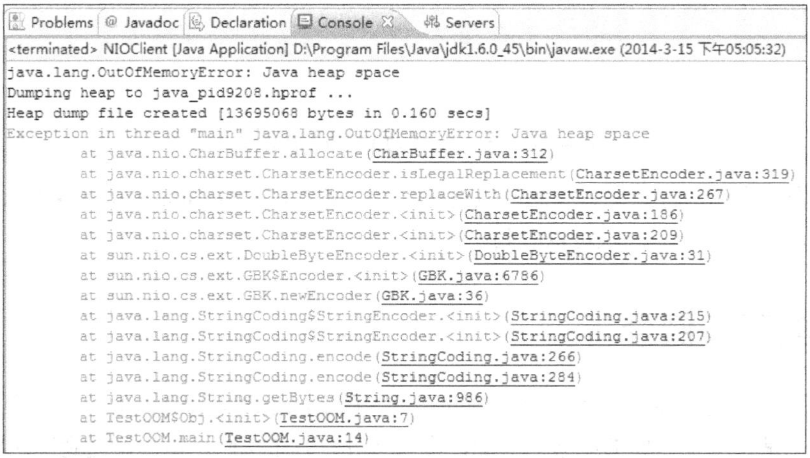

图 4-44　程序运行的结果

通过 VisualVM 对 dump 的堆进行分析，我们可以一目了然地看到结果，如图 4-45 所示。

byte[]数组和 TestOOM 的内部类 Obj 的实例远远超过了其他对象，并且占用了堆的大部分空间。因此，只要找到创建 TestOOM 内部类 Obj 的代码并进行排查，便可以找出内存溢出的原因。

2. 线程死锁或信号量没释放

另一种情况是当线程因为资源争用而发生死锁，或者使用了信号量而没有及时释放，这种情况在测试环境下往往是比较难发现的，特别是当仅仅进行了功能测试而没有进行压力测试的时候。即便是上线，如果应用的访问量不高，短时间内可能故障也不会发作。

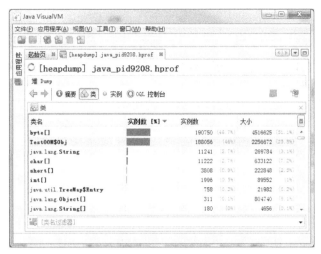

图 4-45 分析结果

由于大部分 Java 应用服务器对连接数都有限制,当发生线程死锁或者信号量没释放这类问题时,线程由于锁或者信号量的等待而不能够释放,当新的连接进来时,由于没有可用的线程,将导致请求无法进行处理。这时,应用的表现为请求长时间没有响应,应用僵死,但是对应的 JVM 进程却是活跃的,并且此时的系统资源消耗如 CPU 的 load 往往非常低。

通过 Java 程序模拟信号量没有释放的情况:

```java
protected void doPost(HttpServletRequest request, HttpServletResponse response)
 throws ServletException, IOException {

    try {
        SemaphoreSingleton.getSemaphore().acquire();
    } catch (InterruptedException e) {}

    response.setHeader("Server-Status", "ok");
    response.getWriter().write("hello\n");

    return ;
}
```

信号量的单例实现:

```java
public class SemaphoreSingleton {
    private static Semaphore semaphore = new Semaphore(10);
    public static Semaphore getSemaphore(){
        return semaphore;
```

            }
        }

程序经过多次访问以后,便会出现"僵死"的现象,即应用程序没有响应,通过线程 dump 可以看到,如图 4-46 所示。

```
"http-8080-9" daemon prio=10 tid=0xb3e0b000 nid=0xc6d waiting on condition [0xb3474000]
   java.lang.Thread.State: WAITING (parking)
      at sun.misc.Unsafe.park(Native Method)
      - parking to wait for  <0x7f4e0188> (a java.util.concurrent.Semaphore$NonfairSync)
      at java.util.concurrent.locks.LockSupport.park(LockSupport.java:156)
      at java.util.concurrent.locks.AbstractQueuedSynchronizer.parkAndCheckInterrupt(AbstractQueuedSynchronizer.java:811)
      at java.util.concurrent.locks.AbstractQueuedSynchronizer.doAcquireSharedInterruptibly(AbstractQueuedSynchronizer.java:969)
      at java.util.concurrent.locks.AbstractQueuedSynchronizer.acquireSharedInterruptibly(AbstractQueuedSynchronizer.java:1281)
      at java.util.concurrent.Semaphore.acquire(Semaphore.java:286)
      at com.http.selfcheck.Index.doPost(Index.java:24)
      at com.http.selfcheck.Index.doGet(Index.java:16)
      at javax.servlet.http.HttpServlet.service(HttpServlet.java:617)
      at javax.servlet.http.HttpServlet.service(HttpServlet.java:723)
      at org.apache.catalina.core.ApplicationFilterChain.internalDoFilter(ApplicationFilterChain.java:290)
      at org.apache.catalina.core.ApplicationFilterChain.doFilter(ApplicationFilterChain.java:206)
      at org.apache.catalina.core.StandardWrapperValve.invoke(StandardWrapperValve.java:233)
      at org.apache.catalina.core.StandardContextValve.invoke(StandardContextValve.java:191)
      at org.apache.catalina.core.StandardHostValve.invoke(StandardHostValve.java:127)
      at org.apache.catalina.valves.ErrorReportValve.invoke(ErrorReportValve.java:103)
      at org.apache.catalina.core.StandardEngineValve.invoke(StandardEngineValve.java:109)
      at org.apache.catalina.connector.CoyoteAdapter.service(CoyoteAdapter.java:293)
      at org.apache.coyote.http11.Http11Processor.process(Http11Processor.java:861)
      at org.apache.coyote.http11.Http11Protocol$Http11ConnectionHandler.process(Http11Protocol.java:606)
      at org.apache.tomcat.util.net.JIoEndpoint$Worker.run(JIoEndpoint.java:489)
      at java.lang.Thread.run(Thread.java:662)
```

图 4-46　程序出现"僵死"的现象

大量线程处于 WAITING 状态,并且线程的堆栈显示线程正在等待 Semaphore 的释放。而此时的 CPU 负载很低,表明并不是因为系统繁忙而导致的应用响应超时,如图 4-47 所示。

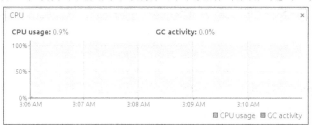

图 4-47　CPU 状态显示

3. 类加载冲突

有时候,当使用相同代码的应用发布上线以后,在分布式环境下,会发现一部分机器运行正常,而另一部分机器则会抛出 NoClassDefFoundError、NoSuchMethodError 这样的异常,这是为什么呢?

在一个大型的企业级应用当中,可能会依赖很多 jar 包,而这些 Jar 可能又会依赖其他的 jar,最终会导致依赖关系变得错综复杂。有时候,通过依赖传递,有可能会依赖一个 jar 包的多个版本,更有甚者,某些 jar 会直接将依赖的 Jar 也打进去,这样就使得很多 class 签名相同的类同时存在。

在不同的机器上，对不同 jar 中同名类的加载有些时候并不完全一致。例如，存在 test1.jar 和 test2.jar 两个 jar 包，它们都包含了同一个类 com.http.test.SaySomething，其中一个类的 saySomething 方法的实现为：

```java
public static void saySomething(){
    System.out.println("bye");
}
```

另一个类 saySomething 方法的实现为：

```java
public static void saySomething(){
    System.out.println("hello");
}
```

假如一个工程同时依赖了 test1.jar 和 test2.jar，并调用了 saySometing 方法，如下所示。

```java
public static void main(String[] args) {
    SaySomething.saySomething();
}
```

在一部分机器上，打印的可能是 hello，而另一部分机器则可能打印出来的是 bye。

这就解释了前面发生 NoSuchMethodError 和 NoClassDefFoundError 错误的原因，由于有的 Method 是新版的 class 加上去的，而旧版的 class 中不存在，如果部分机器恰好加载了旧版的 class，就会出现 NoSuchMethodError。另一种情况是新版的 Method 中引入了新的依赖，而如果在开发测试环境中加载的是旧版的 class，问题并不会凸显出来。在线上的分布式环境下，如果某些机器恰好加载了新版本的 class，就会出现 NoClassDefFoundError 错误。

通过在 JVM 启动时加上 -verbose:class，可以查到具体的 class 究竟是从哪个 jar 文件中加载进来的：

```
……
[Loaded java.util.jar.Attributes from shared objects file]
[Loaded java.util.jar.Manifest$FastInputStream from shared objects file]
[Loaded java.util.jar.Attributes$Name from shared objects file]
[Loaded sun.misc.ASCIICaseInsensitiveComparator from shared objects file]
[Loaded java.util.jar.JarVerifier from shared objects file]
[Loaded java.security.CodeSigner from /usr/java/jre/lib/rt.jar]
[Loaded java.util.jar.JarVerifier$3 from /usr/java/jre/lib/rt.jar]
[Loaded java.io.ByteArrayOutputStream from shared objects file]
[Loaded sun.security.util.ManifestEntryVerifier from shared objects file]
[Loaded sun.misc.CharacterDecoder from shared objects file]
[Loaded sun.misc.BASE64Decoder from shared objects file]
```

```
[Loaded sun.security.util.SignatureFileVerifier from shared objects file]
[Loaded com.http.test.SaySomething from file:/home/longlong/workspace/commonproblem/ lib/test1.jar]
bye
```

可以看到，这里的 com.http.test.SaySomething 来源于 test1.jar，由于在相同的机器上，类的加载顺序基本不变，很可能测试时问题并没有出现，直到上线，在分布式环境下问题才暴露出来，从而带来损失。因此，该问题最好在编译打包阶段就能够发现并解决，以免上线后带来不可预估的损失。

第 5 章

数据分析

随着互联网行业的深入发展，使得人们生活与互联网结合得越来越紧密。一大批互联网企业在日常的运营过程中，逐渐地积累了海量的用户数据，而且随着时间推移，数据的量级正程指数级别爆发式地增长，整个行业逐步迈入大数据时代。

大数据带来的信息风暴正在变革我们的生活、工作和思维，开启了一次重大的时代转型。十年前，我们很难想象，一条微博发出不到 1 个小时，便经过数十万次转发，也很难想象，"双十一"购物节当天，几亿用户涌入淘宝、天猫，几十万、上百万件商品被瞬间抢购一空，但是在十年后的今天，这些都成为了现实。

这些庞大的数据包括方方面面的内容，比如用户发布的微博内容、关注的粉丝、购买的商品、上传的照片视频、搜索的关键字等用户生成内容（UGC，即 User Generated Content），还有一部分为系统运行的日志数据，如访问日志、异常日志、运行日志、操作日志、登录日志等。

通过 UGC，我们能预测一段时间后的趋势信息，比如根据 Twitter 的微博内容预测美国总统的选举结果，根据感冒药的搜索频度预测流感爆发的时间；也能够根据已有的数据，对用户进行分类和聚类，如通过购买记录得出用户的购买喜好，通过搜索关键字得出搜索习惯；还能够根据你的关系链路找出你多年未联系的好友。对这些数据的分析和掌握，使得互联网企业能够更好地为用户提供服务。

而通过日志数据，我们可以得到系统的运行情况，如当前 load、磁盘 I/O、网络流量等；了解系统的负载压力，如当前各个节点的运行水位，以及用户访问情况，如系统 qps、PV/UV 等。

本章主要介绍和解决如下问题：

- 分布式系统中日志收集系统的架构。
- 如何通过 Storm 进行实时的流式数据分析。
- 如何通过 Hadoop 进行离线数据分析，通过 Hive 建立数据仓库。
- 如何将关系型数据库中存储的数据导入 HDFS，以及从 HDFS 中将数据导入关系型数据库。
- 如何将分析好的数据通过图形展示给用户。

5.1 日志收集

对于在线运行的系统来说,每天都会产生大量日志信息,这些信息包含系统运行时产生的一些错误信息、系统的负载信息(如某个时间点的 CPU load、内存、磁盘占用、网络流量等)、用户访问路径,以及响应时间、用户的搜索关键字、接口的调用信息。对于系统的设计者与系统的运营者来说,这部分数据经过一定的加工和处理,可以提供极为重要的参考和决策依据。

比如,可以根据用户的访问日志分析得知每个页面的 PV(page view,页面浏览量)、UV(unique visitor,独立访问者)、RT(response time,响应时间),通过用户搜索关键字日志分析得出用户的搜索爱好;通过对负载信息日志的收集,可以查看某个时间点系统的各方面的指标信息,从而定位问题;通过收集系统一些错误信息日志并实时进行分析,可以对系统的开发人员进行异常报警;通过接口调用路径日志,可以分析接口访问链路,进行服务治理。

一个稳步运行的分布式系统可能包含成百上千台机器,因此,在进行数据分析之前,必须先对各个运行系统上的日志进行收集。再将收集好的数据发送到统一的系统进行分析和处理,筛选出有价值的内容,进行可视化展现。

5.1.1 inotify 机制

对于日志的收集,最常用的方式便是文件轮询,也就是通过设置一定的时间间隔,不断地读日志文件,直到文件尾,然后再等待下一次轮询。这种方式很容易理解,实现起来也十分简单。但是,对于一些写入并不十分频繁的文件,如错误日志等,轮询的效率显得十分低下,白白浪费了 CPU 时间片。

Linux 内核从 2.6.13 开始,引入了 inotify 机制。通过 inotify 机制,能够对文件系统的变化进行监控,如对文件进行删除、修改等操作,可以及时通知应用程序进行相关事件的处理。这种响应性的处理机制,避免了频繁的文件轮询任务,提高了任务的处理效率。

通过命令来查看内核的版本:

```
uname -a
```

```
longlong@ubuntu:~$ uname -a
Linux ubuntu 3.8.0-29-generic #42~precise1-Ubuntu SMP Wed Aug 14 15:3
1:16 UTC 2013 i686 i686 i386 GNU/Linux
longlong@ubuntu:~$
```

查看系统是否支持 inotify:

```
grep INOTIFY_USER /boot/config-$(uname -r)
```

```
longlong@ubuntu:~$ grep INOTIFY_USER /boot/config-$(uname -r)
CONFIG_INOTIFY_USER=y
longlong@ubuntu:~$
```

通过 inotify 机制，我们能够避免在日志收集时对文件进行轮询，可以提高读取效率，响应式地对文件写入进行监控，读取文件每一次更改。

inotify 可以监控到的文件系统事件包括 [1]：

- IN_ACCESS——文件被访问；
- IN_MODIFY——文件被修改；
- IN_ATTRIB——文件属性被修改，如被 chmod、chown、touch 命令修改等；
- IN_CLOSE_WRITE——可写文件被关闭；
- IN_CLOSE_NOWRITE——不可写文件被关闭；
- IN_OPEN——文件被打开；
- IN_MOVED_FROM——文件被移出去，如 mv 命令；
- IN_MOVED_TO——文件被移过来，如 mv、cp 命令；
- IN_CREATE——创建新文件；
- IN_DELETE——文件被删除，如 rm 命令；
- IN_DELETE_SELF——自删除，即一个可执行文件在执行时删除自己；
- IN_MOVE_SELF——自移动，即一个可执行文件在执行时移动自己；
- IN_UNMOUNT——宿主文件系统被 umount；
- IN_CLOSE——文件被关闭，等同于（IN_CLOSE_WRITE | IN_CLOSE_NOWRITE）；
- IN_MOVE——文件被移动，等同于（IN_MOVED_FROM | IN_MOVED_TO）。

在用户态，inotify 使用系统调用与内核进行交互。

使用 inotify 的第一步便是创建 inotify 实例，每个 inotify 实例对应一个独立的等待队列：

```
int fd = inotify_init();
```

通过 inotify_init 系统调用可以对 inotify 实例进行初始化。

要对文件系统的变化事件进行监控，需要为相应的目录或者文件添加 watch：

```
int wd = inotify_add_watch( fd, path,
          IN_MODIFY | IN_CREATE | IN_DELETE );
```

通过 inotify_add_watch 系统调用，传入 inotify 实例和需要监控的文件或者目录，以及监控

---

[1] inotify 能够监控的一些文件系统事件，http://www.ibm.com/developerworks/cn/linux/l-inotifynew。

的事件，便可以得到相应的 watch 实例。

文件事件用一个 inotify_event 结构体来表示，结构体的定义如下：

```
struct inotify_event
{
  int wd;            /* watch 描述符 */
  uint32_t mask;     /* watch 掩码 */
  uint32_t cookie;   /* 用来同步两个事件的 cookie */
  uint32_t len;      /* name 的长度 */
  char name __flexarr; /* 名称 */
};
```

wd 表示 watch 的描述符；mask 是发生事件的掩码，用来标识事件的类型；cookie 用来同步两个事件中的状态；len 用来表示 name 的长度；name 用来表示文件的名称；如果监控的是目录，event->name 表示文件；如果监控文件，event->name 为空。

通过 read 系统调用来对事件进行读取：

```
#define EVENT_SIZE  sizeof(struct inotify_event)
#define BUF_LEN     1024 * (EVENT_SIZE + 256 )
char buffer[BUF_LEN];
read(fd, buffer, BUF_LEN);
```

read 系统调用用来对事件进行读取，定义的 EVENT_SIZE 表示事件的大小，BUF_LEN 用来表示缓冲区的大小，从 inotify 的句柄里边读取事件内容到 buffer。如果没有新的事件，该方法会阻塞。从 inotify_event 定义中可以看出 name 的长度是可变的，所以一个事件对应的长度应该是 sizeof(struct inotify_event)+len，Linux 当前文件系统下文件名最大长度为 255，因此这里 BUF_LEN 设置为 1024*(EVENT_SIZE + 256)。

当程序执行完后，需要对注册的 watch 进行清理：

```
inotify_rm_watch( fd, wd );
```

fd 是 inotify_init()返回的文件描述符，wd 是 inotify_add_watch()返回的 watch 描述符。

日志一般以追加写入的方式来进行写入，通过 inotify 机制来读取日志修改事件，将日志追加的内容输出的 C++代码如下：

```
#include<iostream>
#include<fstream>
#include<string>
#include<queue>
#include <stdlib.h>
```

```cpp
#include <sys/types.h>
#include <sys/inotify.h>

using namespace std;

#define EVENT_SIZE sizeof(struct inotify_event)
#define BUF_LEN 1024 * (EVENT_SIZE + 256 )
string path_name = "/home/longlong/temp/aaa.log";

streampos  current_pos ;
queue<string> readFileLine(string file_name){

    queue<string> line_queue;
    ifstream logfile(file_name.c_str()) ;
    string line_content ;
    logfile.seekg(current_pos);

    while( logfile>>line_content){
        line_queue.push(line_content);
        current_pos = logfile.tellg();
    }
    logfile.close();
    return line_queue;
}

void printLine(queue<string> line_queue){
    while(line_queue.empty() != true){
        cout<<line_queue.front()<<endl;
        line_queue.pop();
    }
    return ;
}

main(){
    int fd;
    int wd;
    char buffer[BUF_LEN];
    size_t length, i = 0;

    fd = inotify_init();
    wd = inotify_add_watch( fd, path_name.c_str(),IN_MODIFY );
    while(1){
```

```cpp
        length = read(fd, buffer, BUF_LEN);
        while(i < length){
            struct inotify_event* event =
                (struct inotify_event*) &buffer[i];
            if ( event->mask & IN_MODIFY ) {
                if (!( event->mask & IN_ISDIR )) {
                    queue<string> lines =
                        readFileLine(path_name);
                    printLine(lines);
                }
            }
            i += EVENT_SIZE + event->len;
        }
        i = 0;
    }
    inotify_rm_watch( fd, wd );
    close( fd );
    exit( 0 );
}
```

程序的思路是，通过 inotify 机制来监控日志文件/home/longlong/temp/aaa.log 的修改，也就是 IN_MODIFY 事件。一旦文件有追加写入发生，通过 read 系统调用来读取事件的内容，通过 readFileLine 函数将追加的文件行以 queue<string>读出返回，然后通过 printLine 函数将追加的内容打印到控制台。

current_pos 变量记录了每次读文件的文件指针位置，下次再读取时，通过 logfile.seekg(current_pos)将文件指针定位到之前读取的位置，然后读取追加的内容输出。

当然，读取的日志内容不能仅仅只是打印到控制台输出，后面将介绍 ActiveMQ C++ API 的使用，通过 inotify 读取日志内容，将其发送到 ActiveMQ，被各个日志订阅方收集，然后进行相应的数据分析。

5.1.2　ActiveMQ-CPP

关于 ActiveMQ，前面章节已经详细地介绍过了，它是 Apache 组织下的一个支持 JMS 规范的，用 Java 编写的消息消息中间件，它支持消息的点对点发送和发布/订阅模式，并且能够进行集群扩展。

在介绍 ActiveMQ-CPP 之前,先介绍下 CMS(C++ Messaging Service)。CMS 有点类似于 JMS,是 C++程序与消息中间件进行通信的一种标准接口,可以通过 CMS 接口与类似 ActiveMQ 这样的消息中间件进行通信,它能够让 C++程序与消息中间件之间的交互更加优雅和便捷。

而ActiveMQ-CPP[2]是CMS的一种实现,是一个能够与ActiveMQ进行通信的C++客户端库。ActiveMQ-CPP的架构设计能够支持可插拔的传输协议和消息封装格式,并且支持客户端容错,能够与ActiveMQ高效和便捷地进行通信,并且提供一系列跨平台的类Java API的特性,如多线程处理、I/O、sockets等。

1. ActiveMQ-CPP 的安装

在使用 ActiveMQ-CPP 之前,先得将该库的库文件安装到对应的 Linux 服务器上。ActiveMQ-CPP 的编译依赖 libuuid、apr、apr-util、apr-iconv、openssl 几个库,如果需要跑 CppUnit 编写的 test,还依赖于 cppunit。因此,在安装使用 ActiveMQ-CPP 之前, 至少得安装 libuuid、apr、apr-util、apr-iconv、openssl 几个库。

(1)安装 libuuid。

util-linux-ng 在 2.15.1 版以后,已经将 libuuid 作为一部分包含进来,因此,只需要安装 util-linux-ng 即可。

下载 util-linux-ng 源码包:

```
wget    ftp://ftp.kernel.org/pub/linux/utils/util-linux/v2.21/util-linux-2.21.1.tar.gz
```

```
longlong@ubuntu:~/temp$ wget ftp://ftp.kernel.org/pub/linux/utils/util-linux/v2.21/util-linux-2.21.1.tar.gz
--2013-10-19 06:42:40--  ftp://ftp.kernel.org/pub/linux/utils/util-linux/v2.21/util-linux-2.21.1.tar.gz
           => `util-linux-2.21.1.tar.gz'
Resolving ftp.kernel.org (ftp.kernel.org)... 149.20.4.69, 198.145.20.140
Connecting to ftp.kernel.org (ftp.kernel.org)|149.20.4.69|:21... connected.
Logging in as anonymous ... Logged in!
==> SYST ... done.    ==> PWD ... done.
==> TYPE I ... done.  ==> CWD (1) /pub/linux/utils/util-linux/v2.21 ... done.
==> SIZE util-linux-2.21.1.tar.gz ... 6505730
==> PASV ... done.    ==> RETR util-linux-2.21.1.tar.gz ... done.
Length: 6505730 (6.2M) (unauthoritative)

 2% [>                              ] 193,552     31.4K/s   eta 3m 23s
```

解压 util-linux-ng:

```
tar -xf util-linux-2.21.1.tar.gz
```

```
longlong@ubuntu:~/activemq-cpp$ tar -xf util-linux-2.21.1.tar.gz
longlong@ubuntu:~/activemq-cpp$
```

---

[2] ActiveMQ-CPP 的官方网站为 http://activemq.apache.org/cms。

配置 util-linux-ng，指定安装位置：

./configure --without-ncurses --prefix=/usr/local/util-linux-ng

```
longlong@ubuntu:~/activemq-cpp/util-linux-2.21.1$ ./configure --without-ncurses
--prefix=/usr/local/util-linux-ng
checking for a BSD-compatible install... /usr/bin/install -c
checking whether build environment is sane... yes
checking for a thread-safe mkdir -p... /bin/mkdir -p
checking for gawk... no
checking for mawk... mawk
checking whether make sets $(MAKE)... yes
checking how to create a pax tar archive... gnutar
checking for style of include used by make... GNU
checking for gcc... gcc
checking whether the C compiler works... yes
checking for C compiler default output file name... a.out
checking for suffix of executables...
checking whether we are cross compiling... no
checking for suffix of object files... o
checking whether we are using the GNU C compiler... yes
checking whether gcc accepts -g... yes
checking for gcc option to accept ISO C89... none needed
checking dependency style of gcc... gcc3
checking whether gcc and cc understand -c and -o together... yes
checking for gcc option to accept ISO C99... -std=gnu99
```

编译安装：

```
make
sudo make install
```

（2）安装 apr。

下载 apr 源码包：

wget http://apache.fayea.com/apache-mirror//apr/apr-1.4.8.tar.gz

```
longlong@ubuntu:~/temp$ wget http://apache.fayea.com/apache-mirror//
apr/apr-1.4.8.tar.gz
--2013-10-19 06:57:22--  http://apache.fayea.com/apache-mirror//apr/a
pr-1.4.8.tar.gz
Resolving apache.fayea.com (apache.fayea.com)... 220.166.52.226, 220.
166.52.227
Connecting to apache.fayea.com (apache.fayea.com)|220.166.52.226|:80.
.. failed: Connection refused.
Connecting to apache.fayea.com (apache.fayea.com)|220.166.52.227|:80.
.. connected.
HTTP request sent, awaiting response... 302 Found
Location: http://218.108.192.51:80/1Q2W3E4R5T6Y7U8I9O0P1Z2X3C4V5B/apa
che.fayea.com/apache-mirror//apr/apr-1.4.8.tar.gz [following]
--2013-10-19 06:57:52--  http://218.108.192.51/1Q2W3E4R5T6Y7U8I9O0P1Z
2X3C4V5B/apache.fayea.com/apache-mirror//apr/apr-1.4.8.tar.gz
```

解压源码：

tar -xf apr-1.4.8.tar.gz

```
longlong@ubuntu:~/temp$ tar -xf apr-1.4.8.tar.gz
longlong@ubuntu:~/temp$
```

配置 apr 源码,并指定安装路径:

```
./configure --prefix=/usr/local/apr
```

```
longlong@ubuntu:~/activemq-cpp/apr-1.4.8$ ./configure --prefix=/usr/local/apr
checking build system type... i686-pc-linux-gnu
checking host system type... i686-pc-linux-gnu
checking target system type... i686-pc-linux-gnu
Configuring APR library
Platform: i686-pc-linux-gnu
checking for working mkdir -p... yes
APR Version: 1.4.8
checking for chosen layout... apr
checking for gcc... gcc
checking whether the C compiler works... yes
checking for C compiler default output file name... a.out
checking for suffix of executables...
checking whether we are cross compiling... no
checking for suffix of object files... o
checking whether we are using the GNU C compiler... yes
checking whether gcc accepts -g... yes
checking for gcc option to accept ISO C89... none needed
```

编译安装:

```
make
sudo make install
```

(3)安装 apr-util。

下载 apr-util 源码包:

```
wget http://apache.fayea.com/apache-mirror//apr/apr-util-1.5.2.tar.gz
```

```
longlong@ubuntu:~/temp$ wget  http://apache.fayea.com/apache-mirror//
apr/apr-util-1.5.2.tar.gz
--2013-10-19 07:11:14--  http://apache.fayea.com/apache-mirror//apr/a
pr-util-1.5.2.tar.gz
Resolving apache.fayea.com (apache.fayea.com)... 220.166.52.226, 220.
166.52.227
Connecting to apache.fayea.com (apache.fayea.com)|220.166.52.226|:80.
.. connected.
HTTP request sent, awaiting response... 302 Found
Location: http://218.108.192.57:80/1Q2W3E4R5T6Y7U8I9O0P1Z2X3C4V5B/apa
che.fayea.com/apache-mirror//apr/apr-util-1.5.2.tar.gz [following]
--2013-10-19 07:11:22--  http://218.108.192.57/1Q2W3E4R5T6Y7U8I9O0P1Z
2X3C4V5B/apache.fayea.com/apache-mirror//apr/apr-util-1.5.2.tar.gz
Connecting to 218.108.192.57:80... connected.
HTTP request sent, awaiting response... 200 OK
```

解压源码:

```
tar -xf apr-util-1.5.2.tar.gz
```

```
longlong@ubuntu:~/temp$ tar -xf apr-util-1.5.2.tar.gz
longlong@ubuntu:~/temp$
```

配置 apr-util 源码，指定安装 apr-util 的路径，并且还需要指明 apr 的安装路径：

/usr/local/apr

./configure --prefix=/usr/local/apr-util --with-apr=/usr/local/apr

```
longlong@ubuntu:~/activemq-cpp/apr-util-1.5.2$ ./configure --prefix=/usr/local/a
pr-util --with-apr=/usr/local/apr
checking build system type... i686-pc-linux-gnu
checking host system type... i686-pc-linux-gnu
checking target system type... i686-pc-linux-gnu
checking for a BSD-compatible install... /usr/bin/install -c
checking for working mkdir -p... yes
APR-util Version: 1.5.2
checking for chosen layout... apr-util
checking for gcc... gcc
checking whether the C compiler works... yes
checking for C compiler default output file name... a.out
checking for suffix of executables...
checking whether we are cross compiling... no
checking for suffix of object files... o
checking whether we are using the GNU C compiler... yes
checking whether gcc accepts -g... yes
checking for gcc option to accept ISO C89... none needed
Applying apr-util hints file rules for i686-pc-linux-gnu
```

编译安装：

make

sudo make install

（4）安装 apr-iconv。

下载 apr-iconv 源码包：

wget http://apache.fayea.com/apache-mirror//apr/apr-iconv-1.2.1.tar.gz

```
longlong@ubuntu:~/temp$ wget http://apache.fayea.com/apache-mirror//
apr/apr-iconv-1.2.1.tar.gz
--2013-10-19 07:20:33--  http://apache.fayea.com/apache-mirror//apr/a
pr-iconv-1.2.1.tar.gz
Resolving apache.fayea.com (apache.fayea.com)... 220.166.52.227, 220.
166.52.226
Connecting to apache.fayea.com (apache.fayea.com)|220.166.52.227|:80.
.. connected.
HTTP request sent, awaiting response... 302 Found
Location: http://218.108.192.156:80/1Q2W3E4R5T6Y7U8I9O0P1Z2X3C4V5B/ap
ache.fayea.com/apache-mirror//apr/apr-iconv-1.2.1.tar.gz [following]
--2013-10-19 07:20:41--  http://218.108.192.156/1Q2W3E4R5T6Y7U8I9O0P1
Z2X3C4V5B/apache.fayea.com/apache-mirror//apr/apr-iconv-1.2.1.tar.gz
Connecting to 218.108.192.156:80... connected.
HTTP request sent, awaiting response... 200 OK
Length: 1233989 (1.2M) [application/x-gzip]
```

解压源码包：

```
tar -xf apr-iconv-1.2.1.tar.gz
```

```
longlong@ubuntu:~/temp$ tar -xf apr-iconv-1.2.1.tar.gz
longlong@ubuntu:~/temp$
```

配置源码，指定 apr-iconv 的安装路径/usr/local/apr-iconv，并且指定 apr 的安装

路径/usr/local/apr

```
./configure --prefix=/usr/local/apr-iconv --with-apr=/usr/local/apr
```

```
longlong@ubuntu:~/activemq-cpp/apr-iconv-1.2.1$ ./configure --prefix=/usr/local/
apr-iconv --with-apr=/usr/local/apr
checking for gawk... no
checking for mawk... mawk
checking for a BSD-compatible install... /usr/bin/install -c
checking for APR... yes
configure: creating ./config.status
config.status: creating Makefile
config.status: creating ccs/Makefile
config.status: creating ces/Makefile
config.status: creating lib/Makefile
config.status: creating util/Makefile
```

编译安装：

```
make
sudo make install
```

（5）安装 openssl。

如使用 Ubuntu 系统搭建环境，Ubuntu 系统默认安装有 openssl，删除默认的 openssl，然后重新进行安装，便于配置。

```
sudo apt-get remove openssl
```

```
longlong@ubuntu:~/temp$ sudo apt-get remove openssl
Reading package lists... Done
Building dependency tree
Reading state information... Done
The following packages were automatically installed and are no longer
 required:
  thunderbird-globalmenu apturl-common update-manager
  gir1.2-gtk-2.0 apport-symptoms python-debtagshw
  software-center-aptdaemon-plugins
  gir1.2-launchpad-integration-3.0 update-notifier-common
  gir1.2-gudev-1.0 libevent-2.0-5 update-notifier
  gir1.2-dbusmenu-gtk-0.4 ubuntu-extras-keyring gir1.2-gmenu-3.0
  libsane-hpaio patch transmission-common hplip-data
Use 'apt-get autoremove' to remove them.
The following extra packages will be installed:
```

下载 openssl 源码包：

```
wget http://mirrors.ibiblio.org/openssl/source/openssl-1.0.1e.tar.gz
```

```
longlong@ubuntu:~/temp$ wget http://mirrors.ibiblio.org/openssl/source/openssl-1.0.1e.tar.gz
--2013-10-19 07:55:50--  http://mirrors.ibiblio.org/openssl/source/openssl-1.0.1e.tar.gz
Resolving mirrors.ibiblio.org (mirrors.ibiblio.org)... 152.19.134.44
Connecting to mirrors.ibiblio.org (mirrors.ibiblio.org)|152.19.134.44|:80... connected.
HTTP request sent, awaiting response... 302 Found
Location: http://218.108.192.52:80/1Q2W3E4R5T6Y7U8I9O0P1Z2X3C4V5B/mirrors.ibiblio.org/openssl/source/openssl-1.0.1e.tar.gz [following]
--2013-10-19 07:56:03--  http://218.108.192.52/1Q2W3E4R5T6Y7U8I9O0P1Z2X3C4V5B/mirrors.ibiblio.org/openssl/source/openssl-1.0.1e.tar.gz
Connecting to 218.108.192.52:80... connected.
HTTP request sent, awaiting response... 200 OK
Length: 4459777 (4.3M) [application/x-gzip]
Saving to: `openssl-1.0.1e.tar.gz.1'
```

解压源码：

```
tar -xf openssl-1.0.1e.tar.gz
```

```
longlong@ubuntu:~/temp$ tar -xf openssl-1.0.1e.tar.gz
```

配置源码，指定安装路径/usr/local/openssl：

```
./config --prefix=/usr/local/openssl
```

```
longlong@ubuntu:~/temp/openssl-1.0.1e$ ./config --prefix=/usr/local/openssl
Operating system: i686-whatever-linux2
Configuring for linux-elf
Configuring for linux-elf
    no-ec_nistp_64_gcc_128 [default]  OPENSSL_NO_EC_NISTP_64_GCC_128 (skip dir)
    no-gmp          [default]  OPENSSL_NO_GMP (skip dir)
    no-jpake        [experimental] OPENSSL_NO_JPAKE (skip dir)
    no-krb5         [krb5-flavor not specified] OPENSSL_NO_KRB5
    no-md2          [default]  OPENSSL_NO_MD2 (skip dir)
    no-rc5          [default]  OPENSSL_NO_RC5 (skip dir)
    no-rfc3779      [default]  OPENSSL_NO_RFC3779 (skip dir)
    no-sctp         [default]  OPENSSL_NO_SCTP (skip dir)
    no-shared       [default]
    no-store        [experimental] OPENSSL_NO_STORE (skip dir)
    no-zlib         [default]
    no-zlib-dynamic [default]
IsMK1MF=0
```

编译安装：

```
make
sudo make install
```

（6）安装 ActiveMQ-CPP。

依赖的库均安装完以后，便可以开始正式安装 ActiveMQ-CPP 了。

下载 ActiveMQ-CPP 源码包：

```
wget   http://www.apache.org/dyn/closer.cgi/activemq/activemq-cpp/source/
```

```
activemq-cpp-library-3.8.1-src.tar.gz
```

```
longlong@ubuntu:~/temp$ wget http://www.apache.org/dyn/closer.cgi/ac
tivemq/activemq-cpp/source/activemq-cpp-library-3.8.1-src.tar.gz
--2013-10-19 07:39:28--  http://www.apache.org/dyn/closer.cgi/activem
q/activemq-cpp/source/activemq-cpp-library-3.8.1-src.tar.gz
Resolving www.apache.org (www.apache.org)... 192.87.106.229, 140.211.
11.131, 2001:610:1:80bc:192:87:106:229
Connecting to www.apache.org (www.apache.org)|192.87.106.229|:80... c
onnected.
HTTP request sent, awaiting response... 302 Found
Location: http://218.108.192.214:80/1Q2W3E4R5T6Y7U8I9O0P1Z2X3C4V5B/ww
w.apache.org/dyn/closer.cgi/activemq/activemq-cpp/source/activemq-cpp
-library-3.8.1-src.tar.gz [following]
--2013-10-19 07:39:37--  http://218.108.192.214/1Q2W3E4R5T6Y7U8I9O0P1
Z2X3C4V5B/www.apache.org/dyn/closer.cgi/activemq/activemq-cpp/source/
activemq-cpp-library-3.8.1-src.tar.gz
Connecting to 218.108.192.214:80... connected.
HTTP request sent, awaiting response... 200 OK
Length: unspecified [text/html]
```

解压源码包:

```
tar -xf activemq-cpp-library-3.8.1-src.tar.gz
```

```
longlong@ubuntu:~/activemq-cpp$ tar -xf activemq-cpp-library-3.8.1-src.tar.gz
longlong@ubuntu:~/activemq-cpp$
```

配置 ActiveMQ-CPP 源码，指定 apr 的安装路径、openssl 的安装路径，以及 ActiveMQ-CPP 将要安装的路径：

```
./configure --prefix=/usr/local/activemq-cpp --with-apr=/usr/local/apr/
--with-openssl=/usr/local/openssl
```

```
longlong@ubuntu:~/activemq-cpp/activemq-cpp-library-3.8.1$ ./configure --prefix=
/usr/local/activemq-cpp --with-apr=/usr/local/apr/  --with-openssl=/usr/local/op
enssl
checking for a BSD-compatible install... /usr/bin/install -c
checking whether build environment is sane... yes
checking for a thread-safe mkdir -p... /bin/mkdir -p
checking for gawk... no
checking for mawk... mawk
checking whether make sets $(MAKE)... yes
checking build system type... i686-pc-linux-gnu
checking host system type... i686-pc-linux-gnu
Configuring ActiveMQ-CPP library
    Platform: linux-gnu
    CPU: i686
    Vendor: pc
checking for gcc... gcc
checking whether the C compiler works... yes
checking for C compiler default output file name... a.out
```

接下来编译安装，由于编译所需要的时间较长，可以倒一杯咖啡一边慢慢等：

```
make
sudo make install
```

经过以上几个步骤后，ActiveMQ-CPP 库便已经安装好了，接下来就可以开发与 ActiveMQ 进行通信的 C++程序了。

2. ActiveMQ-CPP 的使用

安装好ActiveMQ-CPP后，便可以用它来与ActiveMQ进行交互了。Java环境下ActiveMQ的API使用和集群部署，前面章节已经详细介绍过，而ActiveMQ-CPP的使用与Java环境下API的调用大同小异，这里主要通过一个完整的例子，来介绍ActiveMQ-CPP是如何发送消息和消费消息[3]的。

首先是需要引入的头文件及需要声明的 namespace：

```
#include <stdio.h>
#include <decaf/lang/Thread.h>
#include <decaf/lang/Runnable.h>
#include <decaf/util/concurrent/CountDownLatch.h>
#include <activemq/library/ActiveMQCPP.h>
#include <activemq/core/ActiveMQConnectionFactory.h>
#include <cms/Connection.h>
#include <cms/Session.h>
#include <cms/TextMessage.h>
#include <cms/ExceptionListener.h>
#include <cms/MessageListener.h>

using namespace activemq::core;
using namespace activemq::library;
using namespace decaf::util::concurrent;
using namespace decaf::lang;
using namespace cms;
using namespace std;
```

decaf/lang/Thread.h 定义了 Thread 对象，用来进行多线程操作。decaf/lang/Runnable.h 则定义了 Runnable 接口。

decaf/util/concurrent/CountDownLatch.h 定义了类似 Java 的 concurrent 包下面的 CountDowLatch 锁。

activemq/library/ActiveMQCPP.h 文件中包含了库的初始化及程序关闭时一些操作的定义。

activemq/core/ActiveMQConnectionFactory.h 定义了 ActiveMQ 的连接创建工厂。

---

[3] 更多使用案例请参考源码包的 src/examples 目录。

cms/Connection.h 中定义了 CMS 的连接，cms/Session.h 则定义了一个供消息生产者和消息消费者使用的单线程上下文的会话。

cms/TextMessage.h 定义了文本消息接口。

cms/ExceptionListener.h 定义了异常处理的 listener，如果 CMS 消息生产者发生异常，它通过 ExceptionListener 通知客户端的消息消费者。

cms/MessageListener.h 定义了消息 listener，用来接收异步消息。

而声明 namespace 是避免使用 class 时指定全路径。

接下来便是消息的生产者：

```cpp
class Producer : public Runnable {
private:

    Connection* connection;
    Session* session;
    Destination* destination;
    MessageProducer* producer;
    bool useTopic;
    bool sessionTransacted;
    std::string brokerURI;

public:

    Producer(const std::string& brokerURI, bool useTopic = false, bool sessionTransacted = false) :
        connection(NULL),
        session(NULL),
        destination(NULL),
        producer(NULL),
        useTopic(useTopic),
        sessionTransacted(sessionTransacted),
        brokerURI(brokerURI) {
    }

    virtual ~Producer(){
        cleanup();
    }
```

```cpp
void close() {
    this->cleanup();
}

virtual void run() {

    try {

        auto_ptr<ConnectionFactory> connectionFactory(
            ConnectionFactory::createCMSConnectionFactory(brokerURI));

        connection = connectionFactory->createConnection();
        connection->start();

        if (this->sessionTransacted) {
            session = connection->createSession(Session::SESSION_TRANSACTED);
        } else {
            session = connection->createSession(Session::AUTO_ACKNOWLEDGE);
        }

        if (useTopic) {
            destination = session->createTopic("CHENKANGXIAN.TEST");
        } else {
            destination = session->createQueue("CHENKANGXIAN.TEST");
        }

        producer = session->createProducer(destination);
        producer->setDeliveryMode(DeliveryMode::NON_PERSISTENT);

        string text = (string) "send Hello message!" ;

        std::auto_ptr<TextMessage> message(session->createTextMessage (text));
        producer->send(message.get());

    } catch (CMSException& e) {
        e.printStackTrace();
    }
}
```

```cpp
private:
    void cleanup() {
        if (connection != NULL) {
            try {
                connection->close();
            } catch (cms::CMSException& ex) {
                ex.printStackTrace();
            }
        }
        try {
            delete destination;
            destination = NULL;
            delete producer;
            producer = NULL;
            delete session;
            session = NULL;
            delete connection;
            connection = NULL;
        } catch (CMSException& e) {
            e.printStackTrace();
        }
    }
};
```

消息的生产者首先通过 ConnectionFactory::createCMSConnectionFactory 创建连接工厂，然后通过工厂创建与 ActiveMQ 的连接。如果 sessionTransacted 为 true 则创建事务会话，否则消息自动确认，通过 useTopic 参数来指定是创建 topic 还是创建 queue。这些都指定好以后，通过 session->createProducer()方法来创建消息生产者，即 producer，并且设置消息传输模式为非持久化存储方式。接下来 producer 将会给 CHENKANGXIAN.TEST 这个名称指定的 queue/topic 发送一条消息，内容为 send hello message!。

消息的消费者：

```cpp
class Consumer : public ExceptionListener,
                 public MessageListener,
                 public Runnable {
```

```cpp
private:

    CountDownLatch latch;
    CountDownLatch doneLatch;
    Connection* connection;
    Session* session;
    Destination* destination;
    MessageConsumer* consumer;
    long waitMillis;
    bool useTopic;
    bool sessionTransacted;
    std::string brokerURI;

public:

    Consumer(const std::string& brokerURI, bool useTopic = false, bool
sessionTransacted = false, int waitMillis = 30000) :
        latch(1),
        doneLatch(1),
        connection(NULL),
        session(NULL),
        destination(NULL),
        consumer(NULL),
        waitMillis(waitMillis),
        useTopic(useTopic),
        sessionTransacted(sessionTransacted),
        brokerURI(brokerURI) {
    }

    virtual ~Consumer() {
        cleanup();
    }

    void close() {
        this->cleanup();
    }
```

```cpp
void waitUntilReady() {
    latch.await();
}

virtual void run() {

    try {

        auto_ptr<ConnectionFactory> connectionFactory(
            ConnectionFactory::createCMSConnectionFactory(brokerURI));

        connection = connectionFactory->createConnection();
        connection->start();
        connection->setExceptionListener(this);

        if (this->sessionTransacted == true) {
            session = connection->createSession(Session::SESSION_TRANSACTED);
        } else {
            session = connection->createSession(Session::AUTO_ACKNOWLEDGE);
        }

        if (useTopic) {
            destination = session->createTopic("CHENKANGXIAN.TEST");
        } else {
            destination = session->createQueue("CHENKANGXIAN.TEST");
        }

        consumer = session->createConsumer(destination);

        consumer->setMessageListener(this);

        cout.flush();
        cerr.flush();

        latch.countDown();

        doneLatch.await(waitMillis);
```

```cpp
        } catch (CMSException& e) {
            latch.countDown();
            e.printStackTrace();
        }
    }

    virtual void onMessage(const Message* message) {

        try {
            const TextMessage* textMessage = dynamic_cast<const TextMessage*>(message);
            string text = "";

            if (textMessage != NULL) {
                text = textMessage->getText();
            } else {
                text = "MESSAGE IS NULL!";
            }

            printf("Message Received: %s\n", text.c_str());

        } catch (CMSException& e) {
            e.printStackTrace();
        }

        if (this->sessionTransacted) {
            session->commit();
        }
        doneLatch.countDown();
    }

    virtual void onException(const CMSException& ex AMQCPP_UNUSED) {
        printf("CMS Exception occurred.  Shutting down client.\n");
        ex.printStackTrace();
        exit(1);
    }

private:
```

```cpp
void cleanup() {
    if (connection != NULL) {
        try {
            connection->close();
        } catch (cms::CMSException& ex) {
            ex.printStackTrace();
        }
    }

    try {
        delete destination;
        destination = NULL;
        delete consumer;
        consumer = NULL;
        delete session;
        session = NULL;
        delete connection;
        connection = NULL;
    } catch (CMSException& e) {
        e.printStackTrace();
    }
  }
};
```

消息的消费者创建到指定 broker 的连接以后，通过 connection->setExceptionListener()指定异常处理的 listener。同样的，如果 sessionTransacted 为 true，则 session 设置为事务消息，否则设置为自动确认。useTopic 指定是使用 queue 还是使用 topic；consumer->setMessageListener()将指定消息处理的 listener；latch.countDown()表示开始处理消息，这样主程序便不再阻塞，开始执行；doneLatch.await(waitMillis)将等待消息处理完毕直到超时。

在 onMessage 方法里定义了消息处理逻辑，接收到消息以后，将消息转成文本消息，然后打印输出到控制台，如果消息是事务消息，则执行 session->commit()进行提交。

程序的主入口：

```cpp
int main() {

    ActiveMQCPP::initializeLibrary();
    {
```

```
string brokerURI = "failover:(tcp://192.168.2.100:61616)";

bool useTopics = true;
bool sessionTransacted = false;

Producer producer(brokerURI, useTopics);
Consumer consumer(brokerURI, useTopics, sessionTransacted);

Thread consumerThread(&consumer);
consumerThread.start();

consumer.waitUntilReady();

Thread producerThread(&producer);
producerThread.start();

producerThread.join();
consumerThread.join();

consumer.close();
producer.close();

}
ActiveMQCPP::shutdownLibrary();
}
```

brokerURI 指定了 broker 的地址，指定使用 topic，不使用事务消息，然后对消息的生产者和消息的消费者进行初始化。开启一个线程，用于消息消费者处理消息，而另外一个线程则用于消息发送者发送消息。consumer.waitUntilReady()使消息消费者线程阻塞直到初始化完成，避免消息丢失。

程序运行结果，如图 5-1 所示。

图 5-1　程序运行结果

5.1.3　架构和存储

inotify 解决了日志收集的效率问题，ActiveMQ 解决了日志数据分发的问题，接下来要解决的问题便是日志收集系统架构与存储方案选择的问题。

对于一个大型的分布式系统来说,每天有成千上万台的机器在日夜不停地运转,运转的同时,也在不停地产生日志信息。在这样的规模下,很可能一小时产生的数据即可达到 TB 级别,这么庞大的数据,给系统架构和数据存储带来了极大的挑战。

一个常见的日志收集系统的架构如图 5-2 所示。数据需要经过 inotify 客户端,经由 ActiveMQ 进行转发,通过 Storm 进行实时处理,再存储到 MySQL、HDFS、Hbase 或者 Memcache 这些存储系统当中,最后再进行深度分析或者实时的展现。

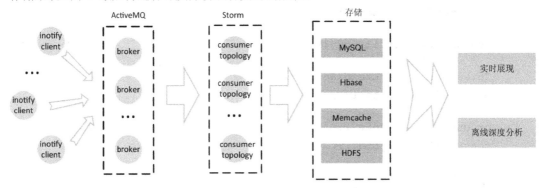

图 5-2 日志收集和分析系统架构

inotify 客户端收集完数据以后,海量的数据流需要汇总接收,并且分发到不同的接收端,而日志数据量很大程度上又与系统的负载有关,线上系统的访问其实并不是每个时间段的访问量都是相同的。如图 5-3 所示,不同的时间段,访问量是不同的,比如晚上 21 点大家下班回家,上网购物,此时的访问量就比较高,并有可能在某一时刻达到峰值,而凌晨 5、6 点大家都睡觉了,访问量自然而然就下来了。

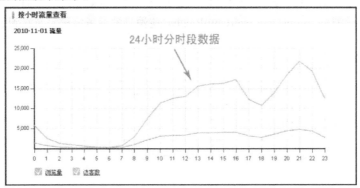

图 5-3 淘宝某店铺一天不同时间段内的访问流量趋势图[4]

---

4 图片来源于公开网络,http://img04.taobaocdn.com/sns_album/i4/T1AVNRXnllXXb1upjX.jpg。

因此，设计上必须能够保障系统在访问高峰期不宕机，同时又要尽可能地充分利用资源。高峰期将数据累积下来，放到一个缓冲队列中，在运行的低峰期再进行处理。当系统的访问降下来时，后端系统通过对堆积队列的消耗，也能够维持较高负载运行，消费端一直能够保持稳定而忙碌的状态，既不浪费机器资源，又能够抵抗峰值压力。用简单的话来说，就是削峰填谷的思想，不让系统峰值成为压垮后端系统最后一根稻草，让后端系统的流量曲线尽可能平滑，维持一定的负载，平稳地运行。

ActiveMQ 提供的异步消息机制能够在数据的生产端和数据的消费端之间起一个缓冲的作用，消息量大的时候一部分消息积压，消息量小的时候再将积压的消息处理掉。当然，积压也是有限度的，这个限度是系统经过流量评估和压力测试得出的一个峰值，当消息积压超过了这个限度，表示系统已经超过了设计的容量，这时就需要扩容了。

使用 ActiveMQ 的另一个好处是，它不仅支持点对点模型，还支持 Pub/Sub 模型，这样，inotify 客户端收集好数据后，可以发送到 ActiveMQ 进行数据的分发。也就是说，数据收集者只需要将数据传输到 ActiveMQ 的某个 topic，而其他的消费者只需要订阅这个 topic，便可以取到自己感兴趣的数据。数据收集方与数据消费方完全解耦，而这个订阅关系由 ActiveMQ 来进行管理，数据消费者只需要关心相应的 topic 即可。

对于类似于日志数据这样的流式数据，有一个很大的特征是数据流入系统的速率是不同的，系统的处理能力必须与数据流入的速率相匹配，数据流入过快，超过了系统的处理能力，则会造成消息堆积，而数据流入过慢，系统负载低，则浪费资源。因此，对于流式数据处理系统来说，需要对输入的数据流进行负载分流，并且对处理失败的消息进行容错和再处理。

Storm 是 2011 年 Twitter 开源的一个实时的分布式流处理系统，它有点类似于 Hadoop 提供的大数据解决方案，但是它要处理的对象是没有终点的数据流，而非 Hadoop 的 mapreduce 那样的批处理系统。它可以简单可靠地处理大规模的数据流，利用集群的特性，提高流式数据处理的效率。Strom 支持水平扩展，并且有很高的容错性，能够保证每一条消息都能够被可靠地处理。

Storm 使得数据消费的工作能够以 topology 的形式提交到集群，集群来进行任务的调度、数据流的切割、容错处理等一系列操作，而这一切对用户透明，用户只需要定义好他的 topology、spout、bolt 即可，其他的逻辑则交由集群来处理。这样极大地简化了用户设计流式数据处理系统的复杂度，让用户只需要关心真正的业务处理逻辑，而不需要考虑类似于数据流切割、集群容错、任务调度这种公共的业务逻辑。

为了对日志进行深度的数据分析和挖掘，以及对一些后台操作记录进行事后的追溯，需要对海量的日志信息进行持久化存储，什么样的存储架构能够容纳收集到的海量日志信息呢？

时下最流行的海量数据解决方案便是 Apache 旗下 Hadoop 项目，它所提供的海量数据持久化存储及分析方案，在各大互联网企业中得到广泛的使用。对于那些不需要提供实时访问的海量数据，可以将其保存在分布式文件系统 HDFS 上，然后通过 mapreduce 或者 Hive SQL 进行数据分析与挖掘。对于需要实时展现的内容，则可以将其保存在 Hbase 上，Hbase 是一个高可靠性、高性能、可伸缩的列存储系统，天生支持数据表的自动分区，避免了传统关系型数据库单表容量的局限性，能够友好地支持海量数据的存储。

而对于一部分分析的结果集，如某一天某个页面的 PV 信息，某一时间段内系统的 load 平均值，这一部分通计算后的结果，有些时候也是需要进行持久化存储的，并且需要进行实时展现。对于这部分在可控量级的数据，可以通过关系型数据库，如 MySQL，通过分库分表来进行存储。关系型数据库复杂的条件查询与多表关联的能力是 Hbase 这类列存储数据库所不具备的。

有的统计信息是需要频繁地进行更新和获取的，如活动交易量的实时统计，这类对于实时性和系统TPS（Transaction Per Second，每秒处理事务数）[5]能力要求非常高的场景，常常每秒就可能有上万人下单购买商品，普通的DB通过磁盘进行持久化操作，很难承受这么大的TPS，这时候就需要依赖高效的缓存系统，如Memcache。缓存的内存电信号寻址与磁盘磁头的机械寻址相比，效率完全不在一个数量级上。

好的架构必须能够保证系统持续稳定的运行，且在必要的时候，能够方便地进行扩容。后续章节将会对批量数据处理和流式数据处理这两类数据处理的概念、原理、工具进行详细的介绍。

5.1.4 Chukwa

除了上文所介绍的基于inotify、ActiveMQ和Storm的解决方案之外，Apache的Hadoop[6]项目提供了另一个解决方案——Chukwa。

Chukwa 是 Yahoo！贡献给 Apache 的基于 Hadoop 开发的数据采集与分析的框架，用来支持大型分布式系统的海量日志的收集与分析工作，它具有良好的适应性和可扩展性，天生支持与 MapReduce 协同进行数据处理，能提供完整的数据收集与分析的解决方案。

如图 5-4 所示，Chukwa 主要由以下五个关键部分所构成：

（1）Agent 运行在每一个节点之上，负责采集每个节点上的原始数据，并发送数据给 Collector。

（2）Collector 负责接收 Agent 所发送的数据，并且写入到稳定的存储当中。

（3）ETL 数据处理任务，负责数据解析和归档。

（4）数据分析脚本任务，如 PigLatin 等，以及 MapReduce 数据分析 job，负责对收集的数

---

5 TPS 也是衡量系统繁忙程度的一个非常重要的指标。
6 关于 Hadoop 的内容，5.2 节将会有较为详细的介绍。

据进行分析。

（5）HICC，即 the Hadoop Infrastructure Care Center，Hadoop 基础管理平台，提供数据展现的 Web 页面。

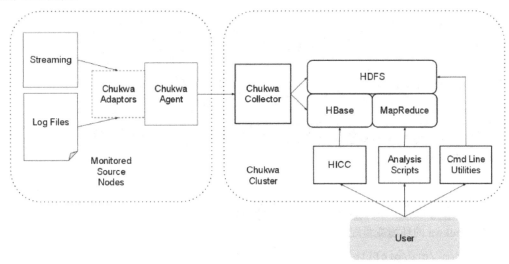

图 5-4　Chukwa架构图 [7]

如图 5-5 所示，运行在应用服务器上的 Chukwa Agent 通过 initial_adaptors 文件中配置的 Adaptor 来对服务器上的日志进行收集，收集以后将日志发送给 Collector 集群，Collector 负责将数据 sink 到 HDFS，通过定期运行的 MapReduce 任务将数据转换成结构化数据。为防止出现单点故障，Collector 支持扩展，Chukwa 可以拥有多个 Collector，Agent 从 collectors 文件中随机选择一台 Collector 进行数据传输，当某个 Collector 宕机或者繁忙时，能够转换到其他 Collector 继续处理，进行相应的容错。

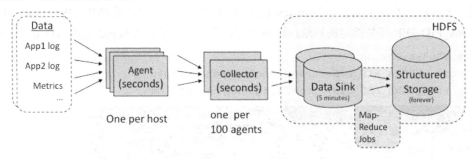

图 5-5　Chukwa日志处理流程图 [8]

---

7 图片来源 http://people.apache.org/~eyang/chukwa-0.5.0-docs/images/chukwa_architecture.png。
8 图片来源 http://people.apache.org/~eyang/chukwa-0.5.0-docs/images/datapipeline.png。

1. Chukwa 的安装

下载 Chukwa 安装包：

wget http://mirror.esocc.com/apache/hadoop/chukwa/chukwa-0.4.0/chukwa-0.4.0.tar.gz

```
longlong@ubuntu:~/temp$ wget http://mirror.esocc.com/apache/hadoop/chukwa/chukwa
-0.4.0/chukwa-0.4.0.tar.gz
--2013-11-20 05:07:26--  http://mirror.esocc.com/apache/hadoop/chukwa/chukwa-0.4
.0/chukwa-0.4.0.tar.gz
Resolving mirror.esocc.com (mirror.esocc.com)... 221.228.228.159
Connecting to mirror.esocc.com (mirror.esocc.com)|221.228.228.159|:80... connect
ed.
HTTP request sent, awaiting response... 200 OK
Length: 55945689 (53M) [application/octet-stream]
Saving to: `chukwa-0.4.0.tar.gz'

34% [============>                      ] 19,255,480  4.37M/s  eta 8s
```

解压安装文件：

tar -xf chukwa-0.4.0.tar.gz

```
longlong@ubuntu:~/temp$ tar -xf chukwa-0.4.0.tar.gz
longlong@ubuntu:~/temp$
```

增加 Chukwa 的环境变量配置：

sudo vim /etc/profile

```
CHUKWA_HOME=/usr/chukwa
PATH=$CHUKWA_HOME/bin:$PATH
export CHUKWA_HOME
```

增加如下变量：

```
CHUKWA_HOME=/usr/chukwa
PATH=$CHUKWA_HOME/bin:$PATH
export CHUKWA_HOME
export PATH
```

修改 Chukwa 的 conf 目录下的 chukwa-env.sh 文件，在文件中设置 CHUKWA_LOG_DIR 和 CHUKWA_PID_DIR 变量指定的目录，这两个变量分别对应了日志和 pid 文件的存放目录：

```
vim chukwa-env.sh
export CHUKWA_PID_DIR=/home/longlong/chukwa/pid
export CHUKWA_LOG_DIR=/home/longlong/chukwa/log
```

```
# The directory where pid files are stored. CHUKWA_HOME/var/run by default.
export CHUKWA_PID_DIR=/home/longlong/chukwa/pid

# The location of chukwa logs, defaults to CHUKWA_HOME/logs
export CHUKWA_LOG_DIR=/home/longlong/chukwa/log
```

修改 conf 目录的 chukwa-env.sh 文件，设置 HADOOP_HOME 和 HADOOP_CONF_DIR 两个变量，分别指定 Hadoop 的安装目录与 Hadoop 配置文件的存放目录：

export HADOOP_HOME="/usr/hadoop"

```
export HADOOP_CONF_DIR="/usr/hadoop/conf"
```

指定 Hadoop 的 core 包，否则会出现找不到 Hadoop 的 core jar 问题：

```
export HADOOP_JAR=${HADOOP_HOME}/ /hadoop-core-1.0.4.jar
```

复制 commons 的相应 jar 文件到 Chukwa 的 lib 目录，否则启动会抛出 java.lang.NoClassDefFoundError：

```
sudo cp commons-configuration-1.6.jar commons-logging-1.1.1.jar commons-collections-3.2.1.jar commons-lang-2.4.jar /usr/chukwa/lib
```

在 conf 下面创建 agents 和 collectors 两个文件，指定 Agent 和 Collector 的机器地址，这里指定为 localhost：

```
touch agents collectors
vim agents
vim collectors
```

启动 Chukwa，在 bin 目录下执行 start-all.sh 脚本：

```
./start-all.sh
```

2. 日志收集的配置

编辑机器上的 agents 文件，设置收集日志的 agents，这里设置为 localhost，真实场景下应该是安装 Agent 的机器：

```
vim agents
```
```
localhost
```

编辑 collectors 文件，设置日志接收的 Collector，这里设置为 localhost，真实场景应该设置为收集日志的 Collector：

```
vim collectors
```
```
localhost
```

配置 agents 的一些属性，如集群名称、Agent 控制端口、hostname 等：

```
vim chukwa-agent-conf.xml

  <property>
    <name>chukwaAgent.tags</name>
    <value>cluster="chukwa"</value>
    <description>The cluster's name for this agent</description>
  </property>
  <property>
    <name>chukwaAgent.control.port</name>
    <value>9093</value>
    <description>The socket port number the agent's control interface can be contacted at.</description>
  </property>
  <property>
    <name>chukwaAgent.hostname</name>
    <value>localhost</value>
    <description>The hostname of the agent on this node. Usually localhost, this is used by the chukwa instrumentation agent-control interface library</description>
  </property>
```

修改 Collector 的一些属性，如 HDFS 的地址路径和端口等：

```
vim chukwa-collector-conf.xml

  <property>
    <name>writer.hdfs.filesystem</name>
    <value>hdfs://localhost:9000/</value>
    <description>HDFS to dump to</description>
  </property>
```

```xml
<property>
  <name>chukwaCollector.outputDir</name>
  <value>/chukwa/logs/</value>
  <description>Chukwa data sink directory</description>
</property>
<property>
  <name>chukwaCollector.rotateInterval</name>
  <value>300000</value>
  <description>Chukwa rotate interval (ms)</description>
</property>
<property>
  <name>chukwaCollector.http.port</name>
  <value>8080</value>
  <description>The HTTP port number the collector will listen on</description>
</property>
```

配置收集日志Adaptor，通过initial_adaptors文件指定不同的日志收集任务[9]：

```
vim initial_adaptors
```

添加如下的 Adaptor：

```
add filetailer.CharFileTailingAdaptorUTF8 Log 0 /home/longlong/temp/access.log 0
```

参数介绍：

- filetailer.CharFileTailingAdaptorUTF8 表示日志收集 adaptor 的名称；
- 第一个 0 表示日志收集的起始位置；
- /home/longlong/temp/access.log 表示日志文件的路径；
- 第二个 0 表示已收集文件的大小。

编写自定义数据类型，定义的类型必须继承自 org.apache.hadoop.chukwa.extraction.demux.processor.mapper.AbstractProcessor 抽象类，并且实现 parse 方法，具体实现如下：

```java
public class LogProcessor extends AbstractProcessor {
    @Override
    protected void parse(String recordEntry,
            OutputCollector<ChukwaRecordKey, ChukwaRecord> output,
            Reporter reporter) throws Throwable {
        ChukwaRecordKey chukwaKey = new ChukwaRecordKey();
```

---

9 initial_adaptors 文件的配置较为复杂和灵活，请参考 http://chukwa.apache.org/docs/r0.4.0/agent.html。

```java
        String reduceType = "Log";
        chukwaKey.setReduceType(reduceType);
        ChukwaRecord record = new ChukwaRecord();
        record.add("", recordEntry);
        output.collect(chukwaKey, record);
    }
}
```

自定义的类型需要在 conf/chukwa-collector-conf.xml 文件中进行相应的配置:

```
vim chukwa-demux-conf.xml
<property>
  <name>Log</name>
  <value>org.apache.hadoop.chukwa.extraction.demux.processor.mapper.LogProcessor</value>
</property>
```

```
<property>
<name>Log</name>
<value>org.apache.hadoop.chukwa.extraction.demux.processor.mapper.LogProcessor
</value>
<description>Parser class for Foo</description>
</property>
```

查看收集到的日志信息:

```
hadoop fs -ls /chukwa/dataSinkArchives/20131126/dataSinkDir_1385474720489/
hadoop fs -tail -f /chukwa/dataSinkArchives/20131126/dataSinkDir_1385474720489/
201326055905240_ubuntu_226d358114294b4c91f8000.done
```

```
longlong@ubuntu:/usr/hadoop/bin$ hadoop fs -ls /chukwa/dataSinkArchives/20131126
/dataSinkDir_1385474720489/
Warning: $HADOOP_HOME is deprecated.

Found 1 items
-rw-r--r--   2 longlong supergroup     826733 2013-11-26 05:59 /chukwa/dataSinkA
rchives/20131126/dataSinkDir_1385474720489/201326055905240_ubuntu_226d358114294b
4c91f8000.done
longlong@ubuntu:/usr/hadoop/bin$ hadoop fs -tail -f /chukwa/dataSinkArchives/201
31126/dataSinkDir_1385474720489/201326055905240_ubuntu_226d358114294b4c91f8000.d
one
Warning: $HADOOP_HOME is deprecated.

htm www.google.com 302 49397
124.109.222.29 740 POST www.xxx.com/userinfo.htm www.google.com 302 2789
125.19.22.29 78 GET www.xxx.com/index.htm www.google.com 302 49397
126.119.222.29 455 POST www.xxx.com/index.htm www.qq.com 500 80834
124.19.222.29 230 POST www.xxx.com/publish.htm www.xxx.com 301 432004
125.119.222.39 21 POST www.xxx.com/userinfo.htm www.taobao.com 200 432943
124.119.22.59 740 POST www.xxx.com/list.htm www.sina.com 302 439274
124.19.222.29 43 POST www.xxx.com/index.htm www.google.com 404 432943
125.19.22.29 98 POST www.xxx.com/publish.htm www.qq.com 404 3344
```

Collector会将收集到的日志信息写入logs/*.chukwa，直到文件达到64 MB或者到达一定的时间间隔以后，Collector会将logs/*.chukwa文件重命名为logs/*.done。后台的DemuxManager进程将每隔20秒检查一次 *.done 文件是否生成，如果文件存在，则将文件移动到demuxProcessing/mrInput目录下，而demux MapReduce job将会以此目录作为输入进行MapReduce操作，如果操作成功（可重试3次），则将MapReduce的输出结果从demuxProcessing/ mrOutput目录下归档到dataSinkArchives/[yyyyMMdd]/*/*.done；如果操作失败，则会将输出结果移动到dataSinkArchives/InError/[yyyyMMdd]/*/*.done[10]。

因此，前面我们能够通过HDFS的/chukwa/dataSinkArchives/目录查看收集到的日志信息。

本节介绍了另一种日志收集的解决思路Chukwa，它使用灵活，属于Hadoop系列产品，天生支持Hadoop集群日志和系统信息的收集，但是相对前一种方案来说，Chukwa的使用相对复杂，且可用文档较少，系统可靠性还有待完善。

5.2 离线数据分析

随着互联网、移动互联网以及生命科学技术的发展，根据国际数据公司IDC 2011年发布的研究报告，全球信息总量每过两年，就会增长一倍，仅在2011年，全球被创建和被复制的数据总量为1.8 ZB（1.8万亿GB），到2020年这一数值将增长到35 ZB。谁也无法否认，我们已经处在一个海量数据的大时代当中[11]。对于这些海量数据的分析和挖掘，已经成为一个非常重要而且非常紧迫的任务。

根据数据分析的实时与否，可以将数据分析任务分为实时分析任务和离线分析任务。实时数据分析一般在金融、电子商务等领域的使用较多，往往要求在数秒内返回上亿行数据的分析结果，从而达到不影响用户体验的目的。而相对来说对时间没那么敏感的数据分析任务，如数据挖掘、搜索引擎索引计算、推荐内容计算、机器学习这类的场景，往往需要对海量的数据做复杂的多维度的计算，这些计算所需的时间较长，常常是几个小时甚至以天来计算，对于这种类型的数据分析任务，则可以采用离线数据分析的方式。

根据分析的数据类型不同，又可以分为流式数据处理和批量数据处理等类型，如上一节提到的日志数据，它是一个永远不会终结的流，源源不断地从应用服务器流向日志收集和处理节点，数据分析任务可以认为永远不会结束，这种称为流式数据处理。大部分场景的数据挖掘任务都针对批量的有限的数据进行分析和挖掘，任务作为一个job提交，数据分析完成后任务结束，这种类型的数据分析称为批量数据处理。

Hadoop目前的应用主要集中在大数据的离线批处理分析领域，MapReduce编程模型在海量

---

10 关于Chukwa文件状态的流转请参考 http://chukwa.apache.org/docs/r0.4.0/dataflow.html。
11 数据来源 http://soft.chinabyte.com/378/12743878.shtml。

数据分析的场景下能够体现出较高的效率，而对于数据量不那么大以及对实时性要求很高的数据分析场景，使用 Hadoop 的效果并不是很理想。一般来说，离线数据分析所输入的数据都是前一天或者前 N 天的数据，因此，计算得到的结果会滞后于当前时间。

当然，离线数据分析的结果，可以通过数据回流，重新存储到关系型数据库，提供在线的实时查询服务，如好友推荐、商品推荐、质量评估等。

5.2.1　Hadoop 项目简介

作为全球搜索行业的领头羊，Google需要对互联网上所有的网页建立搜索索引，因此在大数据处理方面积累了极为丰富的经验，随着技术的成熟，它相继发布的几篇介绍GFS[12]、BigTable[13]、MapReduce[14]等产品的论文，对业界产生了极为深远的影响，推动了整个互联网时代的变革。

然而，毕竟Google是一个商业公司，出于技术保密等原因，Google并没有将上述系统开源，只是给出了技术实现方案。受Google的几篇open doc思路的启发，Doug Cutting和Mike Cafarella等人花了近 2 年的业余时间实现了DFS（Distributed File System，分布式文件系统）和MapReduce机制，将其发展成为Hadoop项目，并于 2006 年 2 月通过Apache组织开源[15]，Logo如图 5-6 所示。

图 5-6　Hadoop 项目的 Logo

Hadoop 是一个提供可伸缩的、可信赖的分布式计算的开源项目，支持 Google 的 MapReduce 编程范式，能够将作业分割成许多小的任务，并将这些任务放到任何的集群节点上执行。用户可以在不了解分布式系统底层细节的情况下，充分利用集群的力量，开发分布式应用程序，实现大规模分布式并行（Parallel）计算、存储和管理海量数据。

Hadoop 项目的核心便是分布式文件系统 HDFS（Hadoop Distributed File System，Hadoop 分布式文件系统）和编程模型 MapReduce，HDFS 用来对海量的数据提供高可靠性、高容错性、高可扩展性、高吞吐的存储解决方案，而 MapReduce 则是一种用来处理海量数据的并行编程模

12　GFS，http://labs.google.com/papers/gfs-sosp2003.pdf。
13　BigTable，http://labs.google.com/papers/bigtable-osdi06.pdf。
14　MapReduce，http://labs.google.com/papers/mapreduce-osdi04.pdf。
15　hadoop 项目地址为 http://hadoop.apache.org。

型和计算框架,用于对大规模的数据集进行并行计算。

随着时间的推移和项目的发展,Hadoop 的功能也越来越强大,发展出一系列支撑分布式计算的关联项目,如前面提到的高性能分布式协作服务 ZooKeeper,可伸缩的支持大表结构化存储的分布式数据库 Hbase,提供类 SQL 查询功能的数据仓库平台 Hive,大规模分布式系统的数据收集系统 Chukwa,海量数据并行计算的编程语言和执行框架 Pig,可扩展的机器学习和数据挖掘库 Mahout,等等。

Hadoop 官网关于 Hadoop 项目的介绍如图 5-7 所示。

```
The project includes these modules:
  • Hadoop Common: The common utilities that support the other Hadoop modules.
  • Hadoop Distributed File System (HDFS™): A distributed file system that provides high-throughp
  • Hadoop YARN: A framework for job scheduling and cluster resource management.
  • Hadoop MapReduce: A YARN-based system for parallel processing of large data sets.
Other Hadoop-related projects at Apache include:
  • Ambari™: A web-based tool for provisioning, managing, and monitoring Apache Hadoop clusters wl
    Hive, HCatalog, HBase, ZooKeeper, Oozie, Pig and Sqoop. Ambari also provides a dashboard for viev
    MapReduce, Pig and Hive applications visually alongwith features to diagnose their performance cha
  • Avro™: A data serialization system.
  • Cassandra™: A scalable multi-master database with no single points of failure.
  • Chukwa™: A data collection system for managing large distributed systems.
  • HBase™: A scalable, distributed database that supports structured data storage for large tables.
  • Hive™: A data warehouse infrastructure that provides data summarization and ad hoc querying.
  • Mahout™: A Scalable machine learning and data mining library.
  • Pig™: A high-level data-flow language and execution framework for parallel computation.
  • ZooKeeper™: A high-performance coordination service for distributed applications.
```

图 5-7　Hadoop 官网关于 Hadoop 项目的介绍

经过多年的发展和完善,Hadoop 逐渐成熟,并被各大互联网企业所接受,在搜索引擎、广告优化、机器学习、数据挖掘等领域得到了广泛的应用。

1. HDFS

传统的文件系统适用于单台计算设备,而单台计算机的存储能力是有限度的,伴随着性能的提升,价格也将呈指数级别急剧攀升。因此,通过升级单台机器硬件配置来提升系统处理能力的做法,最终都将遇到性价比的瓶颈。当数据超过单台物理计算机存储能力时,就有必要通过网络,将存储的数据分布到其他存储设备当中,这样便诞生了分布式文件系统。

分布式文件系统并非传统意义上的文件系统,它工作在操作系统的用户空间,由应用程序来实现,因此并不依赖于底层文件系统的具体实现。分布式文件系统能够对分布在各个存储设备中的文件进行统一的管理,并且提供统一的读/写访问接口。相较于传统的文件系统,它往往更像是一个抽象的实现,拥有自己独特的内容组织结构,从而保持了高容错、高可靠,高可扩展、低成本、高吞吐的特性。

HDFS 是 Hadoop 项目所实现的一个分布式文件系统，它包括一个主/从（Master/Slave）的体系结构，集群拥有一个 NameNode 和一些 DataNode，NameNode 负责管理文件系统的命名空间，维护着每个文件名称到对应的文件分块的映射，以及每个文件分块对应的机器列表；DataNode 则负责它们所在的物理节点上的存储管理。分布式文件系统提供一组类似本地文件系统的访问接口，客户端从 NameNode 中获得组成该文件的数据块的位置列表，当查询到数据块存储在 DataNode 的具体位置上后，客户端便直接从 DataNode 上读取文件数据，而不需要 NameNode 干预。

HDFS 体系结构如图 5-8 所示。

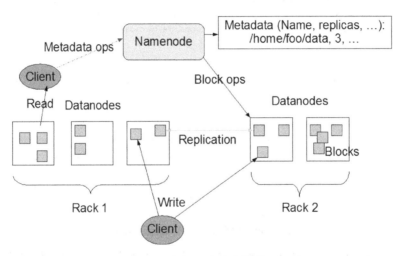

图 5-8　HDFS体系结构[16]

出于成本考虑，大部分分布式系统均是浇筑在廉价的 PC 服务器上，即便是单个设备标称的 MTBF（Mean Time Between Failures，平均故障间隔时间）很高，但由于集群内机器数目庞大，因此硬件故障的概率也是非常高的。出于对这种情况的考虑，HDFS 拥有较为完善的冗余备份和故障恢复机制，每个文件都被分成一系列的数据块存储，每个数据块均会有副本，且副本的数量（也称为复制因子）可配置，默认为 3。为保证数据的可靠性、可用性及网络带宽的利用率，HDFS 采用机架感知策略来进行数据的冗余与备份。在复制因子为 3 的情况下，数据的一个副本放在同一个机架的另一个节点，一个副本存放在本地节点，最后一个副本存放在不同机架的节点，这种策略既可以防止整个机架失效时数据丢失，在保证可靠性和可用性的前提下，又能保证一定的性能，减少了机架间的数据交换。

---

16 图片来源 http://hadoop.apache.org/docs/current/hadoop-project-dist/hadoop-hdfs/images/hdfsarchitecture.png。

2. MapReduce

MapReduce 是一种处理海量数据的并行编程模型和计算框架,用于对大规模数据集进行并行计算,最早由 Google 在论文中提出,运行在 Google 的分布式文件系统 GFS 上,用来为全球亿万互联网网页构建搜索索引。

Hadoop 实现了 Google 的 MapReduce 编程模型和计算框架,它采用"分而治之"的思想,将对大数据集的操作分发给主节点管理的各个子节点来完成,然后通过汇总合各个子节点的中间结果来得到最终结果。

如图 5-9 所示,MapReduce 可以分为 map 和 reduce 两个阶段,在 map 阶段,MapReduce 框架将任务的输入数据切割为固定大小的片段(split),然后再将这些片段进一步分解为键值对<K,V>。MapReduce 框架将为每一个 split 创建一个 map 任务,执行用户定义的 map 处理逻辑,并将 split 中假设为<K1,V1>的键值对作为输入传递给 map 进行处理,而 map 处理完后得到的中间结果输出也是键值对形式,假设为<K2,V2>。不同的 map 将输出不同的中间结果,这些结果将会被排序,并将键相同的值合并到一个列表,形成<K2,list>元组。再根据键值的排序的结果,将<K2,list>分配到不同的 reduce 任务。而在 reduce 阶段,reduce 任务将会对输入的<K2,list>数据进行相应的加工处理,得到最终结果的键值对,以<K3,V3>的形式输出到 HDFS 文件系统上。

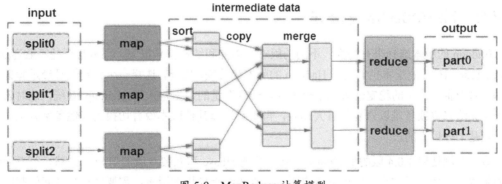

图 5-9 MapReduce 计算模型

Mapreduce 一个任务的运行需要由 JobTracker 和 TaskTracker 两类控制节点的配合来完成,JobTracker 将 Mappers 和 Reducers 分配给空闲的 TaskTracker 后,由 TaskTracker 来执行这些任务,如图 5-10 所示。Mapreduce 框架尽量在那些存储数据的节点(如 DataNode)上来执行计算任务,采用移动计算而非移动数据的思想,减少数据在网络中的传输,以此来提高计算的效率。同时 JobTracker 也负责任务的容错管理,如果某个 TaskTracker 发生故障,JobTracker 会重新进行任务调度。

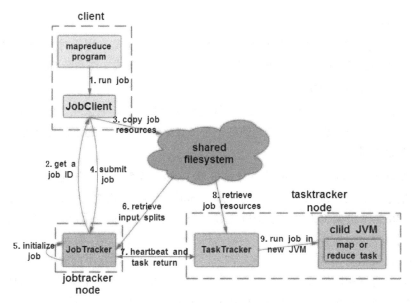

图 5-10　MapReduce 的任务调度

5.2.2　Hadoop 环境搭建

Hadoop 的版本选择很有讲究，不同的版本，功能和结构差异很大，很多甚至是不兼容的，并且 Hbase、Hive 的版本也都会与 Hadoop 的版本相关联。因此，选择一个稳定性且经过验证的版本，对于企业应用的稳定性来说十分重要，一旦海量的数据输入到 Hadoop 系统，此时若出现一个无法修复或者难以修复的重大 bug，再重新选择其他版本或者切换到其他备用方案，代价无疑是十分巨大的。

本书案例使用 1.0.4 版的 Hadoop，0.96.0 版的 Hbase 和 0.12.0 版的 Hive，当然，笔者所选择的版本并不代表经过线上验证的稳定版本。真正线上使用的版本，需要经过长时间的基准测试和性能测试，修复所发现的 bug，以及一段时间的试运行之后，才能够做出抉择。

Hadoop 的主体是由 Java 编写的，因此，安装 Hadoop 之前首先需要搭建好 Java 环境。Hadoop 既支持单机模式，也支持集群模式，对于单纯学习的目的来说，单机模式已经够用，除非你需要对 Hadoop 进行性能评估和基准测试，这样你就需要搭建一个成规模的完全分布模式下运行的系统[17]。

17　本书的重点在于 Hadoop、Storm 等一些工具在数据分析领域等的使用，而非这些工具指南性质的读物，如需要了解 Hadoop 等工具的实现细节或者进行性能优化相关的工作，请参照《Hadoop - the definitive guide》或者《 xxx in   action》一类的读物。

在 Hadoop 启动后，namenode 是通过 SSH（Secure Shell）来启动和停止各个 datanode 上的各种守护进程的，这就需要在节点上安装 SSH 服务。为了流畅操作，SSH 需要设置为允许集群中机器上的 Hadoop 用户无须密码即可登录，执行相应的配置指令，所以需要配置 SSH 运用无密码公钥认证的形式。

首先，需要创建 Hadoop 用户：

```
sudo adduser -ingroup root Hadoop
```

```
longlong@ubuntu:/usr/hadoop/bin$ sudo adduser -ingroup root hadoop
[sudo] password for longlong:
Adding user `hadoop' ...
Adding new user `hadoop' (1001) with group `root' ...
Creating home directory `/home/hadoop' ...
Copying files from `/etc/skel' ...
Enter new UNIX password:
Retype new UNIX password:
passwd: password updated successfully
Changing the user information for hadoop
Enter the new value, or press ENTER for the default
    Full Name []:
    Room Number []:
    Work Phone []:
    Home Phone []:
    Other []:
Is the information correct? [Y/n] y
```

然后安装 SSH 服务：

```
sudo apt-get install openssh-server
```

```
longlong@ubuntu:~$ sudo apt-get install openssh-server
[sudo] password for longlong:
Reading package lists... Done
Building dependency tree
Reading state information... Done
The following packages were automatically installed and are no longer required:
  python-crypto libstlport4.6ldbl thunderbird-globalmenu apturl-common libmtp9
  update-manager gir1.2-gtk-2.0 python-renderpm python-mako python-dirspec
  libcupscgi1 apport-symptoms brasero-common gir1.2-gst-plugins-base-0.10
  python-debtagshw libdiscid0 aptdaemon-data software-center-aptdaemon-plugins
  gir1.2-gstreamer-0.10 libexttextcat-data libart-2.0-2 python-wadllib
  gir1.2-launchpad-integration-3.0 libhyphen0 libburn4 libwpg-0.2-2
  liblircclient0 dvd+rw-tools libcupsmime1 update-notifier-common
  python-keyring libslp1 cups-filters totem-common libquvi-scripts
  gir1.2-gudev-1.0 libevent-2.0-5 python-reportlab-accel update-notifier
  libgpod4 rhythmbox-data avahi-utils libmtp-common python-defer
  libdmapsharing-3.0-2 python-lazr.uri python-markupsafe uno-libs3
  libmythes-1.2-0 gir1.2-dbusmenu-gtk-0.4 libgutenprint2 libedata-cal-1.2-13
  unattended-upgrades libgweather-common python-smbc libgmime-2.6-0
  libedata-book-1.2-11 python-problem-report growisofs media-player-info
  libmtp-runtime python-packagekit ubuntu-extras-keyring
  software-properties-common libwps-0.2-2 libgpod-common python-gnomekeyring
  ure fonts-opensymbol libcupsfilters1 libexttextcat0 gir1.2-gmenu-3.0
  libebackend-1.2-1 python-cups python-configglue libyaml1 libsane-hpaio
```

1. 配置 Hadoop 用户无密码登录

切换到 Hadoop 用户：

su hadoop

```
longlong@ubuntu:~$ su hadoop
Password:
hadoop@ubuntu:/home/longlong$
```

创建密钥:

```
ssh-keygen -t rsa -f .ssh/id_rsa
```

```
hadoop@ubuntu:~$ ssh-keygen -t rsa -f .ssh/id_rsa
Generating public/private rsa key pair.
Enter passphrase (empty for no passphrase):
Enter same passphrase again:
Your identification has been saved in .ssh/id_rsa.
Your public key has been saved in .ssh/id_rsa.pub.
The key fingerprint is:
00:bc:c4:3d:69:43:fc:96:cd:41:63:b2:a4:ca:02:03 hadoop@ubuntu
The key's randomart image is:
+--[ RSA 2048]----+
|E  o.+..o.+      |
|.   +.Bo +..     |
|o  .  oo+.+ .    |
| o ... .+ o      |
|  . o   .S       |
|   .             |
|                 |
|                 |
|                 |
+-----------------+
```

SSH 生成的私钥放在 id_rsa 文件中，而对应的公钥放在 id_rsa.pub 文件中：

```
hadoop@ubuntu:~$ ll .ssh
total 16
drwxr-xr-x 2 hadoop root 4096 Oct 29 05:22 ./
drwxr-xr-x 3 hadoop root 4096 Oct 29 05:17 ../
-rw------- 1 hadoop root 1766 Oct 29 05:22 id_rsa
-rw-r--r-- 1 hadoop root  395 Oct 29 05:22 id_rsa.pub
```

将生成公钥放到 authorized_keys 文件当中，复制到其他的机器上，这样就可以使用公钥免密钥登录其他机器了。所谓公钥登录，原理很简单，就是用户将自己的公钥储存在远程主机上。登录的时候，远程主机会向用户发送一段随机字符串，用户用自己的私钥加密后，再发回来。远程主机用事先储存的公钥进行解密，如果成功，就证明用户是可信的，直接允许登录 shell，不再要求密码：

```
cat id_rsa.pub > authorized_keys
```

```
hadoop@ubuntu:~/.ssh$ cat id_rsa.pub > authorized_keys
hadoop@ubuntu:~/.ssh$
```

默认使用公钥登录的 authorized_keys 文件是注释掉的，需要对 SSH 配置进行修改：

```
vim /etc/ssh/sshd_config
```

将下面这一行注释打开：

```
#AuthorizedKeysFile        %h/.ssh/authorized_keys
```

```
# Authentication:
LoginGraceTime 120
PermitRootLogin yes
StrictModes yes

RSAAuthentication yes
PubkeyAuthentication yes
#AuthorizedKeysFile        %h/.ssh/authorized_keys
```

重启 SSH 服务：

```
service ssh restart
```

```
hadoop@ubuntu:~/.ssh$ service ssh restart
stop: Rejected send message, 1 matched rules; type="method_call", sender=":1.90"
 (uid=1001 pid=10002 comm="stop ssh ") interface="com.ubuntu.Upstart0_6.Job" mem
ber="Stop" error name="(unset)" requested_reply="0" destination="com.ubuntu.Upst
art" (uid=0 pid=1 comm="/sbin/init")
start: Rejected send message, 1 matched rules; type="method_call", sender=":1.91
" (uid=1001 pid=9999 comm="start ssh ") interface="com.ubuntu.Upstart0_6.Job" me
mber="Start" error name="(unset)" requested_reply="0" destination="com.ubuntu.Up
start" (uid=0 pid=1 comm="/sbin/init")
hadoop@ubuntu:~/.ssh$
```

2. 下载和配置 Hadoop 相应的配置文件

下载 Hadoop 程序包：

```
wget http://archive.apache.org/dist/hadoop/core/hadoop-1.0.4/hadoop-1.0.4.tar.gz
```

```
longlong@ubuntu:~/temp$ wget http://archive.apache.org/dist/hadoop/core/had
.0.4/hadoop-1.0.4.tar.gz
--2013-10-29 06:31:55--  http://archive.apache.org/dist/hadoop/core/hadoop-
/hadoop-1.0.4.tar.gz
Resolving archive.apache.org (archive.apache.org)...
```

解压 Hadoop：

```
tar -xf  hadoop-1.0.4.tar.gz
```

配置文件修改：

```
vim core-site.xml
```

将 \<configuration\>\</configuration\> 替换成如下配置：

```
<configuration>
  <property>
        <name>fs.default.name</name>
        <value>hdfs://localhost:9000</value>
  </property>
</configuration>
```

```
vim mapred-site.xml
```

将<configuration></configuration>替换成如下配置：

```xml
<configuration>
    <property>
        <name>mapred.job.tracker</name>
        <value>localhost:9001</value>
    </property>
</configuration>
```

```
vim hdfs-site.xml
```

将<configuration></configuration>替换成如下配置：

```xml
<configuration>
    <property>
      <name>dfs.name.dir</name>
      <value>/home/longlong/temp/log1,/home/longlong/temp/log2</value>
    </property>
    <property>
      <name>dfs.data.dir</name>
      <value>/home/longlong/temp/data1,/home/longlong/temp/data2</value>
    </property>
    <property>
      <name>dfs.replication</name>
      <value>2</value>
    </property>
</configuration>
```

配置 Hadoop 环境变量：

```
vim /etc/profile
```

在最后增加如下两行，/usr/hadoop 为 Hadoop 的路径：

```
HADOOP_HOME=/usr/hadoop
PATH=$HADOOP_HOME/bin:$PATH
```

在 hadoop-env.sh 文件中，增加 JAVA_HOME 的环境变量：

```
export JAVA_HOME=/usr/java
```

```
# The only required environment variable is JAVA_HOME.  All others are
# optional.  When running a distributed configuration it is best to
# set JAVA_HOME in this file, so that it is correctly defined on
# remote nodes.

# The java implementation to use.  Required.
export JAVA_HOME=/usr/java
```

HDFS 初次使用时需要对文件系统进行格式化：

```
hadoop namenode -format
```

```
longlong@ubuntu:/usr/hadoop$ hadoop namenode -format
13/10/29 06:52:07 INFO namenode.NameNode: STARTUP_MSG:
/************************************************************
STARTUP_MSG: Starting NameNode
STARTUP_MSG:   host = ubuntu/127.0.1.1
STARTUP_MSG:   args = [-format]
STARTUP_MSG:   version = 1.0.4
STARTUP_MSG:   build = https://svn.apache.org/repos/asf/hadoop/common/branc
ranch-1.0 -r 1393290; compiled by 'hortonfo' on Wed Oct  3 05:13:58 UTC 201
************************************************************/
Re-format filesystem in /home/longlong/temp/log1 ? (Y or N) y
Format aborted in /home/longlong/temp/log1
13/10/29 06:52:12 INFO namenode.NameNode: SHUTDOWN_MSG:
/************************************************************
SHUTDOWN_MSG: Shutting down NameNode at ubuntu/127.0.1.1
************************************************************/
```

启动 Hadoop：

```
longlong@ubuntu:/usr/hadoop/bin$ ./start-all.sh
starting namenode, logging to /usr/hadoop/libexec/../logs/hadoop-longlong-n
de-ubuntu.out
longlong@localhost's password:
localhost: starting datanode, logging to /usr/hadoop/libexec/../logs/hadoop
long-datanode-ubuntu.out
longlong@localhost's password:
localhost: starting secondarynamenode, logging to /usr/hadoop/libexec/../lo
doop-longlong-secondarynamenode-ubuntu.out
starting jobtracker, logging to /usr/hadoop/libexec/../logs/hadoop-longlong
racker-ubuntu.out
1longlong@localhost's password:
localhost: Permission denied, please try again.
longlong@localhost's password:
localhost: starting tasktracker, logging to /usr/hadoop/libexec/../logs/had
onglong-tasktracker-ubuntu.out
```

- cd hadoop/bin：进入 Hadoop 的 bin 目录；
- ./start-all.sh：启动 Hadoop。

查看启动的进程：

```
jps
```

```
longlong@ubuntu:/usr/hadoop/bin$ jps
12561 DataNode
12781 SecondaryNameNode
13169 Jps
12887 JobTracker
13129 TaskTracker
12345 NameNode
```

3. HDFS 基本操作命令

与普通文件系统一样，HDFS 也有一些基本的操作命令和接口，如创建文件、显示文本文件内容、删除文件、创建目录、列出目录下文件、修改文件属性、修改文件拥有者。并且 HDFS 提供的 shell 操作命令大多数都与对应的 UNIX shell 命令类似。

HDFS Shell 命令使用 hadoop fs <args>的形式，并使用 URI 路径作为参数，URI 格式是 scheme://authority/path，对于 HDFS，scheme 为 hdfs，而对于本地文件系统，scheme 是 file，其中 scheme 和 authority 参数都是可选的。如果没有指定，则会使用配置中指定的默认 scheme。一个 HDFS 文件或目录，如/parent/child 可以表示成 hdfs://namenodehost/parent/child，或者更简单的/parent/child。

touchz

格式：hadoop fs -touchz URI [URI …]。

功能：创建一个文件。

例子：hadoop fs -touchz /longlong/temp/aaa.file。

在/longlong/temp 目录下创建 aaa.file 文件：

```
longlong@ubuntu:/usr/hadoop/bin$ hadoop fs -touchz /longlong/temp/aaa.file
longlong@ubuntu:/usr/hadoop/bin$ hadoop fs -ls /longlong/temp/aaa.file
Found 1 items
-rw-r--r--   2 longlong supergroup          0 2013-10-30 05:35 /longlong/temp/aa
a.file
```

text

格式：hadoop fs -text <src>。

功能：以文本的形式展现文件的内容。

例子：hadoop fs –text /longlong/temp/aaa.file。

展现/longlong/temp/aaa.file 文件的内容：

```
longlong@ubuntu:/usr/hadoop/bin$ hadoop fs -text /longlong/temp/aaa.file
text: null
longlong@ubuntu:/usr/hadoop/bin$
```

rmr

格式：hadoop fs -rmr [-skipTrash] URI [URI …]。

功能：递归删除，该命令将会递归删除目录和目录下的文件，如果指定了-skipTrash 参数，将会直接删除文件，而不使用回收站。

例子：hadoop fs -rmr /longlong/temp/aaa.file。

删除/longlong/temp/aaa.file 文件：

```
longlong@ubuntu:/usr/hadoop/bin$ hadoop fs -rmr /longlong/temp/aaa.file
Deleted hdfs://localhost:9000/longlong/temp/aaa.file
```

mkdir

格式：hadoop fs -mkdir <paths>。

功能：创建 paths 指定的目录。

例子：hadoop fs -mkdir /longlong/temp/bbb。

创建/longlong/temp/bbb 目录：

```
longlong@ubuntu:/usr/hadoop/bin$ hadoop fs -mkdir /longlong/temp/bbb
longlong@ubuntu:/usr/hadoop/bin$
```

ls

格式：hadoop fs -ls <args>。

功能：列出 args 路径下的文件。

例子：hadoop fs -ls /longlong/temp/。

列出/longlong/temp/目录下的所有文件：

```
longlong@ubuntu:/usr/hadoop/bin$ hadoop fs -ls /longlong/temp/
Found 2 items
drwxr-xr-x   - longlong supergroup          0 2013-10-30 05:53 /longlong/temp/aaa.file
drwxr-xr-x   - longlong supergroup          0 2013-10-30 05:53 /longlong/temp/bbb
longlong@ubuntu:/usr/hadoop/bin$
```

cp

格式：hadoop fs -cp URI [URI …] <dest>。

功能：从源地址将文件复制到目的地址。

例子：hadoop fs -cp /longlong/temp/aaa.file /longlong/temp/bbb/。

将/longlong/temp/aaa.file 文件复制到目录/longlong/temp/bbb/下：

```
longlong@ubuntu:/usr/hadoop/bin$ hadoop fs -cp /longlong/temp/aaa.file /longlong/temp/bbb/
longlong@ubuntu:/usr/hadoop/bin$ hadoop fs -ls /longlong/temp/bbb
Found 1 items
drwxr-xr-x   - longlong supergroup          0 2013-10-30 06:05 /longlong/temp/bbb/aaa.file
```

mv

格式：hadoop fs -mv URI [URI …] <dest>。

功能：将文件从源地址移动到目的地址。

例子：hadoop fs -mv /longlong/temp/bbb/aaa.file /longlong/temp/aaa.file。

将文件 aaa.file 从/longlong/temp/bbb 移动到/longlong/temp：

```
longlong@ubuntu:/usr/hadoop/bin$ hadoop fs -mv /longlong/temp/bbb/aaa.file /long
long/temp/aaa.file
longlong@ubuntu:/usr/hadoop/bin$ hadoop fs -ls /longlong/temp/
Found 2 items
drwxr-xr-x   - longlong supergroup          0 2013-10-30 06:09 /longlong/temp/aa
a.file
drwxr-xr-x   - longlong supergroup          0 2013-10-30 06:09 /longlong/temp/bb
b
```

关于HDFS Shell命令的更多内容，请参看Hadoop官网的介绍[18]。

4. Java 读/写 HDFS

在很多情况下，需要将本地的大文件上传到 HDFS，或者将 HDFS 上的文件下载到本地，HDFS 提供 Java 的 API 来供程序进行访问。

定义的一些路径常量：

```java
static String localFilePathSrc = "/home/longlong/temp/aaa.f";
static String localFilePathDst = "/home/longlong/temp/bbb.f";
static String hdfsFilePath="hdfs://localhost:9000/longlong/temp/aaa.f";
static String hdfsDirectoryPath = "hdfs://localhost:9000/longlong/";
```

将本地文件写入 HDFS：

```java
private static void writeFile() throws
    FileNotFoundException,IOException {

    Configuration conf = new Configuration();
    Path dstFile = new Path(hdfsFilePath);
    FileSystem fs = dstFile.getFileSystem(conf);
    fs.copyFromLocalFile(false,true,new
            Path(localFilePathSrc),dstFile);
}
```

将 HDFS 上的文件读到本地：

```java
private static void readFile() throws
    FileNotFoundException,IOException {
    Configuration conf = new Configuration();
    Path srcFile = new Path(hdfsFilePath);
    FileSystem fs = srcFile.getFileSystem(conf);
    fs.copyToLocalFile(srcFile, new Path(localFilePathDst));
}
```

---

18 HDFS Shell 命令见 http://hadoop.apache.org/docs/r1.2.1/file_system_shell.html。

遍历 HDFS 目录中的文件：

```java
private static void listDirectory() throws
    FileNotFoundException,IOException {
    Configuration conf = new Configuration();
    Path file = new Path(hdfsDirectoryPath);
    FileSystem fs = file.getFileSystem(conf);
    FileStatus[] fileList = fs.listStatus(file);
    for(int i = 0; i < fileList.length; i ++){
        System.out.println("name:" + fileList[i].getPath().getName() + "/t/t size:" + fileList[i].getLen());
    }
}
```

删除 HDFS 上的文件：

```java
private static void deleteFile()throws
    FileNotFoundException,IOException {
    Configuration conf = new Configuration();
    Path file = new Path(hdfsFilePath);
    FileSystem fs = file.getFileSystem(conf);
    fs.delete(file, true);//第二个参数表示递归删除
}
```

追加写入到 HDFS 上的文件：

```java
private static void appendFile() throws
    FileNotFoundException,IOException {
    Configuration conf = new Configuration();
    Path file = new Path(hdfsFilePath);
    FileSystem fs = file.getFileSystem(conf);
    FSDataOutputStream out = fs.append(file);
    String outstr = "hello everyone";
    out.writeBytes(outstr);
    out.flush();
    out.close();
}
```

如果需要对 HDFS 上的文件进行追加写入，需要在 hdfs-site.xml 中增加如下配置：

```xml
<property>
    <name>dfs.support.append</name>
```

```xml
    <value>true</value>
</property>
```

当然，HDFS 还提供其他类似于本地文件系统的接口，此处便不再一一介绍了。

5.2.3　MapReduce 编写

MapReduce 是一种用于大规模数据处理的编程模型，能够充分地利用集群的优势并行地处理海量数据。该模型非常简单，主要分为 map 和 reduce 两个阶段，每个阶段都有键值对作为输入和输出，并且键值对的类型由程序来指定，分配到指定的 map 和 reduce 两个函数来进行处理。

map 过程需要实现 org.apache.hadoop.mapred.Mapper 接口，并实现接口的 map 方法。map 方法中 value 值存储的是 HDFS 文件中的一行（以回车符作为结束的标记），而 key 值为该行的首字符相对于文件首地址的偏移量。

reduce 过程则需要实现 org.apache.hadoop.mapred.Reducer 接口，并且实现接口的 reduce 方法。reduce 方法输入的 key 为 map 中输出的 key 值，而 values 则对应了 map 过程中该 key 输出的 value 集合。

本节通过这样一个小的案例，来介绍 MapReduce 程序思想。

在企业的实际生产环境中，常常有一类场景是这样的，为了了解每个页面的访问请求量与应用总的访问量，需要对应用的访问日志进行统计，以便对系统压力和业务实际效果进行评估。应用会对每一次访问请求和参数分行进行记录，通过前面所介绍的日志收集系统进行收集。一个成规模集群的访问日志动辄上亿行，如果采用常规的单机 shell 脚本来进行分析，可能需要好几天才能分析完这部分数据，而通过 MapReduce 来并行地执行数据分析任务，充分利用集群的优势，很快便能够得到分析结果。

假定 access 日志的格式暂定为下面的形式：

```
$remote_add $request_time_usec $request_method $host$request_uri $http_referer $status $body_bytes_sent
```

即远程地址、响应时间、请求方式、请求 url、请求 refer、服务端响应状态和传输字节。

通过下面一个 Java 程序，可以产生大量的日志数据，以便进行测试：

```java
public static void main(String[] args) throws Exception {
    String[] remote_add = {"124.109.222.29","124.19.222.29",
            "124.119.22.59","125.119.222.39","126.119.222.29",
            "174.119.232.29","124.119.202.29","125.19.22.29"};
    String[] rt_time = {"21","43","67","599","12","740","230",
            "120","455","78","98"};
```

```java
        String[] request_method = {"GET","POST"};
        String[] request_url = {"www.xxx.com/index.htm",
"www.xxx.com/list.htm",
                "www.xxx.com/detail.htm","www.xxx.com/userinfo.htm",
                "www.xxx.com/publish.htm"};
        String[] refer = {"www.google.com","www.baidu.com",
                "www.taobao.com","www.qq.com","www.sina.com"};
        String[] status = {"200","301","302","404","500"};
        String[] send_bytes = {"3344","2789","490","439274",
                "80834","31232","432004","49397","98324",
                "48243","432943","432943"};

        File file = new File("/home/longlong/temp/ccc.f");

        for(int i = 0; i < 10000; i ++){
            String line = getOne(remote_add) + getOne(rt_time) +
                getOne(request_method)
                + getOne(request_url) + getOne(refer) + getOne(status)
                + getOne(send_bytes);
            ArrayList<String> lines = new ArrayList<String>();
            lines.add(line);
            FileUtils.writeLines(file, lines, true);
        }

    }

    public static String getOne(String[] array){
        int length = array.length;
        Random r = new Random();
        int rand = r.nextInt(length);
        return array[rand] + " ";
    }
```
生成的日志数据：

```
124.119.202.29 455 GET www.xxx.com/list.htm www.qq.com 404 432004
126.119.222.29 230 GET www.xxx.com/list.htm www.qq.com 500 432004
124.119.22.59 120 POST www.xxx.com/detail.htm www.sina.com 404 439274
125.19.22.29 599 POST www.xxx.com/index.htm www.taobao.com 302 432004
126.119.222.29 599 GET www.xxx.com/detail.htm www.google.com 200 439274
125.119.222.39 455 POST www.xxx.com/index.htm www.google.com 302 432004
124.19.222.29 12 POST www.xxx.com/publish.htm www.sina.com 200 432943
125.119.222.39 455 GET www.xxx.com/userinfo.htm www.sina.com 302 490
124.19.222.29 98 POST www.xxx.com/publish.htm www.qq.com 200 31232
124.119.22.59 67 GET www.xxx.com/index.htm www.taobao.com 404 48243
124.19.222.29 230 GET www.xxx.com/publish.htm www.taobao.com 301 48243
124.109.222.29 98 GET www.xxx.com/list.htm www.taobao.com 500 31232
126.119.222.29 67 POST www.xxx.com/index.htm www.sina.com 200 2789
124.119.202.29 599 GET www.xxx.com/detail.htm www.taobao.com 301 432943
124.119.202.29 455 GET www.xxx.com/detail.htm www.qq.com 500 439274
```

将日志文件加载到 HDFS 当中：

hadoop dfs -put /home/longlong/temp/ccc.f /longlong/temp/access.log

```
longlong@ubuntu:~/temp$ hadoop dfs -put /home/longlong/temp/ccc.f /longlong/temp
/access.log
longlong@ubuntu:~/temp$
```

通过 MapReduce 程序来对日志程序进行分析，统计出系统中每个页面的访问量，并且进行输出。当然，能够统计的内容很多，如响应时间、refer 信息等，绝非只有页面访问量，更多的实现留给读者自己思考。

1. map 程序

map 程序主要用来对输入的日志记录进行分割，分离出访问路径，以访问路径作为 key 进行输出。

```java
public static class AccessProcessMap extends MapReduceBase
    implements Mapper<LongWritable, Text, Text, Text> {

    @Override
    public void map(LongWritable key, Text value,
            OutputCollector<Text, Text> output, Reporter
            reporter) throws IOException {
        //处理输入的日志记录
        String[] input_fields = value.toString().split(" ");

        output.collect(new Text(input_fields[3]), new Text("1"));
    }

}
```

程序通过空格将输入的行进行分割，input_fields[3]是请求访问的地址，value 设置为 new

Text("1")，用来对访问地址进行计数。

2. reduce 程序

reduce 程序用来对每个访问地址对应的键进行统计计数，对 map 输出合并的 values 值进行统计计算，算出每个地址的访问数量。

```java
public static class AccessProcessReduce extends MapReduceBase
    implements Reducer<Text, Text, Text, Text> {

    @Override
    public void reduce(Text key, Iterator<Text> values,
            OutputCollector<Text, Text> output, Reporter
            reporter) throws IOException {
        long count = 0;//计算总数
        while(values.hasNext()){
            String valuetemp = values.next().toString();
            long temp = Long.parseLong(valuetemp);
            count += temp;
        }

        output.collect(key, new Text(count+""));
    }
}
```

key 对应的是 map 中输出的 key，为请求访问的地址，而 values 则是 map 输出的 value 的集合。通过对 values 进行遍历，能够得知 key 对应的请求地址被访问了多少次。

3. 执行 MapReduce 任务

执行 job 之前，需要对输入路径和输出路径进行设置，指定 JobName，并且指定输入 key 和输出 value 的格式，map 和 reduce 对应的 class，文件输出格式和文件输入格式，以及 map 对应的任务数与 reduce 对应的任务数。

```java
public static void main(String[] args) {
    String input = "hdfs://localhost:9000/longlong/temp/access.log";
    String output = "hdfs://localhost:9000/longlong/temp/output/" ;

    JobConf conf = new JobConf(AccessProcessJob.class);
    conf.setJobName("AccessProcessor");

    try {
        //job 重跑的时候删除之前的输出
        new Path(output).getFileSystem(conf).
```

```
                delete(new Path(output), true);
        conf.setOutputKeyClass(Text.class);
        conf.setOutputValueClass(Text.class);
        conf.setMapperClass(AccessProcessMap.class);
        conf.setReducerClass(AccessProcessReduce.class);
        conf.setInputFormat(TextInputFormat.class);
        conf.setOutputFormat(TextOutputFormat.class);
        FileInputFormat.setInputPaths(conf, new Path(input));
        FileOutputFormat.setOutputPath(conf, new Path(output));
        conf.setNumMapTasks(1);
conf.setNumReduceTasks(1);
        JobClient.runJob(conf);

    } catch (IOException e) {
        e.printStackTrace();
    }
}
```

Hadoop 的 MapReduce 支持以 jar 的方式提交 job 执行，因此，需要导出可执行 jar 文件，如图 5-11 所示。

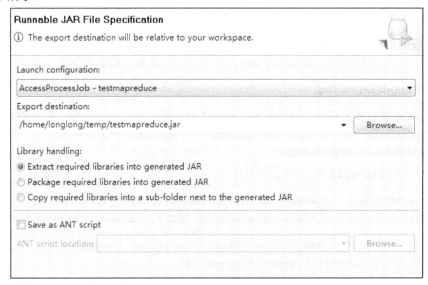

图 5-11　导出可执行 jar 文件

导出可执行 jar 到/home/longlong/temp 目录。

可执行 jar 文件生成以后，需要将 MapReduce 的 job 提交到集群上进行执行：

```
hadoop -jar testmapreduce.jar com.http.testmapreduce.AccessProcessJob
```

```
longlong@ubuntu:~/temp$ hadoop -jar testmapreduce.jar com.http.testmapreduce.AccessProcessJob
Nov 1, 2013 10:46:40 PM org.apache.hadoop.util.NativeCodeLoader <clinit>
INFO: Loaded the native-hadoop library
Nov 1, 2013 10:46:40 PM org.apache.hadoop.mapred.JobClient copyAndConfigureFiles
WARNING: Use GenericOptionsParser for parsing the arguments. Applications should
 implement Tool for the same.
Nov 1, 2013 10:46:40 PM org.apache.hadoop.io.compress.snappy.LoadSnappy <clinit>
WARNING: Snappy native library not loaded
Nov 1, 2013 10:46:40 PM org.apache.hadoop.mapred.FileInputFormat listStatus
INFO: Total input paths to process : 1
Nov 1, 2013 10:46:40 PM org.apache.hadoop.mapred.JobClient monitorAndPrintJob
INFO: Running job: job_local_0001
Nov 1, 2013 10:46:40 PM org.apache.hadoop.util.ProcessTree isSetsidSupported
INFO: setsid exited with exit code 0
Nov 1, 2013 10:46:41 PM org.apache.hadoop.mapred.Task initialize
INFO:  Using ResourceCalculatorPlugin : org.apache.hadoop.util.LinuxResourceCalc
ulatorPlugin@1c695a6
```

执行完 job 后，可以到 main 函数中指定的输出路径，查看输出内容：

```
hadoop fs -cat /longlong/temp/output/*
```

```
longlong@ubuntu:~/temp$ hadoop fs -cat /longlong/temp/output/*
www.xxx.com/detail.htm    2126
www.xxx.com/index.htm     2165
www.xxx.com/list.htm      2280
www.xxx.com/publish.htm 2193
www.xxx.com/userinfo.htm           2236
longlong@ubuntu:~/temp$
```

输出中有每个路径对应的访问次数。

5.2.4　Hive 使用

Hive 是基于 Hadoop 的一个数据仓库工具，可以将 HDFS 存储的结构化的数据文件映射为一张数据库表，并提供完整的 SQL 查询功能，还可以将 SQL 语句转换为 MapReduce 任务进行运行。其优点是学习成本低，可以通过类 SQL 语句（HiveQL）快速实现简单的 MapReduce 统计，不必开发专用的 MapReduce 程序，十分适合数据仓库的统计分析。

Hive 可以在 HDFS 上构建数据仓库来存储结构化数据，这些数据本身是存储在 HDFS 上的，Hive 提供类 SQL 查询语言 HiveQL，来执行数据的查询操作，通过对 HiveQL 的解析，最终转换成底层的 MapReduce 操作。Hive 能够支持较为复杂的多表连接查询，支持 UDF（User-Defined Function）、UDAF（User-Defined Aggregate Function）和 UDTF（User-Defined Table-Generating Function），可以实现对 map 和 reduce 函数的定制，为海量数据集的操作提供了良好的扩展性。

如图 5-12 所示，Hive 包含了如下组件：

- CLI——Command Line Interface，命令行接口，可以在 CLI 上直接执行编写好的 HiveQL，每条语句以分号结束。
- JDBC/ODBC——当 Hive 作为数据提供方提供服务时，客户端可以通过 JDBC 或者 ODBC 进行连接，Hive 通过 thrift 与外界进行通信。
- HiveQL 解析器——接收到 HiveQL 以后，Hive 会对语句进行词法分析、语法分析、编译，然后经过优化器进行优化，最终生成查询计划进行执行。
- 元数据库——Hive 的元数据一般保存在关系型数据库当中，元数据库所包含的元数据信息包括了 Hive 的表的属性、桶信息和分区信息等。
- Hadoop——需要通过 Hive 查询的数据都是存储在 HDFS 上的，查询 HiveQL 最终会被转换成 MapReduce 任务进行执行。

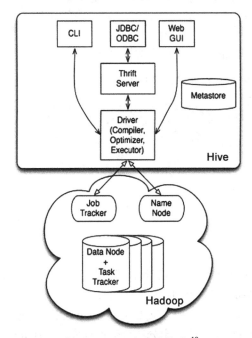

图 5-12　Hive体系结构图 [19]

1. Hive 的安装

下载 Hive 安装包：

```
wget http://mirror.esocc.com/apache/hive/hive-0.12.0/hive-0.12.0.tar.gz
```

---

[19] 图片来源 http://images.cnitblog.com/blog/306623/201306/02191203-0ca56f3a577f4a9d872099fa357c9189.png。

```
longlong@ubuntu:~/temp$ wget http://mirror.esocc.com/apache/hive/hive-0.12.0/hiv
e-0.12.0.tar.gz
--2013-11-04 04:52:33--  http://mirror.esocc.com/apache/hive/hive-0.12.0/hive-0.
12.0.tar.gz
Resolving mirror.esocc.com (mirror.esocc.com)... 221.228.228.159
Connecting to mirror.esocc.com (mirror.esocc.com)|221.228.228.159|:80... connect
ed.
HTTP request sent, awaiting response... 302 Found
Location: http://218.108.192.186:80/1Q2W3E4R5T6Y7U8I9O0P1Z2X3C4V5B/mirror.esocc.
com/apache/hive/hive-0.12.0/hive-0.12.0.tar.gz [following]
--2013-11-04 04:52:46--  http://218.108.192.186/1Q2W3E4R5T6Y7U8I9O0P1Z2X3C4V5B/m
irror.esocc.com/apache/hive/hive-0.12.0/hive-0.12.0.tar.gz
Connecting to 218.108.192.186:80... connected.
HTTP request sent, awaiting response... 200 OK
Length: 81288181 (78M) [application/octet-stream]
Saving to: `hive-0.12.0.tar.gz'
```

解压安装包：

```
tar -xf hive-0.12.0.tar.gz
```

```
longlong@ubuntu:~/hadoop$ tar -xf hive-0.12.0.tar.gz
longlong@ubuntu:~/hadoop$
```

增加 Hive 环境变量的配置：

在 vim /etc/profile 中增加如下内容：

```
HIVE_HOME=/usr/hive
PATH=$HIVE_HOME/bin:$PATH
```

```
HIVE_HOME=/usr/hive
PATH=$HIVE_HOME/bin:$PATH
```

执行 source /etc/profile 使环境变量生效。

在 HDFS 上建立 Hive 所需的目录，默认为/user/hive/warehouse 目录，并添加组用户可写入的权限，可以在 hive-site.xml 文件中配置目录。

```
hadoop fs -mkdir /user/hive/warehouse
hadoop fs -chmod g+w /user/hive/warehouse
```

```
longlong@ubuntu:~$ hadoop fs -mkdir /user/hive/warehouse
longlong@ubuntu:~$ hadoop fs -chmod g+w /user/hive/warehouse
longlong@ubuntu:~$
```

此时 Hive 已经可以使用了，在命令行中输入 hive 便能够进入 Hive 的 shell。

```
longlong@ubuntu:~$ hive

Logging initialized using configuration in jar:file:/usr/hive/lib/hive-common-0.
12.0.jar!/hive-log4j.properties
hive> show tables;
OK
Time taken: 7.454 seconds
```

在以上的安装过程中，元数据将保存在内嵌的 Derby 数据库中，只能允许一个会话连接，可以用于简单的测试环境。若要支持多个用户同时访问，则需要选择一个独立的元数据库，目前比较常用的是 MySQL。

2. MySQL 的安装

安装 mysql-server：

```
sudo apt-get install mysql-server
```

安装 MySQL 客户端：

```
sudo apt-get install mysql-client
```

创建 Hive 专用的元数据库：

```
createdatabase hive;
```

在 Hive 的 conf 目录下创建 Hive 配置文件 hive-site.xml：

sudo touch hive-site.xml

```
longlong@ubuntu:/usr/hive/conf$ sudo touch hive-site.xml
[sudo] password for longlong:
```

sudo vim hive-site.xml

新增如下配置：

```xml
<?xml version="1.0"?>
<?xml-stylesheet type="text/xsl" href="configuration.xsl"?>
<configuration>
    <property>
        <name>javax.jdo.option.ConnectionURL </name>
        <value>jdbc:mysql://localhost:3306/hive </value>
    </property>
    <property>
        <name>javax.jdo.option.ConnectionDriverName </name>
        <value>com.mysql.jdbc.Driver</value>
    </property>

    <property>
        <name>javax.jdo.option.ConnectionUserName</name>
        <value>root</value>
    </property>
    <property>
        <name>javax.jdo.option.ConnectionPassword</name>
        <value>123456</value>
    </property>
</configuration>
```

将 MySQL 的驱动复制到 Hive 的 lib 目录：

sudo mv /home/longlong/temp/mysql-connector-java-5.1.12.jar .

```
longlong@ubuntu:/usr/hive/lib$ sudo mv /home/longlong/temp/mysql-connector-java-5.1.12.jar .
longlong@ubuntu:/usr/hive/lib$
```

执行 Hive：

hive

```
longlong@ubuntu:/usr/hive/conf$ hive

Logging initialized using configuration in jar:file:/usr/hive/lib/hive-common-0.
12.0.jar!/hive-log4j.properties
hive> show tables;
OK
Time taken: 2.667 seconds
```

此时，Hive 使用的元数据库已经变成 MySQL 了。

查看 Hive 的元数据库：

```
mysql> use hive;
Reading table information for completion of table and column names
You can turn off this feature to get a quicker startup with -A

Database changed
mysql> show tables
    -> ;
+---------------------------+
| Tables_in_hive            |
+---------------------------+
| BUCKETING_COLS            |
| CDS                       |
| COLUMNS_V2                |
| DATABASE_PARAMS           |
| DBS                       |
| PARTITION_KEYS            |
| SDS                       |
| SD_PARAMS                 |
| SEQUENCE_TABLE            |
| SERDES                    |
| SERDE_PARAMS              |
| SKEWED_COL_NAMES          |
| SKEWED_COL_VALUE_LOC_MAP  |
| SKEWED_STRING_LIST        |
| SKEWED_STRING_LIST_VALUES |
| SKEWED_VALUES             |
| SORT_COLS                 |
| TABLE_PARAMS              |
| TBLS                      |
| VERSION                   |
+---------------------------+
20 rows in set (0.00 sec)
```

3. Hive 的使用

Hive 支持的 SQL 语句与标准的 SQL 其实很类似，对 SQL 熟悉的编程人员几乎不需要过多的学习，便能够很快地上手。

Hive 支持基本的数据类型和复杂数据类型 [20]，基本类型主要包括数值型、布尔型和字符型数据，而复杂类型的数据主要有三种：ARRAY、MAP、STRUCT，具体的数据类型如表 5-1 所示。

---

20 随着版本的迭代，Hive 支持的数据类型也在不断增加，https://cwiki.apache.org/confluence/display/Hive/LanguageManual+Types。

表 5-1 Hive支持的数据类型 [21]

类型	长度	描述
TINYINT	1 byte	整数（-128~127）
SMALLINT	2 byte	整数（-32,768~32,767）
INT	4 byte	整数（-2,147,483,648 ~ 2,147,483,647）
BIGINT	8 byte	整数（-9,223,372,036,854,775,808 ~ 9,223,372,036,854,775,807）
BOOLEAN	~	true/false
FLOAT	4 byte	单精度浮点型
DOUBLE	8 byte	双精度浮点型
STRING	~	字符串类型
ARRAY	不限	数组类型
MAP	不限	键值对类型
STRUCT	不限	结构体类型

（1）通过 Hive 创建表。

用户表：

```
create table user(
userid bigint,
username string,
age int,
sex tinyint,
address string
)row format delimited fields terminated by '\t';
```

建立一张用户表，包含用户 id、用户名称、年龄、性别、地址等字段。建表语句与普通的 SQL 语句差不多，最大的不同是最后一段，"row format delimited fields terminated by '\t'"，这一段是 HiveQL 所特有的，表示数据之间采用'\t'分隔开来。

```
hive> create table user(
    > userid bigint,
    > username string,
    > age int,
    > sex tinyint,
    > address string
    > )row format delimited fields terminated by '\t';
OK
Time taken: 5.044 seconds
hive> desc user;
OK
userid                  bigint                  None
username                string                  None
age                     int                     None
sex                     tinyint                 None
address                 string                  None
Time taken: 0.337 seconds, Fetched: 5 row(s)
```

---

21 关于 Hive 的类型请参见 https://cwiki.apache.org/confluence/display/Hive/Tutorial#Tutorial-TypeSystem。

（2）导入数据。

建好表之后，可以从本地文件系统或者 HDFS 中导入数据。

从本地文件系统中导入数据：

```
load data local inpath '/home/longlong/temp/userinfo.data' overwrite into table user;
```

```
hive> load data local inpath '/home/longlong/temp/userinfo.data' overwrite into
 table user;
Copying data from file:/home/longlong/temp/userinfo.data
Copying file: file:/home/longlong/temp/userinfo.data
Loading data to table default.user
Table default.user stats: [num_partitions: 0, num_files: 1, num_rows: 0, total_s
ize: 80, raw_data_size: 0]
OK
Time taken: 0.596 seconds
```

从 HDFS 导入数据：

当然，首先需要将本地文件导入到 HDFS，或者文件本身就存放在 HDFS 上。

```
hadoop dfs -put userinfo.data /longlong/temp/user.data
hadoop fs -text /longlong/temp/user.data
```

```
longlong@ubuntu:~/temp$ hadoop dfs -put userinfo.data /longlong/temp/user.data
longlong@ubuntu:~/temp$ hadoop fs -text /longlong/temp/user.data
123     aa      2       0       hangzhou
245     bb      3       1       beijing
789     cc      2       0       shanghai
201     dd      3       1       guangzhou
```

再从 HDFS 导入到 Hive 表：

```
load data inpath ' /longlong/temp/user.data' overwrite into table user;
```

```
hive> load data inpath '/longlong/temp/user.data' overwrite into table user;
Loading data to table default.user
Table default.user stats: [num_partitions: 0, num_files: 2, num_rows: 0, total_
ize: 160, raw_data_size: 0]
OK
Time taken: 0.378 seconds
```

查看表中数据：

```
select * from user;
```

可以看到，从 HDFS 和本地导入数据的差别在于 local 关键字，如果需要导入的数据已经存放到 HDFS 上，则不需要使用 local 关键字。

```
hive> select * from user;
OK
123     aa      2       0       hangzhou
245     bb      3       1       beijing
789     cc      2       0       shanghai
201     dd      3       1       guangzhou
Time taken: 0.117 seconds, Fetched: 4 row(s)
```

Hive 的数据导入只是复制或者移动文件，并不会对数据类型进行校验，只有当进行查询时，Hive 才会对查询的数据进行类型校验，这样便可以大大提高数据加载的效率，也就是所谓的"schema on read"。

（3）分区。

Hive 的查询操作经常会对全表进行扫描，耗费很多时间做一些没必要的工作。有时候我们只对表中某一部分数据感兴趣，比如查询前一天所产生的数据，这时候可以引入分区的概念。常常根据使用频繁的字段来建立分区，字段值相同的行在一个分区当中。当指定分区进行查找时，可以有效地避免对全表进行扫描，这对提高查询效率十分关键，尤其针对一些亿行或者十亿行以上的大表，效果十分显著。

创建分区表：

```
create table goods(
goodsid bigint,
title string,
price bigint,
info string
)partitioned by (pt string) row format delimited fields terminated by '\t';
```

```
hive> create table goods(
    > goodsid bigint,
    > title string,
    > price bigint,
    > info string
    > )partitioned by (pt string) row format delimited fields terminated by '\t'
;
OK
Time taken: 0.367 seconds
```

导入数据到分区表：

```
load data local inpath '/home/longlong/temp/goods-partition.data' overwrite into table goods partition(pt=20130102000000);
```

```
hive> load data local inpath '/home/longlong/temp/goods-partition.data' overwrite into table goods partition(pt=20130102000000);
Copying data from file:/home/longlong/temp/goods-partition.data
Copying file: file:/home/longlong/temp/goods-partition.data
Loading data to table test.goods partition (pt=20130102000000)
Partition test.goods{pt=20130102000000} stats: [num_files: 1, num_rows: 0, total_size: 86, raw_data_size: 0]
Table test.goods stats: [num_partitions: 1, num_files: 1, num_rows: 0, total_size: 86, raw_data_size: 0]
OK
Time taken: 0.529 seconds
```

按照分区进行查询：

```
select * from goods where pt='20130102000000';
```

```
hive> select * from goods where pt='201310200000';
OK
12300   milk    2   hangzhou    20130102000000
24500   egg     3   beijing 20130102000000
78900   rice    2   shanghai    20130102000000
20100   oil     3   guangzhou   20130102000000
Time taken: 0.439 seconds, Fetched: 4 row(s)
```

查看表的分区：

```
show partitions goods;
```

```
hive> show partitions goods;
OK
pt=20130102000000
pt=20130103000000
pt=20130104000000
pt=20130105000000
Time taken: 0.056 seconds, Fetched: 4 row(s)
```

表分区的字段选择上，最好能将表中数据较为均衡的区分开，有效地控制一次查询所扫描的记录行数，提高查询效率，比较常见的是按照年月日来进行分区。

（4）修改表。

将 user 表的名称修改为 userinfo：

```
alter table user rename to userinfo;
```

```
hive> alter table user rename to userinfo;
OK
Time taken: 0.218 seconds
```

给 userinfo 表新增 cellphone 字段：

```
alter table userinfo add columns(cellphone string);
```

```
hive> alter table userinfo add columns(cellphone string);
OK
Time taken: 0.151 seconds
```

（5）删除表。

Hive 的表删除语句与普通的 SQL 语句一样：

```
drop table user;
```

```
hive> drop table user;
OK
Time taken: 2.551 seconds
```

（6）连接。

连接查询是关系数据库中最主要的查询方式，通过连接查询可以实现多个表关联的数据展现。Hive 也支持连接查询，它的连接查询分为内连接、左外连接、右外连接、全外连接和左半连接 5 种类型。

为了演示表的连接，我们先建立两张与 user 表关联的表，即商品表 goods 和订单表 order，并导入一批测试数据：

```
create table goods(
goodsid bigint,
title string,
price bigint,
info string
)row format delimited fields terminated by '\t';

create table order(
orderid bigint,
userid bigint,
goodsid bigint,
title string,
price bigint
)row format delimited fields terminated by '\t';
```

```
hive> create table goods(
    > goodsid bigint,
    > title string,
    > price bigint,
    > info string
    > )row format delimited fields terminated by '\t';
OK
Time taken: 0.169 seconds
hive>
    > create table order(
    > orderid bigint,
    > userid bigint,
    > goodsid bigint,
    > title string,
    > price bigint
    > )row format delimited fields terminated by '\t';
OK
Time taken: 0.078 seconds
```

内连接也叫连接，它是从结果中删除与其他被连接表中没有匹配行的所有行。

```
select order.*,goods.info from order join goods on(order.goodsid=goods.goodsid);
```

查询结果如下：

```
MapReduce Total cumulative CPU time: 350 msec
Ended Job = job_201311080408_0002
MapReduce Jobs Launched:
Job 0: Map: 1   Cumulative CPU: 0.35 sec   HDFS Read: 302 HDFS Write: 126 SUCCESS
Total MapReduce CPU Time Spent: 350 msec
OK
54321   123     12300   milk    2       hangzhou
12345   123     24500   egg     3       beijing
67890   789     78900   rice    2       shanghai
34567   789     20100   oil     3       guangzhou
Time taken: 27.24 seconds, Fetched: 4 row(s)
```

左外连接和右外连接都会以一张表为基表，该表的内容会全部显示，然后加上两张表匹配的内容。如果基表的数据在另一张表没有记录，那么在相关联的结果集行中列显示为空值（NULL）。

```
select user.username,order.* from user left outer join order on(user.userid=order.userid);
```

左外连接结果如下：

```
MapReduce Total cumulative CPU time: 350 msec
Ended Job = job_201311080408_0003
MapReduce Jobs Launched:
Job 0: Map: 1   Cumulative CPU: 0.35 sec   HDFS Read: 290 HDFS Write: 138 SUCCESS
Total MapReduce CPU Time Spent: 350 msec
OK
aa      54321   123     12300   milk    2
aa      12345   123     24500   egg     3
bb      NULL    NULL    NULL    NULL    NULL
cc      67890   789     78900   rice    2
cc      34567   789     20100   oil     3
dd      NULL    NULL    NULL    NULL    NULL
Time taken: 23.84 seconds, Fetched: 6 row(s)
```

```
select user.username,order.* from user right outer join order on(user.userid=order.userid);
```

右外连接结果如下：

```
MapReduce Total cumulative CPU time: 360 msec
Ended Job = job_201311080408_0004
MapReduce Jobs Launched:
Job 0: Map: 1   Cumulative CPU: 0.36 sec   HDFS Read: 302 HDFS Write: 102 SUCCESS
Total MapReduce CPU Time Spent: 360 msec
OK
aa      54321   123     12300   milk    2
aa      12345   123     24500   egg     3
cc      67890   789     78900   rice    2
cc      34567   789     20100   oil     3
Time taken: 22.669 seconds, Fetched: 4 row(s)
```

全外连接则是左表和右表都不做限制，所有的记录都显示，两表不足的地方用 NULL 填充：

```
select user.username,order.* from user full outer join order on(user.userid=order.userid);
```

全连接查询的结果如下：

```
MapReduce Total cumulative CPU time: 3 seconds 520 msec
Ended Job = job_201311080408_0005
MapReduce Jobs Launched:
Job 0: Map: 2 Reduce: 1   Cumulative CPU: 3.52 sec   HDFS Read: 592 HDFS Write: 138 SUCCESS
Total MapReduce CPU Time Spent: 3 seconds 520 msec
OK
aa      54321   123     12300   milk    2
aa      12345   123     24500   egg     3
dd      NULL    NULL    NULL    NULL    NULL
bb      NULL    NULL    NULL    NULL    NULL
cc      67890   789     78900   rice    2
cc      34567   789     20100   oil     3
Time taken: 45.357 seconds, Fetched: 6 row(s)
```

Hive 并不支持 in 子查询，但可以使用左半连接，也就是 left semi join 来达到类似的效果。进行 lefe semi join 查询时有一个限制，右表的字段只能出现在 on 子句中。

```
select * from user left semi join order on(user.userid=order.userid);
```

左半连接查询的结果如下：

```
MapReduce Total cumulative CPU time: 360 msec
Ended Job = job_201311080408_0007
MapReduce Jobs Launched:
Job 0: Map: 1   Cumulative CPU: 0.36 sec   HDFS Read: 294 HDFS Write: 40 SUCCESS
Total MapReduce CPU Time Spent: 360 msec
OK
123     aa      2       0       hangzhou
789     cc      2       0       shanghai
Time taken: 27.523 seconds, Fetched: 2 row(s)
```

（7）子查询。

标准的关系型数据一般都支持嵌套的 select 语句，但是 HiveQL 对子查询语句支持有限，只能够在 from 子句中使用。

```
select col from (select sum(price) as col from order)subquery;
```

上面语句将从订单表中查询出所有订单的价值之和，结果为 10，from 后面的子查询必须要有一个名字，这里叫做 subquery：

```
MapReduce Total cumulative CPU time: 1 seconds 660 msec
Ended Job = job_201311080408_0001
MapReduce Jobs Launched:
Job 0: Map: 1 Reduce: 1   Cumulative CPU: 1.66 sec   HDFS Read: 302 HDFS Write:
3 SUCCESS
Total MapReduce CPU Time Spent: 1 seconds 660 msec
OK
10
Time taken: 37.261 seconds, Fetched: 1 row(s)
```

HiveQL 有几十个内嵌的函数，也可以自己编写 UDF[22]来实现自定义功能函数。Hive 的 UDF 包括三种类型，一种是普通的 UDF，即用户自定义函数，支持一个输入产生一个输出；一种是 UDAF[23]，即用户自定义聚合函数，支持多个输入一个输出；还有就是 UDTF，用户自定义表生成函数，支持一个输入多个输出。关于 UDF 的编写，由于不是本书的主要内容，此处不再细说，读者可以查阅其他资料。

4. 日志分析

还是 5.2.2 节所说的日志收集的例子，只不过这里是通过 Hive 来对日志进行分析。

（1）首先在 Hive 上建立日志表，用于存储日志的各个字段。

---

22 关于 UDF 编写的官方资料见 https://cwiki.apache.org/confluence/display/Hive/HivePlugins。
23 关于 UDAF 编写的官方资料见 https://cwiki.apache.org/confluence/display/Hive/GenericUDAFCaseStudy。

```
create table access_log(
remote_add string,
request_time int,
request_method string,
request_uri string,
http_referer string,
status  int,
body_bytes_sent int
)row format delimited fields terminated by ' ';
```

执行结果如下：

```
hive> create table access_log(
    > remote_add string,
    > request_time int,
    > request_method string,
    > request_uri string,
    > http_referer string,
    > status  int,
    > body_bytes_sent int
    > )row format delimited fields terminated by ' ';
OK
Time taken: 5.714 seconds
hive>
```

（2）将日志从 HDFS 导入到 Hive 表。

```
load data inpath '/longlong/temp/access.log' overwrite into table access_log;
```

```
hive> load data inpath '/longlong/temp/access.log' overwrite into table access_l
og;
Loading data to table default.access_log
Table default.access_log stats: [num_partitions: 0, num_files: 1, num_rows: 0, t
otal_size: 781564, raw_data_size: 0]
OK
Time taken: 0.663 seconds
```

查看导入的数据：

```
select * from access_log;
```

```
hive> select * from access_log;
OK
124.119.202.29   455    GET     www.xxx.com/list.htm      www.qq.com       404
32004
126.119.222.29   230    GET     www.xxx.com/list.htm      www.qq.com       500
32004
124.119.22.59    120    POST    www.xxx.com/detail.htm    www.sina.com     404
39274
125.19.22.29     599    POST    www.xxx.com/index.htm     www.taobao.com   302
32004
126.119.222.29   599    GET     www.xxx.com/detail.htm    www.google.com   200
39274
125.119.222.39   455    POST    www.xxx.com/index.htm     www.google.com   302
```

（3）通过 SQL 查询出各个页面的访问情况：

```
select request_uri,count(request_uri) from access_log group by request_uri;
```

```
Total MapReduce CPU Time Spent: 1 seconds 870 msec
OK
www.xxx.com/detail.htm    2126
www.xxx.com/index.htm     2165
www.xxx.com/list.htm      2280
www.xxx.com/publish.htm   2193
www.xxx.com/userinfo.htm          2236
Time taken: 36.302 seconds, Fetched: 5 row(s)
```

可以看出，相较于编写 MapReduce，HiveQL 极大地简化了数据分析人员的工作，只需要简单的 HiveQL 语句，便可以达到之前编写 MapReduce 所达到的效果，调试起来更加方便，使用上更加灵活。

Hive 虽然能够支持一部分类似于关系型数据库的操作功能，并且能够提供一些 jdbc 的扩展接口。但是对于在线应用系统来说，它在实时性和使用效率上是无法跟传统的关系型数据库相比较的，因为它不是为在线而生的，其优势在于对大规模的数据进行高效的离线分析。因此，Hive 很难像一般关系型数据库那样提供实时的数据查询服务。

5.3 流式数据分析

互联网企业常常需要面对这样的需求，系统管理员需要实时地了解线上各个应用的负载、QPS（query per second）、网络 traffic、磁盘 I/O 等系统状态信息；业务或者决策人员需要实时地获知站点交易下单笔数、交易总金额、PV、UV 等业务数据；广告收费部门需要根据用户点击实时计费，并对用户最近的点击行为进行分析计算，以推荐用户可能感兴趣的内容，提高点击率。这些都是源源不断产生的流式数据，并且需要为用户实时响应计算结果。对于这种场景来说，尽管 MapReduce 可以做一些实时性方面的改进，但仍很难稳定地满足这些需求。

流式数据的特征是数据会源源不断地从各个地方汇集过来，来源众多，格式复杂，且数据量巨大。对于流式数据的处理，有这样的一种观点，即数据的价值将随着时间的流逝而降低，因此数据生成后最好能够尽快地进行处理，实时地响应计算结果，而非等到数据累积以后再定期地进行处理。这样，对应的数据处理工具必须具备高性能、实时性、分布式和易用性几个特征。对于流式数据的处理，更多关心的是数据的整体价值，而非数据的局部特征。

目前流式计算已成为业界研究的一个热点，随着 Twitter、LinkedIn、Yahoo！等企业相继开源的流式计算系统 Storm、Kafka、S4 逐渐为人们所熟知，流式计算的研究在互联网领域正持续升温。

本节将重点介绍 Storm 的一些基本概念，安装部署与在实时数据分析方面的应用。

5.3.1 Storm 的介绍

Storm[24]是一个开源的分布式实时计算系统,可以简单、可靠地对大量的流式数据进行分析处理。它有点类似于 Hadoop 的 MapReduce 思想,不同的是,MapReduce 执行的是批处理任务,而 Storm 所提出的 Topology 原语,执行的是实时处理任务。批处理任务最终会结束,而 Topology 任务却会永远地运行,直到用户手动 kill 掉。Storm 在众多领域得到了广泛的使用,如实时分析、在线机器学习、持续计算、分布式 RPC、ETL 等,它可以方便地进行系统扩容,具有很高的容错性,能够保障每个消息都会得到处理,并且有很高的处理效率。

Storm 具有如下特点:

- **编程模型简单**——Storm 为实时计算提供了一套简单优美的原语,使得原先熟悉 Hadoop MapReduce 编程的程序员能够很快地熟悉并开发出 Storm 的 Topology,显著地降低进行实时计算的复杂度,快速、高效地将实时计算应用到生产环境。
- **高容错性和高可靠性**——如果在消息处理过程中出现了一些异常,Storm 会重新安排任务执行,并且所有消息都将保证至少被处理过一次,如果发生异常,消息可能会被重复投递多次,但是不会出现消息丢失的情况。
- **高效**——Storm 的一个最关键的设计理念便是高效,通过 ZeroMQ 作为底层的消息队列,可以保证消息能得到很快的处理。
- **多语言支持**——Storm 除支持 Java 开发以外,通过多语言协议,还能够支持其他语言,不过最终通信的消息将通过 JSON 进行编码序列化,这样会给性能上带来一些损失。
- **可扩展性**——Storm 能够方便地支持集群的扩展,当该节点可用时,它能够自动给新增加的节点分配任务。

1. 集群架构

Storm 集群包含了两种类型的节点,即管理节点(master node)和工作节点(worker node)。管理节点上运行着一个称为 Nimbus 的后台进程,有点类似于 Hadoop 的 JobTracker,它负责在集群中分发代码,分配任务给其他机器,并且监控集群的异常状态。每一个工作节点上运行着一个叫做 Supervisor 的后台进程,Supervisor 负责接收 Nimbus 分配给当前的节点任务,启动或者是关闭相应的工作进程。每一个工作进程负责执行 Topology 的一个子集,而一个运行着的 Topology 由运行在多个节点上的工作进程所组成。

Nimbus 和 Supervisor 间的所有协调工作都是由 ZooKeeper 来完成的,另外,Nimbus 和 Supervisor 进程都是快速失败且无状态的,所有的状态都存储在 ZooKeeper 或者本地磁盘上,这

---

24 Storm 的官方网站为 http://storm-project.net。

意味着你可以使用"kill -9"来杀死 Nimbus 和 Supervisor 进程。它们重新启动时可以使用 ZooKeeper 或者本地磁盘上备份的数据，不用担心数据或者状态丢失，这种设计使得 Storm 集群能够异常稳定地运行。

Storm 集群架构图如图 5-13 所示。

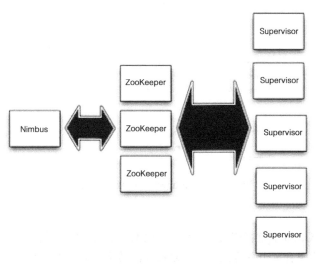

图 5-13　Storm集群架构图[25]

Topology

如果打算在 Storm 集群上进行实时计算，必须先得创建 Topology，Topology 就好比是一张计算图谱，每个节点上都包含有 Topology 的处理逻辑，通过数据的流动将各个节点联系到一起。Topology 将会一直运行直到你手工 kill 掉，当某个任务运行异常时，Storm 会自动重新分配运行失败的任务，并且保证数据不会丢失。

Streams

Storm 其中的一个核心抽象便是 stream（流），stream 是一个没有边界的 tuple（元组）序列，而 Storm 则提供了在分布式环境中进行可靠的流转换的原语。

Storm 提供的最基本的处理 stream 的原语是 spout 和 blot，可以通过 spout 和 bolt 相应的接口来实现相应的业务逻辑处理。消息源 spout 是一个 Topology 里边的消息产生者，一般来说 spout 会从外部读取数据，并向 Topology 里边发射 tuple。spout 可以是可靠的，也可能是不可靠的，如果 tuple 没有被成功处理，可靠的 spout 会重新发射一个 tuple，而不可靠的 spout 则不会。所有的输入流处理逻辑都被封装在 bolt 中，通过 bolt 来进行数据的处理，或者发射一些新的流，

25　图片来源 https://raw.github.com/wiki/nathanmarz/storm/images/storm-cluster.png。

而复杂的流转换常常需要多个步骤，因此也需要经过很多的 bolt。bolt 可以做很多事情，处理像流过滤、聚合，以及与数据库进行交互等工作。

Topology 内部的数据流向如图 5-14 所示。

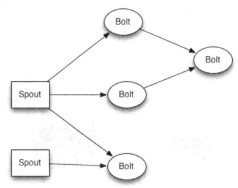

图 5-14　Topology内部的数据流向 [26]

Stream Groupings

流分组（Stream Grouping）将告诉 Topology 如何在两个组件之间发送 tuple 序列。一个 spout 或者一个 bolt 在集群中有多个并行的 task，复杂的流转换常常需要多个步骤。如果从 task 的角度来看 Topology 执行，图 5-15 能够很好地诠释 tuple 在 task 间的流转。

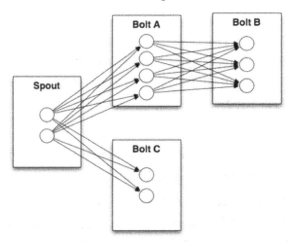

图 5-15　tuple在task间的流转 [27]

如图 5-15 所示，当 Bolt A 需要发射一个 tuple 给 Bolt B 时，它将发送给 Bolt B 的哪个 task

---

26　图片来源 https://raw.github.com/wiki/nathanmarz/storm/images/topology.png。

27　图片来源 https://raw.github.com/wiki/nathanmarz/storm/images/topology-tasks.png。

呢？流分组将解决这个问题，告诉 Storm 如何在一系列的 task 之间进行 tuple 的分发。

Storm 里共有 7 种类型的流分组：

（1）Shuffle Grouping，即随机分组。随机分发 stream 中的 tuple，使得 Bolt 的每个 task 接收到的 tuple 数目大致相同。

（2）Fields Grouping，即按照字段来进行分组。举例来说，如果按照 userid 来进行分组，具有相同的 userid 的 tuple 将会被分发给相同的 task，而不同 userid 的 tuple 将会被分发给不同的 task。

（3）ALL Grouping，即广播发送。Bolt 的所有 task 都将收到广播的 tuple，在使用时需要当心。

（4）Global Grouping，即全局分组。整个 stream 都将被发射给其中一个 bolt 的一个 task。

（5）None Grouping，即不分组，这种分组方式使你不需要关心 stream 是如何分组的。None Grouping 和 Shuffle Grouping 其实是非常相似的，唯一不同的是使用 None Grouping 进行分组时，storm 会将当前的 bolt 放到与这个 bolt 订阅的 bolt 或者 spout 的同一个线程当中去执行。

（6）Direct Grouping，即直接分组。这是一种比较特别的分组方式，使用这种分组方式的意味着消息的发送者指定由消息的接收者的哪个 task 来处理这个消息。只有使用 Direct Stream 的情况下才能够使用 Direct Grouping，并且必须要使用 emitDirect 方法来发射需要传递给 Direct Stream 的 tuple。

（7）Local or Shuffle Grouping，如果目标 bolt 在同一个工作进程中拥有一个或者多个 task，tuple 将会被随机地发送给这些 task，否则和 Shuffle Grouping 的处理方式相同。

5.3.2 安装部署 Storm

对于只需要进行 Storm 任务提交的场景来说，可以只安装 Storm Client 环境来进行任务的提交。

下载 Storm 安装包：

```
wget https://dl.dropboxusercontent.com/s/smesqx9uwa7f0qk/storm-0.8.1.zip?dl=
1&token_hash=AAGgOGOS3u0QAnMucmjMuveEyu71GVVSXZNss5bn_BkH5w
```

```
longlong@ubuntu:~/temp/storm$ --2013-11-30 00:28:44--  https://dl.dropboxusercon
tent.com/s/smesqx9uwa7f0qk/storm-0.8.1.zip?dl=1
Resolving dl.dropboxusercontent.com (dl.dropboxusercontent.com)... 50.19.234.162
Connecting to dl.dropboxusercontent.com (dl.dropboxusercontent.com)|50.19.234.16
2|:443... connected.
HTTP request sent, awaiting response... 200 OK
Length: 14023338 (13M) [application/zip]
Saving to: `storm-0.8.1.zip?dl=1'

11% [===>                                   ] 1,646,172    223K/s  eta 68s
```

解压安装文件：

```
unzip storm-0.8.1.zip
```

```
longlong@ubuntu:~/temp/storm$ unzip storm-0.8.1.zip
Archive:  storm-0.8.1.zip
   creating: storm-0.8.1/
   creating: storm-0.8.1/bin/
  inflating: storm-0.8.1/bin/build_release.sh
  inflating: storm-0.8.1/bin/install_zmq.sh
  inflating: storm-0.8.1/bin/javadoc.sh
  inflating: storm-0.8.1/bin/storm
  inflating: storm-0.8.1/bin/to_maven.sh
  inflating: storm-0.8.1/CHANGELOG.md
   creating: storm-0.8.1/conf/
  inflating: storm-0.8.1/conf/storm.yaml
   creating: storm-0.8.1/lib/
  inflating: storm-0.8.1/lib/asm-4.0.jar
```

移动到相应目录并修改 conf/storm.yaml：

```
sudo mv storm-0.8.1 /usr/storm-client
```

```
longlong@ubuntu:~/temp/storm$ sudo mv storm-0.8.1 /usr/storm-client
[sudo] password for longlong:
longlong@ubuntu:~/temp/storm$
```

vim storm.yaml，设置 nimbus 的地址：

```
nimbus.host: "192.168.136.133"
```

```
nimbus.host: "192.168.136.133"
```

这样便可以使用 bin/storm jar 命令提交 Topology 任务了：

```
storm jar path-to-topology-jar class-with-the-main arg1 arg2 argN
```

path-to-topology-jar 指的是 jar 文件的路径，class-with-the-main 为 main 函数所在的 class，arg1、arg2、argN 为输入参数。

Storm Client 的安装较为简单，但如果需要搭建 Storm 集群，除了 Java 环境之外，还需要另外安装一些第三方组件。

Storm 使用 ZooKeeper 来进行集群间的协作，因此它是依赖 ZooKeeper 集群的，我们需要先搭建 ZooKeeper 集群。而关于 ZooKeeper 集群的搭建，前面章节已有详细介绍，此处便不再重复了。

安装 ZeroMQ，这里选择的版本是 2.1.7 版，并非所有的版本都能够很好地兼容。

ZeroMQ 依赖于 libuuid，因此需要先安装 libuuid，而 util-linux 包中包含 uuid 库。

```
wget  ftp://ftp.kernel.org/pub/linux/utils/util-linux/v2.21/util-linux-
2.21.1.tar.gz
```

```
longlong@ubuntu:~/temp$ wget  ftp://ftp.kernel.org/pub/linux/utils/util-linux/v2
.21/util-linux-2.21.1.tar.gz
--2013-11-29 23:18:47--  ftp://ftp.kernel.org/pub/linux/utils/util-linux/v2.21/u
til-linux-2.21.1.tar.gz
           => `util-linux-2.21.1.tar.gz.1'
Resolving ftp.kernel.org (ftp.kernel.org)... 199.204.44.194, 149.20.4.69, 198.14
5.20.140
Connecting to ftp.kernel.org (ftp.kernel.org)|199.204.44.194|:21... connected.
Logging in as anonymous ... Logged in!
==> SYST ... done.    ==> PWD ... done.
==> TYPE I ... done.   ==> CWD (1) /pub/linux/utils/util-linux/v2.21 ... done.
==> SIZE util-linux-2.21.1.tar.gz ... 6505730
==> PASV ... done.    ==> RETR util-linux-2.21.1.tar.gz ... done.
Length: 6505730 (6.2M) (unauthoritative)

28% [==========>                           ] 1,861,408     177K/s  eta 35s
```

解压：

```
tar -xf util-linux-2.21.1.tar.gz
```

配置、编译、安装：

```
./configure --without-ncurses
```

```
longlong@ubuntu:~/temp/storm/util-linux-2.21.1$ ./configure --without-ncurses
checking for a BSD-compatible install... /usr/bin/install -c
checking whether build environment is sane... yes
checking for a thread-safe mkdir -p... /bin/mkdir -p
checking for gawk... no
checking for mawk... mawk
checking whether make sets $(MAKE)... yes
checking how to create a pax tar archive... gnutar
configure: Default --exec-prefix detected.
configure:    --bindir defaults to /bin
configure:    --sbindir defaults to /sbin
configure:    --libdir defaults to /lib
checking for style of include used by make... GNU
checking for gcc... gcc
checking whether the C compiler works... yes
```

```
make
```

```
longlong@ubuntu:~/temp/storm/util-linux-2.21.1$ make
make  all-recursive
make[1]: Entering directory `/home/longlong/temp/storm/util-linux-2.21.1'
Making all in include
make[2]: Entering directory `/home/longlong/temp/storm/util-linux-2.21.1/include
'
make[2]: Nothing to be done for `all'.
make[2]: Leaving directory `/home/longlong/temp/storm/util-linux-2.21.1/include'
Making all in disk-utils
make[2]: Entering directory `/home/longlong/temp/storm/util-linux-2.21.1/disk-ut
ils'
  CC    mkswap-mkswap.o
  CCLD  mkswap
  CC    swaplabel-swaplabel.o
  CCLD  swaplabel
make[2]: Leaving directory `/home/longlong/temp/storm/util-linux-2.21.1/disk-uti
```

```
sudo make install
```

```
longlong@ubuntu:~/temp/storm/util-linux-2.21.1$ sudo make install
make  install-recursive
make[1]: Entering directory `/home/longlong/temp/storm/util-linux-2.21.1'
Making install in include
make[2]: Entering directory `/home/longlong/temp/storm/util-linux-2.21.1/include
'
make[3]: Entering directory `/home/longlong/temp/storm/util-linux-2.21.1/include
'
make[3]: Nothing to be done for `install-exec-am'.
make[3]: Nothing to be done for `install-data-am'.
make[3]: Leaving directory `/home/longlong/temp/storm/util-linux-2.21.1/include'
make[2]: Leaving directory `/home/longlong/temp/storm/util-linux-2.21.1/include'
Making install in disk-utils
make[2]: Entering directory `/home/longlong/temp/storm/util-linux-2.21.1/disk-ut
ils'
```

下载 ZeroMQ 的安装文件：

```
wget http://download.zeromq.org/zeromq-2.1.7.tar.gz
```

```
longlong@ubuntu:~/temp/storm$ wget http://download.zeromq.org/zeromq-2.1.7.tar.g
z
--2013-11-29 22:14:06--  http://download.zeromq.org/zeromq-2.1.7.tar.gz
Resolving download.zeromq.org (download.zeromq.org)... 95.142.169.98
Connecting to download.zeromq.org (download.zeromq.org)|95.142.169.98|:80... con
nected.
HTTP request sent, awaiting response... 302 Found
Location: http://218.108.192.174:80/1Q2W3E4R5T6Y7U8I9O0P1Z2X3C4V5B/download.zero
mq.org/zeromq-2.1.7.tar.gz [following]
--2013-11-29 22:14:15--  http://218.108.192.174/1Q2W3E4R5T6Y7U8I9O0P1Z2X3C4V5B/d
ownload.zeromq.org/zeromq-2.1.7.tar.gz
Connecting to 218.108.192.174:80... connected.
HTTP request sent, awaiting response... 200 OK
Length: 1877380 (1.8M) [application/x-gzip]
Saving to: `zeromq-2.1.7.tar.gz'

100%[======================================>] 1,877,380    685K/s   in 2.7s

2013-11-29 22:14:18 (685 KB/s) - `zeromq-2.1.7.tar.gz' saved [1877380/1877380]
```

解压过程：

```
tar -xf zeromq-2.1.7.tar.gz
```

```
longlong@ubuntu:~/temp/storm$ tar -xf zeromq-2.1.7.tar.gz
longlong@ubuntu:~/temp/storm$
```

配置、编译、安装：

```
./configure -prefix=/usr/local
```

```
longlong@ubuntu:~/temp/storm/zeromq-2.1.7$ ./configure -prefix=/usr/local
checking for a BSD-compatible install... /usr/bin/install -c
checking whether build environment is sane... yes
checking for a thread-safe mkdir -p... /bin/mkdir -p
checking for gawk... no
checking for mawk... mawk
checking whether make sets $(MAKE)... yes
checking how to create a ustar tar archive... gnutar
checking for gcc... gcc
checking whether the C compiler works... yes
checking for C compiler default output file name... a.out
checking for suffix of executables...
checking whether we are cross compiling... no
checking for suffix of object files... o
checking whether we are using the GNU C compiler... yes
checking whether gcc accepts -g... yes
checking for gcc option to accept ISO C89... none needed
checking for style of include used by make... GNU
```

make

```
longlong@ubuntu:~/temp/storm/zeromq-2.1.7$ make
Making all in src
make[1]: Entering directory `/home/longlong/temp/storm/zeromq-2.1.7/src'
make  all-am
make[2]: Entering directory `/home/longlong/temp/storm/zeromq-2.1.7/src'
  CXX    libzmq_la-clock.lo
  CXX    libzmq_la-command.lo
  CXX    libzmq_la-ctx.lo
  CXX    libzmq_la-connect_session.lo
  CXX    libzmq_la-decoder.lo
  CXX    libzmq_la-device.lo
  CXX    libzmq_la-devpoll.lo
  CXX    libzmq_la-dist.lo
  CXX    libzmq_la-encoder.lo
  CXX    libzmq_la-epoll.lo
  CXX    libzmq_la-err.lo
  CXX    libzmq_la-fq.lo
  CXX    libzmq_la-io_object.lo
  CXX    libzmq_la-io_thread.lo
```

sudo make install

```
longlong@ubuntu:~/temp/storm/zeromq-2.1.7$ sudo make install
[sudo] password for longlong:
Making install in src
make[1]: Entering directory `/home/longlong/temp/storm/zeromq-2.1.7/src'
make[2]: Entering directory `/home/longlong/temp/storm/zeromq-2.1.7/src'
test -z "/usr/local/lib" || /bin/mkdir -p "/usr/local/lib"
 /bin/bash ../libtool   --mode=install /usr/bin/install -c   libzmq.la '/usr/local/lib'
libtool: install: /usr/bin/install -c .libs/libzmq.so.1.0.0 /usr/local/lib/libzmq.so.1.0.0
libtool: install: (cd /usr/local/lib && { ln -s -f libzmq.so.1.0.0 libzmq.so.1 || { rm -f libzmq.so.1 && ln -s libzmq.so.1.0.0 libzmq.so.1; }; })
libtool: install: (cd /usr/local/lib && { ln -s -f libzmq.so.1.0.0 libzmq.so || { rm -f libzmq.so && ln -s libzmq.so.1.0.0 libzmq.so; }; })
libtool: install: /usr/bin/install -c .libs/libzmq.lai /usr/local/lib/libzmq.la
libtool: install: /usr/bin/install -c .libs/libzmq.a /usr/local/lib/libzmq.a
libtool: install: chmod 644 /usr/local/lib/libzmq.a
libtool: install: ranlib /usr/local/lib/libzmq.a
libtool: finish: PATH="/usr/local/sbin:/usr/local/bin:/usr/sbin:/usr/bin:/sbin:/bin:/sbin" ldconfig -n /usr/local/lib
```

安装 JZMQ。

从 git 上将代码下载下来：

git clone https://github.com/nathanmarz/jzmq.git

```
longlong@ubuntu:~/temp/storm$ git clone https://github.com/nathanmarz/jzmq.git
Cloning into 'jzmq'...
remote: Counting objects: 611, done.
remote: Compressing objects: 100% (292/292), done.
remote: Total 611 (delta 246), reused 539 (delta 204)
Receiving objects: 100% (611/611), 344.79 KiB | 34 KiB/s, done.
Resolving deltas: 100% (246/246), done.
```

./autogen.sh

```
longlong@ubuntu:~/temp/storm/jzmq$ ./autogen.sh
autoreconf: Entering directory `.'
autoreconf: configure.in: not using Gettext
autoreconf: running: aclocal -I config --force -I config
autoreconf: configure.in: tracing
autoreconf: running: libtoolize --install --copy --force
libtoolize: putting auxiliary files in AC_CONFIG_AUX_DIR, `config'.
libtoolize: copying file `config/config.guess'
libtoolize: copying file `config/config.sub'
libtoolize: copying file `config/install-sh'
libtoolize: copying file `config/ltmain.sh'
libtoolize: putting macros in AC_CONFIG_MACRO_DIR, `config'.
libtoolize: copying file `config/libtool.m4'
libtoolize: copying file `config/ltoptions.m4'
libtoolize: copying file `config/ltsugar.m4'
libtoolize: copying file `config/ltversion.m4'
```

./configure

```
longlong@ubuntu:~/temp/storm/jzmq$ ./configure
checking for a BSD-compatible install... /usr/bin/install -c
checking whether build environment is sane... yes
checking for a thread-safe mkdir -p... /bin/mkdir -p
checking for gawk... no
checking for mawk... mawk
checking whether make sets $(MAKE)... yes
checking how to create a ustar tar archive... gnutar
checking build system type... i686-pc-linux-gnu
checking host system type... i686-pc-linux-gnu
checking how to print strings... printf
checking for style of include used by make... GNU
checking for gcc... gcc
checking whether the C compiler works... yes
```

make 的过程中会出现一些问题[28]：

---

[28] 关于安装过程中一些问题的描述可以参考 http://my.oschina.net/mingdongcheng/blog/43009。

```
longlong@ubuntu:~/temp/storm/jzmq$ make
Making all in src
make[1]: Entering directory `/home/longlong/temp/storm/jzmq/src'
make[1]: *** No rule to make target `classdist_noinst.stamp', needed by `org/zer
omq/ZMQ.class'.  Stop.
make[1]: Leaving directory `/home/longlong/temp/storm/jzmq/src'
make: *** [all-recursive] Error 1
```

通过下面的方式来解决:

touch src/classdist_noinst.stamp

cd src/org/zeromq/

javac *.java

make

```
longlong@ubuntu:~/temp/storm/jzmq$ make
Making all in src
make[1]: Entering directory `/home/longlong/temp/storm/jzmq/src'
CLASSPATH=.:./.${CLASSPATH:+":$CLASSPATH"} /usr/java/bin/javah -jni -classpath .
 org.zeromq.ZMQ
make  all-am
make[2]: Entering directory `/home/longlong/temp/storm/jzmq/src'
/bin/bash ../libtool   --tag=CXX   --mode=compile g++ -DHAVE_CONFIG_H -I.    -D_RE
ENTRANT -D_THREAD_SAFE  -I/usr/local/include  -I/usr/java/include -I/usr/java/i
nclude/linux -Wall -g -O2 -MT libjzmq_la-ZMQ.lo -MD -MP -MF .deps/libjzmq_la-ZMQ
.Tpo -c -o libjzmq_la-ZMQ.lo `test -f 'ZMQ.cpp' || echo './'`ZMQ.cpp
libtool: compile:  g++ -DHAVE_CONFIG_H -I. -D_REENTRANT -D_THREAD_SAFE -I/usr/lo
cal/include -I/usr/java/include -I/usr/java/include/linux -Wall -g -O2 -MT libjz
mq_la-ZMQ.lo -MD -MP -MF .deps/libjzmq_la-ZMQ.Tpo -c ZMQ.cpp  -fPIC -DPIC -o .li
bs/libjzmq_la-ZMQ.o
```

sudo make install

```
longlong@ubuntu:~/temp/storm/jzmq$ sudo make install
Making install in src
make[1]: Entering directory `/home/longlong/temp/storm/jzmq/src'
CLASSPATH=.:./.${CLASSPATH:+":$CLASSPATH"} /usr/java/bin/javah -jni -classpath .
 org.zeromq.ZMQ
CLASSPATH=.:./.${CLASSPATH:+":$CLASSPATH"} /usr/java/bin/javah -jni -classpath .
 org.zeromq.ZMQ
CLASSPATH=.:./.${CLASSPATH:+":$CLASSPATH"} /usr/java/bin/javah -jni -classpath .
 org.zeromq.ZMQ
CLASSPATH=.:./.${CLASSPATH:+":$CLASSPATH"} /usr/java/bin/javah -jni -classpath .
 org.zeromq.ZMQ
CLASSPATH=.:./.${CLASSPATH:+":$CLASSPATH"} /usr/java/bin/javah -jni -classpath .
 org.zeromq.ZMQ
make  install-am
make[2]: Entering directory `/home/longlong/temp/storm/jzmq/src'
CLASSPATH=.:./.${CLASSPATH:+":$CLASSPATH"} /usr/java/bin/javah -jni -classpath .
 org.zeromq.ZMQ
CLASSPATH=.:./.${CLASSPATH:+":$CLASSPATH"} /usr/java/bin/javah -jni -classpath .
```

安装 Python, 这里选择的版本是 2.6.6。

下载安装包:

wget http://www.python.org/ftp/python/2.6.6/Python-2.6.6.tgz

```
longlong@ubuntu:~/temp/storm$ wget http://www.python.org/ftp/python/2.6.6/Python
-2.6.6.tgz
--2013-11-30 00:12:23--  http://www.python.org/ftp/python/2.6.6/Python-2.6.6.tgz
Resolving www.python.org (www.python.org)... 82.94.164.162, 2001:888:2000:d::a2
Connecting to www.python.org (www.python.org)|82.94.164.162|:80... connected.
HTTP request sent, awaiting response... 302 Found
Location: http://218.108.192.127:80/1Q2W3E4R5T6Y7U8I9O0P1Z2X3C4V5B/www.python.or
g/ftp/python/2.6.6/Python-2.6.6.tgz [following]
--2013-11-30 00:12:33--  http://218.108.192.127/1Q2W3E4R5T6Y7U8I9O0P1Z2X3C4V5B/w
ww.python.org/ftp/python/2.6.6/Python-2.6.6.tgz
Connecting to 218.108.192.127:80... connected.
HTTP request sent, awaiting response... 200 OK
Length: 13318547 (13M) [application/x-tar]
Saving to: `Python-2.6.6.tgz'

100%[======================================>] 13,318,547   846K/s   in 16s

2013-11-30 00:12:49 (804 KB/s) - `Python-2.6.6.tgz' saved [13318547/13318547]
```

解压安装文件：

```
tar -xf Python-2.6.6.tgz
```

```
longlong@ubuntu:~/temp/storm$ tar -xf Python-2.6.6.tgz
longlong@ubuntu:~/temp/storm$
```

配置、编译、安装：

```
./configure
```

```
longlong@ubuntu:~/temp/storm$ cd Python-2.6.6/
longlong@ubuntu:~/temp/storm/Python-2.6.6$ ./configure
checking for --enable-universalsdk... no
checking for --with-universal-archs... 32-bit
checking MACHDEP... linux3
checking EXTRAPLATDIR...
checking machine type as reported by uname -m... i686
checking for --without-gcc... no
checking for gcc... gcc
checking whether the C compiler works... yes
checking for C compiler default output file name... a.out
checking for suffix of executables...
```

```
make
```

```
longlong@ubuntu:~/temp/storm/Python-2.6.6$ make
gcc -pthread -c -fno-strict-aliasing -g -O2 -DNDEBUG -g -fwrapv -O3 -Wall -Wstri
ct-prototypes -I. -IInclude -I./Include    -DPy_BUILD_CORE -o Modules/python.o .
/Modules/python.c
gcc -pthread -c -fno-strict-aliasing -g -O2 -DNDEBUG -g -fwrapv -O3 -Wall -Wstri
ct-prototypes -I. -IInclude -I./Include    -DPy_BUILD_CORE -o Parser/acceler.o P
arser/acceler.c
gcc -pthread -c -fno-strict-aliasing -g -O2 -DNDEBUG -g -fwrapv -O3 -Wall -Wstri
ct-prototypes -I. -IInclude -I./Include    -DPy_BUILD_CORE -o Parser/grammar1.o
Parser/grammar1.c
gcc -pthread -c -fno-strict-aliasing -g -O2 -DNDEBUG -g -fwrapv -O3 -Wall -Wstri
ct-prototypes -I. -IInclude -I./Include    -DPy_BUILD_CORE -o Parser/listnode.o
Parser/listnode.c
gcc -pthread -c -fno-strict-aliasing -g -O2 -DNDEBUG -g -fwrapv -O3 -Wall -Wstri
ct-prototypes -I. -IInclude -I./Include    -DPy_BUILD_CORE -o Parser/node.o Pars
er/node.c
gcc -pthread -c -fno-strict-aliasing -g -O2 -DNDEBUG -g -fwrapv -O3 -Wall -Wstri
```

```
sudo make install
```

```
longlong@ubuntu:~/temp/storm/Python-2.6.6$ sudo make install
[sudo] password for longlong:
/usr/bin/install -c python /usr/local/bin/python2.6
if test -f libpython2.6.a; then \
                if test -n "" ; then \
                        /usr/bin/install -c -m 555   /usr/local/bin; \
                else \
                        /usr/bin/install -c -m 555 libpython2.6.a /usr/local/lib/libpython2.6.a; \
                        if test libpython2.6.a != libpython2.6.a; then \
                                (cd /usr/local/lib; ln -sf libpython2.6.a libpython2.6.a) \
                        fi \
                fi; \
        else    true; \
        fi
running build
running build_ext
INFO: Can't locate Tcl/Tk libs and/or headers
```

测试是否安装成功：

```
python -V
```

```
longlong@ubuntu:~/temp/storm/Python-2.6.6$ python -V
Python 2.6.6
```

安装 unzip：

```
sudo apt-get install unzip
```

```
longlong@ubuntu:~/temp/storm/Python-2.6.6$ sudo apt-get install unzip
Reading package lists... Done
Building dependency tree
Reading state information... Done
The following packages were automatically installed and are no longer required:
  python-crypto libstlport4.6ldbl thunderbird-globalmenu apturl-common libmtp9
  update-manager gir1.2-gtk-2.0 python-renderpm python-mako python-dirspec
  libcupscgi1 apport-symptoms brasero-common gir1.2-gst-plugins-base-0.10
  python-debtagshw libdiscid0 aptdaemon-data software-center-aptdaemon-plugins
  gir1.2-gstreamer-0.10 libexttextcat-data libart-2.0-2 python-wadllib
  gir1.2-launchpad-integration-3.0 libhyphen0 libburn4 libwpg-0.2-2
  liblircclient0 dvd+rw-tools libcupsmime1 update-notifier-common
  python-keyring libslp1 cups-filters totem-common libquvi-scripts
  gir1.2-gudev-1.0 libevent-2.0-5 python-reportlab-accel update-notifier
  libgpod4 rhythmbox-data avahi-utils libmtp-common python-defer
  libdmapsharing-3.0-2 python-lazr.uri python-markupsafe uno-libs3
```

```
longlong@ubuntu:~/temp/storm/Python-2.6.6$ unzip
UnZip 6.00 of 20 April 2009, by Debian. Original by Info-ZIP.

Usage: unzip [-Z] [-opts[modifiers]] file[.zip] [list] [-x xlist] [-d exdir]
  Default action is to extract files in list, except those in xlist, to exdir;
  file[.zip] may be a wildcard.  -Z => ZipInfo mode ("unzip -Z" for usage).

  -p  extract files to pipe, no messages      -l  list files (short format)
  -f  freshen existing files, create none     -t  test compressed archive data
  -u  update files, create if necessary       -z  display archive comment only
  -v  list verbosely/show version info        -T  timestamp archive to latest
  -x  exclude files that follow (in xlist)    -d  extract files into exdir
modifiers:
  -n  never overwrite existing files          -q  quiet mode (-qq => quieter)
  -o  overwrite files WITHOUT prompting       -a  auto-convert any text files
```

安装 Storm 集群。

下载安装包：

wget https://dl.dropboxusercontent.com/s/smesqx9uwa7f0qk/storm-0.8.1.zip?dl=1&token_hash=AAGgOGOS3u0QAnMucmjMuveEyu71GVVSXZNss5bn_BkH5w

```
longlong@ubuntu:~/temp/storm$ --2013-11-30 00:28:44--  https://dl.dropboxusercontent.com/s/smesqx9uwa7f0qk/storm-0.8.1.zip?dl=1
Resolving dl.dropboxusercontent.com (dl.dropboxusercontent.com)... 50.19.234.162
Connecting to dl.dropboxusercontent.com (dl.dropboxusercontent.com)|50.19.234.162|:443... connected.
HTTP request sent, awaiting response... 200 OK
Length: 14023338 (13M) [application/zip]
Saving to: `storm-0.8.1.zip?dl=1'

11% [===>                                 ] 1,646,172    223K/s  eta 68s
```

解压安装包：

unzip storm-0.8.1.zip

```
longlong@ubuntu:~/temp/storm$ unzip storm-0.8.1.zip
Archive:  storm-0.8.1.zip
   creating: storm-0.8.1/
   creating: storm-0.8.1/bin/
  inflating: storm-0.8.1/bin/build_release.sh
  inflating: storm-0.8.1/bin/install_zmq.sh
  inflating: storm-0.8.1/bin/javadoc.sh
  inflating: storm-0.8.1/bin/storm
  inflating: storm-0.8.1/bin/to_maven.sh
  inflating: storm-0.8.1/CHANGELOG.md
   creating: storm-0.8.1/conf/
  inflating: storm-0.8.1/conf/storm.yaml
   creating: storm-0.8.1/lib/
  inflating: storm-0.8.1/lib/asm-4.0.jar
```

修改 Storm 配置文件：

cd conf/

vim storm.yaml

配置 ZooKeeper 集群地址，通过 storm.ZooKeeper.servers 来指定：

```
storm.ZooKeeper.servers:
- "localhost"
```

配置 Storm 本地目录，通过 storm.local.dir 来指定：

```
storm.local.dir: "/home/longlong/storm"
```

配置 Nimbus 机器地址，各个 Supervisor 需要知道 Nimbus 的地址，以便下载 Topology 的 jar、conf 文件等，通过 nimbus.host 来指定 nimbus 的地址：

```
nimbus.host: "localhost"
```

对于每个 Supervisor 工作节点，需要配置该节点可以运行的 worker 数量。每个 worker 占用一个单独的端口用于接收消息，supervisor.slots.ports 选项用于定义哪些端口是可被 worker 使用的：

```
supervisor.slots.ports:
- 6701
- 6702
```

启动 Nimbus 进程：

```
./storm nimbus
```

启动 Supervisor 进程：

```
./storm supervisor
```

5.3.3　Storm 的使用

针对前面 5.1.3 节所提到的日志分析的场景，假设通过客户端 Agent 已经将日志的相关信息发送到 ActiveMQ，接下来要做的便是从 ActiveMQ 中读取日志，进行计算分析，然后将结果输出。在前一节部署好 Storm 后，便可以开始进行 Storm Topology 的开发了，本节的例子将通过日志分析对请求的 url 地址做 PV 统计，这也是互联网企业比较常见的需求。

Topology 通过 spout 将数据流输入，此处 spout 将从 ActiveMQ 中按行读取日志的相关数据，读入数据以后，将数据发射给下游的 bolt。spout 需实现 IRichSpout 接口，并且实现该接口的一系列方法，spout 的 Java 实现代码如下：

```java
public class LogReader implements IRichSpout{
    private static final long serialVersionUID = 1L;
    private TopologyContext context;
    private SpoutOutputCollector collector;
    private ConnectionFactory connectionFactory;
    private Connection connection ;
    private Session session;
    private Destination destination;
    private MessageConsumer consumer;

    @Override
    public void open(Map conf, TopologyContext context,
            SpoutOutputCollector collector) {
        this.context = context;
        this.collector = collector;
        this.connectionFactory = new ActiveMQConnectionFactory(
                ActiveMQConnection.DEFAULT_USER,
                ActiveMQConnection.DEFAULT_PASSWORD,
        "tcp://192.168.2.105:61616");
        try{
            connection = connectionFactory.createConnection();
            connection.start();
            session = connection.createSession(Boolean.FALSE,
                    Session.AUTO_ACKNOWLEDGE);
            destination = session.createQueue("LogQueue");
            consumer = session.createConsumer(destination);
        }catch(Exception e){e.printStackTrace();}
```

```java
    }

    @Override
    public void nextTuple() {
        try {
            TextMessage message = (TextMessage) consumer.receive(100000);
            this.collector.emit(new Values(message.getText()));
        } catch (Exception e) {}

    }

    @Override
    public void declareOutputFields(OutputFieldsDeclarer declarer) {
        declarer.declare(new Fields("logline"));
    }

    ……    //此处省略
}
```

LogRead 实现 IRichSpout 接口，并且实现该接口的 open()、nextTuple()、declareOutputFields() 方法。其中，open() 方法负责进行 TopologyContext 和 SpoutOutputCollector，以及 ActiveMQ 相关的 Session 和 MessageConsumer 等变量的初始化工作，TopologyContext 在 Topology 全局中有效，可以用于 spout 和 bolt 之间的通信；通过 SpoutOutputCollector 可以进行流的输出。nextTuple() 方法负责流的读取，以及将读取到的 tuple 发射到下游。declareOutputFields() 方法定义了 LogReader 将会发射名称为 logline 的 tuple，一个 tuple 对象代表一行日志信息。

接下来我们再定义一个 bolt，接收 spout 所发射的名称为 logline 的 tuple，并对其进行解析，bolt 的 Java 实现代码如下：

```java
public class LogAnalysis implements IRichBolt{

    private static final long serialVersionUID = 1L;
    private OutputCollector collector;

    @Override
    public void prepare(Map stormConf, TopologyContext context,
            OutputCollector collector) {
        this.collector = collector;
    }
```

```java
@Override
public void execute(Tuple input) {
    String logLine = input.getString(0);
    String[] input_fields = logLine.toString().split(" ");
    collector.emit(new Values(input_fields[3]));//emit request url
}

@Override
public void declareOutputFields(OutputFieldsDeclarer declarer) {
    declarer.declare(new Fields("page"));
}

……   //此处省略
}
```

LogAnalysis实现IRichBolt接口，并实现其一系列方法，其中包括prepare()、execute()、declareOutputFields()方法。prepare()中主要进行一些准备工作，如OutputCollector等变量的初始化等。execute()负责对接收到的tuple进行处理，这里会对接收到的日志行进行切割[29]，日志中不同变量使用空格来分隔，其中第四个字段为请求访问的url地址，也就是input_fields[3]变量，在取到url地址后，对下游发射相应的tuple。declareOutputFields()定义了LogAnalysis所发射的字段名称，这里定义的是page，表示访问页面的url。

接下来，下游的bolt接收到LogAnalysis所发射的page字段，将会对每个页面访问的次数进行统计，将每个页面访问的次数写入到相应的存储系统当中：

```java
public class PageViewCounter implements IRichBolt{
    private static final long serialVersionUID = 1L;

    @Override
    public void prepare(Map stormConf, TopologyContext context,
            OutputCollector collector) {}

    @Override
    public void execute(Tuple input) {
        //对PV进行统计,持久化存储
        System.out.println(input.getValue(0));
    }
```

---

[29] 每一行日志的格式为 remote_add rt_time request_method request_url refer status send_bytes。

```
    @Override
    public void declareOutputFields(OutputFieldsDeclarer declarer) {}
```

　　}

　　PageViewCounter 实现 IRichBolt 接口，接收到上游解析的页面访问信息后，在 execute()方法中将页面访问量进行相应的累加。由于 Topology 可能在多台机器多个不同的线程中运行，因此，一般需要借用外部存储，如分布式缓存、数据库系统来对页面计数进行存储。并且累加操作是一个由多台机器同时并行的操作行为，为了保证并行修改数据的准确性，需要借助原子操作来完成页面访问的累加，而假如系统访问量十分巨大，还需要考虑存储设施的吞吐量是否能够抵抗并发写入的压力。很多时候由于 Hash 算法的问题，同一个页面的访问，累加计数所存储的 key 值相同，最终写入操作被映射到一台存储设备，从而将该设备压垮，导致实时统计数据不可用。

　　由于存储方案选择非本节所述重点，为了简单起见，此处仅仅是将访问请求通过控制台输出，读者可自行选用适当的存储方案。

　　spout 和 bolt 编写好以后，接下来需要做的就是将它们提交到 Storm 集群中执行：

```
public class MainJob {
    public static void main(String[] args) throws Exception {
        TopologyBuilder builder = new TopologyBuilder();
        builder.setSpout("log-reader",new LogReader());
        builder.setBolt("log-analysis", new LogAnalysis())
                .shuffleGrouping("log-reader");
        builder.setBolt("pageview-counter", new PageViewCounter(),2)
                .shuffleGrouping("log-analysis");

        Config conf = new Config();
        conf.setDebug(false);
        conf.put(Config.TOPOLOGY_MAX_SPOUT_PENDING, 1);

        LocalCluster cluster = new LocalCluster();
        cluster.submitTopology("log-process-toplogie", conf,
                builder.createTopology());
    }
}
```

　　TopologyBuilder 设置相应的 spout 和 bolt，以及它们流的分组方式，它可以通过 createTopology()

方法构建 Topology，Config 指定了 Topology 运行的相关属性。LocalCluster 对象定义了一个进程内的集群，提交 Topology 给这个虚拟集群和提交 Topology 给分布式集群从外部来看没有区别，通过调用 submitTopology 方法可以提交 Topology，它接收三个参数：要运行的 Topology 的名字，配置对象与要运行的 Topology。

上述步骤完成以后，将相关的类导出为 jar 文件，并提交到 Storm 集群中执行：

./storm jar /home/longlong/temp/logprocess.jar com.http.storm.test.MainJob

执行的结果如下：

```
2657 [Thread-6] INFO  backtype.storm.daemon.worker -
a225-974702dd837f for storm log-process-toplogie-1-138
cdb-b6e7-232aa744dbe7:1 has finished loading
www.xxx.com/publish.htm
www.xxx.com/list.htm
www.xxx.com/publish.htm
www.xxx.com/userinfo.htm
www.xxx.com/userinfo.htm
www.xxx.com/detail.htm
www.xxx.com/detail.htm
www.xxx.com/detail.htm
www.xxx.com/publish.htm
www.xxx.com/index.htm
www.xxx.com/index.htm
www.xxx.com/publish.htm
www.xxx.com/publish.htm
www.xxx.com/userinfo.htm
```

可见，访问的 url 地址已经通过控制台输出。

5.4 数据同步

对于在线运行的应用系统，在其依赖的存储系统（如关系型数据库）上直接进行复杂的数据分析工作，将会极大地增加线上系统的负载，影响线上系统的运行的稳定性，对于业务方来说，显然是很难接受的事情。

因此，数据分析的过程往往是这样，首先从在线的 OLTP 库中，以及日志系统当中，提取和清洗所需要的数据到 OLAP 系统，如构建在 Hadoop 上的 Hive 平台，然后在 OLAP 系统上进行多维度复杂的数据分析和汇总操作，利用这些数据构建数据报表，提供前端展现。其中 OLTP 是传统的关系型数据库的主要应用，主要是基本的、日常的事务处理，如银行交易、电商网站的下单操作等。OLAP 是数据仓库系统的主要应用，支持复杂的数据分析操作，侧重决策支持，并且提供直观易懂的查询结果。

要将 OLTP 库中的数据提取到 OLAP 系统当中来，则需要依赖一些数据同步操作，这样操作可能是每天执行一次的全量数据同步，也可能是实时的数据变更同步。全量数据同步将会在每天在线系统负载最低时，将所有在线系统的数据都全量 dump 到离线系统当中来进行分析，而实时同步系统则会同步在线系统的每一次变更,实时地将变更反映到接收变更的库。

5.4.1 离线数据同步

全量的数据同步操作一般耗时较长,并且会占用一定的资源,比如对于数据库来说很宝贵的连接资源,因此一般通过任务调度,将数据同步任务安排在访问量最低时执行。由于数据同步需要较长时间,常常一天只能够同步一到两次。对应的这部分数据,由于无法反映在线应用的实时状态,因此也称为离线数据。

Sqoop 是 Apache 下的一个开源数据同步工具,支持关系型数据到 Hadoop 的数据导入和导出功能,既能够通过 Sqoop 将关系型数据库(如 MySQL、Oracle)中的数据导入到 HDFS,也能够通过 Sqoop 从 HDFS 中将数据同步回关系型数据库。Sqoop 使用 MapReduce 来执行数据导入和导出任务,提升了操作的并行效率和容错能力。Sqoop 数据同步示意图如图 5-16 所示。

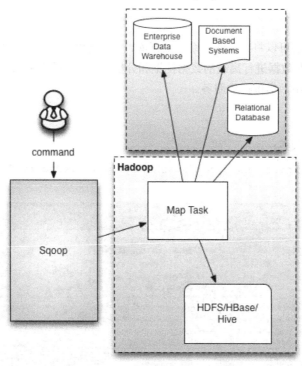

图 5-16　Sqoop数据同步示意图[30]

淘宝也有一个目前已经开源的数据同步工具DataX[31],良好的设计使其能够方便地接入不同

30　图片来自 sqoop 博客, https://blogs.apache.org/sqoop/mediaresource/61d0850f-4feb-4a13-af58- 0b90b01047ef。

的数据源，实现各个数据源之间的数据同步工作，如图 5-17 所示。数据传输过程只是在单个进程内进行全内存操作，使其保持了较高的吞吐率。关于DataX的更多信息，请读者参阅其官方文档，此处不过多介绍。

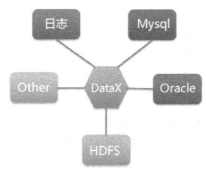

图 5-17　DataX 数据同步示意图

1. Sqoop

通过 Sqoop，我们可以将在线的关系型数据库，如 MySQL，导入到离线的数据仓库 Hive 或者 HDFS 中，然后对数据进行离线的数据挖掘和分析，再将分析产生的结果数据，通过 Sqoop 回流到关系型数据库中，提供在线服务。

2. 安装

下载 Sqoop 的安装包：

```
wget http://mirror.esocc.com/apache/sqoop/1.4.4/sqoop-1.4.4.bin__hadoop-1.0.0.tar.gz
```

```
longlong@ubuntu:~/temp$ wget http://mirror.esocc.com/apache/sqoop/1.4.4/sqoop-1.4.4.bin__hadoop-1.0.0.tar.gz
--2013-11-14 05:19:58--  http://mirror.esocc.com/apache/sqoop/1.4.4/sqoop-1.4.4.bin__hadoop-1.0.0.tar.gz
Resolving mirror.esocc.com (mirror.esocc.com)... 221.228.228.159
Connecting to mirror.esocc.com (mirror.esocc.com)|221.228.228.159|:80... connected.
HTTP request sent, awaiting response... 302 Found
Location: http://218.108.192.59:80/1Q2W3E4R5T6Y7U8I9O0P1Z2X3C4V5B/mirror.esocc.com/apache/sqoop/1.4.4/sqoop-1.4.4.bin__hadoop-1.0.0.tar.gz [following]
--2013-11-14 05:20:10--  http://218.108.192.59/1Q2W3E4R5T6Y7U8I9O0P1Z2X3C4V5B/mirror.esocc.com/apache/sqoop/1.4.4/sqoop-1.4.4.bin__hadoop-1.0.0.tar.gz
Connecting to 218.108.192.59:80... connected.
HTTP request sent, awaiting response... 200 OK
Length: 5266542 (5.0M) [application/octet-stream]
Saving to: `sqoop-1.4.4.bin__hadoop-1.0.0.tar.gz'
```

31　有关 DataX 的介绍见 http://code.taobao.org/p/datax/wiki/DataX%E4%BA%A7%E5%93%81%E8%AF%B4%E6%98%8E。

解压到相应的目录：

```
tar -xf sqoop-1.4.4.bin__hadoop-1.0.0.tar.gz
```

复制 MySQL 驱动 jar 到 sqoop/lib 目录（如果需要连接其他数据库，则要加入其他数据的驱动 jar）：

```
cp mysql-connector-java-5.1.12.jar  /usr/sqoop/lib
```

```
longlong@ubuntu:/usr/hive/lib$ cp mysql-connector-java-5.1.12.jar /usr/sqoop/lib
```

确保以下环境变量已经配置：

```
vim /etc/profile
```

```
HADOOP_HOME=/usr/hadoop
PATH=$HADOOP_HOME/bin:$PATH
```

3. 数据同步操作

建立相应的 MySQL 数据库和表：

```
create database mall;
use mall;
create table goods(
goodsid bigint primary key,
title varchar(200),
price bigint,
info varchar(3000)
);
```

```
mysql> create database mall;
Query OK, 1 row affected (0.03 sec)

mysql> use mall;
Database changed
mysql> create table goods(
    -> goodsid bigint primary key,
    -> title varchar(200),
    -> price bigint,
    -> info varchar(3000)
    -> );
Query OK, 0 rows affected (0.07 sec)

mysql>
```

在 goods 表中插入测试数据：

```
insert into goods values(12300,'milk',2,'hangzhou');
insert into goods values(24500,'egg',3,'beijing');
insert into goods values(78900,'rice',2,'shanghai');
insert into goods values(20100,'oil',3,'guangzhou');
```

```
mysql> insert into goods values(12300,'milk',2,'hangzhou');
Query OK, 1 row affected (0.03 sec)

mysql> insert into goods values(24500,'egg',3,'beijing');
Query OK, 1 row affected (0.01 sec)

mysql> insert into goods values(78900,'rice',2,'shanghai');
Query OK, 1 row affected (0.00 sec)

mysql> insert into goods values(20100,'oil',3,'guangzhou');
Query OK, 1 row affected (0.00 sec)
```

将测试表 goods 中的数据导入 HDFS：

```
sqoop import --append --connect jdbc:mysql://localhost:3306/mall --username
root --password 123456 --target-dir /longlong/sqoop  --m 1 --table goods
--fields-terminated-by '\t' ;
```

```
longlong@ubuntu:/usr/sqoop/bin$ ./sqoop import --append --connect jdbc:mysql://l
ocalhost:3306/mall --username root --password 123456 --target-dir /longlong/sqoo
p  --m 1 --table goods  --fields-terminated-by '\t' ;
Warning: /usr/lib/hbase does not exist! HBase imports will fail.
Please set $HBASE_HOME to the root of your HBase installation.
Warning: /usr/lib/hcatalog does not exist! HCatalog jobs will fail.
Please set $HCAT_HOME to the root of your HCatalog installation.
Warning: $HADOOP_HOME is deprecated.

13/11/14 05:49:32 WARN tool.BaseSqoopTool: Setting your password on the command-
line is insecure. Consider using -P instead.
13/11/14 05:49:32 INFO manager.MySQLManager: Preparing to use a MySQL streaming
resultset.
13/11/14 05:49:32 INFO tool.CodeGenTool: Beginning code generation
13/11/14 05:49:33 INFO manager.SqlManager: Executing SQL statement: SELECT t.* F
ROM `goods` AS t LIMIT 1
13/11/14 05:49:33 INFO manager.SqlManager: Executing SQL statement: SELECT t.* F
ROM `goods` AS t LIMIT 1
```

Sqoop 参数介绍：

- Import 表示执行的是数据导入任务；
- --append 表示文件追加写入；
- --connect 表示数据库连接字符串；
- --username 表示数据库用户名；
- --password 表示数据库密码；
- --target-dir 表示 HDFS 上的目标路径；
- --m 表示并行的 map 任务数量，该参数需要谨慎设置，设置得过小，可能数据同步任务执行得过慢，设置得过大，大量的并行任务则有可能将线上 DB 压垮；
- --table 表示表的名称；
- --fields-terminated-by 表示 HDFS 文件的字段分割符。

在 HDFS 上查看导入的数据：

```
hadoop fs -text /longlong/sqoop/*
```

```
longlong@ubuntu:/usr/hadoop/bin$ hadoop fs -text /longlong/sqoop/*
Warning: $HADOOP_HOME is deprecated.

12300   milk    2   hangzhou
20100   oil     3   guangzhou
24500   egg     3   beijing
78900   rice    2   shanghai
text: Source must be a file.
```

可以看到，测试表 goods 中的数据已经导入到 HDFS 上了。

将 HDFS 上的数据导出到 MySQL 表。

先在 MySQL 上建立另一个测试库 goods_copy：

```
create table goods_copy(
goodsid bigint primary key,
title varchar(200),
price bigint,
info varchar(3000)
);
```

```
mysql> create table goods_copy(
    -> goodsid bigint primary key,
    -> title varchar(200),
    -> price bigint,
    -> info varchar(3000)
    -> );
Query OK, 0 rows affected (0.08 sec)
```

然后将 HDFS 上的数据导出到测试库 goods_copy：

```
sqoop export --connect jdbc:mysql://localhost:3306/mall --username root --password 123456 --export-dir /longlong/sqoop --table goods_copy --fields-terminated-by '\t' ;
```

Sqoop 参数介绍：

- export 表示执行的是数据导出任务；
- --connect 表示数据库连接字符串；
- --username 表示数据库用户名；
- --password 表示数据库密码；
- --export-dir 表示数据导出任务的路径；
- --table 表示表的名称；
- --fields-terminated-by 表示 HDFS 文件的字段分割符。

在 MySQL 上查看导出的数据：

```
select * from goods_copy;
```

可以看到，HDFS 上的数据已经被导出到 MySQL 中。

当然，Sqoop 也能够支持更加复杂的指定字段，以及设置 where 条件的导入和导出功能，有关 Sqoop 的详细介绍，请参照其官方文档[32]。

在执行数据导入的过程中，通常会将数据查询分配到多个节点上执行，根据 spliting column 来进行划分，一般 spliting column 会是表的主键，通过该列将表中的行均分到每个任务。而当我们在执行数据导入任务时，在线的数据库一般也在进行正常的读/写操作，因此，如果想让两者之间相互不影响，最简单的办法便是对该表停止写入，但这种做法往往都不现实。

由于 MapReduce 的众多进程并行，导致执行数据导出的进程往往不在同一个事务当中，因此数据导出的过程也不是一个原子操作。Sqoop 将数据导出切分成多个任务，每个任务会在数据积累到一定量的时候执行一次提交，既能够提高效率，又不会占用过多内存。但是，如果任务失败（由于网络等各种问题所导致），任务会重头开始执行它所负责的那部分数据，因此可能

---

32 Sqoop 官方文档见 http://sqoop.apache.org/docs/1.4.3/SqoopUserGuide.html。

会插入重复的记录，导致脏数据的产生，最好在数据库中设置必要的约束，如主键或者唯一索引，来避免此种情况的发生。

通过部署定时任务，或者通过任务调度系统，可以指定执行数据同步任务的时间点，如使用 Linux 的 crontab 部署定时任务：

```
crontab -e
```

增加一行：

```
30  9  *  *  *  /usr/sqoop/bin/sqoop import --append --connect jdbc:mysql://localhost:3306/mall --username root --password 123456 --target-dir /longlong/sqoop --m 1 --table goods --fields-terminated-by '\t' 2>>/home/longlong/error.log
```

```
# m h  dom mon dow   command
30  9  *  *  *  /usr/sqoop/bin/sqoop import --append --connect jdbc:mysql://lo
host:3306/mall --username root --password 123456 --target-dir /longlong/sqoop
--m 1 --table goods  --fields-terminated-by '\t'  2>>/home/longlong/error.log
```

则每天 9 点 30 分将会执行 sqoop 命令，将数据从 MySQL 的 goods 表导入 HDFS，并且将错误信息输出到/home/longlong/error.log 文件。

当然，Sqoop 的数据导入/导出任务只是针对于离线任务来说的。在高并发数据库系统中，数据导入/导出时数据本身也在发生变化，不断地有数据新增与修改。如果需要实时地获取数据变更，可以通过类似 ActiveMQ 的消息系统，在数据变更时，将数据变更同步到后端数据库，如果是 MySQL 库，还可以通过解析 binlog 的方式，获取实时的数据变更。

5.4.2　实时数据同步

在有的场景下，我们需要实时获取数据变更，同步到相应的数据库，如垂直搜索引擎的实时更新、高并发系统的数据迁移工作、实时统计等。

Sqoop 在离线场景下能较好地满足要求，但是对于在线高并发读/写的实时数据的处理，则需要思考其他解决方案。

如图 5-18 所示，可以利用类似 ActiveMQ 的消息系统来进行实时的增量数据同步。在执行数据新增、数据修改、数据删除操作时，同时将信息发布到 ActiveMQ 的 topic，其他相关系统则可以对该 topic 进行订阅，近乎实时地获取到数据变更的信息，将信息进行同步。

在上述方案在实施的过程中，需要在原有的系统之上，加入消息发布流程，对原有系统有一定的侵入性。而对于像 MySQL 这样，Master 与 Slave 之间通过 Binary log 来进行数据同步的数据库，可以通过模拟 MySQL Master 与 Slave 之间的交互协议，通过解析 Binary log 的方式，来进行数据的同步，这样便能够让数据同步任务与在线业务系统解耦。

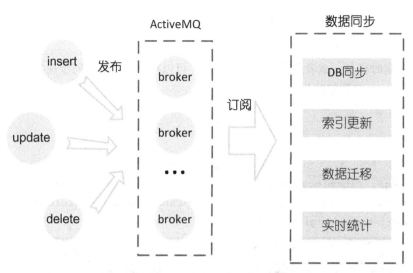

图 5-18 使用 ActiveMQ 进行实时数据同步

如图 5-19 所示，MySQL 的 Master 将会将其变更记录到 Binary log，Slave 会将 Master 的 Binary log 复制到其 Relay log 当中，并且对 Relay log 进行重放，将变更进行同步。

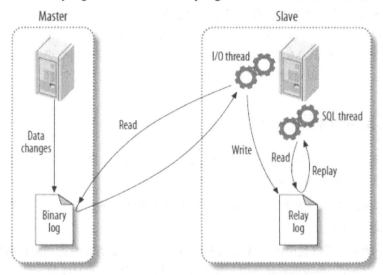

图 5-19 MySQL 的 Master 与 Slave 之间数据同步的过程 [33]

如图 5-20 所示，Binary log parser 将自己伪装为 MySQL 的 Slave，向 MySQL 的 Master 发送 dump 请求，MySQL 的 Master 收到 dump 请求后，会将 Binary log 发送给 Binary log parser，

---

33 图片来源 http://hatemysql.com/wp-content/uploads/2013/04/mysql_replication.png。

通过对 Binary log 进行解析，还原出变更对象，将其发布到 ActiveMQ 的相应 topic 上，供后端应用进行订阅。

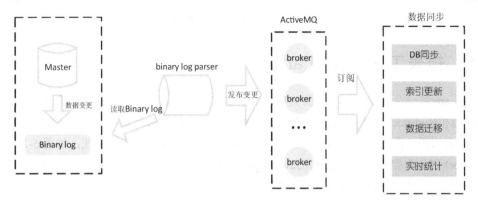

图 5-20　通过 Binary log 进行数据同步

后端应用接收到相应的消息后，便可以进行数据同步、索引更新、数据迁移、实时统计等诸多操作了。

5.5　数据报表

简单地说，报表就是用表格、图表等格式来动态地显示数据。在没有计算机以前，人们利用纸和笔来记录数据，在这种情况下，报表数据和报表格式是紧密结合在一起的，都在同一个本子上。数据也只能有一种几乎只有记帐的人才能理解的表现形式，而且这种形式难于修改。

当计算机出现之后，人们利用计算机来处理数据，并将数据通过不同的界面和功能来生成、展示报表。计算机生成的报表的主要特点是数据动态化，格式多样化，并且实现报表数据和报表格式的完全分离，用户可以只修改数据，或者只修改格式。

数据报表为企业的业务评估与决策判断提供了重要的参考依据，能够深入洞察和反映企业的运营状况，是企业日常运营的一面无法缺少的镜子。

5.5.1　数据报表能提供什么

对于互联网企业来说，掌握网站的页面访问量（PV）、独立用户访问量（UV）、请求来源、区域分布、访问路径、搜索关键字、页面元素点击分布、交易下单金额等信息十分关键。访问量能够评估出当前系统的压力、营销效果，以及用户粘性；请求来源则能够区分广告效果，进行流量分层；通过用户访问路径，能够计算出用户的行为习惯，访问流失率；通过搜索关键字能够挖掘出用户的兴趣爱好、热点趋势；通过页面元素点击效果，可以对交互体验进行改善；交易下单金额则直接关系一个电商网站的收入来源、业绩的好坏，为决策判断提供了科学的依据。

数据报表作为以上数据的载体，能够给用户提供直观的视觉形象，将抽象的数据具体化，并能够反映一段时间内数据的趋势信息，与历史数据形成对比。

5.5.2 报表工具 Highcharts

Highcarts是一个非常流行、界面美观、功能丰富的Javascript图表库，它包含了两个部分：Highcharts和Highstock。Highcharts主要是为Web站点提供直观的、交互式的图表体验，目前支持线图、条形图、曲面图、条形曲面图、柱状图、饼图、散布图等图表样式，如图 5-21 所示。而Highstock则使你能够方便快捷地用Javascript建立股票或者通用的时间轴图表，提供复杂精致的导航选项，支持预设日期范围、日期选择器、滚动和平移等功能[34]。

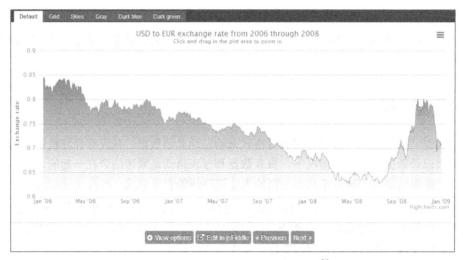

图 5-21　Highcharts提供的图表Demo[35]

对于在线应用来说，常常需要统计出系统中各个页面的访问量，也就是 PV。这里笔者摘取了几个最为重要的页面，即首页（index.htm）、登录页（login.htm）、列表页（list.htm）、详情页（detail.htm），针对这几个页面的统计需求往往是最多、最丰富的，通过对 12 个月每个页面每月的平均 PV 的展现，来介绍 Highcharts 工具的使用。

首先，需要引入 Highcharts 的库文件，由于 Highcharts 是构建在 jQuery、MooTools、Prototype 等第三方 Javascript 库之上，因此，不同的系统可以根据本身的代码结构来选用一种第三方库，

34　Highcharts 项目地址为 http://www.highcharts.com。

35　Demo 地址为 http://www.highcharts.com/demo/line-time-series。

这里我们采用的是 jQuery。

```html
<script src="js/jquery.js"></script>
<script src="js/highcharts.js"></script>
```

其次便是编写异步的数据接口，异步获取数据的好处是，展现逻辑与数据分离，降低耦合度，使系统可以并行开发，提高效率。

```java
public class Data extends HttpServlet {
    @Override
    protected void doGet(HttpServletRequest req, HttpServletResponse
            resp) throws ServletException, IOException {
        doPost(req, resp);
    }
    @Override
    protected void doPost(HttpServletRequest req, HttpServletResponse
            resp) throws ServletException, IOException {

        Map<String,Object> index = new HashMap<String,Object>();
        index.put("name", "index.htm");
        double[] indexPV = {49.9,71.5, 106.4, 129.2, 144.0, 176.0,
                135.6, 148.5, 216.4, 194.1, 95.6, 54.4};
        index.put("data", indexPV);

        Map<String,Object> login = new HashMap<String,Object>();
        login.put("name", "login.htm");
        double[] loginPV = {83.6, 78.8, 98.5, 93.4, 106.0, 84.5,
                105.0, 104.3, 91.2, 83.5, 106.6, 92.3};
        login.put("data", loginPV);

        Map<String,Object> list = new HashMap<String,Object>();
        list.put("name", "list.htm");
        double[] listPV = {48.9, 38.8, 39.3, 41.4, 47.0, 48.3,
                59.0, 59.6, 52.4, 65.2, 59.3, 51.2};
        list.put("data", listPV);

        Map<String,Object> detail = new HashMap<String,Object>();
        detail.put("name", "detail.htm");
        double[] detailPV = {42.4, 33.2, 34.5, 39.7, 52.6, 75.5,
                57.4, 60.4, 47.6, 39.1, 46.8, 51.1};
        detail.put("data", detailPV);

        ArrayList<Map<String,Object>> pagelist = new
                        ArrayList<Map<String,Object>>();
```

```java
        pagelist.add(index);
        pagelist.add(login);
        pagelist.add(list);
        pagelist.add(detail);

        PrintWriter writer = resp.getWriter();
        writer.write(JsonUtil.getJson(pagelist));
    }
}
```

这里使用的数据都是伪造的随机值,真实的数据来源应该是通过访问日志分析计算得到的,然后将计算后的数据回流到数据库,如 Hbase 和 MySQL,以供在线查询。Hbase 对于这种非结构化的海量的键值数据天生有着良好的支持,且不用关心分表细节,而 MySQL 通过分库分表,也能够满足这样需求。

接下来便可以开始页面 js 的编写了,此处选择的是基础列展现图表(Basic Column),该图表需要在页面上增加如下的 div:

```html
<div id="container" style="width:100%; height:400px;"></div>
```

调用异步接口,获取数据,并且渲染图表:

```javascript
<script type="text/javascript">
$.getJSON('/testhighchart/data.do',function(data){report(data);});
function report(data) {
    $('#container').highcharts({
        chart: {
            type: 'column'
        },
        title: {
            text: '页面月度平均访问'
        },
        xAxis: {
            categories: [
                '一月',
                '二月',
                '三月',
                '四月',
                '五月',
                '六月',
                '七月',
```

```
                '八月',
                '九月',
                '十月',
                '十一月',
                '十二月'
            ]
        },
        yAxis: {
            min: 0,
            title: {
                text: '每日平均访问 (PV)'
            }
        },
        tooltip: {
            headerFormat: '<span style="font-size:10px">{point.key}</span><table>',
            pointFormat: '<tr><td style="color:{series.color};padding:0">{series.name}: </td>' +
                '<td style="padding:0"><b>{point.y:.1f} 次</b></td></tr>',
            footerFormat: '</table>',
            shared: true,
            useHTML: true
        },
        plotOptions: {
            column: {
                pointPadding: 0.2,
                borderWidth: 0
            }
        },
        series: data
    });
}
</script>
```

月均 PV 报表的展现效果如图 5-22 所示。

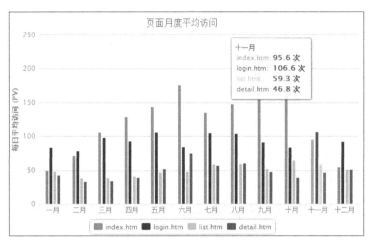

图 5-22　月均 PV 的展现效果

鼠标移到相应的月份之上，便能够展现该月的页面访问详情。

Highcharts 还支持图表的主题切换，通过如下一段 js 代码，笔者将报表切换成深蓝色的主题：

```
Highcharts.theme = {
    colors:["#DDDF0D","#55BF3B","#DF5353","#7798BF","#aaeeee","#ff0066",
"#eeaaee",
        "#55BF3B", "#DF5353","#7798BF","#aaeeee"],
    chart: {
        backgroundColor: {
            linearGradient: { x1: 0, y1: 0, x2: 1, y2: 1 },
            stops: [
                [0, 'rgb(48, 48, 96)'],
                [1, 'rgb(0, 0, 0)']
            ]
        },
        borderColor: '#000000',
        borderWidth: 2,
        className: 'dark-container',
        plotBackgroundColor: 'rgba(255, 255, 255, .1)',
        plotBorderColor: '#CCCCCC',
        plotBorderWidth: 1
    },
    title: {
        style: {
            color: '#C0C0C0',
```

```
            font: 'bold 16px "Trebuchet MS", Verdana, sans-serif'
         }
      },
      subtitle: {
         style: {
            color: '#666666',
            font: 'bold 12px "Trebuchet MS", Verdana, sans-serif'
         }
      },
      xAxis: {
         gridLineColor: '#333333',
         gridLineWidth: 1,
         labels: {
            style: {
               color: '#A0A0A0'
            }
         },
         lineColor: '#A0A0A0',
         tickColor: '#A0A0A0',
         title: {
            style: {
               color: '#CCC',
               fontWeight: 'bold',
               fontSize: '12px',
               fontFamily: 'Trebuchet MS, Verdana, sans-serif'

            }
         }
      },
      yAxis: {
         gridLineColor: '#333333',
         labels: {
            style: {
               color: '#A0A0A0'
            }
         },
         lineColor: '#A0A0A0',
         minorTickInterval: null,
```

```
        tickColor: '#A0A0A0',
        tickWidth: 1,
        title: {
            style: {
                color: '#CCC',
                fontWeight: 'bold',
                fontSize: '12px',
                fontFamily: 'Trebuchet MS, Verdana, sans-serif'
            }
        }
    },
    tooltip: {
        backgroundColor: 'rgba(0, 0, 0, 0.75)',
        style: {
            color: '#F0F0F0'
        }
    },
    toolbar: {
        itemStyle: {
            color: 'silver'
        }
    },
    plotOptions: {
        line: {
            dataLabels: {
                color: '#CCC'
            },
            marker: {
                lineColor: '#333'
            }
        },
        spline: {
            marker: {
                lineColor: '#333'
            }
        },
        scatter: {
            marker: {
```

```
                lineColor: '#333'
            }
        },
        candlestick: {
            lineColor: 'white'
        }
    },
    legend: {
        itemStyle: {
            font: '9pt Trebuchet MS, Verdana, sans-serif',
            color: '#A0A0A0'
        },
        itemHoverStyle: {
            color: '#FFF'
        },
        itemHiddenStyle: {
            color: '#444'
        }
    },
    credits: {
        style: {
            color: '#666'
        }
    },
    labels: {
        style: {
            color: '#CCC'
        }
    },

    navigation: {
        buttonOptions: {
            symbolStroke: '#DDDDDD',
            hoverSymbolStroke: '#FFFFFF',
            theme: {
                fill: {
                    linearGradient: { x1: 0, y1: 0, x2: 0, y2: 1 },
                    stops: [
```

```
                    [0.4, '#606060'],
                    [0.6, '#333333']
                ]
            },
            stroke: '#000000'
        }
    }
},
rangeSelector: {
    buttonTheme: {
        fill: {
            linearGradient: { x1: 0, y1: 0, x2: 0, y2: 1 },
            stops: [
                [0.4, '#888'],
                [0.6, '#555']
            ]
        },
        stroke: '#000000',
        style: {
            color: '#CCC',
            fontWeight: 'bold'
        },
        states: {
            hover: {
                fill: {
                    linearGradient: { x1: 0, y1: 0, x2: 0, y2: 1 },
                    stops: [
                        [0.4, '#BBB'],
                        [0.6, '#888']
                    ]
                },
                stroke: '#000000',
                style: {
                    color: 'white'
                }
            },
            select: {
```

```
              fill: {
                linearGradient: { x1: 0, y1: 0, x2: 0, y2: 1 },
                stops: [
                  [0.1, '#000'],
                  [0.3, '#333']
                ]
              },
              stroke: '#000000',
              style: {
                color: 'yellow'
              }
            }
          }
        },
        inputStyle: {
          backgroundColor: '#333',
          color: 'silver'
        },
        labelStyle: {
          color: 'silver'
        }
      },

      navigator: {
        handles: {
          backgroundColor: '#666',
          borderColor: '#AAA'
        },
        outlineColor: '#CCC',
        maskFill: 'rgba(16, 16, 16, 0.5)',
        series: {
          color: '#7798BF',
          lineColor: '#A6C7ED'
        }
      },

      scrollbar: {
        barBackgroundColor: {
```

```
            linearGradient: { x1: 0, y1: 0, x2: 0, y2: 1 },
            stops: [
               [0.4, '#888'],
               [0.6, '#555']
            ]
        },
        barBorderColor: '#CCC',
        buttonArrowColor: '#CCC',
        buttonBackgroundColor: {
            linearGradient: { x1: 0, y1: 0, x2: 0, y2: 1 },
            stops: [
               [0.4, '#888'],
               [0.6, '#555']
            ]
        },
        buttonBorderColor: '#CCC',
        rifleColor: '#FFF',
        trackBackgroundColor: {
            linearGradient: { x1: 0, y1: 0, x2: 0, y2: 1 },
            stops: [
               [0, '#000'],
               [1, '#333']
            ]
        },
        trackBorderColor: '#666'
    },

    legendBackgroundColor: 'rgba(0, 0, 0, 0.5)',
    legendBackgroundColorSolid: 'rgb(35, 35, 70)',
    dataLabelsColor: '#444',
    textColor: '#C0C0C0',
    maskColor: 'rgba(255,255,255,0.3)'
};
var highchartsOptions = Highcharts.setOptions(Highcharts.theme);
```

深蓝主题的展现效果如图 5-23 所示。

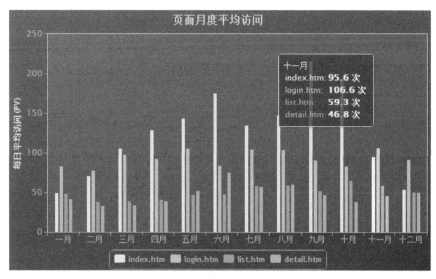

图 5-23 深蓝主题的展现效果

更多的图表效果和主题请参照 Highcharts 官方站点,它能够支持源代码在线查看,代码在线编辑和效果预览,操作十分便捷,大大地提高了开发效率。

参考文献

[1] 梁栋. Java 加密与解密的艺术 . 北京：机械工业出版社，2010.

[2] [美] David Gourley，Brian Totty 等． HTTP 权威指南. 陈涓，赵振平译. 北京：人民邮电出版社，2012.

[3] 魏兴国. 深入浅出 DDos 攻击防御. http://www.programmer.com.cn/12874.

[4] 王志海，童新海，沈寒辉. OpenSSL 与网络信息安全——基础、结构和指令. 北京：清华大学出版社，北京交通大学出版社，2007.

[5] Pravir Chandra,Matt Messier,John Viega. Network Security with OpenSSL. O'Reilly, 2002.

[6] [美] Tom White. Hadoop 权威指南. 曾大聃，周傲英译. 北京：清华大学出版社，2010.

[7] [美]Leonard Ricbardson，Sam Ruby. RESTful Web Services. 徐涵，李红军译. 北京：电子工业出版社，2008.

[8] Justin Clarke 等． SQL Injection Attacks and Defense. Syngress Publishing, Inc. , Elsevier, Inc. , 2009.

[9] 吴翰清. 白帽子讲 Web 安全. 北京：电子工业出版社，2012.

[10] 刘鹏. 实战 Hadoop——开启通向云计算的捷径. 北京：电子工业出版社 ，2011.

[11] 谢超. 大数据下的数据分析平台架构. http://www.programmer.com.cn/7617.

[12] [美] Tom White. Hadoop 权威指南(第 2 版). 周敏奇，王晓玲等译. 北京：清华大学出版社，2011.

[13] Joe Kuan . Learning Highcharts ． Packt Publishing Ltd. , 2012.

[14] 张宴. 实战 Nginx：取代 Apache 的高性能 Web 服务器. 北京：电子工业出版社，2010.

[15] Katbleen Ting,Jarek Jarcec Cecbo. Apache Sqoop Cookbook. O'Reilly Media , Inc., 2013.

[16] Ryan Boyd. Getting Started with OAuth 2.0 . O'Reilly Media , Inc. , 2012.

[17] Jonathan Leibiusky,Cabriel Eisbruch,Dario Simonassi. Getting Started with Storm. O'Reilly Media , Inc. , 2012.

[18] [美]Richard Blum. Linux 命令行和 shell 脚本编程. 苏丽，张妍倩，候晓敏等译. 北京：人民邮电出版社，2009.

[19] 林昊. 分布式 Java 应用基础与实践. 北京：电子工业出版社，2010.

[20] 周志明. 深入理解 Java 虚拟机:JVM 高级特性与最佳实践. 北京：机械工业出版社，2011.

[21] [美]Brian Goetz,Tim Peierls,Joshua Bloch,Joseph Bowbeer,David Holmes,Doug Lea. Java 并发编程实战. 童云兰等译. 北京：机械工业出版社，2012.

[22] 郭欣. 构建高性能 Web 站点. 北京：电子工业出版社，2009.

[23] [美]Schwartz.,B,[美]Zaitsev,P.,[美]Tkachenko,V. . 高性能 MySQL：第 3 版 . 宁海元等译. 北京：电子工业出版社，2013.

[24] Bruce Snyder,Dejan Bosanac,Rob Davies. ActiveMQ in Action. Manning Publications Co. ,2011.

[25] Michael McCandless,Erik Hatcher,Otis Gospodnetic. Lucene in Action Second Edition. Manning Publications Co. ,2010.